汽轮发电机组
振动诊断及实例分析

国网湖南省电力公司电力科学研究院　组编
张国忠　魏继龙　编著

中国电力出版社
CHINA ELECTRIC POWER PRESS

内 容 提 要

本书简单叙述了汽轮发电机组振动的基本理论,重点讲述了现场轴系动平衡、动静碰磨、转子热变形等几类常见故障的振动特点、识别方法和处理方案,也对振动测量和评价、中心不正和低频振动、轴向振动、轴瓦故障,以及机组异常振动等内容进行了详细介绍。本书是作者几十年现场工作经验的总结提炼,书中对大量实例进行了深入剖析,介绍了各种振动故障特征、诊断技术和处理经验及技巧。本书侧重于工程实践,紧密结合生产现场,是解决实际问题的好帮手,具有较高的使用价值。

本书可供从事火力发电厂与振动相关的专业人员和管理人员学习参考,如电厂运行人员、检修人员、专职工程师和点检工程师,以及各电力科学研究院振动专业人员和调试人员,也可供高等院校电厂热能动力、机械振动和转子动力学等专业的师生阅读。

图书在版编目(CIP)数据

汽轮发电机组振动诊断及实例分析/张国忠,魏继龙编著;国网湖南省电力公司电力科学研究院组编. —北京:中国电力出版社,2018.1(2020.7重印)
ISBN 978-7-5198-1310-9

Ⅰ.①汽… Ⅱ.①张… ②魏… ③国… Ⅲ.①汽轮发电机组-机械振动-故障诊断 Ⅳ.①TM311.14

中国版本图书馆 CIP 数据核字(2017)第 259805 号

出版发行:中国电力出版社
地　　址:北京市东城区北京站西街 19 号（邮政编码 100005）
网　　址:http://www.cepp.sgcc.com.cn
责任编辑:娄雪芳（010—63412375）孙　晨
责任校对:王小鹏
装帧设计:王红柳　赵姗姗
责任印制:蔺义舟

印　　刷:三河市航远印刷有限公司
版　　次:2018 年 1 月第一版
印　　次:2020 年 7 月北京第三次印刷
开　　本:787 毫米×1092 毫米　16 开本
印　　张:22.25
字　　数:495 千字
印　　数:1501—2500 册
定　　价:**98.00** 元

前　言

近二十年来，随着发电行业的快速发展，单机容量不断增大，一大批 300、600MW 及 1000MW 机组相继投产，汽轮发电机组振动的测量仪器、测试技术、处理方法得到了较大幅度的改进和提升，振动故障诊断技术和处理能力有了显著提高。同时，由于轴系更长及转子临界转速降低等使振动问题更为复杂，甚至出现了一些新的振动问题，对振动专业人员提出了更高的要求。为便于交流和共同提高，作者通过几十年现场工作经验的总结和积累，特编写了本书。

本书最大的特点如下。

（1）与实际结合紧密。书中各章节所列振动处理案例全部来源于工作实际，为本书编写者们亲身经历，因此具有很强的实践性。

（2）内容详实且不保守。书中涉及振动处理关键技术，如动平衡机械滞后角、影响系数等毫无保留呈现，读者根据书中案例，基本可以复原处理过程，因此具有很强的指导性。

全书共分九章：

第一章介绍了振动测量方法、分析手段和振动评价标准，指出目前大型机组应根据其结构特点有所侧重，轴承支承刚度差（如低压转子）应注意瓦振，落地式轴承支承刚度较好，轴振更能反映振动变化。

第二章从柔性转子变形规律入手，阐明了临界转速、振型、不平衡响应之间的关系，定性给出了不平衡轴向分布对各阶振型的影响，举例说明了不平衡周向位置的确定、振型影响系数法和一次加准法在现场的应用，还列举了现场平衡应该注意的一些问题。

第三章讲述了挠性、半挠性和刚性对轮及中心不正对振动的影响，分析了大机组高中压转子轴振普遍存在的一种低频振动，揭示了大机组低压转子油膜振荡频率降低到一阶临界转速以下的原因。提出检修中调整中心时，轴承标高的调整量不宜过大，尤其是可倾瓦轴承应注意不能破坏同心度，最后介绍了现场标高测量实例。

第四章在阐明摩擦振动机理的基础上，用大量实例介绍了采用趋势图、频谱、轴心轨迹和轴振动波形及伯德图等识别摩擦振动的方法，提出了在启动和运行中控制摩擦振动的经验值。

第五章讲述了转子热变形产生的热弯曲（弓状弯曲）虽然带负荷运行中振动变化不大，但停机通过临界转速时会产生很大的振动。重点介绍了一台 600MW 发电机热变形，最后采用外伸部分加重，有效地控制了带负荷运行中的振动。

第六章从转动部分和支承部分两方面介绍轴向振动机理，轴承座外特性试验的重要性，提出先降低扰动力，然后再处理支承部分。

第七章对经常遇到的一些异常振动进行了分析诊断，得出了转动部件飞脱的振动特征，通流部分故障产生的脉冲扰动力激发振动的原因，探头支架共振等虚假振动判别，由负序电流增大引起的振动变化可能意味着转动部件松动或位移。

第八章叙述了轴心轨迹、轴振动波形畸变、轴心轨迹中出现反向进动或局部反向进动，对预载荷及轴瓦碰磨、碎裂的诊断作用，还用实例分析了某种特定条件下出现的莫顿效应使轴振动连续爬升。

第九章主要是结合现场实例，分析了风机、水泵等辅机振动产生的原因，介绍了现场动平衡方法，总结了风机动平衡加重的滞后角。

书中部分实例的现场工作由张柏林、石景、陈非等同事共同参与完成，大部分图形的整理工作由曹浩、黄来两位博士完成，本书的出版得到了国网湖南省电力公司电力科学研究院各级领导的支持，在此一并表示感谢。

由于作者对振动问题认识的局限性和片面性，书中某些阐述难免存在不妥之处，敬请读者批评指正。

作 者

2017 年 10 月

目 录

第一章

振动测量、分析和评价

为掌握汽轮发电机组的振动情况，分析振动原因，必须进行振动测量和分析。目前 300、600MW 等大型机组均装有汽轮机保护系统（TSI）振动在线测量系统。除在线测量外，多数电厂还配备专门的振动分析仪器，如成都昕亚 VM9510、本特利 208 和 408 等，由专业人员定期测量及在机组启、停机过程中测量机组振动，并进行必要的振动分析试验。

第一节 振动在线测量

目前，300、600MW 等大型机组装设的振动在线监测系统主要有本特利 3300、3500 和菲利普 MMS6000 等国外公司产品，振动在线监测系统的主要功能有：

（1）实时显示机组各轴承处的轴振、瓦振。

（2）启、停机及正常运行中绘出振动趋势。

（3）具有储存功能，可在一定时间内调出历史数据，打印变化趋势。

（4）可设置报警值、跳机值，具有保护功能。

1. 轴振动测量

轴振动测量采用电涡流传感器，其测量原理是当传感器头部线圈通上高频电流时，在线圈周围产生一个高频电磁场，并在邻近的金属体表面产生感应电流，即电涡流。该电涡流产生的磁场与原线圈电磁场方向相反，使其阻抗发生变化。在其他条件不变的情况下，可以认为该阻抗变化仅与金属导体之间的间隙值有关，即与间隙成单值函数关系，当间隙变化时就有不同的电压输出。电涡流传感器有两种功能：一是利用交流输出测量轴振动；二是利用直流输出测量轴的位置。电涡流传感器根据探头的灵敏度确定振动的大小和轴位置的变化。

目前在 300、600MW 机组装设的电涡流传感器一般为 8mm 探头，与轴表面的距离约 2mm，间隙电压为 −10.5V 左右。每个轴承处装设两个探头，分别为 x 方向和 y 方向，与垂直方向互成 45°角（如图 1-1 所示）。x 和 y 的定义是按转动方向确定的，轴颈旋转时首先接触到的是 x 方向探头，而后是 y 方向探头。

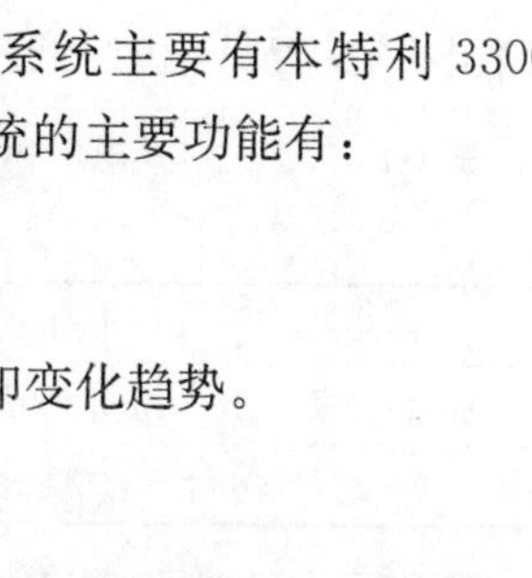

由于电涡流探头为非接触式传感器，可在与振动体不

图 1-1 轴振动探头装设

1

接轴的情况下进行测量，故在轴振动测量中得到广泛应用。电涡流传感器的另一个优点是频响特性好，除可测量汽轮机、发电机的轴振动外，还可测量较低转速机器如风机、水轮机等的振动。它的主要缺点是安装困难，一端必须固定，另一端与所测量金属体表面的距离必须在探头的线性范围之内；不能做便携测量，只能作为固定位置的测量。300、600MW 机组轴振动测量是将探头固定在轴承盖上或轴承附近的机组外壳上，因此测得的轴振动是轴和轴承盖之间的相对振动，简称为轴的相对振动。若不考虑轴的绝对振动和轴承盖振动（瓦振）之间的相位差，可以将轴的相对振动表达为轴的绝对振动和轴承盖振动之差，即

$$轴的相对振动 = 轴的绝对振动 - 轴承盖振动（瓦振）$$

从上式中可知，轴的相对振动不但取决于轴的绝对振动，还与轴承盖振动（瓦振）有关。

当轴承的支承刚度较差致使瓦振较大时，所测得轴的相对振动就会较小，甚至可能比瓦振还小，如 300、600MW 机组低压转子两端轴承坐落在排汽缸上，由于支承刚度较差，一般瓦振较大而测得轴的相对振动就会较小。高中压转子两端轴承支撑在基础上，支承刚度较好，一般瓦振很小，而所测得轴的相对振动就会较大。表 1-1 为某电厂300MW 机组高中压转子和低压转子两端轴承处轴的相对振动和瓦振测量结果，表 1-2 为某电厂 600MW 机组低压Ⅰ、低压Ⅱ转子轴的相对振动、瓦振测量结果。

表 1-1　　　　　某电厂 300MW 机组高中压转子和低压转子两端轴承处轴的

相对振动和瓦振测量结果

测点	1x	1y	2x	2y	3x	3y	4x	4y
轴的相对振动	49$\mu m\angle 131°$	47$\mu m\angle 202°$	43$\mu m\angle 119°$	44$\mu m\angle 215°$	30$\mu m\angle 111°$	21$\mu m\angle 55°$	17$\mu m\angle 335°$	46$\mu m\angle 218°$
瓦振（垂直方向）	4$\mu m\angle 26°$		1$\mu m\angle 221°$		20$\mu m\angle 260°$		33$\mu m\angle 126°$	

表 1-2　　某电厂 600MW 机组低压Ⅰ、低压Ⅱ转子轴的相对振动、瓦振测量结果

测点	3x	3y	4x	4y	5x	5y	6x	6y
轴的相对振动	60$\mu m\angle 201°$	52$\mu m\angle 315°$	20$\mu m\angle 187°$	10$\mu m\angle 280°$	46$\mu m\angle 164°$	27$\mu m\angle 250°$	21$\mu m\angle 294°$	27$\mu m\angle 9°$
瓦振（垂直方向）	43$\mu m\angle 253°$		14$\mu m\angle 100°$		41$\mu m\angle 198°$		47$\mu m\angle 10°$	

可以看出，高中压转子测得的轴的相对振动比瓦振大很多，低压转子轴的相对振动和瓦振相差不大，甚至出现轴的相对振动比瓦振小的现象（见表 1-2 中 6 号轴承处）。为弥补轴的相对振动测量中的这种缺陷，采取的办法之一是测量轴的绝对振动，本特利公司曾采用复合传感器来测量支承刚度较差的轴承上的振动。复合传感器同时装有电涡流传感器和振动速度传感器，电涡流传感器测量轴的相对振动，振动速度传感器测量轴承盖振动（瓦振），于是可得

$$轴的绝对振动 = 轴的相对振动 + 轴承盖振动（瓦振）$$

在早期生产的少数 300、600MW 机组上装有这种复合传感器，由于测得轴的相对振动和轴承盖振动（瓦振）有不同的相位特性，用简单的代数关系处理会产生一定的误差，目前绝大部分 300、600MW 机组已不再使用。另一个弥补轴的相对振动测量缺陷的办法是在测量轴的相对振动的同时也测量轴承盖振动（瓦振）。

2. 轴瓦振动测量

轴瓦振动测量采用振动速度传感器，振动速度传感器由永久磁铁和线圈等组成。当放在轴承或机壳上时，由于受到振动作用，振动速度传感器内部的线圈和永久磁铁产生相对运动而使线圈内有电压输出，再经过积分、放大、检波等信号处理可得到振动幅值。由于线圈内的电压输出与振动速度成正比，故这种传感器又称为速度传感器。由于这种传感器具有灵敏度高、频响范围宽、使用方便，特别是可进行便携测量等优点，故在振动测量中得到了广泛应用。

这种传感器的主要缺点是低频特性较差，内部的线圈和弹簧本身就构成了弹簧-质量系统，它的自振频率必须远离机器的工作转速，否则会受到共振的影响。由于自振频率的限制，目前常用的本特利 9200 等速度传感器，要求机器的工作频率在 10Hz 以上（600r/min以上），这在汽轮机、发电机、风机和电动机等中都能适用。但从另一方面看，这种传感器由于低频特性差，一些频率较低的振动分量可能会受到屏蔽，如某些 300、600MW 机组低压转子轴承瓦振中普遍存在的 2～3Hz 的低频分量，用本特利 9200 速度传感器就无法测到，只有用特制的低频传感器才能测到。目前所用的本特利、菲利普等振动在线监测系统既能测量各轴承处轴的相对振动，又能测量各轴承的瓦振（垂直方向），起到全面的监测作用。但应根据机组的具体情况来看，还应有所侧重，如 300、600MW 机组高中压转子振动应重点注重轴的相对振动，低压转子应重点注重瓦振，而发电机转子为端盖式轴承，瓦振、轴的相对振动都能比较灵敏地反映出振动问题。

第二节　离线振动测量和分析

除上述在线振动监测外，由专业人员进行离线测量也是十分重要的。离线测量带有专业管理的性质，由点检人员或振动专业人员定期测量。机组启、停机时做对比性测量或针对机组某个振动问题做分析性测量。随着测试技术的发展，多数仪器如美国本特利 208、408 和成都昕亚 VM9510 等除测量振幅、相位外，还可得到振动波形、频谱、轴心轨迹和轴中心平均位置等信息。在启、停机过程中，这些仪器还可以直接测量到升、降速特性，绘出伯德图、奈奎斯特图等，运行中经较长时间的测量可绘制出趋势图，为振动分析提供了极为有用的手段。

1. 振幅测量

振动幅值一般用位移峰-峰值表示（μm），本特利 208、408 和成都昕亚 VM9510 等仪器除测量通频振幅外，还可直接显示工频、半频、二倍频、三倍频等振动幅值和相位。通频振动是指位移高点到低点间的幅值，工频（一倍频）振动是指与转速同步的振动，通过滤波后得到，半频、二倍频等振动都是根据与转速的关系命名的。通频振动一般应大于工频、二倍频等振动。如果通频振动和工频振动相差较大，表示其他频率的振动分量较多，必要时应进行频谱分析。

幅值除用位移表示外，还可用速度、加速度表示。对于一个简谐振动 $y = A_0 \sin\omega t$ 或 $y = A_0 \cos\omega t$，速度、加速度也可用简谐振动表示，其幅值可用位移求导一次及二次

3

得到。

速度 $v = y' = \dfrac{\mathrm{d}y}{\mathrm{d}t} = \omega A_0$，速度可用单峰值表示（0-P），单位为 mm/s。

加速度 $a = v' = \dfrac{\mathrm{d}^2 y}{\mathrm{d}t^2} = \omega^2 A_0$，加速度一般也用单峰值表示（0-P），单位为 mm/s^2。

速度的有效值称为振动烈度，为速度的均方根值，可表达为

$$\bar{v} = v \frac{\sqrt{2}}{2} \quad \mathrm{mm/s}$$

从上述振动烈度的表达式可看出，它除与位移的大小有关外，还与转速有关。因为振动烈度是与机器所受的应力成正比的，若从机器转动部分和支承部分承受的应力考虑，用振动烈度来测量和评定机器的振动是比较合理的。目前，国际、国内用来评定机器振动的准则，有一部分是采用振动烈度来评定的。国内制造厂给出的动平衡结果，也是振动烈度。小型的、高转速旋转的机器，如压缩机、汽动给水泵等，若用位移来衡量振动，灵敏度太低，必须用振动烈度衡量振动。但从振动的直觉及受传统习惯的影响，目前大多数 300、600MW 等大型机组还是用位移来衡量和评定振动的。

振动烈度换算成位移时，一定要考虑转速的影响，如振动烈度为 $\bar{v} = 2.8\mathrm{mm/s}$，若换算成位移，转速为 3000r/min 时可得到位移值为

$$A = \frac{v \times 2}{\omega} \times 1000 = \frac{\bar{v} \times \frac{2}{\sqrt{2}} \times 2}{\omega} \times 1000 = 25.2\mu\mathrm{m}$$

其中，

$$\omega = \frac{\pi \cdot n}{30} = 314\mathrm{rad/s}$$

转速为 1500r/min 时可得到位移值为

$$A = 50.4\mu\mathrm{m}$$

$$\omega = 157\mathrm{rad/s}$$

2. 相位测量

振动测量中除测量振动幅值外，相位测量也是十分重要的。因为振动是个矢量，不但有大小，而且还有方向。要完整地表示振动，除幅值外，还必须要有相位。随着测试技术的提高，目前在仪器上可直接读取相位，而且测量精度可达到 $\pm 1°$，给振动分析和现场动平衡等提供了必要的条件。目前，仪器中测得的相位都是相对相位，即振动信号上的某一点（高点或 0 点）与某一基准信号之间的角度。如图 1-2 为本特利 208、408 和成都昕亚 VM9510 等仪器的相位角示意，测得的相位角 ϕ 为基准脉冲前沿与振动信号高点之间的角度。基准脉冲在前，振动信号在后，相位角是逆转向计数的（也有顺转向计数的，如日本 DEP-D 仪器）。

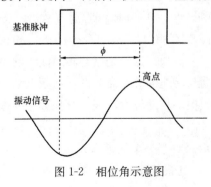

图 1-2 相位角示意图

基准脉冲由光标经光电传感器得到，或由键相槽经电涡流传感器得到。光标用涂有胶水的反光片做成，可直接贴在轴的外露部分。反光片长 20mm、宽 10mm 左右，可根据轴的直径而定。粘贴时应注意反光片与轴本身的颜色要有较大的色差，如轴本身的颜色深浅不一，可在轴上涂一圈黑漆。光电头离光标的径向距离一般为 15～20mm，由于目前像成都昕亚制作的光电头灵敏度较高，对距离的要求不严，在现场适当调整即可。

300、600MW 等机组均装有本特利或菲利普振动监测系统，一般在前箱内短轴周向开出一个小的长方形凹槽，对准它的电涡流传感器的信号输出形成键相脉冲，作为测量相位的基准。由于键相信号已经引到表盘上，可以长期使用并用作比较，比现场贴光标更为方便。

相位测量在振动测量中比较重要，虽然测得的是相对相位，但在同一基础上进行比较，仍然可以进行振动分析，如在某一转速下测得转子两端轴承上的振动幅值和相位，即可分析转子上对称和反对称分量的大小；通过测得的相位及速度传感器（或位移传感器）与光电传感器（或键相传感器）的位置，可估算出原始不平衡的位置，在试加重时有很重要的参考作用。动平衡计算中，利用相位还可减少启动次数。此外，在分析摩擦振动、热变形及其他异常振动中也有很重要的作用，相位在振动测量中是必不可少的。

3. 轴心轨迹

轴心轨迹是轴颈在轴承中涡动的轨迹，由于 x 和 y 方向探头安装位置刚好相差 $90°$，可视作 x 和 y 方向轴振动的合成，它可通过本特利 208、408 或成都昕亚 VM9510 等仪器的测量直接得到。

设 x 方向的振动为

$$x = A_1 \sin(\omega t + \varphi_1) \tag{1-1}$$

设 y 方向的振动为

$$y = A_2 \sin(\omega t + \varphi_2) \tag{1-2}$$

式中　A_1、A_2——幅值，μm；

　　　　ω——转动角速度，rad/s；

　　　　t——时间，s；

　　　　φ_1、φ_2——初始相角，rad。

经适当变换后，将式（1-1）和式（1-2）相加可得

$$\left(\frac{x}{A_1}\right)^2 + \left(\frac{y}{A_2}\right)^2 - \frac{2xy}{A_1 A_2}\cos(\varphi_1 - \varphi_2) = \sin^2(\varphi_1 - \varphi_2) \tag{1-3}$$

式中　$\varphi_1 - \varphi_2$——两分振动的相位差。

令 $\Delta\varphi = \varphi_1 - \varphi_2$，则合成后的振动方程可写为

$$\left(\frac{x}{A_1}\right)^2 + \left(\frac{y}{A_2}\right)^2 - \frac{2xy}{A_1 A_2}\cos\Delta\varphi = \sin^2\Delta\varphi \tag{1-4}$$

由式（1-4）可知，合成振动的轨迹曲线的形状及性质与两个分振动的幅值 A_1、A_2 和相位差 $\Delta\varphi$ 有关。

由于 x 和 y 相差 90°，故式（1-4）可简化为

$$\frac{x^2}{A_1^2} + \frac{y^2}{A_2^2} = 1$$

它为一椭圆方程，A_1、A_2 分别表示椭圆的长、短轴，若 $A_1 = A_2$，则轨迹曲线为一个圆。

从实测到的轴心轨迹看，由于 x 方向和 y 方向的振动不完全是简谐振动，因此很少测得到一个规则的圆或椭圆。图 1-3 为某厂 300MW 机组低压转子前轴承处轴心轨迹，可以看到该轨迹类似一个椭圆，轨迹曲线不光滑，有很多毛刺。从右边的轴振波形可看到波峰和波谷处有跳动，波形中有高频干扰，后查明该轴心轨迹与轴颈处油挡碰磨有关。轴心轨迹和轴振波形中有一个黑点为键相点，表示键相槽或光标的位置，利用键相点可以判断轴心轨迹的进动方向（VM9510 为黑点向缺口处转动）。

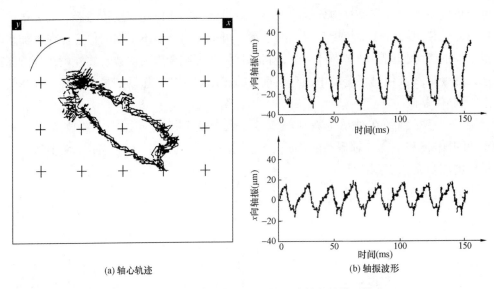

(a) 轴心轨迹　　　　　　　　　　(b) 轴振波形

图 1-3　某厂 300MW 机组低压转子前轴承处轴心轨迹

轴心轨迹在振动分析中有一定的作用，利用轨迹形状可判断轴上是否存在预载荷，若存在反向进动或局部反向进动，说明轴颈在轴瓦中有碰磨；轨迹形状发生畸变说明轴瓦可能已发生严重磨损或碎裂，若发生低频振动、油膜振荡等，轴心轨迹中会出现一个或多个同心圆。

4. 轴中心平均位置

轴中心平均位置可用 x 和 y 方向两个间隙电压（直流输出）的合成表示。在启动升速及带负荷运行中，间隙电压会发生变化，合成后即表示轴中心平均位置的变化，它也可通过仪器测量直接得到。图 1-4 为某厂 300MW 机组在升速过程中 2 号轴承（高中压转子后轴承）处轴中心平均位置的变化，可看出从 181r/min 升速到 2031r/min 这一过程中，x 方向间隙电压从 −10.28V 变化到 −9.08V，变化了 1.2V。y 方向间隙电压从 −10.5V 变化到 −9.6V，变化了 0.9V。所用电涡流传感器灵敏度为 8V/mm，计算出 x 方向轴位置上升了 0.15mm，y 方向轴位置上升了 0.11mm。带负荷运行中，轴中

心平均位置变化较小，只是在阀切换及顺序阀控制中某个调节阀开启或关闭时有较明显的变化。

轴中心平均位置对于分析轴承负载及轴承磨损等有一定帮助，顺序阀控制时，可根据轴中心平均位置的变化，调整阀序开启顺序或重叠度，从而控制低频振动等。

5. 振动频谱

经振动测量，在频谱分析仪或仪器软件上可直接显示出离散型频谱。频谱在振动分析中具有重要作用，它可作为振动的定性分析，帮助寻找振动根源，如转子质量不平衡、中心不正等主要是一倍频振动（简称 $1x$），转轴断面

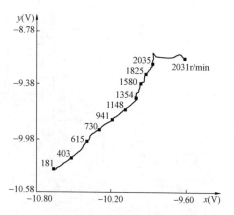

图 1-4 某厂 300MW 机组在升速过程中 2 号轴承（高中压转子后轴承）处轴中心平均位置的变化

上刚度不对称、两极发电机静子外壳振动及转子中心不正等含有二倍频振动（简称 $2x$）；油膜振荡、汽流激振等低频振动频率与转子临界转速的频率相符。摩擦振动除工频外，还含有二倍、三倍等多次谐波，也可能会出现 1/2 工频的振动，此外还有非线性油膜刚度等引起的分谐波振动。对于一些变转速的机器，如调速给水泵、磨煤机等，则可以利用频谱找出主要的振源。对于一些异常振动，如拍振动等，也有利于查找振动原因。

图 1-5 为某厂一台 362MW 机组磨煤机小齿轮右侧轴承振动波形及频谱，该磨煤机的传动系统如图 1-6 所示，磨煤机大罐由电动机经两级减速系统拖动，电动机转速为 985r/min，经一级减速后使小齿轮的转速降到 215.8r/min，经二级减速后使大罐的转速降到 14.8r/min。从图 1-5 所示小齿轮轴承上测得的振动频谱看，主要是 $61\sim62$Hz 的振动。已知小齿轮的转速为 215.8r/min，牙齿数为 17 个，故传动大罐时的啮合频率为 $f=215.8\times17/60=61$Hz。可知该磨煤机振动主要是小齿轮啮合不好引起的，后经检查发现小齿轮有较严重的磨损。

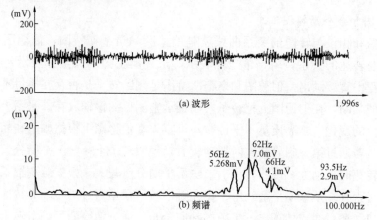

图 1-5 某厂 362MW 机组磨煤机小齿轮右侧轴承振动波形及频谱

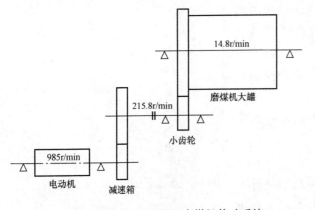

图 1-6 某厂 362MW 机组磨煤机传动系统

图 1-7 为某厂 300MW 机组低压转子前轴承处测得的 $3x$ 轴振动波形和频谱，从振动波形中可看到一个明显的拍振动，拍频率为 4Hz。从图下部的频谱看，除 50、100、150Hz 的频率分量外，还有一个 54Hz 的振动分量。显然，拍振动就是 50Hz 和 54Hz 两个振动的合成，合成后的拍频率为 $54Hz-50Hz=4Hz$。后查明 54Hz 的振动是由装设电涡流探头支架引起的振动，支架固有频率为 54Hz，机组运行中有脉冲性质的扰动力时，就可以激发支架的振动，与轴振 $3x$ 合成后产生拍振动。

除离散型频谱图外，还有以转速、时间为轴向坐标的三维频谱图，但一般应用较少。

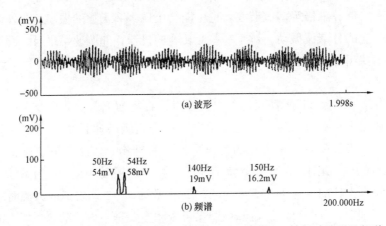

图 1-7 某厂 300MW 机组低压转子前轴承处测得的 $3x$ 轴振动波形及频谱

6. 伯德图和奈奎斯特图

振动幅值和相位与转速的关系曲线就是伯德图和奈奎斯特图，伯德图是振动（幅值、相位）与转速的关系，用直角坐标表示，奈奎斯特图用极坐标表示，它们都可在升、降速过程中直接画出。伯德图和奈奎斯特图是判断转子是否存在质量不平衡的重要手段，为方便判断，在伯德图上把转子两端轴承上测得的振动放在一张图上，可同时观察振幅和相位的变化。判断质量不平衡时，可首先在伯德图上根据幅值和相位的变化确定临界转速。若通过第一临界转速时振动较大，说明转子上一阶不平衡分量较大，若通过第二临界转速时振动大，说明转子上二阶不平衡分量较大。根据两端轴承上的振动差别，可判断是否存在单端不平衡，不平衡在哪一端。根据通过第一临界转速后幅值和相位的变化规律，还可初步估算出不平衡的轴向分布。通过伯德图可确定转子上不平衡的大小、性质和轴向分布规律，从而确定现场动平衡方案。

图 1-8 为某 300MW 机组低压转子振动伯德图，可看出通过第一临界转速（设计值 1554r/min）时振动不大，无明显峰值。通过临界转速后分别在 2410r/min 和 2940r/min 出现两个峰值，4 号轴承最大振幅分别达 85μm 和 102μm。从相位特性看，出现峰值时两轴承（3、4 号轴承）相位差都为 180°左右，故可确定转子上存在较大的二阶不平衡分量，可通过加反对称加量进行平衡。另外还可知，由于工作转速比较接近共振转速，灵敏度较高，必须提高动平衡精度，将二阶不平衡分量降到很小。

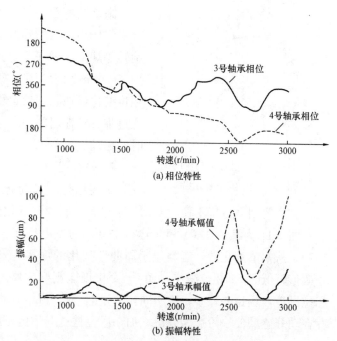

(a) 相位特性

(b) 振幅特性

图 1-8　某 300MW 机组低压转子振动伯德图

伯德图除用来判断转子质量不平衡外，还有诸多作用，如通过临界转速时，若临界区宽，峰值振幅有波动，说明可能存在碰磨；在暖机时若振动有趋势性的变化，可能存在热变形；在图上能反映出相邻转子通过临界时的振动，说明易受外来振型干扰；在某一转速时振动发生突变，说明转子有变形或转动部件有松动等。图 1-9 为某厂 300MW 机组冷态开机中测得的高中压转子振动伯德图，可看到在 2030r/min 暖机过程中（约暖机 4h）轴振 $1x$、$1y$、$2x$、$2y$ 均有较明显的变化，轴振 $1x$、$1y$ 增加 15~20μm，轴振 $2x$、$2y$ 增加 20~25μm，相位也变化 10°~20°，可判断转子存在热变形。后在热态停机过程中，通过临界转速时振动果然有大幅度的增加，轴振 $2x$ 由 50μm 增加到 134μm，$1x$ 由 120μm 增加到 156μm。

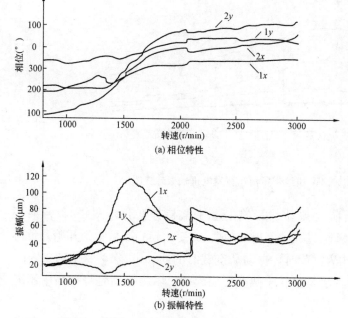

(a) 相位特性

(b) 振幅特性

图 1-9　某厂 300MW 机组高中压转子振动伯德图

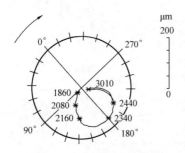

图 1-10 升速过程中测得的励磁机轴振 $7x$ 的奈奎斯特图

奈奎斯特图一般应用较少，在分析摩擦振动等方面有一定作用，可看到振幅、相位不断变化，相位逆转向旋转等规律。图 1-10 为在升速过程中测得的励磁机轴振 $7x$ 的奈奎斯特图，幅值和相位随转速变化，幅值和相位变化最快、幅值最大处可视为临界转速，故可得到通过临界转速时的振动，同样在图上也可得到工作转速时的振动。

7. 趋势图

所谓趋势图就是振动幅值、相位和时间的关系曲线。它主要用来分析不稳定振动，通过趋势图找出变化规律，从而确定振动的性质。

图 1-11 为某 300MW 机组运行中测得的发电机前、后轴振（$5x$、$5y$、$6x$、$6y$）趋势图。从幅值变化看，有类似于周期性变化的规律。当幅值增加时轴振 $5x$ 相位增加，当幅值降低时 $5x$ 相位减小，而 $6x$ 变化规律刚好相反。在幅值接近最大值时，$5x$、$6x$ 相位靠近，相位差减小，说明同相分量即一阶分量增加。分析认为发电机转子在运行中存在动静碰磨使一阶振型分量增加，后经检查 5 号侧密封瓦有较严重的碰磨。

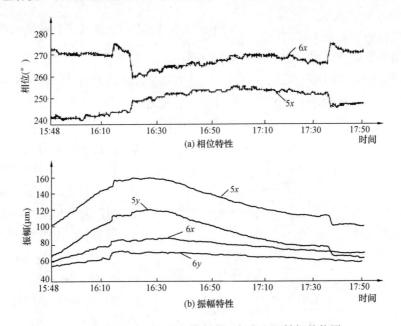

图 1-11 某 300MW 机组带负荷运行发电机轴振趋势图

带负荷过程中，为分析负荷对振动的影响，应注意趋势变化。图 1-12 为某厂 300MW 机组负荷从 0 升到 200MW 过程中测得的轴振 $2x$ 变化趋势，可看到开始升负荷阶段振动变化较大。升到 200MW 负荷时，振动从空载时的 $64\mu m \angle 210°$ 变化到 $123\mu m \angle 205°$，变化量接近 $60\mu m$，后查明是由转子热变形引起的，因为振动趋势和高中压缸温度变化趋势十分相似。

从上述分析可知，由于测量仪器的改进和测试技术的提高，通过仪器测量，不但可

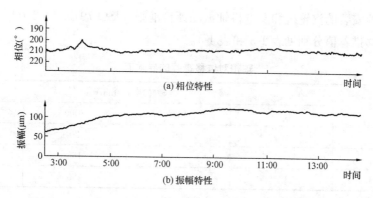

图 1-12　某厂 300MW 机组负荷从 0 升到 200MW 过程中测得的轴振 $2x$ 变化趋势

测得振动幅值（通频、工频等）和相位，而且可提供多种分析手段。以往传统采用的专业性质的振动分析试验做得较少，只是针对某台机组的某个振动问题，有时可能还要做些专门性的分析试验。如发现发电机转子有热变形，可能要进行励磁电流变化试验，若怀疑由匝间短路引起，可能要适当地延长稳定某个电流的时间。如发现支承部分振动较大，特别是轴向振动较大，可能要做轴承的外特性试验。测量轴承与轴承座、轴承座与台板、台板与基础之间的差别振动，测量轴承座前后、左右的振动差别，根据测试结果进行判别。大机组各轴承在运行中标高变化对轴承负载分配乃至对轴承振动均有较大的影响，通过轴承标高试验，可进一步分析产生振动（如低频振动）的原因，提供冷态找中心的预调量，目前这方面的试验也取得了一定的成果。

第三节　机组振动评价和控制

由于振动大，使转动部分或支承部分承受的应力增大，有可能危及机器的安全。运行中，轴振和瓦振必须加以控制，对新装机组和检修后机组的振动情况，必须进行评价。

国际上普遍采用 ISO 标准进行评价，ISO 标准转换为相应的国家标准，它将振动划分为 A、B、C、D 四个区域。

A 区：新投产的机器，振动通常在此区域内。

B 区：通常认为振动在此区域内的机器，可不受限制地长期运行。

C 区：通常认为振动在此区域内的机器，不适宜长期连续运行。在采取补救措施之前，机器可运行有限的一段时间。

D 区：振动在此区域内，其剧烈程度足以引起机器损坏，必须停机检修。

对运行中的机器振动变化，ISO 还做出了规定，其变化量不应超过 B 区上限值的 25%。若超过此值，不管振动值是增加还是减少，都应查清变化的原因，确定采取进一步的措施，必要时做停机处理。

机器在启动、停机或超速期间，ISO 推荐振动报警值在 B 区上限的 1.25 倍。为避免机器损坏，振动不应超过区域 C 的上限值。

（1）陆地安装的汽轮机和发电机轴振动评价准则（ISO 7919.2—2009）中轴相对位移和绝对位移推荐值分别见表1-3和表1-4。

表1-3　　　　　　　　　　　轴相对位移推荐的界限值　　　　　　　　　　　μm

区域上限	轴转速（r/min）			
	1500	1800	3000	3600
A	100	90	80	75
B	200	185	165	150
C	320	290	265	240

表1-4　　　　　　　　　　　轴绝对位移推荐的界限值　　　　　　　　　　　μm

区域上限	轴转速（r/min）			
	1500	1800	3000	3600
A	120	110	100	90
B	240	220	200	180
C	385	350	320	290

（2）功率50MW以上，陆地安装的汽轮机和发电机在轴承箱或底座上测量的振动烈度评定标准见表1-5（摘自GB/T 6075.2—2012）。

表1-5　　　　　　根据轴承座振动速度（有效值）评定的区域界限值　　　　　mm/s

区域上限	轴转速（r/min）	
	1500 或 1800	3000 或 3600
A	2.8	3.8
B	5.3	7.5
C	8.5	11.8

（3）国家质量监督检验检疫总局和国家标准化管理委员会于2013年3月推荐的轴的相对振动和绝对振动标准见表1-6和表1-7，与国际ISO标准基本相同。

表1-6　　　　　　大型汽轮发电机组转轴相对位移区域上限推荐值　　　　　μm

区域上限	轴转速（r/min）			
	1500	1800	3000	3600
A	100	95	90	80
B	120～200	120～185	120～165	120～150
C	200～320	185～290	180～240	180～220

表1-7　　　　　　大型汽轮发电机组转轴绝对位移区域上限推荐值　　　　　μm

区域上限	轴转速（r/min）			
	1500	1800	3000	3600
A	120	110	100	90
B	170～240	160～220	150～200	145～180
C	265～385	265～350	250～300	245～270

对于轴承的振动标准，我国基本上还是采用 1959 年《电力工业技术管理法规》中的标准，见表 1-8，只是强调了新装机组的轴承振动不宜大于 $30\mu m$。

表 1-8　　　　　　　　　　我国 1959 年颁发的轴承振动标准　　　　　　　　　　μm

轴转速（r/min）	优	良	合格
1500	30 以下	50 以下	70 以下
3000	20 以下	30 以下	50 以下

（4）目前运行的 300、600MW 机组轴的相对振动一般采用西屋公司的标准，使用报警值和停机值进行控制。

额定转速时，其满意值、报警值、停机值分别为满意值不大于 $76\mu m$（3mils），报警值不小于 $127\mu m$（5mils），停机值不小于 $254\mu m$（10mils）。

对于轴承振动没有明确规定，目前电厂中一般采用满意值不大于 $30\mu m$；报警值不小于 $50\mu m$；跳机值不小于 $80\mu m$。

（5）上述对机器振动的控制和评价，实际应用中还应考虑下列因素。

1）轴承支承刚度。支承刚度大，轴的相对振动就比较灵敏，能及时地反映出机器的振动变化和振动问题，这种情况下使用轴的相对振动来控制和评价机器振动比较恰当，如 300、600MW 机组 1、2 号轴承为落地式轴承，支承刚度大，应用相对振动进行控制和评价；若轴承的支承刚度较差，如 300、600MW 机组低压转子两端轴承坐落在排汽缸上，支承刚度差，这时若用轴的相对振动来控制和评定机器振动就不太合适，而用轴承盖振动（瓦振）就能及时和恰当地反映出振动问题。

2）振动产生性质。摸清机组振动的性质也是十分重要的，如振动是由转子热变形引起的，则有可能在停机过程中产生很大的振动，采用常规的方法显然不能很好地保护机器的安全。

3）机组具体结构。如 300MW 机组有冲动式和反动式两种结构，抵抗摩擦振动的能力有很大区别。冲动式为转盘和转轴结构，在中间轴封处摩擦，很容易产生弯轴事故，不应等到跳机值而应提前打闸停机。而反动式汽轮机为转鼓结构，不容易导致弯轴事故。对于三支承结构的 200MW 机组，由于高压轴封段较长，启动时由于动挠度增大很容易产生摩擦而导致弯轴事故，也不能等到跳机值，而应提前打闸停机。

4）关于 ISO 提出的振动变化控制，国内尚未执行。但若发现振动有趋势性的变化（如逐步增大），超过 B 区上限值，应查清变化原因，必要时做停机处理。

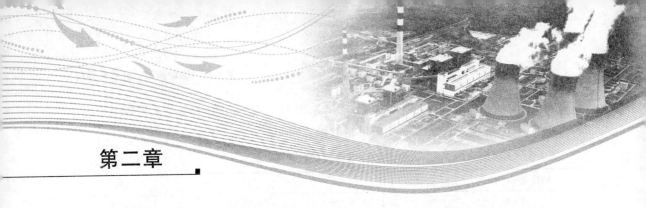

第二章

转子质量不平衡引起的振动和现场动平衡

第一节 挠性转子的变形规律和振动特性

一、不平衡产生的原因和判断

由转子质量不平衡引起的振动在以往中、小型机组中占有很大的比例，在大机组中，随着动平衡工艺的提高，由转子质量不平衡引起的振动相对于中、小型机组所占比例要少一些，但在整个振动问题中仍占有一定的比例。如国产 300MW 机组，某省先后投产数十台，安装调试期间几乎每台机组都做了现场平衡。

转子产生质量不平衡有多方面的原因。

（1）制造厂是单转子做平衡，至现场接入轴系后，转子振型和不平衡响应都发生了变化。

（2）单转子平衡时外伸端处于自由状态，不平衡响应高。接入轴系后，外伸端处于约束状态，不平衡响应大大降低。

（3）转子至现场接入轴系后，支承刚度及临界转速等发生了变化。另一方面，大机组除测量瓦振外，还必须测量轴振，对转子的平衡情况提出了更高的要求。

（4）运行中，叶片和围带磨损、飞脱、水蚀及结垢等因素的影响。

（5）热状态下转子变形。

对于刚性转子，由转子质量不平衡产生的离心力与转速平方成正比，升速过程中若转子上存在质量不平衡，则随着转速的升高，就能灵敏地反映出来。对于挠性转子，不但要考虑由转子质量不平衡产生的离心力引起的振动，而且还要考虑在该离心力作用下转子变形引起的振动。由于不平衡质量的分布是任意的，转子的变形又与它本身的固有频率、支承方式等有关，使分析挠性转子的振动比刚性转子复杂得多。为分析挠性转子的振动问题，首先必须了解挠性转子的变形规律和振动特性。

二、挠性转子的变形规律

1. 挠性转子的固有频率

由于挠性转子的变形是与固有频率相对应的，即某一阶固有频率对应某一种变形（称为振型）。将转子作为一个连续弹性体，就有无限多个固有频率，对应着无限多个振型。两端简支（铰支）的均布质量转轴的固有频率可表达为

$$\omega_i = \left(\frac{i\pi}{L}\right)^2 \sqrt{\frac{EI}{\rho}} \qquad (2\text{-}1)$$

式中 i——阶次；

　　L——轴长，mm；

　　E——弹性模量；

　　I——断面惯矩；

　　EI——轴的抗弯刚度，N·mm²；

　　ρ——单位轴长的质量，kg/mm。

在升速过程中，当转速等于轴的固有频率时，将会产生共振放大现象，该转速称为临界转速。显然，知道角频率 ω 后，即可算出临界转速为

$$n_i = \frac{\omega_i}{\pi} \times 30$$

从式（2-1）可知，轴的临界转速与系统参数有关。这些参数在一般情况下是不会改变的，故临界转速一般为常数。另外，还可知二阶临界转速与一阶临界转速之比为 $\omega_2 : \omega_1 = 4 : 1$，同样可知 $\omega_3 : \omega_1 = 9 : 1$。

轴系临界转速是以单转子临界转速为基础的，从低到高排列，称为轴系第一临界转速、轴系第二临界转速……，单个转子接入轴系后，由于对轮连接刚度等影响，其临界转速比自由状态高一些，但不管什么情况，应以实测值为准，可通过伯德图确定。

这里必须注意的是上述临界转速是假定在两端简支（铰支）的情况下得出的，两端铰支的边界条件为 $x=0$ 或 $x=L$ 时（x 为轴长的坐标，设轴长为 L，$x=0$ 或 $x=L$ 即为轴的端部）；$y=0$（挠度），$y'\neq0$（转角），$y''=0$（弯矩），$y'''\neq0$（剪力）。而实际上多数机组转子两端的边界条件是与上述假设不符合的，如 300、600MW 低压转子两端轴承坐落在排汽缸上，支承刚度差，当 $x=0$ 或 $x=L$ 时，挠度 y 不可能为 0。这不但使得上述公式中的某些关系不相符合，如 $\omega_2 : \omega_1$ 在实测中不等于 4：1。而且由于支承刚度差，会使临界转速大幅度降低乃至在工作转速前可能会遇到类似二阶的一至二个共振转速，这就是所谓的柔性支承临界转速。理论上也可以理解为转子质量和支承弹性构成的质量-弹簧系统的摆动自振频率，显然在某些特定情况下可能还会遇到更低的平移运动的自振频率。

由于通过临界转速时会产生共振放大现象，因此必须粗略地了解一下共振的特性。

所谓共振是当一个扰动力（一般为连续的）施加到一个振动系统上，若扰动力的频率等于或接近于振动系统的固有频率时，就会出现振动放大的现象，这就称为共振。

共振时的动力放大系数 R 和滞后角（位移滞后于扰动力的角度）φ 与 ω/ω_1、$2\varepsilon/\omega_1$ 的关系如图 2-1 所示，其中，ω 为扰动力频率；ω_1 为振动系统的固有频率；ε 为阻力系数，$\varepsilon = c/2m$；c 为阻尼；m 为质量。

$$R = \frac{1}{\sqrt{\left(1 - \dfrac{\omega^2}{\omega_1^2}\right)^2 + \dfrac{4\varepsilon^2\omega^2}{\omega_1^4}}}$$

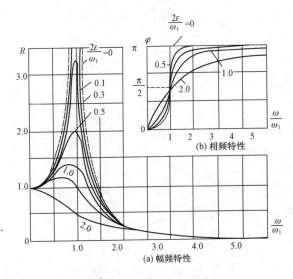

图 2-1　共振时幅频特性和相频特性

$$\varphi = \arctan \frac{2\varepsilon\omega}{\omega_1^2 - \omega^2}$$

从图 2-1 中可看到，当干扰力频率接近或等于振动系统的固有频率时，动力放大系数 R 迅速增大，在无阻尼时可达到无限大。动力放大系数随着阻尼的增加而减小，但共振区展宽。从相频特性看，共振时，滞后角 φ 不管阻尼的大小都是 $\frac{\pi}{2}(90°)$。在共振附近 φ 变化大，远离共振区时 φ 变化很小。

共振的这一特点可在伯德图上看到，通过临界转速时振幅急剧增大、相位突变。

2. 振型

所谓振型就是转子的变形曲线，即振幅沿轴长的函数表示。两端简支（铰支）的等截面转轴的振型为

$$y_i = A_i \sin \frac{i\pi}{L}x \tag{2-2}$$

式中　A_i——某阶振型系数；

　　　i——阶次；

　　　L——轴长，mm；

　　　x——以左边支点算起的轴长，mm；

　　　π——以弧度表示的角度，rad。

取 $i=1$，将 x 以不同的值如 $L/4$、$L/2$、$3L/4$ 等代入，即可画出一阶振型曲线。同样取 $i=2$、$i=3$ 可画出二阶、三阶振型曲线，如图 2-2 所示。

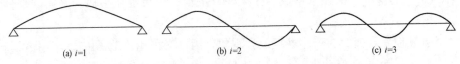

(a) $i=1$　　　　　　　(b) $i=2$　　　　　　　(c) $i=3$

图 2-2　两端铰支均布质量转轴的一、二、三阶振型曲线

必须指出的是，一、二、三阶振型曲线必须与一、二、三阶临界转速相对应，即转子只有通过一阶临界转速时才会出现一阶振型，通过二阶临界转速时才会出现二阶振型。从图 2-2 中可看出，一阶振型为半幅正弦曲线，作用在两端轴承上的力同相。二阶振型曲线类似于正弦曲线，作用在两端轴承上的力反相。可推论出，奇次振型作用在两端轴承上的力同相，偶次振型作用在两端轴承上的力反相。

在非共振状态下，振型可表达为各阶振型的迭加。考虑到工作转速（工作频率）的影响，主要是相邻两阶振型的迭加。汽轮发电机组中，汽轮机、发电机转子等工作频率

一般较低，只要考虑一、二、三阶振型即可，其函数表示为

$$y = A_1 \sin \frac{\pi}{L}x + A_2 \sin \frac{2\pi}{L}x + A_3 \sin \frac{3\pi}{L}x \tag{2-3}$$

若考虑到转速的影响，可写为

$$y = \frac{\omega^2}{\omega^2 - \omega_1^2}A_1 \sin \frac{\pi}{L}x + \frac{\omega^2}{\omega^2 - \omega_2^2}A_2 \sin \frac{2\pi}{L}x + \frac{\omega^2}{\omega^2 - \omega_3^2}A_3 \sin \frac{3\pi}{L}x \tag{2-4}$$

式中　　ω——工作转速；

ω_1、ω_2、ω_3——一、二、三阶临界转速。

可见某阶临界转速越接近工作转速，所对应的振型影响就越大。

振型的另一个性质是正交性。数学上三角级数具有以下的性质：

$$\int_0^l m(s) \sin \frac{n\pi s}{L} \sin \frac{k\pi s}{L} ds \qquad \begin{cases} n \neq k = 0 \\ n = k \neq 0 \end{cases}$$

这种性质称为正交性。$m(s)\sin \dfrac{n\pi s}{L}$ 可以看作代表 n 阶的不平衡分布，$\sin \dfrac{k\pi s}{L}$ 代表第 k 型振型曲线。

正交性的意义就是不平衡的第一阶分量只能激起转子一阶振型而不能激起其他振型，第二阶不平衡只能激起二阶振型，依此类推，彼此互不干扰。在动平衡中可通过共振将各阶振型分离出来，再利用这一性质逐阶平衡。

三、挠性转子的振动特性

1. 不平衡分布对转子变形的影响

研究梁的横向振动时的公式为

$$EI \frac{d^4 y}{dx^4} = \rho \omega^2 y \tag{2-5}$$

式中　　y——挠度，mm。

式（2-5）中，左边为梁上分布载荷的弹性表达式，右边为惯性载荷的最大值。由此可见梁上的载荷图形 $q(x)$ 一定与挠度图形 $y(x)$ 相似，显然对于一、二阶振型，梁上的载荷分布必然如图 2-3 所示。

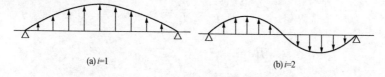

(a) $i=1$　　　　　　(b) $i=2$

图 2-3　一、二阶振型载荷分布

明确了载荷分布与振型的关系后，就可着手研究不平衡分布对振动的影响。

转子上不平衡分布是任意的，可用傅里叶级数按振型展开，用求取傅里叶系数的方法将各阶振型系数求出来。

如图 2-4 所示，假设转子中部有一不平衡重 Q，所处半径为 r，可以将 $Q \cdot r$ 看作分布在一段 $2h$ 长度上的

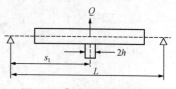

图 2-4　集中质量数学模型

17

分布载荷。如果用转轴的偏心距 $U(s)$ 来表示这种不平衡，则

$$U(s) = \begin{cases} \dfrac{Qr}{mg \cdot 2h} & s_1 - h \leqslant s \leqslant s_1 + h \\ 0 & s \text{ 在其他各点} \end{cases} \tag{2-6}$$

式中　m——转轴单位长度的质量，kg/mm；

　　　s——沿轴方向的位置，mm。

将 Q、r 引起的偏心距 $U(s)$ 按振型展开，则可得

$$U(s) = A_1 \sin \frac{\pi s}{L} + A_2 \sin \frac{2\pi s}{L} + A_3 \sin \frac{3\pi s}{L} + \cdots$$

$$= \sum_{k=1}^{\infty} A_n \sin \frac{n\pi s}{L} \tag{2-7}$$

式中　A_1、A_2、$A_3 \cdots A_n$——各阶振型系数。

可用求取傅里叶系数的方法求得

$$A_n = \frac{2}{L} \int_{s_1-h}^{s_1+h} \frac{Qr}{mg2h} \sin \frac{n\pi}{L}s \, ds = \frac{-2Qr}{mg2hL} \frac{L}{n\pi} \cos \frac{n\pi}{L}s \Big|_{s_1-h}^{s_1+h}$$

$$= \frac{-2Qr}{mg2hn\pi} \Big[\cos \frac{n\pi}{L}(s_1+h) - \cos \frac{n\pi}{L}(s_1-h) \Big] \tag{2-8}$$

$$= \frac{4Qr}{mg2hn\pi} \sin \frac{n\pi}{L}s_1 \sin \frac{n\pi}{L}h$$

当 $h \to 0$ 时，分布质量即代表了集中质量，这时：

$$\sin \frac{n\pi}{L}h \approx \frac{n\pi}{L}h$$

故式（2-8）可写为

$$A_n = \frac{4Qr}{mg2hn\pi} \frac{n\pi}{L}h \sin \frac{n\pi}{L}s_1$$

$$= \frac{2Qr}{mgL} \sin \frac{n\pi}{L}s_1$$

令

$$R = \frac{2Qr}{mgL}$$

则

$$A_n = R \sin \frac{n\pi}{L}s_1$$

从该式可知，只要知道不平衡分布的轴向位置，就可计算出各阶振型系数。如当 $s_1 = L/2$ 时，即在转子中部有一个集中质量时，利用上式就可算出各阶振型系数。

一阶振型系数：

$$A_1 = R \sin \frac{\pi}{L} \frac{L}{2} = R$$

二阶振型系数：

$$A_2 = R \sin \frac{2\pi}{L} \frac{L}{2} = 0$$

三阶振型系数：
$$A_3 = R\sin\frac{3\pi}{L}\frac{L}{2} = -R$$

利用这一方法，可计算出 s_1 在不同部位集中质量对各阶振型的影响，见表 2-1。

表 2-1　　　　　　　　　s_1 在不同部位集中质量对各阶振型的影响

集中质量位置	A_1	A_2	A_3	集中质量位置	A_1	A_2	A_3
$s_1 = \frac{1}{4}L$	$\frac{\sqrt{2}}{2}R$	R	$\frac{\sqrt{2}}{2}R$	$s_1 = \frac{2}{3}L$	$\frac{\sqrt{3}}{2}R$	$\frac{\sqrt{3}}{2}R$	0
$s_1 = \frac{1}{3}L$	$\frac{\sqrt{3}}{2}R$	$\frac{\sqrt{3}}{2}R$	0	$s_1 = \frac{3}{4}L$	$\frac{\sqrt{2}}{2}R$	$-R$	$\frac{\sqrt{2}}{2}R$
$s_1 = \frac{1}{2}L$	R	0	$-R$				

从表 2-1 中可知，当不平衡分布在转子中部时，主要激起一、三阶振型，但一、三阶振型在轴承上引起的动反力方向相反。由于该集中质量刚好在二阶振型的节点上，这时二阶振型系数 $A_2 = 0$，即不能激起二阶振型。当不平衡从中间向两侧移动时，则对一、二、三阶振型都有影响，但就某一阶振型来说，其大小是有变化的，如 $s_1 = L/4$ 处，这时一、三阶振型分量为 $\sqrt{2}R/2$，即与位于中部的集中质量相比，其振型系数为中部的 $\sqrt{2}/2 = 0.707$，可见对一、三阶振型来说灵敏度降低了。当不平衡分布在 $L/3$、$2L/3$ 处，由于位于三阶振型的节点上，三阶振型系数为 0。

现应用上述方法计算密封瓦碰磨对振动的影响。某电厂 300MW 机组运行中，发电机两端轴振不断地缓慢变化，其中轴振 $5x$ 变化最大，可从 $30\mu m$ 上升到 $120\mu m$，而后又下降。轴振动带有随机性质的反复变化，分析认为是由密封瓦碰磨引起的。已知发电机两轴承中心距 $L = 8150mm$，密封瓦离轴承中心的距离 $x = 298mm$。现假定由密封瓦碰磨使大轴临时弯曲产生的热不平衡力作用在密封瓦处，则可用上式计算出一、二、三阶振型系数：$A_1 = 0.115R$，$A_2 = 0.228R$，$A_3 = 0.338R$。

由于三阶临界转速远在工作转速之上，主要考虑一、二阶振型影响。可以看出，一、二阶振型系数均很小，使得碰磨过程中振动变化十分缓慢，而且能维持很长的时间。

2. 不平衡轴向位置与振型的关系

（1）不平衡对称分布在两端。这种不平衡分布可激发起一、三阶振型，由于二阶振型相抵消，可以不考虑。这种不平衡分布在伯德图上的特点是通过一阶临界转速振动较大，而后振幅较快地上升，至三阶临界转速附近再次出现峰值，振型图和伯德图如图 2-5 所示。

（2）不平衡分布在中部。这种情况在

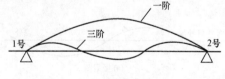

(a) 振型图

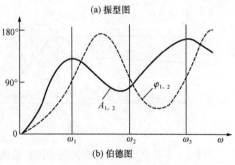

(b) 伯德图

图 2-5　不平衡对称分布在两端的
振型图和伯德图

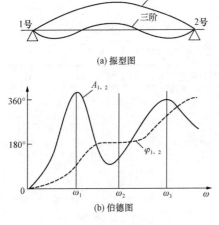

图 2-6 不平衡分布在中部的
振型图和伯德图

发电机转子上遇到的较多，如槽锲加工有误差就会形成这种不平衡。与上述不平衡分布在端部的不同之处是三阶振型在端部靠近轴承侧与一阶振型反相，与一阶振型相抵消，转子通过一阶临界转速后振幅很快地一直下降，可能要到接近工作转速时才能上升，如图 2-6 所示。显然这种振动特点在现场进行动平衡比较困难，因为在利用端部平衡槽平衡一阶振型时，将会产生三阶振型，使平衡工作无法进行下去。

（3）不平衡反对称分布。这时一、三阶振型系数为 0，即 $A_1=0$，$A_3=0$。转子在通过第一临界转速时振动小，没有明显的峰值。通过临界转速后振动上升，至工作转速时振动较大，两轴承相位差始终相差 180°左右，振型图和伯德图如图 2-7 所示。

（4）不平衡分布在一端。这种情况也是较常见的，现假定不平衡分布在 1 号侧，在该侧一、二阶振型同相，而在另一侧一、二阶振型反相。在升速过程中 1 号侧振动大于 2 号侧，通过第一临界转速后 2 号侧振幅降低较快，相位迅速分开，振型图和伯德图如图 2-8 所示。

（5）混合不平衡。混合不平衡中既有对称又有反对称不平衡，对称不平衡既不在端部，也不在中部，对称和反对称不平衡不在同一个平面上。这种情况是比较多的，多数不平衡分布与此相类似。其振型图和伯德图与图 2-8 相似，不同的是通过临界转速后 1、2 号侧相位慢慢地分开，相位差较小，如图 2-9 所示。

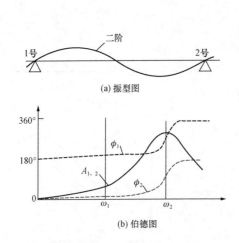

图 2-7 不平衡反对称分布的振型图和伯德图

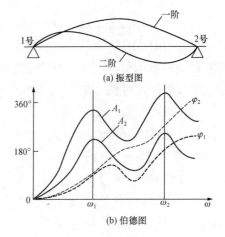

图 2-8 不平衡分布在一端的
振型图和伯德图

【例 2-1】图 2-10 为某厂 25MW 机组发电机转子在大修后开机测得的升速伯德图，该发电机转子第一临界转速设计值为1550r/min。从图 2-10 上可看到，在 1500r/min 附近有一个小的峰值，这时两端轴承振动相位同相，由于峰值不大（最大 $30\mu m$），说明转子上一阶不平衡量不大。通过临界转速后，发电机前轴承（3 号轴承）又出现一个峰值，转速在 1800r/min 左右，这刚好是汽轮机的临界转速，说明汽轮机振动对发电机前轴承的振动有一定的影响，从图 2-10 上看，对后轴承

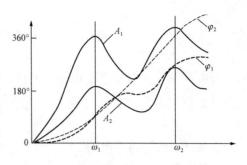

图 2-9　混合不平衡伯德图

（4 号轴承）影响不大。通过临界转速后，两端轴承振动相位快速分开，4 号轴承振动相位往回走 90°左右，说明不平衡在 4 号轴承侧，靠近端部。从幅值变化看，4 号轴承振动快速增加，主要原因是一、二阶振型同相，而 3 号轴承振动由于一、二阶振型反相而增加很小。后查明引起发电机振动变化的主要原因是在大修中发电机转子拉了两端护套，并改变了绝缘垫块的质量。由于不平衡分布靠近端部，在两端平衡槽内加重一定会收到好的效果。在动平衡时，考虑到通过一阶临界转速时振动不大，在两端平衡槽内反对称加重各 197g，整个转速范围内两端轴承振动均降到 $30\mu m$ 左右，平衡后升速伯德图如图 2-11 所示。

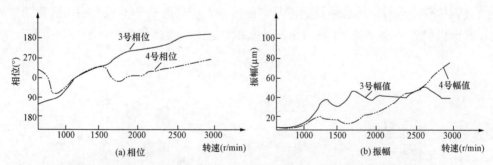

图 2-10　某厂 25MW 机组发电机转子在大修后开机测得的升速伯德图

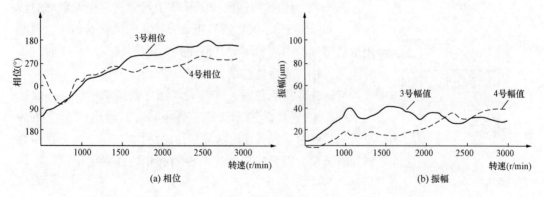

图 2-11　平衡后升速伯德图

21

第二节　不平衡周向位置的确定

传统的动平衡方法是采用试加重量后经动平衡计算确定不平衡周向位置，随着测试仪器的改进和测试技术的提高，不平衡的周向位置可通过测得的振动相位推算后确定。

改变过去现场动平衡试验中试加重量的习惯，有目的的而不是盲目的试加重量，这在很多情况下有十分重要的意义。一是在机器振动大的时候，如果试加重量的方位加得正确，就可以安全地升到工作转速，不会因为振动大而升不上去。二是对于那些不能调节转速的机器，如风机、水泵、电动机等，可增加安全感，这在原始振动大的时候尤其重要。三是试加重量位置加得正确，可以不取下，节省工作量。更为重要的是可以以此作为原始振动，加上应加重量后再次进行计算，提高了动平衡计算的精度。

1. 仪器相位角的定义

首先要明确仪器相位角的定义，目前常用的如本特利 208、408 和成都昕亚 VM9510 等仪器都是如第一章所述采用振动信号高点与基准脉冲前沿之间的角度，逆转向计数。明确这一定义后，就可根据所测得的相位角找到振动高点（位移高点）。

2. 不平衡高点位置的确定

找到位移高点后，还必须找到不平衡的高点，位移滞后于不平衡的角度称为滞后角，又称机械滞后角。理论上滞后角是转速和阻尼的函数，可表达为

$$\varphi = \arctan \frac{2\varepsilon\omega}{\omega_1^2 - \omega^2} \tag{2-9}$$

其中

$$\varepsilon = \frac{c}{2m}$$

式中　ε——阻尼系数；

　　　ω——扰动力频率；

　　　ω_1——振动系统固有频率。

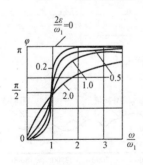

图 2-12　相频特性曲线

图 2-12 为相频特性曲线，从图中可看出，在无阻尼的情况下，当 ω 高于 ω_1 时，滞后角 φ 直接从 $0°$ 跳跃到 $180°$。随着阻尼的增加，滞后角增大，但在共振转速（$\omega/\omega_1 = 1$）时，不管阻尼大小，滞后角总是 $90°$。

实际选取滞后角时，在临界转速之前做动平衡，一般选 $30°$ 左右，以临界转速前 $200 \sim 300 \text{r/min}$ 时测得的相位角为准。虽然通过临界转速时的滞后角总是 $90°$，但一般不在临界转速时选取。因为临界转速时振幅和相位都变化很快，不容易测准。

对于多自由度系统，滞后角的选取可按图 2-13 进行，即当一阶振型平衡后平衡二阶振型时，反对称加重滞后角仍可选取 $30°$ 左右。

若在一阶临界转速后平衡一阶振型时采用对称加重，滞后角可选取 150°左右，这种情况一般应用较少。

3. 实际加重位置的确定

有时光电传感器（或电涡流传感器）与振动传感器不在同一个位置，这时必须要把测得的相位角进行修正。如图 2-14（a）所示，若振动传感器在光电传感器顺转向 90°处，由于相位是逆转向计数的，这时测得的相位角应减去 90°。有些仪器如早期生产的日本 DEP-D，相位是顺转向计数的，就应该加上 90°。

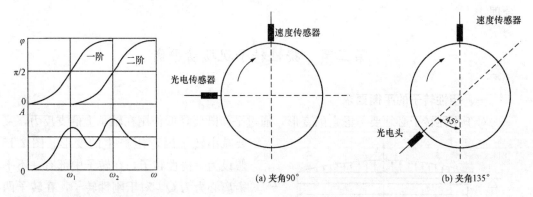

图 2-13　多自由度相频特性　　　图 2-14　速度传感器和光电传感器相对位置

【例 2-2】平衡一阶振型时加重位置的确定。

已知某转子一阶临界转速为 1933r/min，在临界转速前测得转子两侧垂直方向的振动值见表 2-2。

表 2-2　　　　临界转速前测得转子两侧垂直方向的振动值

转速(r/min)	1500	1550	1600	1650	1700	1750	1800
A 侧	17μm∠159°	19μm∠166°	23μm∠173°	29μm∠183°	31μm∠192°	39μm∠200°	51μm∠214°
B 侧	12μm∠166°	13μm∠173°	14μm∠182°	15μm∠190°	17μm∠198°	20μm∠207°	—

从表 2-2 中可看出，两端振动相位比较接近，经综合考虑后选取相位角为 200°。光电头和振动传感器装设位置如图 2-14（b）所示，于是可计算出转子上不平衡位置为 35°，显然加重位置为 215°或−145°。由于是逆转向计数，得到的 215°应为转子光标前沿逆转向 215°或顺转向 145°。

【例 2-3】平衡二阶振型时加重位置的确定。

某厂 300MW 机组低压转子在升速过程中测得两端垂直瓦振值见表 2-3。

表 2-3　　　某厂 300MW 机组低压转子在升速过程中测得两端垂直瓦振值

转速(r/min)	2700	2800	2900	2950
A 侧	45μm∠164°	69μm∠175°	102μm∠205°	98μm∠226°
B 侧	10μm∠28°	19μm∠358°	37μm∠21°	41μm∠43°

二阶临界转速为 2950r/min 左右，从升速特性看，2800r/min 以后两轴承振动相位相差 180°左右，选取 2800r/min 时的相位比较合适。振动传感器和光电头的装设位置同

上，于是可以算出加重位置：A 侧为 $-170°$，光标前沿顺转向 $170°$。B 侧为 $13°$，光标前沿反转向 $13°$。

若两端轴承振动相位不是相差 $180°$，为不影响一阶振型，可以振动大的一端的相位为准，另一端与此相差 $180°$。如果有把握能同时减小一阶振型，另一端也可按测得的角度加重。

经动平衡计算后可得到正确的加重角度，校对上述计算出的试加重角度，不断地积累经验。若能统计出临界转速前后的相位变化规律，按得出的规律选择滞后角则更为合理。

第三节　挠性转子现场动平衡

一、挠性转子的平衡要求

对于挠性转子必须要考虑它的变形，通过平衡既要降低作用在轴承上的支反力，又要减小转子因弯矩产生的变形。图 2-15

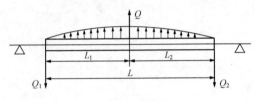

图 2-15　挠性转子不平衡示意图

假设为一挠性转子，在转子中部有一不平衡离心力为 Q。对于刚性转子，在转子两端平衡槽内加上平衡重量 Q_1、Q_2，只要做到 $Q_1 + Q_2 = Q$，$Q_1 L = Q L_2$（或 $Q_2 L = Q L_1$），转子在任何转速下都是平衡的。对于挠性转子，由于 Q_1 和 Q_2 两加重平面之间的轴段仍然受 Q 的作用而会发生变形，因此在高转速下将会产生新的不平衡，由转子变形产生的力是不可忽视的。若设重心处的偏心距为 e，则由偏心距产生的离心力为

$$F = me\omega^2 = me \left(\frac{\pi n}{30}\right)^2 \tag{2-10}$$

式中　m——转子质量，kg；

　　　n——转速，r/min。

在工作转速时，若偏心距 $e = 0.1\text{mm}$，则离心力就与整个转子的质量相等。

在目前实际动平衡工作中，在限定的两端平衡面上加重来同时平衡支反力和挠曲变形实际上是不可能的。某些转子不平衡量太大，加的集中质量过多，在高转速时转子因新的变形有可能在停机过程中出现大的振动。通过挠性转子的平衡，必须尽可能地减小变形。在现场平衡中由于加重平面的限制，在只有端部两个平衡面的情况下，平衡一阶振型就意味着是同方向加重，平衡二阶振型就意味着是反方向加重。在不平衡量较大的情况下，平衡效果会受到一定的影响。

二、挠性转子的平衡方法

国内较早的方法是影响系数法，分别求出两端加重的影响系数，而后用消元法或行列式求解。由于这种方法启停次数较多，求取影响系数时并不一定在优区或良区，而且就影响系数本身来说也不一定是常数。故这种方法虽然采用了最小二乘法、加权迭代等

数学处理，其平衡效果总是不太理想。一旦效果不好又不能及时地查出问题，近几年来这种方法一般用得很少。目前广泛使用振型影响系数法，这种方法的特点是按振型加重，用影响系数进行计算，启停次数少，效果好。特别是对于大型汽轮发电机组，高中压转子、低压转子、发电机转子和励磁机转子的对称性均较好，实际的振型形状与设想的振型形状差别不大，采用这种方法进行动平衡都能收到较好的效果。

随着测量仪器、测试技术的改进和提高，以及动平衡经验的积累，一次加准法也正在推广使用。所谓一次加准法就是只需加重一次就能将转子平衡，显然这种方法可大大缩短动平衡所需的时间，将动平衡费用减到最小。而且可利用机组检修的机会配重，对大机组具有特别重要的意义。

三、振型影响系数动平衡法

（1）在升速过程中测出转子瓦振或轴振的伯德图，300、600MW 机组高中压转子一般采用轴振，低压转子一般采用瓦振。根据伯德图分析转子上不平衡的大小、性质和轴向分布，确定临界转速，并判断临界转速是否发生变化。

（2）确定动平衡方案。如果一、二阶振型都需平衡，一般先从低阶开始，先平衡一阶振型再平衡二阶振型，也可以一、二阶振型同时平衡。理论上一、二阶振型是正交的，即平衡好一阶振型再平衡二阶振型时，一般对一阶振型不会产生影响。在平衡过程中应注意观察，得到规律后还可在平衡二阶振型的过程中，对一阶振型进行适当调整。

（3）在只有端部两个平面能够加重的情况下，对于那些对称性较好的转子，如低压转子、发电机转子等，平衡一阶振型采用对称加重，即在两端平衡槽内加上大小相等、方向相同的重量。平衡二阶振型采用反对称加重，即在两端平衡槽内加上大小相等、方向相反的重量。如有三个加重面（如 300、600MW 机组高中压转子）应根据不平衡的轴向分布进行加重，必要时可考虑中间平衡面上配重。有时在现场无法在转子本体部分上加重（如 300、600MW 机组发电机转子），也可考虑在外伸端加重。

（4）试加重量的位置应根据测得的相位角、振动传感器与光电传感器（或涡流传感器）的相对位置和滞后角确定（如上所述）。

（5）加上试加重量开机测得振动后，即可用影响系数法进行动平衡计算。影响系数 $K = (\overline{A}_1 - \overline{A}_0)/\overline{P}$，为加上单位重量后对振动的影响。其中，$\overline{A}_1$、$\overline{A}_0$ 分别为加上试加重量后及未加重（原始）时的振动，$\overline{P}$ 为试加重量。

应加重量 $G = -\overline{A}_0/k$，显然该式是根据两个线性条件得出的：①相同转速下轴承的振动正比于转子上不平衡质量的大小；②位移滞后于不平衡离心力的角度不变。

由于按转子振型进行加重，平衡一阶振型时在一阶临界转速附近测取数据，一阶不平衡分量通过共振分离出来。平衡二阶振型时在工作转速前测取数据，使二阶分量分离出来。这样在进行动平衡计算时可用单平面计算，大大简化了计算工作。由于是按振型加重，可单端计算，另一端作为校核。

为得到一个比较合理的加重方案，采用多个转速进行计算。在临界转速前或在工作转速前选取 4~5 个转速作为平衡转速进行计算，根据计算结果找出合理的加重方案。

某转子临界转速为 1933r/min，试加重量 $170g \times 2 \angle 0°$，表 2-4 和表 2-5 分别为平衡

一阶振型时 A、B 端轴承振动的计算结果。

表 2-4　　　　　　　　　　平衡一阶振型时 A 端轴承振动的计算结果

转速(r/min)	1500	1550	1600	1650	1700	1750	1800
A_0	$17\mu m\angle159°$	$19\mu m\angle166°$	$23\mu m\angle173°$	$29\mu m\angle183°$	$31\mu m\angle192°$	$39\mu m\angle200°$	$51\mu m\angle214°$
A_{01}	$11\mu m\angle127°$	$13\mu m\angle134°$	$16\mu m\angle142°$	$19\mu m\angle152°$	$21\mu m\angle159°$	$27\mu m\angle165°$	$33\mu m\angle178°$
$k(\mu m/g)$	0.058	0.063	0.074	0.094	0.105	0.135	0.180
G	$294g\angle-35°$	$305g\angle-40°$	$314g\angle-41°$	$305g\angle-37°$	$299g\angle-40°$	$288g\angle-42°$	$280g\angle-39°$

表 2-5　　　　　　　　　　平衡一阶振型时 B 端轴承振动的计算结果

转速(r/min)	1500	1550	1600	1650	1700	1750
B_0	$12\mu m\angle166°$	$13\mu m\angle173°$	$14\mu m\angle182°$	$15\mu m\angle190°$	$17\mu m\angle198°$	$20\mu m\angle207°$
B_{01}	$8\mu m\angle122°$	$9\mu m\angle129°$	$10\mu m\angle135°$	$11\mu m\angle140°$	$13\mu m\angle147°$	$15\mu m\angle152°$
$k(\mu m/g)$	0.047	0.053	0.060	0.070	0.080	0.099
G	$245g\angle-44°$	$245g\angle-46°$	$232g\angle-47°$	$220g\angle-47°$	$217g\angle-47°$	$203g\angle-46°$

从表 2-4 的计算结果看，各个转速下虽然加重的灵敏度（影响系数）相差较大，1500r/min 和 1800r/min 的 k 值相差三倍，但计算出的应加重量的大小和方位相差很小，将应加重量选择 $300g\angle-40°$ 左右比较合适。从表 2-5 的计算结果看，应加重量的大小有些差别，但方位都非常接近。该方位与表 2-4 算出的结果也很接近，最终考虑以振动大的一端为主，应加重量选择 $300g\times2\angle-40°$。加上该重量后，通过临界转速时两端轴承振动均在 $30\mu m$ 以下，一阶振型得到充分的平衡。

在平衡工作转速时的振动中，有时两端分别计算出的平衡重量相差较大，主要是二阶振型没有充分分离，同时受外部因素干扰较大（如受相邻转子振动的影响），这时可以振动大的一端为主进行适当调整。

（6）用振型影响系数法进行平衡，若为减少启停次数，可根据测得的相位角同时加上一对对称和一对反对称重量，也可用谐分量法，一般启停三次可完成现场平衡。若逐阶平衡，平衡一、二阶振型需启停 5 次，但其中 1～2 次是低转速，很容易完成。特别是在一阶振型振动较大时，逐阶平衡比较合理。由于谐分量法的假设条件是转子质量对称，两端支承刚度对称，与现场条件差别较大，一般不予采用。

四、一次加准法

（1）随着机组单机容量的不断增大，如何应用一次加准法进行现场动平衡，已日益引起振动专业人员、现场工程技术人员和现场生产管理人员的关注，一次加准法的意义如下。

1）可将动平衡所需的启动次数减到最少，节约启动费用，节省动平衡所需时间，这对大机组来说具有很大的经济效益。如一台 600MW 机组，启动一次需要花费数十万元和多花几个小时。尤其是某些机组如东方 600MW 低压转子现场动平衡，必须停机冷却一段时间后才能进入排汽缸加重，若多开一次机，则花费的时间就更长。

2）对某些在动平衡过程中不能现场加重的转子，如某些 300、600MW 汽轮机转子和发电机转子，可利用检修中揭缸、抽转子的机会进行加重，简化了配重工艺，可使动平衡的花费（经济上和时间上）降到最低。

3）对某些振动变化大、振动不稳定的机组，可选择性地进行平衡，如可选择额定负荷运行时的振动数据作为平衡参考点。

4）对于某些振动偏大、启动过程中不能调速的机器如风机、电动机等，可避免因加重不当而危及机器的安全运行。

5）汽轮机通流改造缩小动静间隙后，可避免在动平衡过程中因加重不当振动增大从而使间隙增大而影响经济性。若在通流改造时预先加重，则对机组经济性尤能保障。

（2）选择滞后角是一次加准法的关键。动平衡工作中的首次加重（称为试加重量）以前是随意加的（如采用影响系数法），随着测试技术的发展和动平衡技术的提高，目前试加重量可根据测得的相位角进行推算，其加重方位 θ（以转子上键相槽或光标为 0 位）为

$$\theta = \varphi - \alpha_1 - \alpha_2 \pm \beta \pm 180° \tag{2-11}$$

式中　φ——测得的相位角；

　　α_1——机械滞后角，即位移滞后不平衡力的角度（简称滞后角）；

　　α_2——仪器（包括传感器）滞后角，目前一般可以做到很小；

　　β——振动传感器与键相传感器（或与光电探头）的夹角。

若不考虑仪器滞后角，振动传感器和键相传感器在同一位置，则式（2-11）可简化为

$$\theta = \varphi - \alpha_1 \pm 180° \tag{2-12}$$

由于相位角 φ 可测得，机械滞后角 α_1 即为计算加重位置的关键，α_1 如何选择见前述不平衡周向位置的确定。

（3）汽轮发电机转子为连续弹性体，是多自由度系统，滞后角可按动平衡时的转速进行选择。若采用振型分离法进行动平衡时，由于是通过共振将一阶、二阶振型分量分离出来，给正确选择滞后角创造了条件。在平衡一阶振型时，以一阶临界转速前测得的相位角为准，取滞后角 30°～50°计算加重位置。在平衡二阶振型时，以二阶临界转速前测得的相位角为准，同样取滞后角 30°～50°计算加重位置。若取临界转速后的相位角，则滞后角可取 130°～150°，临界转速时取滞后角 90°。实际选取时，还可根据实测到的各个转速相位角变化规律选取。

（4）从多台机组现场实施的情况看，一次加准法是可行的（详见［例 2-9］～［例 2-11］）。与其他方法相比具有独特的优点，如汽轮机通流改造缩小动间隙后，机组大修中直接在转子上预先加重，若振动能如期减小，则可保障通流改造后的经济性。

从现场实践的情况看，由于选择滞后角时的转速范围较宽，存在一定的经验性，有待于进一步积累和同行之间的交流。

第四节　振型影响系数法动平衡实例

【例 2-4】某些机组仅是通过一阶临界转速或接近工作转速时振动偏大，平衡时可

针对一阶或二阶振型进行。由于振型具有正交性，故其他阶振型不会受到影响。

（1）某电厂一台125MW机组，正常运行时发电机两端轴承（分别为4、5号轴承）瓦振均在40μm以下（4号⊥28μm、5号⊥39μm）。但在启、停机通过一阶临界转速（1300r/min左右）时，4、5号⊥振动均在100μm左右，显然主要是平衡一阶振型，决定对发电机转子进行现场动平衡。

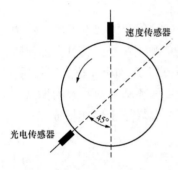

图2-16　速度传感器和光电传感器相对位置

在发电机励端轴的外露部分粘贴光标，在4、5号轴承上垂直装设振动传感器，振动传感器和光电传感器的相对位置如图2-16所示。在开机升速过程中测得发电机4、5号轴承原始振动测量结果见表2-6，由于在历次启、停中已知发电机两端轴承的振动规律，为节省动平衡时间，转速升至一阶临界转速以后即停机加重。

（2）根据所测得的相位及图2-16中速度传感器与光电传感器的相对位置，估算试加重量的周向位置。从表2-6中可看出相位角的变化还是比较有规律的，一般选择临界转速前100～200r/min时测得的振动相位来进行计算，则滞后角可取20°～30°（临界转速时滞后角为90°），现取相位角为0°、滞后角取20°，则可估算出试加重的位置为−65°。平衡一阶振型时可选择两端对称加重，发电机转子具有较好的对称性，决定在光标前沿顺转向65°处加重，每侧平衡槽内各加重350g，加上试加重量后振动测量结果见表2-7。

表2-6　　　　　　　　　　　发电机4、5号轴承原始振动测量结果

转速 (r/min)	4号⊥	5号⊥	转速 (r/min)	4号⊥	5号⊥
800	5μm∠288°	5μm∠283°	1150	23μm∠358°	26μm∠3°
850	8μm∠300°	7μm∠292°	1200	34μm∠3°	40μm∠5°
900	11μm∠345°	11μm∠307°	1230	47μm∠10°	52μm∠15°
950	8μm∠321°	12μm∠324°	1260	63μm∠23°	67μm∠24°
1000	12μm∠325°	15μm∠328°	1300	86μm∠70°	97μm∠70°
1050	16μm∠339°	18μm∠336°	1320	80μm∠70°	96μm∠90°
1100	19μm∠351°	20μm∠356°	1340	74μm∠109°	90μm∠111°

表2-7　　　　　　　　　　　加上试加重量后振动测量结果

转速 (r/min)	4号⊥	5号⊥	转速 (r/min)	4号⊥	5号⊥
850	6μm∠317°	5μm∠296°	1150	17μm∠359°	19μm∠2°
900	9μm∠14°	6μm∠313°	1200	24μm∠5°	28μm∠9°
950	3μm∠326°	8μm∠316°	1250	45μm∠17°	50μm∠20°
1000	7μm∠329°	11μm∠331°	1290	80μm∠55°	89μm∠54°
1050	10μm∠337°	13μm∠345°	1312	78μm∠81°	91μm∠80°
1100	13μm∠352°	15μm∠256°	1335	70μm∠105°	83μm∠107°

（3）加上试加重量后的振动与原始振动相比较，用相对相位法进行动平衡计算。由

于是按振型进行加重，可简化为单平面计算，两端分别计算后再进行校核。表2-8为动平衡计算结果，为能得到正确的应加重量，采用多个转速进行计算。根据计算结果，并考虑到风扇环处平衡槽内不宜加重过多，最后决定在原试加重量方位处各加重1225g（包括试加重量）。加重后通过一阶临界转速时，4号⊥、5号⊥振动最大分别为$31\mu m$ $\angle108°$、$37\mu m\angle111°$，已达到预期效果，一阶振型平衡结束。

表2-8 动平衡计算结果

转速 (r/min)	4号⊥	5号⊥	转速 (r/min)	4号⊥	5号⊥
1000	833g∠5.5°	1294g∠8°	1150	1339g∠3°	1298g∠357°
1050	932g∠358°	1136g∠21°	1200	1185g∠5°	1145g∠9°
1100	1107g∠3°	1400g∠0°	1250	1557g∠357°	1802g∠356°

（4）紧接着再将转速不断升高到3000r/min，测得升速伯德图如图2-17所示。可看到通过一阶临界转速后，4号⊥、5号⊥振动均很小。在2800r/min以前振动均未超过$10\mu m$，3000r/min时4号⊥、5号⊥振动分别为$9\mu m\angle131°$、$12\mu m\angle264°$，一阶振型分量减小的同时也降低了工作转速时的振动（在伯德图上还标出了平衡前通过一阶临界转速时的振动）。

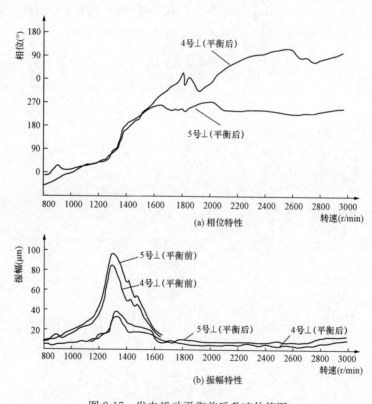

图2-17 发电机动平衡前后升速伯德图

【**例2-5**】某自备电厂一台22MW余热发电机组，带负荷运行中发电机前轴承振动偏大，有时超过$50\mu m$，需在工作转速下进行动平衡。

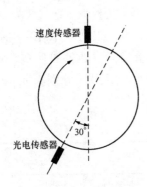

图 2-18 光电传感器和
速度传感器相对位置

（1）在发电机后轴承内侧轴的外露部分粘贴光标，在 3、4 号轴承（分别为发电机前、后轴承）上垂直装设振动传感器，光电传感器与振动传感器相对位置如图 2-18 所示。在启动升速过程中测得振动伯德图如图 2-19 所示，可以看到在通过发电机一阶临界转速时（约 1560r/min）振动较小，最大未超过 $20\mu m$，说明一阶不平衡分量较小。转速 2400r/min 以后瓦振 3 号⊥上升较快，至 3000r/min 时达 $40\mu m$。从相位变化看，至 3000r/min 时 3、4 号轴承振动相位差达 145°，说明存在一定的二阶不平衡分量。显然要降低带负荷运行中的 3 号⊥瓦振，只要通过工作转速的平衡减小二阶分量即可。

（2）考虑到发电机转子对称性较好，平衡二阶振型时采用反对称加重。为减少启动次数，试加重量时加重方位根据所测得的相位角进行估算，以 3 号⊥为准取 3000r/min 时的相位角 $\varphi=350°$，取滞后角 $\alpha=30°$，振动传感器和光电传感器夹角 $\beta=150°$，则试加重量位置可估算为（3 号轴承侧）$\theta=-10°$。

试加重量的大小根据同型转子的灵敏度取 150～200g，按已做好的平衡块实际加重为光标前沿顺转向 10°加重 176g，加装在端部风扇环平衡槽内。4 号轴承侧风扇环平衡槽内加重与 3 号轴承侧大小相等，方向相反，即光标前沿反转向 170°加重 176g。

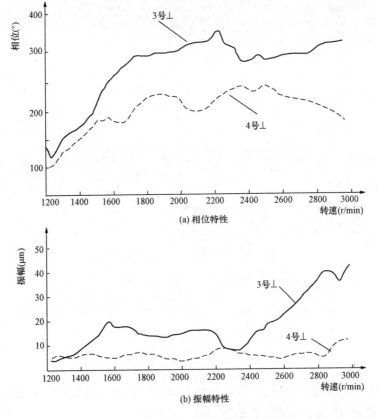

(a) 相位特性

(b) 振幅特性

图 2-19 动平衡前发电机升速伯德图

（3）加上试加重量后由于是反对称加装，通过发电机转子一阶临界转速时振动变化很小，3 号⊥、4 号⊥均未超过 20μm。至工作转速时，3 号⊥、4 号⊥振动分别为 4μm ∠321°、8μm∠78°，转速 2500r/min 以后发电机振动均未超过 10μm，动平衡工作结束。带负荷运行经较长时间测量，负荷 10 360kW 时 3 号⊥、4 号⊥振动分别为 12μm ∠278°、9μm∠316°，均在 15μm 以内。

【例 2-6】同时平衡一阶临界转速和工作转速时的振动。

（1）某自备电厂 25MW 机组带负荷运行中振动不稳定，发电机前轴承振动可超过 50μm。为降低机组振动，提高稳定性，决定进行现场动平衡。

在 4 号轴承（发电机后轴承）内侧轴的外露部分粘贴光标，光电传感器在振动传感器顺转向 160°的位置。升速过程中测得发电机前、后轴承振动伯德图（图 2-20），从图中可看出，通过一阶临界转速时（1390r/min），3、4 号轴承垂直振动分别达 98μm、53μm（表 2-9），至 3000r/min 时，3、4 号轴承振动分别为 23μm 和 11μm（表 2-10）。

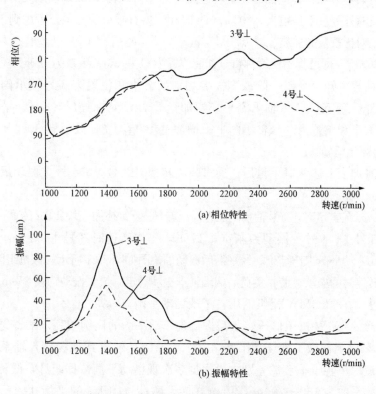

图 2-20　发电机前、后轴承振动伯德图

表 2-9　　　　　　　临界转速前发电机轴承振动值（临界转速 1390r/min）

转速 （r/min）	1150	1200	1250	1300	1350
3 号⊥	16μm∠97°	22μm∠109°	31μm∠114°	53μm∠129°	78μm∠148°
4 号⊥	17μm∠110°	19μm∠114°	22μm∠118°	35μm∠132°	46μm∠150°

表 2-10 工作转速前发电机轴承振动值

转速 (r/min)	2790	2850	2900	2950	3000
3 号⊥	$12\mu m\angle 44°$	$11\mu m\angle 62°$	$13\mu m\angle 70°$	$17\mu m\angle 82°$	$23\mu m\angle 90°$
4 号⊥	$10\mu m\angle 180°$	$10\mu m\angle 174°$	$11\mu m\angle 170°$	$11\mu m\angle 168°$	$11\mu m\angle 168°$

（2）分析认为发电机振动问题主要是一阶不平衡分量大，也存在一定的二阶不平衡分量。为减少启停次数，决定同时加上一对对称重量和一对反对称重量，对称重量平衡一阶振型，反对称重量平衡二阶振型。对称重量和反对称重量的加装位置，均按测得的相位角和光电传感器与振动传感器的装设位置确定。

根据临界转速前测得的振动相位（见表 2-9），取相位角 120°，滞后角 30°即可确定对称重量的加装位置，$Q_1 = 70°$。加装位置为光标前沿反转向 70°，加重 217g（加重大小根据同型转子影响系数估算）。

根据工作转速及工作转速前面几个转速测得的振动（表 2-10），确定反对称重量加重位置。可看出反对称分量不是很大，3000r/min 时相位差有减小的趋势。考虑到带负荷后 3 号⊥增大，故反对称重量的加装位置以 3 号⊥振动为主，略兼顾 4 号⊥振动。3 号⊥取相位角 80°，滞后角取 30°，即可算出反对称重量加装位置为 $Q_2 = 30°$，重量为 100g。

经上述估算可知，平衡一阶振型需要加重的大小和位置为 3 号轴承侧平衡槽加重 217g，光标处反转 70°；4 号轴承侧平衡槽加重 207g，光标处反转 70°。平衡二阶振型需要加重的大小和位置为 3 号轴承侧平衡槽加重 100g，光标处反转 30°；4 号轴承侧加重 100g，光标处反转 210°。

（3）同时加上上述两对重量后，通过临界转速时 3 号⊥、4 号⊥振动最大为 51μm、29μm，3000r/min 时 3 号⊥、4 号⊥振动都为 14μm。

在固定成永久重量时，3 号轴承侧在光标反转 30°处又补加一块 101g 的重量，通过一阶临界转速时 3 号⊥、4 号⊥振动为 47μm、27μm，工作转速时 3 号⊥、4 号⊥振动分别为 11μm 和 14μm，动平衡工作结束。经平衡后振动伯德图如图 2-21 所示，该机组因降低了临界转速和工作转速时的振动，使带负荷后两端轴承振动稳定，最大振动均在 25μm 以下。

【例 2-7】国产 300MW 机组低压转子现场动平衡。

（1）国产 300MW 机组低压转子需进行现场动平衡的比例较高，某省先后安装的数十台机组 90％以上都做了现场动平衡，其主要原因是转子到现场接入轴系后不平衡响应高，与制造厂单转子平衡的差别大。根据多次现场动平衡数据统计，低压转子后轴承振动幅值影响系数为 $180\sim 200\mu m/kg$（在转子两端直径 1m 的平衡孔内反对称加重）。造成不平衡响应高的主要原因有：

1）为缩短轴系长度，低压转子坐落在排汽缸上，轴承承力中心离基础横梁 1m 多，构成了悬臂结构。与落地式轴承相比，支承刚度差，且在垂直方向有刚度差别，垂直振动的同时，也会出现较大的轴向振动。

2）二阶共振转速比较接近工作转速，共振放大作用使不平衡响应大大提高。

3）后轴承外伸部分有短轴，与之相邻的发电机转子为端盖式轴承，抗振能力较差，轴承标高受氢压等影响，不确定因素多。

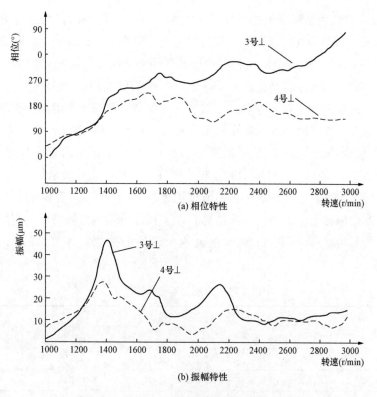

图 2-21　加上永久重量后发电机升速伯德图

（2）在现场进行低压转子动平衡一般能收到较好的效果。图 2-22 是某电厂 1 号机

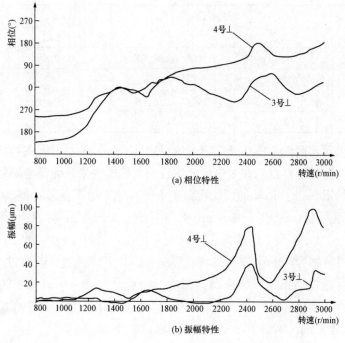

图 2-22　某厂 1 号机组冷态开机低压转子瓦振伯德图

组（300MW）安装调试时测得的低压转子瓦振伯德图，可看出，当通过第一临界转速（约 1650r/min，设计值 1554r/min）时振动不大，都在 20μm 以下。一阶临界转速后至 2450r/min 左右出现一个峰值，从相位特性看，两轴承振动相位相差约 180°。随着转速的升高，至 2930r/min 左右又出现一个峰值，两端相位也是相差 180° 左右。分析认为，低压转子上存在较大的反对称分量，虽然第二临界转速从理论上远离工作转速，但由于低压转子质量大、支承刚度差，从结构上看构成了质量-弹簧系统。从实测到的情况看，该质量-弹簧系统的自振频率刚好在工作转速内和工作转速附近，显然频率较低的（2450r/min 左右）是对应 4 号轴承的，频率较高的是对应 3 号轴承的。

采用振型影响系数法进行动平衡。取试加重量为 350g×2，在两端平衡孔内反对称加设，加重方位根据测得的相位进行估算。加上试加重量测得振动后，与原始振动相比较进行动平衡计算。采用 3000r/min 之前四个转速的数据，计算结果见表 2-11 和表 2-12。

表 2-11 以 4 号⊥为准动平衡计算结果

转速 (r/min)	A_0	A_{01}	K_A (μm/g)	G_A
2700	45.2μm∠164°	25.4μm∠144°	0.0658	687g∠−22°
2800	69.3μm∠175°	36.2μm∠149°	0.1144	606g∠−23°
2900	102.0μm∠205°	51.7μm∠175°	0.179	568g∠−24°
2950	97.5μm∠226°	48.9μm∠191°	0.182	534g∠−26°

表 2-12 以 3 号⊥为准动平衡计算结果

转速 (r/min)	A_0	A_{01}	K_A (μm/g)	G_A
2700	9.84μm∠28°	7.31μm∠81°	0.0228	432g∠47°
2800	18.5μm∠358°	6.13μm∠17°	0.0367	504g∠9°
2900	37μm∠21°	14.8μm∠19°	0.0635	583g∠−1°
2950	40.5μm∠43°	16.2μm∠37°	0.0698	580g∠−4°

从计算结果看，两轴承单独计算出的结果之间有一定差别，但在 2800r/min 以后差别缩小，预计加上应加重量后在工作转速附近会有好的效果。综合考虑后，决定在两端平衡孔内分别加重 550g（原加的试加重量不取下，顺转动方向再加上 200g）。

加上应加重量后，转速 3000r/min 时 3 号⊥、4 号⊥振动为 11.7μm、23.5μm，2940r/min 时 3 号⊥、4 号⊥的峰值振动分别为 11μm、39μm，2450r/min 时 3 号⊥、4 号⊥的峰值振动分别为 13μm、38μm，动平衡工作结束。显然，若要进一步减小振动，可将试加重量后的振动作为原始振动，新增加的重量（550g−350g＝200g）作为试加重量再进行计算，会得到更好的效果。根据计算，后来在一次检修中在应加重量位置逆转向 20° 处各加重 150g，使工作转速时振动均降到 20μm 以下。

关于该型机组低压转子平衡二阶振型时的滞后角选择，从多台机组统计的规律看，与相频特性有关。若在峰值转速（如图 2-21 中 2930r/min）以后，滞后角 α 可取 110°～130°，若在峰值转速以前可选 30°～50°，峰值转速时选 90°，根据测得的相频特性选取滞后角更为合理可靠。

【例 2-8】国产 300MW 机组高中压转子因调节级叶片磨损、转子应力释放等原因已有多台机组在现场做了动平衡，从现场平衡情况看，若一阶不平衡量较大，在中间平衡面上加重灵敏度较高，可收到较好的效果。但由于中间平衡面并不位于二阶振型的节点上，在某些情况下还应考虑对二阶振型的影响。

（1）某电厂 300MW 机组高中压转子返制造厂更换调节级叶片，并在制造厂做了高速动平衡。回厂装复后在开机过程中发现高中压转子轴振偏大，用 VM9510 十六通道测振仪测得升速伯德图如图 2-23 所示。从图中可看出，通过一阶临界转速（1500r/min 左右）时，轴振 $2x$、$1x$ 偏大（$1x$、$1y$ 为前轴承处轴振，$2x$、$2y$ 为后轴承处轴振），工频振动分别为 $95\mu m$、$89\mu m$。通过临界转速后振动略有降低，在 2030r/min 暖机过程中，轴振 $1x$、$1y$、$2x$、$2y$ 均有不同程度的增加，相位也有一定变化，升速至 3000r/min 时高中压转子两端轴振见表 2-13。

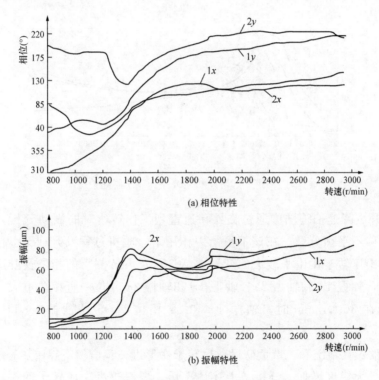

图 2-23　某电厂 300MW 机组高中压转子升速伯德图

表 2-13　　　　　　　　　额定转速下高中压转子两端轴振

测点	$1x$	$1y$	$2x$	$2y$
通频（μm）	100	123	125	68
工频	$95\mu m\angle 152°$	$121\mu m\angle 232°$	$120\mu m\angle 117°$	$63\mu m\angle 224°$

带负荷运行一段时间后，发现轴振 $2x$ 明显增加，通频振动增至 $165\mu m$，工频振动达 $150\mu m$。特别是热态停机通过临界转速时，振动均有大幅度的增加，降速伯德图如图 2-24 所示。从图中可看出，轴振 $1x$ 最大达 $222\mu m$（工频 $218\mu m$），轴振 $1y$ 及轴振 $2x$ 均接近 $200\mu m$。揭开 1、2 号可倾瓦检查，均有不同程度的磨损，高中压转子的振动问题必须处理。

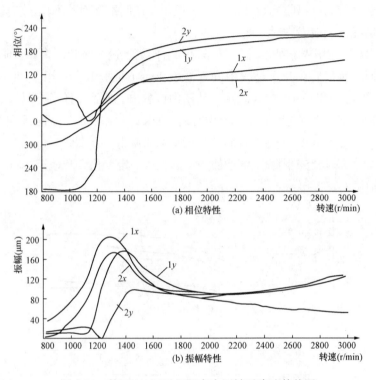

图 2-24　某厂 300MW 机组高中压转子降速伯德图

（2）从升、降速伯德图中通过临界转速直到工作转速时的振动分析，转子上存在较大的对称不平衡分量。在该不平衡力作用下，暖机过程及升速至 3000r/min 的过程中，高中压转子发生了较大的变形。从 3000r/min 测得的相位及升速过程中测得的相位看，轴振 $1x$ 和轴振 $2x$、轴振 $1y$ 和轴振 $2y$ 相位一直相差不大，均以同相分量为主。在 3000r/min 时，轴振 $1x$ 和 $2x$ 相位差 35°，轴振 $1y$ 和 $2y$ 相位相差 8°。

从测得的振动情况看，带负荷运行后转子变形进一步增加，导致热态停机通过临界转速时振动大幅度增加。分析了上述情况后，要解决高中压转子的振动问题，必须设法减小高中压转子的一阶不平衡分量。该高中压转子有三个平衡面（如图 2-25 所示），考虑在现场两端平衡面加重比中间平衡面加重方便，首先在两端平衡面上各加重 280g，加重方位为同一方向，加重位置根据测得的相位角估算。加上试加重量后，通过临界转速和达到工作转速时振动均有较明显的减小，加重前后振动比较见表 2-14。

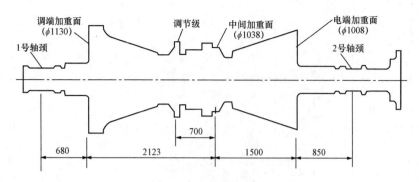

图 2-25 高中压转子加重面位置

表 2-14 两端平面各加重 280g 后振动变化

工况		轴振 $1x$	轴振 $1y$	轴振 $2x$	轴振 $2y$
临界转速	加重前	$159\mu m\angle 68°$	$210\mu m\angle 153°$	$156\mu m\angle 78°$	$109\mu m\angle 172°$
	加重后	$124\mu m\angle 27°$	$124\mu m\angle 131°$	$121\mu m\angle 29°$	$85\mu m\angle 174°$
工作转速	加重前	$87\mu m\angle 98°$	$116\mu m\angle 223°$	$134\mu m\angle 152°$	$59\mu m\angle 237°$
	加重后	$86\mu m\angle 131°$	$106\mu m\angle 222°$	$90\mu m\angle 128°$	$52\mu m\angle 237°$

从表 2-14 中可看出，端部两个平面加重后，工作转速时的轴振 $1x$ 和 $2x$ 的相位仅相差 3°，轴振 $1y$ 和 $2y$ 基本不变，说明同相分量增加。分析认为转子上不平衡比较接近中部，两端加重后对三阶振型很敏感。虽然三阶临界转速远高于工作转速，但由于三阶振型系数 A_3 较大，其影响仍不可忽视。现根据图 2-25 所示的端部平面和中间平面至轴承中心的距离计算对一、二、三阶振型的影响，计算公式为

$$A_n = \frac{2Qr}{mgL}\sin\frac{n\pi}{L}s_1 = R\sin\frac{n\pi}{L}s_1 \quad \left(设 R = \frac{2Qr}{mgL}\right)$$

已知：Ⅰ平面（调端加重面）离左端 1 号轴承中心的距离 $s_1 = 0.13L$；

Ⅱ平面（中间加重面）离左端 1 号轴承中心的距离 $s_2 = 0.54L$；

Ⅲ平面（电端加重面）离左端 1 号轴承中心的距离 $s_3 = 0.84L$。

计算结果见表 2-15。可看出，在端部两个平面上加重，对三阶振型十分灵敏，三阶振型系数比一阶振型系数大一倍多。

表 2-15 各阶振型系数计算结果

加重位置	A_1	A_2	A_3
Ⅰ平面加重	$0.397R$	$0.729R$	$0.941R$
Ⅱ平面加重	$0.992R$	$-0.25R$	$-0.93R$
Ⅲ平面加重	$0.482R$	$-0.884R$	$0.998R$

从表 2-15 中还可看出，在Ⅱ平面（中间加重面）上加重，对一阶振型很灵敏，对三阶振型的系数是负的。如果不平衡在转子中部，可同时平衡三阶振型。

（3）从制造厂平衡时的配重情况看，中间平衡面上加重较多。图 2-26 为制造厂平衡时各平面的配重情况，其中还包括对轮处加重，中间平衡面上加重 2411g。从两端平

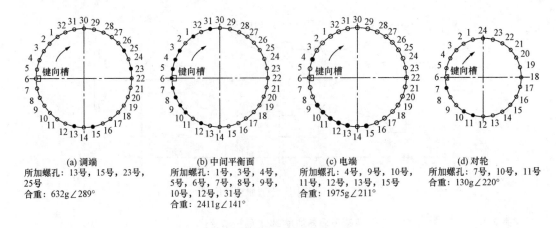

(a) 调端
所加螺孔: 13号、15号、23号、25号
合重: 632g∠289°

(b) 中间平衡面
所加螺孔: 1号、3号、4号、5号、6号、7号、8号、9号、10号、12号、31号
合重: 2411g∠141°

(c) 电端
所加螺孔: 4号、9号、10号、11号、12号、13号、15号
合重: 1975g∠211°

(d) 对轮
所加螺孔: 7号、10号、11号
合重: 130g∠220°

图 2-26　制造厂平衡时各平面的配重情况

衡面加重后的振动情况和制造厂平衡时的配重情况分析，转子质量不平衡靠近中部的可能性较大。

决定在中间平衡面上配重进行动平衡，将原来在两端平衡面上的配重取出，根据测得的相位计算试加重方位。由于算出的加重位置的对面刚好有平衡块（制造厂动平衡时所加），决定在加重位置的对面将原有的平衡块取出，取出 5、9、31 号三块，每块重 280g 共 840g。去重后通过临界转速、达到工作转速及带负荷后的振动见表 2-16。

表 2-16　　　　　　　　　　采用去重的方法动平衡后振动情况

工况		$1x$	$1y$	$2x$	$2y$
临界转速时最大值	通频（μm）	73	72	95	77
	工频	$65\mu m\angle105°$	$66\mu m\angle149°$	$93\mu m\angle91°$	$73\mu m\angle182°$
工作转速	通频（μm）	42	78	108	52
	工频	$35\mu m\angle141°$	$73\mu m\angle232°$	$102\mu m\angle117°$	$50\mu m\angle210°$
单阀控制 260MW	通频（μm）	55	73	96	45
	工频	$44\mu m\angle140°$	$66\mu m\angle222°$	$90\mu m\angle101°$	$40\mu m\angle200°$
顺序阀控制 260MW	通频（μm）	67	83	103	53
	工频	$44\mu m\angle138°$	$65\mu m\angle222°$	$91\mu m\angle101°$	$43\mu m\angle199°$

后又利用检修的机会，在原去重方位又去掉两块（合成后重量 502g），使通过临界转速和工作转速时的振动进一步减小，具体数据见表 2-17。

表 2-17　　　　　　　　　　第二次去重动平衡后振动情况

工况	$1x$	$1y$	$2x$	$2y$
临界转速最大振动	$22\mu m\angle99°$	$19\mu m\angle152°$	$55\mu m\angle79°$	$41\mu m\angle173°$
工作转速时振动	$17\mu m\angle15°$	$24\mu m\angle190°$	$93\mu m\angle113°$	$61\mu m\angle211°$

可看出，通过第一临界转速时工频振动均已降至 $60\mu m$ 以下，工作转速时轴振 $1x$、$1y$ 均在 $30\mu m$ 以下，$2x$ 略偏大，两端轴振的这种变化规律与二阶振型的影响有关。考虑到带负荷后轴振稳定，$2x$ 在 $90\mu m$ 以下，热态停机通过临界时轴振均小于 $100\mu m$，

没有继续调整配重。

第五节　一次加准法动平衡实例

【例 2-9】采用一次加准法，利用机组大修的机会，在转子吊出后加重，既方便又安全。使现场动平衡不需在开机的时候进行，节约了时间和费用，对大机组具有十分重要的意义。

某电厂一台 300MW 机组运行时高中压转子轴振偏大，表 2-18 为带负荷运行、3000r/min 和降速通过临界转速时的振动。

表 2-18　　　　　　　带负荷、3000r/min 和降速通过临界转速时的振动

工况	1x		1y		2x		2y	
	通频（μm）	工频	通频（μm）	工频	通频（μm）	工频	通频（μm）	工频
300MW	75	$58\mu m\angle251°$	33	$13\mu m\angle353°$	143	$123\mu m\angle38°$	100	$80\mu m\angle130°$
3000r/min	58	$39\mu m\angle243°$	33	$17\mu m\angle7°$	141	$118\mu m\angle31°$	101	$81\mu m\angle131°$
过临界	62	$45\mu m\angle31°$	75	$65\mu m\angle96°$	89	$71\mu m\angle25°$	92	$71\mu m\angle113°$

从表 2-18 中可看出，通过一阶临界转速时工频振动最大为 71μm，说明一阶不平衡分量不大，主要是工作转速和带负荷后轴振 2x、2y 偏大。从轴振 2x 和轴振 1x 的相位看，相位差接近 180°，说明二阶不平衡分量偏大。

考虑到二阶不平衡分量较大，开、停机过程中重点关注了接近工作转速时的振动，表 2-19 为在一次停机过程中测得的振动变化。

表 2-19　　　　　　　　　停机过程中测得的振动变化

转速（r/min）	3000	2950	2900	2850	2800	2750	2700
1x	$39\mu m\angle243°$	$31\mu m\angle240°$	$27\mu m\angle235°$	$23\mu m\angle233°$	$18\mu m\angle229°$	$15\mu m\angle226°$	$14\mu m\angle228°$
2x	$118\mu m\angle31°$	$118\mu m\angle27°$	$120\mu m\angle10°$	$70\mu m\angle35°$	$84\mu m\angle33°$	$84\mu m\angle1°$	$85\mu m\angle32°$

从表 2-19 中可看出，从 3000r/min 降速至 2700r/min 过程中，轴振 1x 和 2x 幅值变化较大。从 2900r/min 降至 2850r/min 时 2x 轴振有突变，但相位变化较小。考虑到轴振 2x、2y 比轴振 1x、1y 大，在两端相位差不是 180°的情况下，以轴振 2x 为主，加重方位以式（2-13）进行计算：

$$\theta = \varphi - \alpha \pm \beta \pm 180° \tag{2-13}$$

式中　φ——测得的相位角，取轴振 2x 的相位并结合考虑 1x 的相位，取 $\varphi = 40°$；考虑到工作转速离二阶临界转速较远，取 $\alpha = 30°$；

　　　β——轴振 x 方向探头与键相探头的夹角，取 $\beta = 45°$，于是可算出 $\theta = -125°$。

即 2 号侧（高中压转子后端平衡面）加重位置为键相槽顺转向 125°处，1 号侧（前端平衡面）加重位置与 2 号侧相差 180°，加重大小是参考同型转子的灵敏度进行估算。两端综合考虑后决定每端加一块重量（280g），由于在大修中，高中压转子吊出后实施，加重十分简便。

大修完毕后开机，由于是反对称加重对临界转速的影响不大，加重后工作转速和带负荷后振动见表 2-20。可见，在工作转速和带负荷后，高中压转子轴振动均在 76μm 以下，已达到优良标准。该机组在大修中进行了通流部分改造，振动处理后经缩小的间隙不致增大，保障了机组的效率。

表 2-20 加重后工作转速和带负荷后振动

	1x		1y		2x		2y	
	通频（μm）	工频	通频（μm）	工频	通频（μm）	工频	通频（μm）	工频
工作转速	63	56μm∠234°	40	33μm∠226°	70	64μm∠46°	53	42μm∠147°
300MW（单阀）	49	38μm∠229°	36	23μm∠231°	63	53μm∠39°	56	39μm∠140°
280MW（顺序阀）	52～56	37μm∠234°	35～47	20μm∠320°	61～68	48μm∠41°	51～60	34μm∠35°

【例 2-10】利用一次加准法同时降低高中压转子临界转速和工作转速时的振动。

1. 机组存在的问题

某电厂 1 号机组是 300MW 机组，较长时间以来就存在高中压转子两端轴振偏大的问题。特别是在停机通过临界转速时，振动最大可超过 200μm，使前、后可倾瓦多次出现磨损，影响了机组的安全运行，同时导致通流部分间隙增大而降低了机组的经济性。这次大修中为提高高中压缸效率更换了汽封，缩小了通流部分间隙。同时也考虑到启动后高中压转子调整平衡重量困难，期望在大修期间调整高中压转子平衡重量，降低振动，一次启动成功。

2. 机组振动情况

（1）图 2-27 为该机组在 2007 年 1 月 24 日检修后冷态开机测得的高中压转子轴振

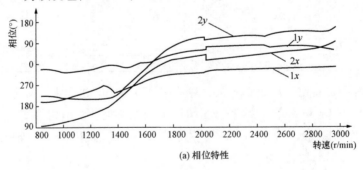

(a) 相位特性

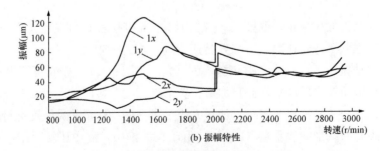

(b) 振幅特性

图 2-27 冷态开机高中压转子轴振伯德图

伯德图，可以看出：

1）通过高中压转子一阶临界转速时，轴振 $1x$ 最大达 $121\mu m$（对应转速 $1521r/min$），轴振 $1y$ 也较大，轴振 $2x$、$2y$ 相对较小。

2）$2030r/min$ 暖机过程中振动变化较大，轴振 $1x$、$1y$、$2x$、$2y$ 均有不断增大的趋势。幅值可增加 $20\sim30\mu m$，相位可变化 $10°\sim20°$，并且同相分量有增大的趋势。

3）$3000r/min$ 时振动：轴振 $1x$ 为 $89\mu m\angle324°$、轴振 $1y$ 为 $62\mu m\angle36°$、轴振 $2x$ 为 $56\mu m\angle74°$、轴振 $2y$ 为 $72\mu m\angle133°$，接近工作转速时轴振 $1y$、$2y$ 有快速增加的趋势。

（2）当该型机组高中压转子不平衡量较大时，容易在运行中发生变形。为判断转子的变形，带负荷后热态停机过程中测量了振动情况，图 2-28 为大修前停机过程中测得的高中压转子轴振降速伯德图。可看出，通过临界转速时振动有较大幅度的增加，轴振 $1x$ 从冷态开机时的 $121\mu m$ 增加到 $156\mu m$，轴振 $2x$ 增加的幅度更大，从 $50\mu m$ 增加到 $134\mu m$，轴振 $1y$、$2y$ 也有较大幅度增加。此外，临界转速也明显降低，由 $1500r/min$ 以上降低至 $1400r/min$ 左右。

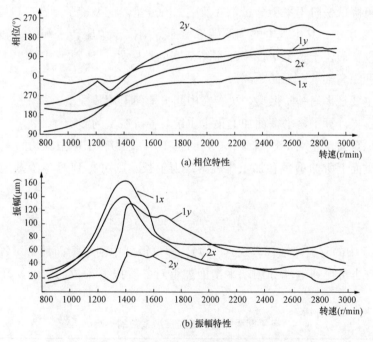

图 2-28　热态停机高中压转子轴振伯德图

（3）由于运行中转子有热变形，快速降负荷停机过程中通过临界转速时振动会更大。一次因线路故障甩负荷停机，通过临界转速时轴振 $1x$ 最大达 $212\mu m$，轴振 $1y$ 达 $160\mu m$，轴振 $2x$ 也接近 $100\mu m$。连续盘车 5h 后开机，通过临界转速时轴振 $1x$ 仍达 $174\mu m$。

（4）带负荷运行中轴振 $1x$、$1y$ 偏大，但幅值和相位比较稳定。

3. 振动原因分析

（1）从升、降速伯德图 2-27 和图 2-28 可看出，高中压转子质量不平衡是引起振动的主要原因，且以一阶不平衡（对称不平衡）为主，并存在一定的二阶分量。

（2）从升、降速伯德图 2-27 和图 2-28 上还可看出，通过第一临界转速后轴振 $1x$ 和 $2x$、轴振 $1y$ 和 $2y$ 相位慢慢分开，至 2600r/min 以后轴振 $1x$、$1y$、$2x$、$2y$ 振幅才增加，表明对称不平衡比较接近转子中部。

（3）暖机过程及带负荷运行后转子存在一定的热变形，使热态通过临界转速时振动大幅度增加。这种热变形除与转子材质、内应力等有关外，与转子上不平衡质量的大小和分布等也有很大关系，转子平衡后热变形会相应减小。

4. 降低振动措施

（1）从以上分析可知，高中压转子通过临界转速时轴振大和工作转速及带负荷运行中振动偏大主要由转子质量不平衡引起，现场动平衡是降低振动最有效的方法。

（2）考虑到大修中要缩小轴封间隙及高中压转子在启动后再调整平衡重量十分困难，决定在大修中根据积累的经验数据调整配重，期望开机一次成功。

（3）重点降低一阶不平衡分量，并兼顾二阶分量。该型转子制造厂设置了三个平衡面，如图 2-25 所示。其中，电端和调端平衡面分别位于中压转子和高压转子排汽端的末级，中间平衡面位于转子中部中压平衡活塞的外圆处，图 2-25 中标出了各平衡面加重处的直径和距离轴承中心的距离。

考虑到主要是平衡一阶振型，决定在中间平衡面上调整配重。由于该平衡面并不在中间位置，首先计算了该平衡面加上集中质量对各阶振型的影响。

设 s_1 为加重面至左端 1 号轴承中心处的距离，mg 为转子单位轴长的重量，$Q \cdot r$ 分别为在该加重面上所加重量和加重半径，L 为轴长。则可得到对各阶振型的影响系数 A_k 为

$$A_k = \frac{2Q \cdot r}{mgL} \sin \frac{n\pi}{L} s_1 \tag{2-14}$$

将图 2-25 中的有关尺寸代入式（2-14），即可得到中间平衡面加重对各阶振型的影响系数。同理也可得到电端和调端平衡面加重对各阶振型系数的影响，计算结果见表 2-21。

表 2-21　　　　　　　　各平衡面加重对各阶振型系数的影响

加重位置	A_1	A_2	A_3
中间平衡面	0.992	-0.25	-0.93
电端平衡面	0.482	-0.884	0.998
调端平衡面	0.397	0.729	0.941

计算结果表明，在中间平衡面加重对平衡一阶振型有较好的效果，其灵敏度比端部加重高一倍多。若不平衡分布在中部，则系数 A_1 较大，同时能降低三阶振型（三阶振型系数 A_3 为负值）。由于该转子设置的中间加重面偏向于中压转子侧，对二阶振型也有

一定的影响。

（4）确定了加重面和加重对一、二、三阶振型的影响后，再确定中间平衡面上加重的周向位置，加重位置主要根据测得的相位确定。

1）平衡一阶振型分量时的加重位置。冷态、热态开机在一阶临界转速前几个转速测得的轴振 $1x$ 幅值和相位见表 2-22。

表 2-22　　　　　　　　　　　　　轴振 $1x$ 幅值和相位

转速 （r/min）	1200	1300	1400	1500
冷态开机	$45\mu m\angle 193°$	$65\mu m\angle 196°$	$109\mu m\angle 222°$	$120\mu m\angle 247°$
热态开机	$72\mu m\angle 213°$	$94\mu m\angle 221°$	$139\mu m\angle 249°$	$133\mu m\angle 285°$

从表 2-22 中可看出，两次开机差别不大，综合考虑取相位 220°。键相探头超前轴振 $1x$ 传感器（电涡流传感器）45°，取机械滞后角 $\alpha=60°$，可算出加重位置为 $\theta=25°$。即平衡一阶振型时，在中间平衡面上的加重位置为转子键相槽前沿反转向 25°处。

2）中间平衡面加重对二阶振型的影响。当平衡一阶振型的加重位置确定后，还必须考虑对二阶振型的影响。与平衡一阶振型一样，取 3000r/min 附近几个数据为估算依据。3000r/min 附近轴振 $1x$ 幅值和相位见表 2-23，从表中可看出，在 3000r/min 附近相位变化很小，平衡二阶振型时取机械滞后角 30°，同样可计算出在中间平衡面上的加重位置 $\theta'=335°$。

可看出，计算结果与平衡一阶振型时相差 50°左右。若按平衡一阶分量时算出的加重位置加设平衡重量，对工作转速仍有一定的效果。考虑到工作转速时包含的一阶分量较大，一阶平衡后同样也能降低工作转速时的振动，决定在中间平面上按平衡一阶振型时计算的加重位置进行加重。

表 2-23　　　　　　　　　3000r/min 附近轴振 $1x$ 幅值和相位

转速 （r/min）	3000	2900	2800	2700
冷态开机	$88\mu m\angle 323°$	$80\mu m\angle 324°$	$78\mu m\angle 321°$	$76\mu m\angle 319°$
热态开机	$68\mu m\angle 330°$	$56\mu m\angle 327°$	$58\mu m\angle 325°$	$56\mu m\angle 321°$

（5）加重的大小按同型转子的影响系数确定，一般按 $50\sim 60g$ 影响 $10\mu m$ 进行计算，决定在中间平衡面上键相槽反转向 25°处加重两块（每块 280g）。后发现对面有平衡重量，采用去重的方法取掉两块（两块重量之间夹角 45°），实际是在键相槽对面 180°位置去重 520g。因是大修揭缸后在转子上去重，操作十分容易。

5. 动平衡效果

（1）大修调整配重后，冷态开机高中压转子两端轴振升速伯德图如图 2-29 所示。可见振动已大有好转，通过临界转速时最大振动不超过 $50\mu m$，最大振动和所对应的转速见表 2-24。达到工作转速时，工频振动最大未超过 $60\mu m$，见表 2-25。

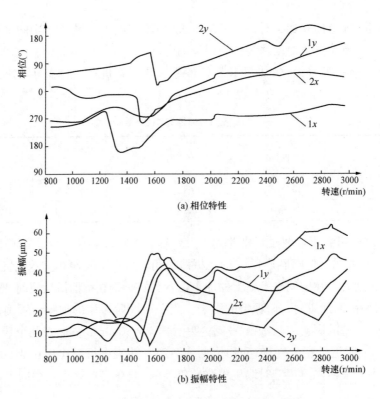

图 2-29　调整配重后高中压转子轴振升速伯德图

表 2-24　　　　　　　　　　　通过临界转速及其振动值

轴振 $1x$	轴振 $1y$	轴振 $2x$	轴振 $2y$
$48\mu m\angle216°$	$47\mu m\angle309°$	$42\mu m\angle309°$	$27\mu m\angle55°$
1553r/min	1661r/min	1661r/min	1805r/min

表 2-25　　　　　　　　　　　工作转速时振动

轴振 $1x$	轴振 $1y$	轴振 $2x$	轴振 $2y$
$56\mu m\angle319°$	$39\mu m\angle24°$	$44\mu m\angle120°$	$34\mu m\angle168°$

（2）从图 2-29 中可看出，暖机过程中各轴振幅值和相位变化均明显减小，表 2-26 为暖机开始和结束时（暖机 3h）的振动比较。从表中可看出，虽然暖机过程中振动曾一度有较明显的增加（也可能由碰磨等引起），但在暖机结束时振动变化均较小。

表 2-26　　　　　　　　　转速 2030r/min 暖机过程中振动变化

时间点	轴振 $1x$	轴振 $1y$	轴振 $2x$	轴振 $2y$
暖机开始	$35\mu m\angle280°$	$41\mu m\angle20°$	$28\mu m\angle353°$	$23\mu m\angle75°$
振动最大	$50\mu m\angle286°$	$55\mu m\angle28°$	$40\mu m\angle337°$	$34\mu m\angle63°$
暖机结束	$42\mu m\angle292°$	$41\mu m\angle31°$	$19\mu m\angle358°$	$16\mu m\angle78°$

（3）带负荷后热态停机过程中通过临界转速时与冷态开机相比，振动略有增加，但与平衡前相比，增加的幅度要小得多，轴振 $1x$、$1y$、$2x$、$2y$ 通频振动分别为 $78.7\mu m$、

59.5μm、53.4μm、<50μm。

一阶不平衡分量的减小，使带负荷运行中高中压转子的热变形也随之减小。

【例2-11】某电厂600MW亚临界机组，大修中在现场更换了低压1号、低压2号转子倒数第三级叶片（每个转子正、反向各一级），因现场条件有限未做低速动平衡。在开机过程中，当转速升至2700r/min以上时，低压2号转子瓦振迅速增加，至2775r/min时已超过90μm（通频），打闸停机。升速伯德图如图2-30和图2-31所示，高转速下低压瓦振测量结果见表2-27，表中3号⊥、4号⊥分别为低压1号转子前后轴承垂直瓦振，5号⊥、6号⊥分别为低压2号转子前后轴承垂直瓦振。从图2-30、图2-31和表2-27中可看出，低压2号转子瓦振比低压1号转子大，决定首先对低压2号转子进行动平衡。

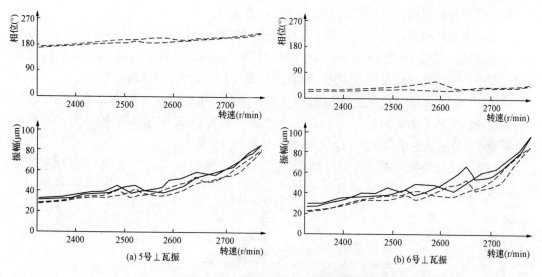

图2-30　低压2号转子瓦振升速伯德图

注：----代表工频；——代表通频

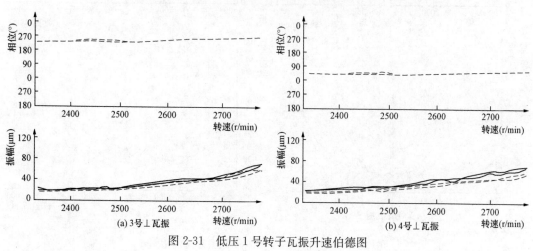

图2-31　低压1号转子瓦振升速伯德图

注：----代表工频；——代表通频

表 2-27 高转速下低压瓦振测量结果

转速 （r/min）	2606	2646	2704	2750	2775
5 号⊥	45.5μm∠189°	47.8μm∠194°	54.7μm∠201°	72.1μm∠209°	80.7μm∠215°
6 号⊥	46.4μm∠34°	41.3μm∠41°	55.3μm∠45°	75.0μm∠48°	83.3μm∠54°
3 号⊥	30.3μm∠245°	38.0μm∠256°	46.4μm∠257°	58.6μm∠264°	58.8μm∠267°
4 号⊥	34.0μm∠60°	43.3μm∠68°	45.1μm∠71°	56.5μm∠77°	57.9μm∠81°

从低压 2 号转子的振动特点看，瓦振 5 号⊥、6 号⊥幅值接近，相位相差大，说明主要是二阶不平衡量大，应在转子两端平衡槽内反对称加重进行平衡。考虑到机组启停后必须冷却一段时间才能进入排汽缸加重，为节省动平衡时间和启停机的费用，对试加重量的大小和位置进行了计算，期望能一次加重成功。

根据大修前测得的低压 2 号转子瓦振升速伯德图（图 2-32），在 2900r/min 左右有一个振动峰值（相位变化快），可视为柔性支撑的二阶临界转速。若取 2750r/min 时振动的相位，由于比较靠近临界转速，应取滞后角比较接近 90°。现取滞后角 $\alpha = 70°$，即可算出 6 号侧平衡槽试加重量位置为 $\theta = 70°$，即在键相槽逆转向 70°处加重，加重的大小可参照同型转子的灵敏度（约 60g 影响 10μm）计算，取 580g（两块）。为不影响一阶振型，5 号侧平衡槽内加重与 6 号侧大小相等、方向相反。

在低压 2 号转子两端平衡槽内加上试加重量后，测得低压 2 号转子加上试加重量后

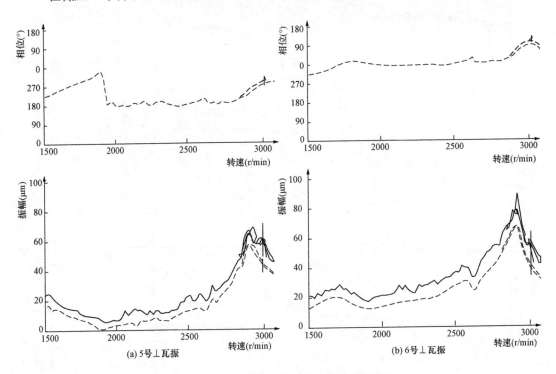

图 2-32 大修前低压 2 号转子瓦振升速伯德图

注：----代表工频；——代表通频

瓦振升速伯德图如图 2-33 所示。可见振动已大幅度降低，但低压 1 号转子振动有较明显的增加，升速伯德图如图 2-34 所示，高转速下低压瓦振测量结果见表 2-28。接着对低压 1 号转子进行平衡，取 4 号⊥在 2772r/min 时测得的相位 85°，同样取滞后角 70°，即可算出 4 号侧平衡槽加重位置为键相槽反转向 105°，加重大小取 500g，3 号侧平衡槽加重与 4 号侧大小相等、方向相反。加重后测得低压 1 号、低压 2 号转子瓦振见表 2-29，升速特性如图 2-35 和图 2-36 所示。考虑到工作转速时工频振动均未超过 50μm，决定带负荷运行一段时间后再做调整。

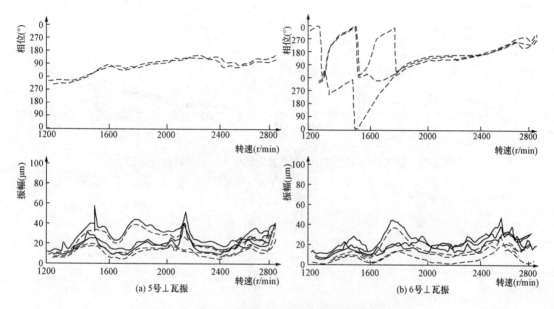

(a) 5号⊥瓦振　　　　　　　　(b) 6号⊥瓦振

图 2-33 低压 2 号转子加上试加重量后瓦振升速伯德图

注：----代表工频；——代表通频

表 2-28 低压 2 号转子加重后低压瓦振测量结果

转速（r/min）	2605	2647	2710	2751	2776
5 号⊥	12.4μm∠75°	13.2μm∠89°	6.3μm∠107°	6.3μm∠109°	16.6μm∠4°
6 号⊥	11.3μm∠232°	8.9μm∠54°	2.1μm∠286°	1.3μm∠246°	11.6μm∠244°
3 号⊥	41μm∠252°	47.6μm∠259°	60.3μm∠265°	94.6μm∠71°	84.1μm∠276°
4 号⊥	49.6μm∠60°	48.8μm∠65°	54.7μm∠70°	71.6μm∠79°	79.1μm∠85°

表 2-29 低压 1 号转子加重后低压瓦振测量结果

转速（r/min）	2604	2712	2799	2907	2949	3000
3 号⊥	8.3μm∠228°	14.8μm∠313°	21.6μm∠333°	47μm∠13°	53.4μm∠46°	35.9μm∠83°
4 号⊥	14.3μm∠95°	16.4μm∠114°	21.9μm∠133°	37μm∠179°	38μm∠215°	24μm∠256°
5 号⊥	10.6μm∠36°	15.9μm∠47°	29μm∠46°	53.7μm∠88°	57μm∠109°	43μm∠140°
6 号⊥	24μm∠198°	27.9μm∠200°	39.8μm∠209°	51μm∠251°	51μm∠273°	36μm∠300°

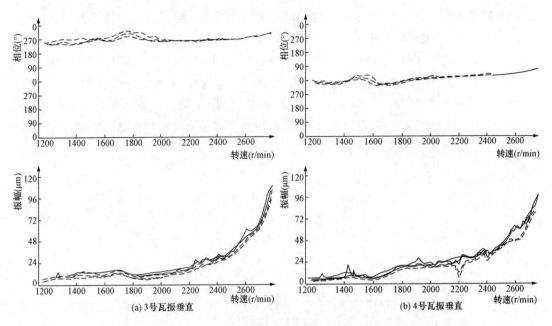

图 2-34 低压 2 号转子加上试加重量后低压 1 号转子瓦振升速伯德图

注：----代表工频；——代表通频

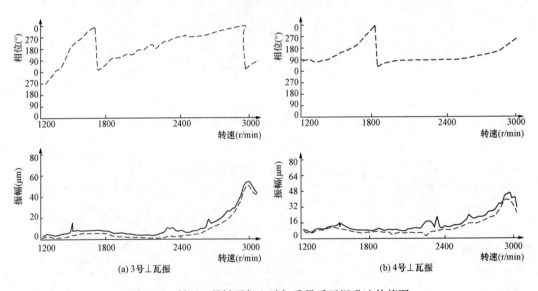

图 2-35 低压 1 号转子加上试加重量后瓦振升速伯德图

注：----代表工频；——代表通频

该机组运行一段时间后，利用一次停机机会，根据工作转速时测得的振动进行调整。取工作转速时滞后角 130°，可算得 3 号侧平衡槽内 0°方向加重 150g，4 号侧平衡槽内 180°方向加重 150g，5 号侧平衡槽内逆转向 88°加重 150g，6 号侧平衡槽内顺转向 92°加重 150g。加重后测得低压 1 号、低压 2 号转子瓦振升速特性如图 2-37 和图 2-38 所示，在 3000r/min 时瓦振、轴振见表 2-30。

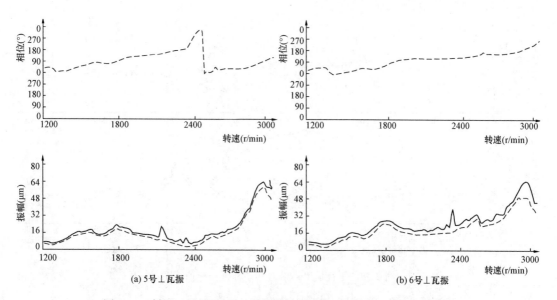

(a) 5号⊥瓦振　　　　　　　　　　(b) 6号⊥瓦振

图 2-36　低压 1 号转子加上试加重量后低压 2 号转子瓦振升速伯德图

注：----代表工频；——代表通频

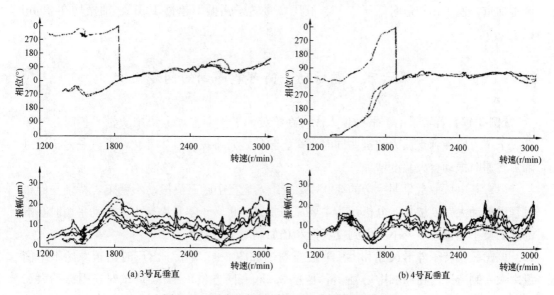

(a) 3号瓦垂直　　　　　　　　　　(b) 4号瓦垂直

图 2-37　平衡后低压 1 号转子瓦振升速伯德图

注：----代表工频；——代表通频

表 2-30　　　　　　　　　　3000r/min 时瓦振、轴振测量结果

轴承号	1 号	2 号	3 号	4 号	5 号	6 号	7 号	8 号
瓦振	$3\mu m\angle 92°$	$4\mu m\angle 262°$	$7\mu m\angle 90°$	$9\mu m\angle 51°$	$6\mu m\angle 156°$	$8\mu m\angle 140°$	$16\mu m\angle 186°$	$8\mu m\angle 338°$
轴振 x	$18\mu m\angle 11°$	$9\mu m\angle 8°$	$6\mu m\angle 54°$	$20\mu m\angle 4°$	$6\mu m\angle 134°$	$24\mu m\angle 40°$	$20\mu m\angle 119°$	$35\mu m\angle 218°$
轴振 y	$12\mu m\angle 34°$	$8\mu m\angle 87°$	$10\mu m\angle 198°$	$10\mu m\angle 126°$	$6\mu m\angle 236°$	$13\mu m\angle 159°$	$15\mu m\angle 161°$	$6\mu m\angle 31°$

通过两次加重，有效地降低了低压 1 号、低压 2 号转子的振动，使其能够升到

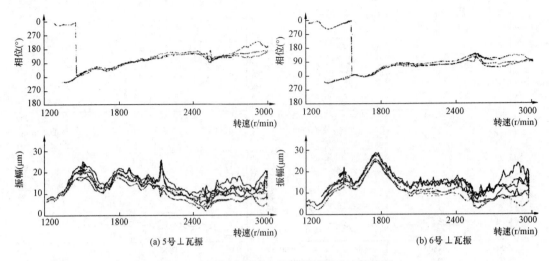

(a) 5号⊥瓦振　　　　　　　　(b) 6号⊥瓦振

图 2-38　平衡后低压 2 号转子瓦振升速伯德图

注：----代表工频；——代表通频

3000r/min 并网带负荷运行。又利用一次停机机会，在低压 1 号、低压 2 号转子上同时调整加重，使工作转速时低压 1 号、低压 2 号转子瓦振不超过 $10\mu m$、轴振均在 $30\mu m$以下。

第六节　现场动平衡可能遇到的问题

【例 2-12】若转子上不平衡量太大，在给定的平衡面上加上集中质量平衡时，一般情况下不可能做到支反力和挠曲同时平衡。致使运行中振动发生变化，尤其是停机通过临界转速时振动会大幅度增加。

（1）某电厂一台早期生产的 300MW 机组，运行中励磁机振动不稳定，特别是停机过程中振动大幅度增加。分析认为主要原因是励磁机转子本身失衡太大，动平衡时在端部加的集中质量太多，不能做到支反力和挠曲同时平衡。

该励磁机转子外形尺寸和出厂时配重情况如图 2-39 所示，出厂时由于原始不平衡量太大，制造厂已在两端中心环上各加重 3.2kg（同方位）。安装调试时，因振动大在原制造厂加重位置附近每侧又加重 1.1kg，两端中心环处共加重 8.6kg。

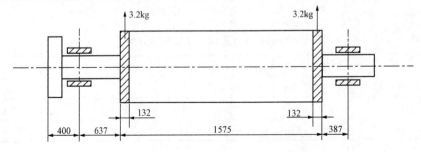

图 2-39　励磁机结构及出厂时配重

（2）该励磁机转子为挠性转子，第一临界转速 $2500\mathrm{r/min}$ 左右，动平衡时主要是平衡一阶振型。一阶振型分量可写成 $A_1\sin\pi s/L$，其中，A_1 为一阶振型系数；L 为转子两轴承之间的长度，mm；s 为离左端 7 号轴承中心的距离，mm；

其造成的挠曲为

$$Z = \frac{\omega^2}{\omega^2 - \omega_1^2} A_1 \sin \frac{\pi}{L}s \qquad (2\text{-}15)$$

式中　ω——转速，$\mathrm{rad/s}$；

　　　ω_1——第一临界转速，$\mathrm{rad/s}$。

一阶分量作用在轴承上的动反力分为刚性和挠性两部分，其中刚性部分：

$$R_{\mathrm{g}} \cdot L = \int_0^1 m\omega^2 A_1 \sin \frac{\pi}{L}s(L-s)\mathrm{d}s$$

可得

$$R_{\mathrm{g}} = \frac{m\omega^2 L}{\pi}A_1$$

挠性部分

$$R_{\mathrm{L}} \cdot L = \int_0^1 \left[m\omega^2 \frac{\omega^2}{\omega^2 - \omega_1^2}A_1 \sin \frac{\pi}{L}s \right](L-s)\mathrm{d}s$$

可得

$$R_{\mathrm{L}} = \frac{mL\omega^2}{\pi} \frac{\omega^2}{\omega^2 - \omega_1^2}A_1$$

总的动反力为 $R(\mathrm{o}) = R_{\mathrm{g}} + R_{\mathrm{L}} = \dfrac{m\omega^2 LA_1}{\pi} + \dfrac{m\omega^2 L}{\pi} \dfrac{\omega^2}{\omega^2 - \omega_1^2}A_1$

（3）现分析风扇环平衡槽及中心环位置加集中质量的平衡作用。在风扇环平衡槽上加重，上述各阶振型系数可用下式计算：

$$A_k = \frac{2Qr}{mgL}\sin \frac{n\pi}{L}s_1$$

已知：　　$s_{1\mathrm{a}} = 637\mathrm{mm}$，$s_{1\mathrm{b}} = 387\mathrm{mm}$（离 b 侧支点），$L = 2599\mathrm{mm}$。

则可算出在两端风扇环平衡槽上加重，一阶振型系数分别为

$$h_{1\mathrm{a}} = \frac{2Qr}{mgL}\sin \frac{\pi \cdot 637}{2599} = \frac{2Qr}{mgL}\sin 44° = \frac{Qr}{mgL} \times 1.4$$

$$h_{1\mathrm{b}} = \frac{2Qr}{mgL}\sin \frac{\pi \cdot 387}{2599} = \frac{2Qr}{mgL}\sin 26.8° = \frac{Qr}{mgL} \times 0.9$$

如果要平衡一阶振型产生的转子挠曲，应有

$$h_{1\mathrm{a}} + h_{1\mathrm{b}} = \frac{Qr}{mgL} \times 1.4 + \frac{Qr}{mgL} \times 0.9 = 2.3\frac{Qr}{mgL} = A_1$$

得

$$Qr = \frac{mgL}{2.3}A_1$$

分析支承动反力的情况。由一阶不平衡引起的转子挠曲消除后，动反力的挠性部分可认为已得到了平衡，由两个 Qr 引起的动反力的刚性部分为

$$R'_{\mathrm{g}} = \frac{Qr}{g}\omega^2 = \frac{mL\omega^2}{2.3}A_1 \qquad (2\text{-}16)$$

据上述由一阶不平衡 $A_1\sin \dfrac{\pi}{L}s$ 产生的动反力的刚性部分为

$$R_g = \frac{mL\omega^2}{\pi}A_1 \qquad\qquad (2\text{-}17)$$

式（2-16）和式（2-17）相比，可得 $\dfrac{R'_g}{R_g} = \dfrac{\pi}{2.3} = 1.36$，说明两个集中质量造成的动反力的刚性部分为一阶不平衡刚性部分的 1.36 倍。

在两端中心环上加重，根据图 2-39，可得 $s_{1a} = 0.296$，$s_{1b} = 0.20$。

即可算出：

$$h_{1a} = \frac{2Qr}{mgL}\sin53.28° = \frac{2Qr}{mgL} \times 0.8$$

$$h_{1b} = \frac{2Qr}{mgL}\sin36° = \frac{2Qr}{mgL} \times 0.588$$

如果要平衡一阶振型所产生的挠曲，应有：

$$h_{1a} + h_{1b} = \frac{Qr}{mgL} \times 2.776 = A_1$$

得
$$Qr = \frac{mgL}{2.776}A_1$$

而由两端中心环加重的两个 Qr 引起的动反力的刚性部分则为

$$R'_g = \frac{Qr}{g}\omega^2 = \frac{mL\omega^2}{2.776}A_1$$

同上可得 $\dfrac{R'_g}{R_g} = \dfrac{\pi}{2.776} = 1.13$，说明两个集中质量造成的动反力的刚性部分为一阶不平衡刚性分量的 1.13 倍。

上述说明，不管是在风扇环平衡槽上加重还是在中心环上加重，在平衡挠曲的同时都不可能平衡动反力的刚性部分。就两者相比，在中心环上加重所产生的刚性分量小一些，相对来说平衡一阶振型效果较好。

（4）若要在平衡一阶振型所产生的挠曲的同时也平衡由一阶不平衡引起的刚性分量，可在两端支承处增加两个平衡面。风扇环平衡槽和中心环加重分别按图 2-40 所示的比例，但在现场是无法做到的。

（5）现场平衡一般是以支承动反力为基准进行的，即通过加重将两端支承的动反力降到最小。从以上分析可知，支承动反力最小，由一阶振型分量引起的挠曲就不能完全平衡，这在加重位置一定的情况下是无法改变的。

该励磁机在现场平衡时，开始是在风扇环平衡槽上加重。低转速下平衡好，升至高转速时振动很大。反复多次无法达到预期的效果，后改在中心环上加重。当将风扇环上的平衡重量移到中心环上时，又发现中心环上两端均已加有 3.2kg 的平衡重块，在中心环上加重后完成了该励磁机的平衡工作。

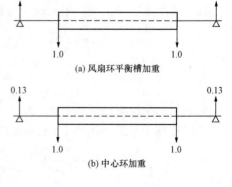

图 2-40　配重比例

目前存在的问题是停机通过临界转速的振动比开机时明显增大，开机时通过临界转速时 7 号⊥瓦振 24μm、7x 轴振 53μm。停机时，7 号⊥瓦振 43μm、7x 轴振 120μm，主要是励磁机转子一阶振型没有得到充分的平衡。

【例 2-13】由于机组振动既与扰动力有关，又与支承刚度有关，在动平衡过程中，必须考虑支承刚度的影响。当支承刚度大幅度降低时，灵敏度增加，计算出的应加重量越来越小，动平衡工作无法继续下去。也可能会在某一转速时振动发生突变，振型发生变化，给动平衡分析带来困难。

某自备电厂 25MW 机组由汽轮机和发电机组成，发电机前后轴承分别为 3、4 号轴承。运行中主要是 3 号轴承振动大，经现场平衡后仍不能达到预期的效果，后将汽轮机、发电机转子送制造厂做高速动平衡。回厂装复后开机发现振动仍然偏大，且不稳定，至工作转速时瓦振 3 号⊥可达 70μm 以上，必须再次进行分析处理。

1. 原始振动测量

在发电机 4 号轴承（后轴承）外侧轴的外露部分粘贴光标，光电传感器和速度传感器相对位置如图 2-42 所示。在冷态开机升速过程中，测得通过发电机第一临界转速时瓦振 3 号⊥、4 号⊥分别达 71μm、36μm（工频）。考虑到振动较大，升速到 2000r/min 左右即打闸停机，平衡一阶振动分量，在临界转速（1400r/min）前有关转速的振动见表 2-31。

表 2-31　　　　　　　临界转速（1400r/min）前有关转速的振动

转速 (r/min)	1200	1250	1300	1350	1400
3 号⊥	17μm∠223°	26μm∠236°	41μm∠263°	56μm∠274°	71μm∠315°
4 号⊥	17μm∠196°	19μm∠211°	26μm∠235°	33μm∠254°	36μm∠293°

2. 一阶振型平衡过程

根据所测得的临界转速前有关转速的振动和图 2-41 所示的光电传感器和速度传感器相对位置，光标反转向 160°处在发电机转子本体平衡槽内各加上试加重量 270g，加重后测得临界转速前有关转速的振动见表 2-32。试加重量后测得的振动与原始振动相比较进行动平衡计算，计算结果见表 2-33。

表 2-32　　　　　　加重后测得临界转速前有关转速的振动

转速 (r/min)	1200	1250	1300	1350	1400
3 号⊥	8μm∠167°	14μm∠187°	29μm∠219°	45μm∠237°	52μm∠259°
4 号⊥	9μm∠153°	12μm∠169°	19μm∠197°	26μm∠222°	27μm∠243°

表 2-33　　　　　　　　　　动平衡计算结果

转速 (r/min)	1200	1250	1300	1350	1400
按 3 号⊥计算	312g∠332°	340g∠28°	374g∠315°	432g∠307°	307g∠314°
按 4 号⊥计算	365g∠329°	383g∠321°	420g∠313°	487g∠308°	336g∠312°

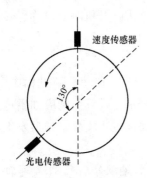

速度传感器

130°

光电传感器

图 2-41　光电传感器和
速度传感器相对位置

根据动平衡计算的结果，将原试加重量取下，在试加重量位置顺转向 40°处每端平衡槽内各加重 340g（3 号侧因本体平衡槽内有重量，加在风扇环平衡槽内，经折算加重为 270g）。加重后在 1200r/min 时测得瓦振 3 号⊥、4 号⊥分别为 $3\mu m\angle237°$、$5\mu m\angle161°$，说明平衡状况已较好。但在通过一阶临界转速时，瓦振 3 号⊥仍达 $50\mu m$，考虑到一阶振型已得到充分平衡，决定升速到 3000r/min 进行观察。

当升速到 2962r/min 时，瓦振 3 号⊥已达 $65\mu m$（工频），因控制室表盘振动已超过 $70\mu m$，打闸停机，在 2500r/min 以上各有关转速的振动见表 2-34。考虑到动平衡过程中振动变化不正常，动平衡工作没有继续下去。

表 2-34　　　　　　　高转速下有关转速振动测量结果

转速 （r/min）	2500	2600	2700	2800	2900	2962
3 号⊥	$16\mu m\angle68°$	$17\mu m\angle23°$	$27\mu m\angle19°$	$30\mu m\angle28°$	$50\mu m\angle19°$	$65\mu m\angle29°$
4 号⊥	$13\mu m\angle342°$	$11\mu m\angle354°$	$10\mu m\angle345°$	$13\mu m\angle10°$	$11\mu m\angle352°$	$13\mu m\angle355°$

3. 振动变化异常

振动变化异常反映在以下几个方面。

（1）当平衡一阶振型时，加上应加重量后在 1200r/min 时，瓦振 3 号⊥虽然已从 $17\mu m$ 降到 $3\mu m$，但通过临界转速时振动仍达 $50\mu m$，停机降速通过临界转速时仍然超过 $70\mu m$。

（2）转速 2800r/min 以上瓦振 3 号⊥增加很快，升速到 2900r/min 时 3 号⊥从 $30\mu m\angle28°$ 增加到 $50\mu m\angle19°$。

（3）一阶振型平衡后，在工作转速附近仍然以同相分量为主。

分析认为产生上述振动异常的原因是在扰动力达到某一程度时，转动系统（轴系）有新的变形或支承系统因支承刚度低有放大作用。考虑到瓦振 4 号⊥并没有与 3 号⊥同时发生变化，故倾向于 3 号轴承的支承刚度太低。

从结构上看，3 号轴承与 2 号轴承均支承在排汽缸上，由于 3 号轴承支承在悬臂部分，为增强支承刚度，底部有小台板支撑。考虑到汽缸膨胀，轴承座底部与台板间用纵销控制。在现场用塞尺检查了轴承座与台板的接触情况，发现左侧间隙 1.2mm、右侧 0.8mm，显然这对 3 号轴承的支承刚度产生了较大影响。

考虑到小台板处膨胀量较小，打入不锈钢垫片消除轴承座和小台板之间的间隙，从而使支承刚度增加。

4. 小台板间隙处理后，发电机转子再次平衡

消除 3 号轴承座底部和小台板之间的间隙后，机组重新启动。通过临界转速时瓦振 3 号⊥最大 $40\mu m$，已有较明显的降低，并顺利升速到 3000r/min。在 3000r/min 时瓦振

3 号⊥、4 号⊥分别为 $44\mu m\angle29°$、$14\mu m\angle354°$，考虑到瓦振 3 号⊥偏大，决定在高转速时继续平衡。

从 3 号⊥、4 号⊥的振动相位看，仍然以同相振动为主。为提高加重灵敏度，同时不破坏一阶振型的平衡，决定以 3 号⊥为准加反对称重量，这样 4 号⊥可能会有一定的增加。

根据 3 号⊥的相位，3 号侧在光标顺转向 60°处加重 160g，4 号侧与 3 号侧重量相同、方向相反（4 号侧因本体平衡槽内有重量，加在风扇环平衡槽，折算为 130g）。加重后通过第一临界转速时振动无变化，至工作转速时 3 号⊥、4 号⊥分别为 $32\mu m\angle10°$、$19\mu m\angle348°$。考虑到 3 号⊥已较小，4 号⊥略有增加，动平衡工作结束，经平衡后发电机振动升速伯德图如图 2-43 所示。

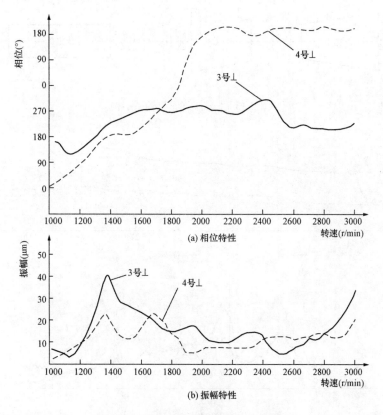

图 2-42　平衡后发电机振动升速伯德图

【例 2-14】某些在带负荷后因热变形引起振动增大的机组，可根据热变形的大小和相位进行现场动平衡，既能使振动降低，还有可能使热变形量减小。

一、概况

某电厂 6 号燃气轮机是美国 GE 公司生产的 9E 燃气轮机，额定容量 120MW，工作转速 3000r/min，于 2006 年安装投产。该燃气轮机自 2010 年因更换燃气轮机动叶片后振动偏大，大修后提高进汽参数振动进一步增大。满负荷运行时，轴承最大振动可超过 12mm/s、轴振动接近 200μm。

对该机组振动进行了全过程测试，并在测试分析的基础上进行了现场动平衡，在较短的时间内降低了该机组的振动。

二、机组振动情况

1. 升速特性测量

该燃气轮机轴系结构如图 2-43 所示，由压气机、燃气轮机和发电机转子组成，转子间均采用刚性对轮连接。为判断转子是否存在质量不平衡及中心偏差等，在升速过程中用 SK9172 振动分析仪测量、记录了瓦振 1 号⊥、2 号⊥、3 号⊥、4 号⊥、5 号⊥和轴振 $1x$、$1y$、$3x$、$4x$、$4y$、$5x$、$5y$。图 2-44 为测得的 6 号燃气轮机轴承振动升速伯德图，从图中可以看出：

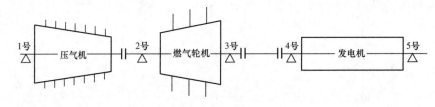

图 2-43　6 号燃气轮机轴系结构

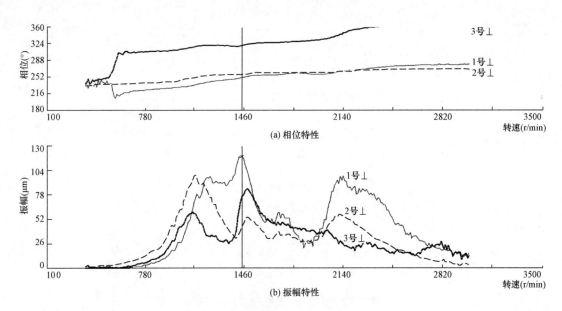

图 2-44　6 号燃气轮机轴承振动升速伯德图

（1）升速过程中瓦振 1 号⊥、2 号⊥、3 号⊥起伏变化较大，多次出现峰值。在 1000r/min 左右时瓦振 2 号⊥、3 号⊥同时出现峰值，瓦振 2 号⊥最大达 95μm（工频）。至 1450r/min 时瓦振 1 号⊥、2 号⊥、3 号⊥同时出现峰值，瓦振 1 号⊥最大达 118μm（工频），通频最大达 122μm。至 2150r/min 时瓦振 1 号⊥、2 号⊥同时出现峰值，瓦振 1 号⊥最大达 94μm。至 2800r/min 左右瓦振 3 号⊥有一个较小的峰值。

（2）从相位变化看，在出现峰值时相位变化较大。在 1450r/min 时瓦振 1 号⊥和 3

号⊥为同相振动，在2150r/min时瓦振1号⊥和3号⊥为反相振动。

（3）至3000r/min时瓦振1号⊥、2号⊥、3号⊥很小，均在15μm以下。

2. 带负荷后振动变化

升负荷过程及达到额定负荷后，对各瓦振和轴振进行了连续测量，重点关注压缩机和燃气透平的振动变化，图2-45为6号燃气轮机带负荷瓦振变化趋势。机组于11：00并网，11：40带负荷至112MW，而后一直稳定在110～115MW运行。从图2-45中可看出，在并网和开始升负荷阶段，瓦振1号⊥、2号⊥、3号⊥幅值和相位均有较大的变化，而后瓦振2号⊥变化较小，主要是瓦振3号⊥和1号⊥变化。从幅值看，以3号⊥的变化量为最大，表2-35记录了并网和升负荷时瓦振3号⊥的变化。从图2-45和表2-35中还可看出，当带上满负荷时，瓦振3号⊥、1号⊥继续发生变化，达到稳定的时间一般需要5h左右。待轮间温度、瓦温等达到额定值时，振动才能稳定下来。振动稳定时一直维持在一个较高的水平，相位也保持不变。

表2-35 并网、升负荷时瓦振3号⊥的变化

时间	11：00	11：05	11：08	11：27	11：40	13：30	14：00
负荷	并网	30MW	50MW	100MW	112MW	112MW	112MW
瓦振3号⊥	14μm∠100°	21μm∠77°	30μm∠63°	44μm∠30°	70μm∠38°	81μm∠47°	96μm∠44°

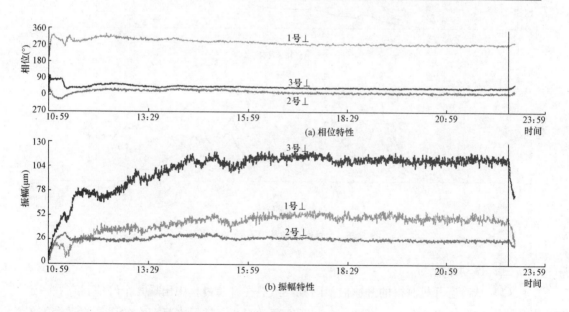

图2-45 6号燃气轮机带负荷瓦振变化趋势

3. 降负荷停机时振动变化

（1）降负荷时振动一般有明显的下降趋势。表2-36为测得的某次降负荷振动变化，经11min负荷从114MW降到0时，瓦振3号⊥从109μm∠20°降至82μm∠60°，瓦振1号⊥从40μm∠257°降至34μm∠309°。

表 2-36　　　　　　　　　　　　　　　降负荷振动变化

时间	22：32	22：34	22：36	22：38	22：41	22：43
负荷	114MW	100MW	80MW	50MW	30MW	0MW
瓦振 3 号⊥	109μm∠20°	111μm∠17°	107μm∠26°	89μm∠40°	77μm∠48°	82μm∠60°
瓦振 1 号⊥	40μm∠257°	40μm∠263°	41μm∠268°	45μm∠289°	37μm∠296°	34μm∠309°

（2）6 号燃气轮机停机过程中瓦振降速伯德图如图 2-46，与升速伯德图相比有明显的变化。

1）在 2800r/min 左右，瓦振 3 号⊥达 82μm，升速时仅 26μm。

2）瓦振 1 号⊥在 2300r/min 左右出现峰值（升速时没有），在 2100r/min 左右 3 号⊥有一个较为明显的峰值，达 70μm（升速时没有）。

3）在 1450r/min 时，瓦振 1 号⊥没有出现峰值，3 号⊥峰值振动略大。

4）在 1000r/min 左右，2 号⊥出现一个较大的峰值，达 150μm，3 号⊥峰值振动由开机时的 55μm 增大到 85μm。

停机过程的振动说明转子的平衡状况已经发生了较大的变化。

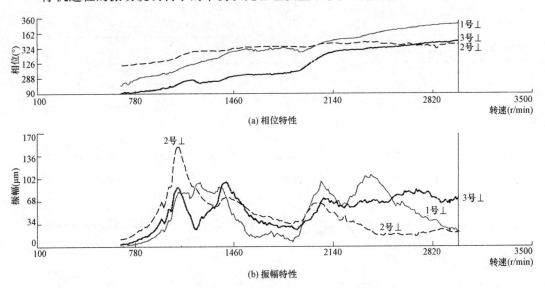

图 2-46　6 号燃气轮机瓦振降速伯德图

三、振动分析

（1）从冷态开机测得的升速伯德图看，虽然在升速过程中出现几个峰值，存在一定的一阶、二阶不平衡分量，但 3000r/min 的振动很小，转子本身存在的质量不平衡等不会影响到该机的振动。

（2）该机振动的主要问题是带负荷后燃气轮机侧振动不断增大，稳定后一直维持在一个较高水平，尤其是瓦振 3 号⊥可从 10μm 增加到 100μm 以上。

（3）振动增大与燃气透平转子的热状态有关。

1）在开始升负荷阶段，由于燃气流量增加，瓦振 3 号⊥快速增加。由于是三支承结构，瓦振 1 号⊥也相应增大，但增加幅度较小。

2）切换燃烧方式，如由小火嘴切换到大火嘴时，振动快速增加。

3）与轮间温度有较好的对应关系。由于轮间温度趋于稳定需要很长时间（5h 左右），瓦振 3 号⊥、1 号⊥达到稳定状态也需要同样长的时间。

4）与环境温度即与压气机进气温度有关，进气温度高振动明显增加。

以上表明，转子升温快、振动增加快，转子温度高、振动大。

（4）从燃气透平转子的结构分析，转子叶轮是靠螺杆拉紧固定。当转子温度升高时，可能会使拉杆紧力减小，从而降低了转子的抗弯刚度，转子在扰动力作用下产生新的变形从而使振动增加。

（5）从停机时测得的降速伯德图看，转子变形并没有呈现出明显的弓状弯曲，而是以不平衡的放大为主。同时这种不平衡具有比较固定的形式，经加重后计算，热不平衡矢量的大小和方位虽有一定变化，但变化量较小。

四、现场动平衡

（1）考虑到振动是以一倍频分量为主，到一定时间后热不平衡矢量的大小和方位变化较小，可以利用现场平衡降低振动。

（2）压气机和燃气透平转子没有外露的加重面，为不影响机组发电（燃气机组参与调峰，白天开机晚上停机），决定首先在对轮处（燃气透平侧）加重进行平衡。经二次加重求得影响系数，由于灵敏度太小，经计算必须在对轮上加重 2kg 以上，后决定加重 1.2kg。因轴振 $1x$、$1y$ 增大，平衡工作无法进行下去，只是选择了一个较好的位置加重约 600g。

（3）因热不平衡矢量主要作用在燃气透平转子上，决定在燃气透平转子第三级叶轮后端平衡槽内加重。在与平衡槽对应的壳体上开孔（尺寸约 45mm×75mm），用特制的平衡块进行加重，采用相对相位法进行动平衡计算。

1）在键相槽逆转向 45°处加重 373g（加重处直径 1170mm），加重后测得升速伯德图如图 2-47 所示。在 1000r/min 左右瓦振 2 号⊥、3 号⊥均有不同程度的降低，至 1450r/min 瓦振 1 号⊥、2 号⊥、3 号⊥与平衡前相比也均有明显的降低，至 2140r/min 瓦振 1 号⊥略有增加、2 号⊥和 3 号⊥变化不大，至 3000r/min 时瓦振 1 号⊥、2 号⊥、3 号⊥、4 号⊥、5 号⊥分别为 $11\mu m\angle47°$、$8\mu m\angle4°$、$10\mu m\angle267°$、$17.6\mu m\angle50°$、$12.5\mu m\angle264°$。

2）考虑到 3000r/min 时振动均不大，特别是 3 号⊥的相位变化较大（未加重前 3 号⊥相位为 100°），决定并网带负荷观察振动变化。带负荷过程中及高负荷下测得瓦振 1 号⊥、2 号⊥、3 号⊥变化趋势如图 2-48 所示，带负荷开始阶段测得振动数据见表 2-37。从图 2-48 和表 2-37 中可看出，升负荷过程中瓦振 3 号⊥开始增加较快，而后有降低趋势，一个多小时后振动仍在 20μm 左右，瓦振 1 号⊥、2 号⊥也均在 20μm 以下。考虑到运行时间较短，第二天继续观察，16：45 时，负荷 112MW、轮间温度 322℃时，测得瓦振 1 号⊥、2 号⊥、3 号⊥、4 号⊥、5 号⊥分别为 $16\mu m\angle232°$、$19\mu m\angle340°$、$48\mu m\angle349°$、$13\mu m\angle29°$、$13\mu m\angle271°$，轴振 $1x$、$1y$、$3x$、$4x$、$4y$、$5x$、$5y$ 分别为 $13\mu m\angle296°$、$36\mu m\angle111°$、$27\mu m\angle275°$、$28\mu m\angle318°$、$34\mu m\angle246°$、$54\mu m\angle97°$、$25\mu m\angle198°$。

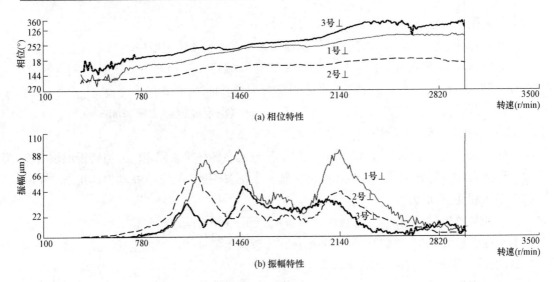

图 2-47　6 号燃气轮机动平衡后瓦振升速伯德图

表 2-37				升负荷过程振动测量结果			
时间	22：00	22：25	22：30	22：40	22：55	23：00	23：05	23：25
负荷	空载	20MW	30MW	30MW	50MW	80MW	111MW	120MW
瓦振 3 号⊥	10μm∠267°	11μm∠296°	15μm∠344°	26μm∠355°	28μm∠344°	26μm∠303°	16μm∠4°	20μm∠331°
瓦振 2 号⊥	8μm∠4°		16μm∠328°	19μm∠323°	16μm∠336°	24μm∠331°	18μm∠335°	17μm∠335°
瓦振 1 号⊥	11μm∠47°		10μm∠3°	4μm∠11°	8μm∠81°	12μm∠53°	13μm∠47°	11μm∠349°

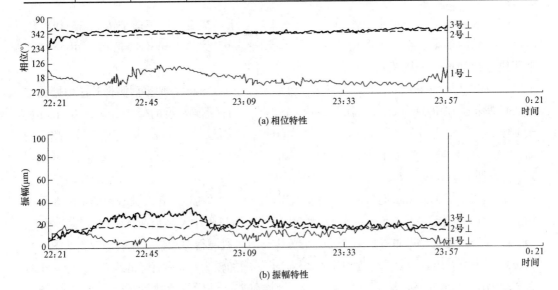

图 2-48　6 号燃气轮机动平衡后带负荷瓦振变化趋势

3）动平衡加重以后，减负荷停机降速伯德图如图 2-49 所示，与升速时相比变化不大，仅 2150r/min 左右瓦振 1 号⊥略有增大。

4）虽然上述振动已较小，但经动平衡计算，尚有进一步降低的可能，在原加重处

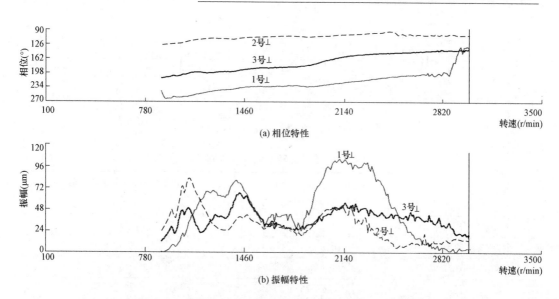

图 2-49　6 号燃气轮机动平衡后减负荷停机瓦振降速伯德图

顺转向 80°加重 181g。加重后 7：00 并网，几个时间点测得的振动数据见表 2-38。可见振动已进一步降低，瓦振 3 号⊥最大仅 2.8mm/s。

表 2-38　　　　　　　　　　　调整配重后振动测量结果　　　　　　　　　　　mm/s

时间	负荷	环境温度	轮间温度	1 号⊥	2 号⊥	3 号⊥	4 号⊥	5 号⊥
8：10	120MW	14℃		2.0	1.7	1.4	1.4	1.2
10：45	120MW	14℃	298℃	1.4	1.6	2.3	1.4	1.5
13：30	120MW	14℃	310℃	1.2	1.5	2.8	1.6	1.5

五、动平衡后振动热变量计算

根据空载和带额定负荷稳定后测得的振动，可计算出动平衡前后的热变形矢量（以 3 号⊥为准），具体数据见表 2-39。可见，平衡后瓦振 3 号⊥的热变形矢量有较明显的减小。

表 2-39　　　　　　　　动平衡前后瓦振 3 号⊥热变形矢量计算结果

工况	空载时振动	带额定负荷稳定后振动	热变形矢量
动平衡前	$14\mu m \angle 100°$	$111\mu m \angle 34°$	$106\mu m \angle 27°$
动平衡后	$10\mu m \angle 267°$	$48\mu m \angle 349°$	$47\mu m \angle 1°$

【例 2-15】600MW 机组低压转子三阶振型分析处理。

某电厂 1 号机组汽轮机型号 CLN660-24.2/566/566，为超临界、一次中间再热、三缸四排汽、单轴、双背压、凝汽式汽轮机。高中压转子、1 号低压转子、2 号低压转子和发电机转子之间刚性对轮连接，1、2 号低压转子之间有接长短轴，整个轴系由 9 个轴承支持。汽轮机六个支持轴承为四瓦块可倾瓦，发电机两个轴承采用上半一块、下半两块可倾瓦端盖式轴承，轴系结构如图 2-50 所示，各转子临界转速设计值见表 2-40。

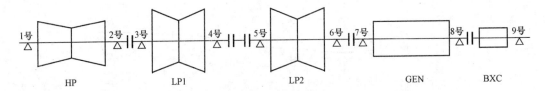

图 2-50　超临界 660MW 机组轴系结构

表 2-40　　　　　　　　　　　机组各转子临界转速设计值（轴系）

轴段名称	轴系一阶临界转速设计值 （r/min）	轴系二阶临界转速设计值 （r/min）
高中压转子	1639	4438
1 号低压转子	1532	3457
2 号低压转子	1561	3750
发电机转子	813	2201
	3814（三阶临界转速）	

1. 2 号低压转子振动及处理过程

（1）该机于 2011 年 11 月 11 日首次冲转到 3000r/min 时，2 号低压转子 5、6 号瓦振分别为 61、58μm，轴振最大 92μm。瓦振、轴振升速伯德图如图 2-51 和图 2-52 所示，3000r/min 时的振动数据见表 2-41。

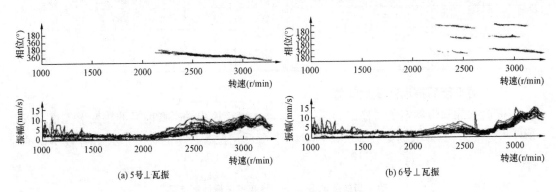

(a) 5号⊥瓦振　　　　　　　　　　　　　　　(b) 6号⊥瓦振

图 2-51　2 号低压瓦振升速伯德图

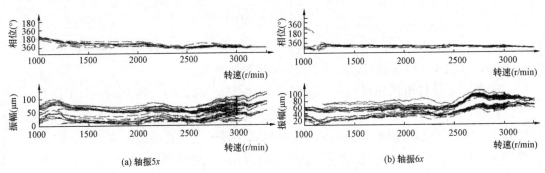

(a) 轴振5x　　　　　　　　　　　　　　　(b) 轴振6x

图 2-52　2 号低压轴振升速伯德图

表 2-41　　　　　　　　　　　　调试期间 2 号低压转子振动数据

工况		轴振 5x	轴振 6x	瓦振 5 号⊥	瓦振 6 号⊥
11 月 11 日首次 3000r/min	通频	58.5μm	92.3μm	61μm（DCS）	58μm（DCS）
	工频	25μm∠359°	59μm∠59°	6.77（mm/s）∠9°	6.41（mm/s）∠38°

从图 2-51 中可看出，通过一阶临界转速时（1150r/min）峰值不明显，说明一阶不平衡分量较小。通过二阶临界转速时（2400～2500r/min）有较明显的峰值，说明存在一定的二阶不平衡分量。至 3000r/min 时，瓦振 5 号⊥、6 号⊥工频振动分别达 61、58μm，以同相分量为主。

为减小 3000r/min 时的振动，在转子本体两端平衡槽内进行了多次加重，效果都不理想。后在外伸端加重，因加重较多，对相邻转子振动影响较大，也不能达到预期的效果。

（2）利用检修机会，重新加工中间短轴，调整低-低对轮同心度，现场加重的平衡块全部取下，装复后开机。2 号低压转子一阶临界转速 1080～1140r/min 时，5、6 号瓦振为 14～16μm，二阶临界转速区（2420r/min）6 号瓦振峰值 48μm。2370r/min 以后 5号瓦振快速上升，定速 3000r/min 时，5、6 号瓦振分别为 73μm（70μm∠135°）、72μm（69μm∠110°）。经对称、反对称加重多次调整，最后对称加重 7 块，合成后相当于一端加重 1216g，另一端加重 1235g。一阶临界转速时 5、6 号瓦振 89、76μm，额定转速下 5、6 号瓦振都为 46μm（图 2-53）。带负荷后 5、6 号瓦振大幅度增加，分别达 75、65μm，之后先加重又去重，但 5、6 号瓦振分别为 75、65μm，不能达到满意的水平（见表 2-42）。

表 2-42　　　　　　　　　　2 号低压转子加重后三次开机瓦振数据

工况		一阶临界区		二阶临界区		额定转速	
		5 号⊥	6 号⊥	5 号⊥	6 号⊥	5 号⊥	6 号⊥
6 月 22 日	通频（μm）	89	76	30	33	46	46
	工频	86μm∠83°（1100r/min）	74μm∠85°（1100r/min）			45μm∠128°	45μm∠180°
6 月 23 日	通频（μm）	91	81			47	38
	工频	88μm∠81°（1090r/min）	77μm∠92°（1160r/min）			46μm∠120°	38μm∠174°
6 月 23 日 200MW	通频（μm）					75	65
	工频					60μm∠135°	62μm∠157°
7 月 27 日上午（加重又去重后）	通频（μm）	89	76			72	64
	工频	86μm∠83°（1100r/min）	74μm∠85°（1100r/min）			70μm∠116°	62μm∠144°
7 月 27 日 591MW	通频（μm）					90	60
	工频					80μm∠139°	57μm∠164°

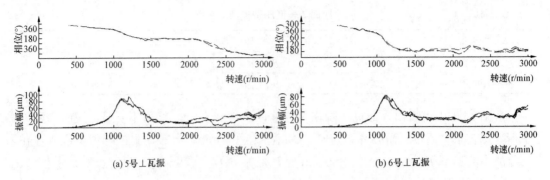

(a) 5号⊥瓦振   (b) 6号⊥瓦振

图 2-53 动平衡后 2 号低压转子瓦振升速伯德图

2. 2 号低压转子振动分析

(1) 额定转速下 2 号低压转子瓦振大，以同相分量为主，在两端平衡面对称加重后不能达到预期的效果，分析认为加重后主要是受三阶振型的不良影响。根据制造厂说明书，转子一阶临界转速为 1561r/min、二阶临界转速为 3750r/min。由于低压转子坐落在钢板焊接而成的低压排汽缸上，支承刚度很差，低压转子实际临界转速大大低于设计值。一阶临界转速实测值约为 1100r/min 左右（图 2-53），二阶临界转速实测值约为 2481~2510r/min（图 2-51）。

按照逆推法计算 2 号低压转子三阶临界转速约为 3628r/min。所以额定转速下 2 号低压转子实际上是工作在二、三阶临界转速之间，同时受二、三阶振型的影响。从机组超速试验曲线看（图 2-54），随着转速上升 5、6 号瓦振持续增加，转速 3200r/min 时瓦振约 100μm，且相位相同。

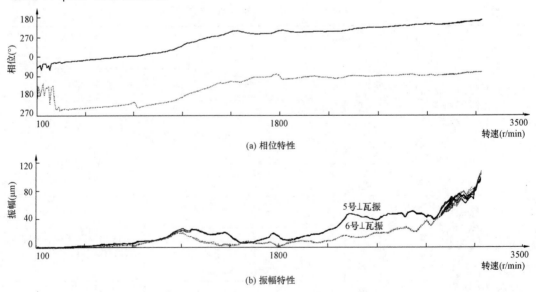

(a) 相位特性

(b) 振幅特性

图 2-54 超速试验 2 号低压转子瓦振伯德图

(2) 现分析两端平衡面加重对一、二、三阶振型的影响，低压转子对称性较好，一、二、三阶振型可表示在图 2-55 中。

假设转子两支承轴承之间距离为 L，本体上距离 5 号轴承（规定为坐标 0 点）s_1 位置有一不平衡重量 Q，所处半径为 r，振型的计算公式为

$$A_n = \frac{2Qr \cdot \sin(n\pi s_1/L)}{mgL}$$

式中　m——转子单位长度质量，kg/mm。

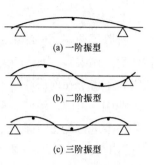

图 2-55　低压转子前三阶振型

从图 2-56 查取 2 号低压转子相关尺寸，两轴承中心距 $L=5740$mm，5 号侧末级加重面到 5 号轴承中心 1316mm，6 号侧末级加重面到 5 号轴承中心 4408mm，2 号低压转子前三阶振型的影响系数见表 2-43。可见，在低压转子两末级加重对前三阶振型都有较大影响。从表 2-43 可看出，在两端平衡面同时加重时，三阶振型系数 A_3 均较大，分别为 0.831 和 0.816。若不平衡分布在转子中部，两端对称加重，A_3 均为正值，就很容易激发起三阶振型。对于二阶振型，由于正、负相抵消，影响不大。这与现场动平衡试验的结果基本吻合。

表 2-43　　　　　　　2 号低压转子两末级加重对前三阶振型的影响系数

加重位置（s_1）	s_1/L	A_1	A_2	A_3
5 号瓦侧末级（1316mm）	0.229 3	0.66	0.992	0.831
6 号瓦侧末级（4408mm）	0.767 9	0.666	−0.994	0.816

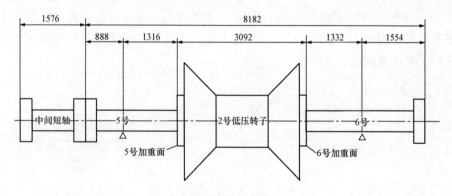

图 2-56　2 号低压转子结构尺寸

3. 2 号低压转子振动处理

由于现场加重面受到限制，决定转子返制造厂做高速动平衡。2015 年 3 月 1 号机组 B 修期间转子返回制造厂家，先对调端末级叶片重新排序，发现末级叶片重量约差 3000g。调端末级叶片重新排序后做高速动平衡，加重结果见表 2-44，可见转子本体加重超过 4000g，且前后联轴器加重较多。检查转子弯曲度、对轮镗孔等均无异常，振动数据也排除了转子存在裂纹的可能，决定对调端、电端末级叶片再次排序。拆下调端、电端末级叶片后，500r/min 做低速动平衡时显示调端末级应加重 1070g∠343°、电端末级应加重 1240g∠22°，合成后相当于需要对称加重 1089g×2∠4°、反对称加重 394g×2

∠260°~80°。

排除了调端、电端末级叶片的影响，可判断转子中部原始不平衡较大。返厂第一次排序后（调端），由于平衡配重方式不合理，中间平衡面加重较小，三阶不平衡残余量较大，不得不在前后联轴器配较多的重量，以平衡三阶振型，达到出厂标准。

调端、电端末级叶片第二次排序以后，在制造厂平衡台上进行高速动平衡时，根据三阶振型进行配重。最后在 2 号低压转子调端末级加重 344g（2 块）、电端末级加重 566g（3 块）、中间平衡面加重 2462g（6 块），一阶临界转速下轴承振动 1.16、1.33mm/s，工作转速下轴承振动 1.37、1.24mm/s。

表 2-44   2 号低压转子制造厂家动平衡加重数据

加重位置	调端联轴器	调端末级	转子中间	电端末级	电端联轴器
安装期间出厂动平衡	267g（6 块）	5442g（15 块）	1069g（3 块）	1608g（4 块）	195g（5 块）
返厂调端末级重新排序后动平衡	172g（6 块）	1870g（5 块）	1387g（4 块）	962g（3 块）	170g（6 块）
调、电端末级第二次排序后动平衡	—	344g（2 块）	2462g（6 块）	566g（3 块）	—

4. 2 号低压转子回厂装复后振动情况

转子回厂装复后于 2015 年 5 月 2 日开机，2 号低压转子瓦振升速伯德图如图 2-57 所示，升速过程中瓦振最大 38μm（6 号瓦 2400r/min），额定转速下 5、6 号瓦振分别为 31、26μm，带 500MW 负荷时 5、6 号瓦振分别为 17、18μm。在升速过程中、工作转速下和带负荷过程中，2 号低压转子瓦振都在优良范围内，彻底解决了长期困扰该机组安全运行的老大难问题。

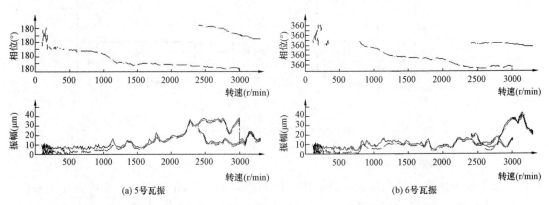

(a) 5号瓦振   (b) 6号瓦振

图 2-57   2 号低压转子返厂动平衡后开机瓦振升速伯德图

第三章

转子中心不正引起的振动和轴承标高变化对振动的影响

第一节　中心不正对振动的影响

1. 中心不正（又称不对中）

所谓中心不正是指相邻两个转子的联轴器存在圆周偏差或张口，连接后不成一条直线，可能会出现如图 3-1 所示的下列几种情况：

（1）两转子中心线平行错位，称平行不对中，如图 3-1（a）所示。

（2）两转子中心连接后形成折线，称角度不对中，如图中 3-1（b）所示。

（3）上述两种情况兼有，称混合不对中，如图中 3-1（c），显然这种情况较多。

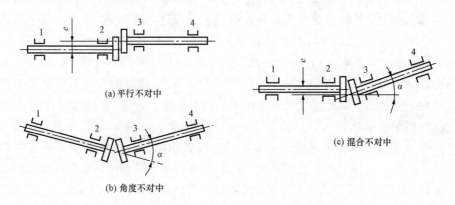

(a) 平行不对中

(b) 角度不对中

(c) 混合不对中

图 3-1　不对中类型

2. 中心不正对振动的影响

（1）可直接产生引起振动的扰动力，在升速过程中就可以表现出来。以一倍频为主，有时也可能有较明显的二倍频分量（如平行不对中），现场动平衡时加重后一般相位变化很小。

（2）在并网带负荷过程中振动变化较大，与负荷有明显的关系，一般随负荷增加，振动增大。

（3）目前对转子中心比较关注的原因还涉及找中心的问题（两联轴器未连接时）。通过调整轴承标高找好中心后，若采用刚性联轴器连接，只要联轴器本身加工精确（指圆周和平面偏差），连接后两转子可自动对中，不会产生引起振动的扰动力。但找中心时的预调量（指圆周和平面技术要求）正确与否可直接影响各轴承的负荷分配，若负荷偏重将导致瓦温升高、轴瓦变形或磨损。负荷偏轻则使油膜压力降低，由此可引发低频振动、分谐波振动等，严重时还可激发起油膜振荡。对于挠性、半挠性联轴器连接，若预调量不正确还有一定的调整能力，但偏差大时有可能产生引起振动的扰动力。目前300MW 及以上机组一般都采用刚性联轴器连接。

（4）近几年来涉及的找中心问题，除包括给出的预调量是否正确，即是否能适应运行中轴承标高的变化外，同时还涉及机组运行一段时间中心变化以后，中心（指圆周和平面）是否要调整、怎么调整等问题。有相当一部分机组运行一段时间后中心变化很大，而按原有的技术要求调整后又出现了不少问题（如瓦温高、轴瓦磨损、振动大等），使中心问题变得更复杂，对引起中心变化的原因如轴承标高、支承方式等广为关注。

3. 运行中轴承标高变化的原因

（1）由于低压转子两端轴承坐落在排汽缸上，运行中必须考虑真空和排汽温度的影响。抽真空后由于大气压力的巨大作用，使两端轴承下沉，如300MW 机组抽真空后可使两端轴承标高降低 0.3～0.5mm。

（2）氢温、氢压的影响。发电机两端轴承为端盖式轴承，坐落在发电机端盖上，充氢后或氢温、氢压发生变化时会使轴承标高发生变化，经实测，300MW 机组充氢后轴承标高下降 0.15mm 左右，但也有充氢后轴承标高上升的。

（3）汽缸散热使轴承温度升高。如某些 300MW 机组，高中压缸两端猫爪分别支承在前、后轴承座上，汽缸散热可直接对轴承座进行加热。经实测，运行中轴承座温度平均升高 40℃左右，该轴承座高度接近 1m，故标高可变化 0.4～0.5mm。

（4）回油温度的影响。由于轴承回油有一定的温度，对轴承座有加热作用。有些轴承坐落在基座上，加热作用相对较小。曾对一台 65MW 机组的发电机和励磁机轴承标高变化分别进行测试，发现励磁机轴承由于坐落在基座上，回油温度影响较小，标高上抬量比发电机轴承少 0.10mm 左右。

（5）轴承座膨胀不畅的影响。主要反映在前轴承箱上，由于膨胀不畅或收缩时受阻，轴承箱上翘，使轴系中心受到影响。同时又降低了支承刚度，引起前轴承箱及轴承振动。300MW 及以上机组设计有推拉装置，并在轴承箱底部注油，这方面的问题较少。

（6）阀门切换的影响。300、600MW 机组当单阀控制切换到顺序阀控制时，由于蒸汽流动作用力的影响使转子位置发生变化，影响到轴系中心，从而直接影响油膜压力的变化。当下部阀门开启时，蒸汽流动作用力对转子有上抬作用，油膜压力降低，容易出现不稳定振动。反之，使油膜压力增高，增加其稳定性。高压调节阀开启或关闭时，由于轴系中心改变对工频振动也有一定的影响。

第二节　挠性、半挠性联轴器中心对振动的影响

挠性、半挠性联轴器是指齿式联轴器、波形节及双波形联轴器等，目前在大机组中

主机上采用很少，主要是在汽动给水泵、中小型机组上采用较多。

挠性或半挠性联轴器有一定的调节中心不正的能力，若运行中轴承的标高变化、位置变化及找中心时给定的预调量（圆周和张口值）不恰当，有可能会对中心产生影响，从而使机组振动发生变化。齿式联轴器的中心状态与齿轮的啮合有关，啮合位置发生变化时也会影响机组的中心状态，对振动产生影响。

1. 低发双波形联轴器变形对振动的影响

（1）某电厂 65MW 机组，是英国制造的双缸双排汽机组，高压转子与低压转子采用三支承结构，低压转子与发电机转子之间采用双波形联轴器连接，轴系结构如图 3-2 所示。该机振动的主要问题是 1 号轴承和机头振动大，负荷超过 40MW 时机头水平方向振动最大可接近 $100\mu m$。再增加负荷时振动还会继续增大，只能控制在 40MW 以下运行，且振动还是不稳定，随着运行时间的增长还有继续增大的趋势。振动试验和振动分析如下：

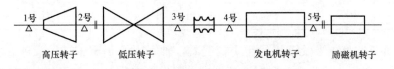

图 3-2　65MW 机组轴系结构

1）上述振动问题是经过一次大修后出现的。大修中找汽轮机-发电机联轴器中心时，由于波形节没有取下（连在汽轮机侧），致使发电机两端轴承标高必须按找中心标准大幅度降低，5 号轴承标高降低达 5mm 多。大修后首次开机因振动大无法升速至 3000r/min，后停机重新调整中心，虽能升速至 3000r/min，但带负荷后随着负荷的增加，振动不断增大。

2）为摸清振动随负荷变化的规律，进行了负荷变化试验。负荷从 40MW 降至 0，观察振动变化，试验结束后又解列停机。在轴的外露部分粘贴光标，而后又升速至 3000r/min，并带负荷至 30MW，观察振动幅值和相位变化，试验结果分别见表 3-1 和表 3-2。由表 3-1 和表 3-2 可知，1 号⊥和 1 号→振动与负荷有明显关系，机头→振动与负荷也有一定的关系，负荷降低，振动明显减小。在同一负荷维持一段时间，振动也有变化，有继续减小的趋势。解列时振动无突变。热态停机后再开机至 3000r/min 时与停机时 3000r/min 相比较，振动有明显降低。带负荷后振动增加，与降负荷时的规律基本相同，但相位变化不大。

表 3-1				负荷试验结果		μm
时间	负荷（MW）	机头→	1 号⊥	1 号→	3 号⊥	3 号→
23：35	40	90	53	50	9	5
23：45	30	80	47	43	4	7
24：00	30	85	42	44	5	7

时间	负荷（MW）	机头→	1号⊥	1号→	3号⊥	3号→
0：10	20	79	41	42	4	5
0：25	20	79	36	42	9	7
0：27	10	74	34	39	10	7
0：37	10	70	30	35	9	7
0：42	0	71	25	35	10	6

表 3-2　　　　　　　　　　热态开机 3000r/min 与负荷 30MW 振动比较

工况	机头→	1号⊥	1号→	3号⊥	3号→
3000r/min	$56\mu m\angle116°$	$10\mu m\angle171°$	$32\mu m\angle90°$	$7\mu m\angle97°$	$2\mu m\angle217°$
30MW	$74\mu m\angle122°$	$36\mu m\angle176°$	$48\mu m\angle113°$	$2\mu m$	$4\mu m\angle320°$

3）由负荷试验结果及该机的历史情况看，轴系中心仍有偏差，反映在负荷变化，振动随即发生变化。从稳定一段时间后振动继续发生变化看，波形节可能有变形，这很可能是大修后首次开机造成的。因为大修中轴承标高大幅度调整，造成汽轮机低压转子和发电机转子中心偏差太大，在运行中使波形节发生变形。

（2）由上述分析可知，要降低该机的振动，必须在冷态下合理地调整中心，而后必须校正波形节的变形。

1）调整中心的方案。参考安装时的转子扬度数据，与实测的扬度相对比，调整前发现汽轮机侧的扬度较小，轴承负荷较轻，后将 1 号轴承抬高 0.10mm，3 号轴承降低 0.10mm。而后再按要求找正中心，4、5 号轴承的标高和轴承位置相应做了少量调正。调整中心的过程还对各轴瓦的接触等进行了检查。

2）在带负荷后利用传动力矩、磁场力等校正波形节的变形。考虑波形节变形是在汽轮机低压转子和发电机转子中心偏差大的情况下发生的，中心调整后正常运行中应该可以逐步地得到校正。图 3-3 是在调整中心后首次开机带负荷时测得的振动变化情况，在开始带负荷时，随着负荷的增加，1 号→振动逐步增大。当负荷达 20MW 以后，振动从 $20\mu m$ 快速增加到 $50\mu m$，当负荷接近 60MW 时，振动最大达 $54\mu m$。在 1 号→振动增大过程中，相位也有较大变化。图 3-3 中还给出了 3 号⊥（低压转子后轴承）的变化情况，也有增大的趋势，但变化幅度较小。

60MW 负荷运行一段时间后，与预计一样，1 号→振动开始下降，从 $54\mu m$ 不断降低到 $21\mu m$，在降低过程中相位变化较小，3 号⊥振动维持在 $10\mu m$ 以下。1 号→振动开始降低时，3 号⊥相位有突变，估计与波形节变形有关。

3）为增加振动的稳定性，进一步减小机组各轴承振动，决定对发电机转子进行动平衡。经现场平衡后，4 号⊥（发电机前轴承垂直方向）由 $26\mu m$ 降至 $1\mu m$，5 号⊥（发电机后轴承垂直方向）由 $21\mu m$ 降至 $5\mu m$。发电机平衡后使机组的稳定性提高，同时使汽轮机侧的振动进一步降低。经多年运行实践证明，上述降低振动的措施是行之有效的。

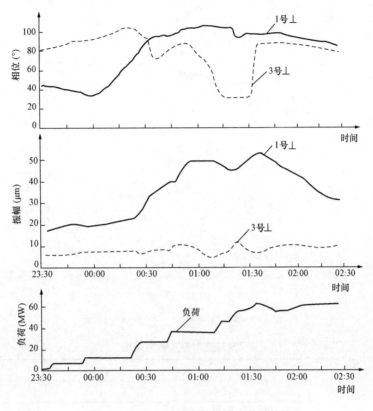

图 3-3　调整中心后带负荷振动变化趋势

2. 发电机-励磁机波形节联轴器变形对振动的影响

（1）某厂 300MW 机组励磁机因振动偏大，在一次检修中调整了发电机励端联轴器的晃度，将晃度从 0.16mm 减小至 0.04mm。发电机转子与励磁机转子之间有一波形节，联轴器上有两个对口销用于定位。检修中虽然调整了联轴器的晃度，但销孔未铰，打入销子后两半联轴器错位。测量同轴度时，测得发电机联轴器晃度为 0.08mm，励磁机侧联轴器晃度为 0.06mm，两者高点相差 180°，比调整时大且比检修前还略大。

检修后开机测得励磁机两端轴振升速伯德图如图 3-4 所示，可以看出：在 2000r/min 暖机过程中，轴振 $7x$、$8x$ 逐步增大，轴振 $7x$ 从 $75\mu m \angle 305°$ 增加到 $128\mu m \angle 322°$，轴振 $8x$ 从 $24\mu m \angle 154°$ 增加到 $68\mu m \angle 142°$，轴振 $7y$ 和 $8y$ 也有相应的增加。从图 3-4 中还可以看出，1200r/min 暖机时轴振 $7x$、$8x$ 也有少量增加。从 1800r/min 以后轴振 $8x$ 相位快速变化，两端轴振由同相振动变为反相振动，一直至 3000r/min 始终保持反相。该励磁机第一临界转速为 2500r/min 左右，由于反相分量大，看不出一阶临界应该表现出来的共振放大现象。至 3000r/min 时，励磁机两端轴振最大达 $180\mu m$，具体数据见表 3-3。

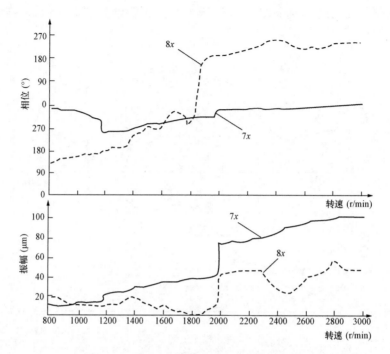

图 3-4　励磁机轴振 $7x$、$8x$ 升速伯德图

表 3-3 　　　　　　　　　　　　　　额定转速时励磁机轴振值

$7x$	$180\mu m\angle349°$	$8x$	$80\mu m\angle194°$
$7y$	$130\mu m\angle108°$	$8y$	$82\mu m\angle355°$

（2）分析认为，定速暖机过程中出现轴振逐渐增加的现象可能与销子孔未铰，波形节处承受应力后变形有关。而反相分量增大，3000r/min 时两端轴振增大（在检修前最大未超过 $100\mu m$）与检修后发电机转子和励磁机转子不同心度增大有关。

由于检修后不同心度增大，且在带负荷后由于轴承标高变化等原因有可能因波形节变形使不同心度进一步增大，导致带负荷后振动增加和振动不稳定。图 3-5 所示为测得

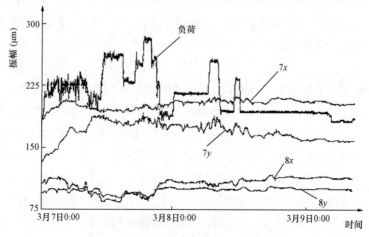

图 3-5　励磁机两端轴振与负荷关系

的励磁机两端轴振与负荷的关系，可以看出，在带负荷开始阶段轴振 $7x$、$7y$ 有明显增大的现象，轴振 $7x$ 从 $180\mu m$ 增加到 $200\mu m$，轴振 $7y$ 从 $130\mu m$ 增加到 $180\mu m$，轴振 $8x$、$8y$ 略有下降。随着负荷增加，轴振 $7x$ 维持在 $200\mu m$ 左右，$7y$ 略有下降，轴振 $8x$、$8y$ 略有增加。

　　运行一段时间后，发现轴振 $7y$ 变化较大，由 $180\mu m$ 降至 $75\mu m$ 左右。图 3-6 所示为经两个多月运行后轴心轨迹和轴振波形的变化，可以看出，在开始运行时轴心轨迹接近一个圆，而后变成一个很扁的椭圆。y 方向振动大幅度减小，说明轴系中心进一步变化。由于轴位置偏移等原因，在 y 方向有预荷载，后在停机检修中发现 7 号轴瓦已局部碎裂。

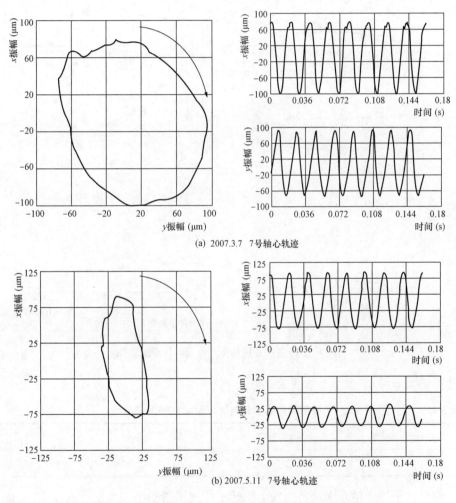

(a) 2007.3.7　7号轴心轨迹

(b) 2007.5.11　7号轴心轨迹

图 3-6　带负荷运行后 7 号轴心轨迹和轴振波形变化

　　（3）在停机检修中重新调整对轮晃度，在连接联轴器前先铰销子孔，销子打入后再紧联轴器螺栓，使连接后的不同心度降到 $0.05mm$ 以下。同时，考虑该型机组上瓦经常出现碰磨和碎裂，找中心时将励磁机轴承适当抬高（抬高 $0.095mm$）。

　　采取上述措施后开机，励磁机振动已大有好转，在 1200、2000r/min 暖机过程中轴振 $7x$、$8x$ 等已经没有振动增加的现象，相位变化也很小，升速伯德见图 3-7，3000r/min 时

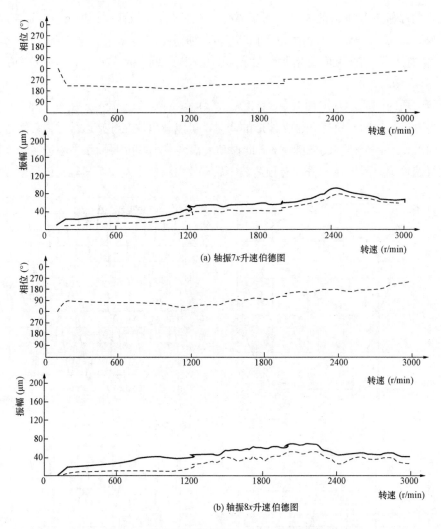

(a) 轴振7x升速伯德图

(b) 轴振8x升速伯德图

图 3-7　修复后开机轴振 7x、8x 升速伯德图

两端轴振最大 60μm，具体数据见表 3-4。

表 3-4　　　　　　　　　　检修调整后额定转速下励磁机轴振值

7x	$60\mu m \angle 340°$	8x	$22\mu m \angle 195°$
7y	$25\mu m \angle 85°$	8y	$26\mu m \angle 45°$

　　励磁机转子处于轴系末端，与发电机转子相比质量很小，当发电机转子和励磁机转子产生中心偏差时，对励磁机的振动影响很大，并有可能伴随出现轴瓦碎裂等现象。

　　3. 齿式联轴器磨损产生的振动

　　在容量较小的机组和 300MW 机组汽动给水泵等辅机上，也广泛采用齿式联轴器传动。长时间运行后齿套与齿轮容易发生磨损而使间隙增大，随着传动力矩的变化，齿轮和齿套间的啮合位置发生改变，从而使振动发生变化。

　　（1）某电厂一台 6000kW 机组，由齿式联轴器传动，运行多年后发现带负荷时振动与空负荷相比变化较大,见表 3-5。

表 3-5 空负荷和带负荷后振动变化

测点位置	1 号⊥	1 号→	2 号⊥	3 号⊥	3 号→	4 号⊥	4 号→
空负荷 (3000r/min)	20μm	32μm	62μm∠343°	65μm∠330°	30μm∠292°	11μm∠50°	29μm∠282°
1000kW	—	—	35μm∠70°	34μm∠77°	45μm∠18°	16μm∠15°	42μm∠255°
3000kW	25μm	60μm	40μm∠60°	42μm∠63°	44μm∠5°	16μm∠25°	41μm∠265°
4000kW	—	—	42μm∠60°	41μm∠67°	44μm∠15°	15μm∠5°	40μm∠60°

注 表中 1、2 号为汽轮机两端轴承,3、4 号为发电机两端轴承。

由表 3-5 可知,从空负荷到带负荷 1000kW 时,振动变化较大,而后变化较小。采用矢量运算,可以算出从空负荷到带负荷 1000kW 时各轴承振动变化量:

$\Delta 2$ 号⊥$=35\mu m\angle 70°-62\mu m\angle 343°=70\mu m\angle 133°$;

$\Delta 3$ 号⊥$=34\mu m\angle 77°-65\mu m\angle 330°=82\mu m\angle 127°$;

$\Delta 3$ 号→$=45\mu m\angle 18°-30\mu m\angle 292°=52\mu m\angle 53°$;

$\Delta 4$ 号⊥$=16\mu m\angle 15°-11\mu m\angle 50°=9.4\mu m\angle -27°$;

$\Delta 4$ 号→$=42\mu m\angle 255°-29\mu m\angle 282°=21\mu m\angle -144°$。

从上述矢量计算结果可以看出,带负荷后所产生的振动变化对发电机转子来说是力偶形式的,即作用在两端轴承上的力是反相的。$\Delta 3$ 号⊥和 $\Delta 4$ 号⊥及 $\Delta 3$ 号→和 $\Delta 4$ 号→相位差均接近 180°,$\Delta 2$ 号⊥和 $\Delta 3$ 号⊥相位接近相同,表 3-5 中虽然没有测得 1 号⊥和 1 号→的相位,但从振幅变化看其变化量也是比较大的。从 $\Delta 2$ 号⊥和 $\Delta 3$ 号⊥同相和 $\Delta 3$ 号⊥、$\Delta 3$ 号→分别与 $\Delta 4$ 号⊥、$\Delta 4$ 号→反相分析,产生振动变化的扰动力来源于联轴器处。该机组运行已久,齿轮和齿套均磨损严重,其间隙有些已超过 0.5mm,带负荷后振动突变,主要反映了齿轮啮合情况的变化。当带上负荷后,由于汽轮机传动力矩和发电机磁场产生的反力矩的相互作用,使齿轮和齿套受力改变,在齿轮和齿套有磨损的情况下,很容易改变啮合点。如图 3-8 所示,若空负荷时汽轮机齿轮和齿套间的啮合点为 A,齿套和发电机齿轮的啮合点为 B。当机组并列带负荷后,由于发电机磁场的作用,以反旋转方向产生阻力,发电机侧的齿面相对于汽轮机侧的齿面沿切向产生滞

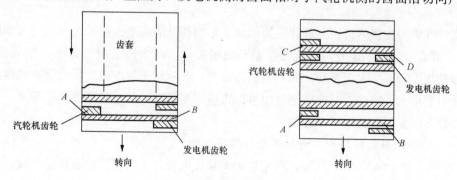

图 3-8 齿轮啮合位置变化

后，齿套的啮合线与轴线之间产生一个向后的倾角，使 A、B 两点的啮合力减弱。同时齿面间隙的其他牙齿将在 C、D 点开始接触，一直到完全啮合为止，这时 A、B 点就脱开了。有时啮合的改变发生在带负荷瞬间，从而产生振幅和相位的突变，而且可听到有撞击声。当机组减负荷时，啮合位置又由 C、D 点退回到 A、B 点，再次引起振动突变。带负荷后由于啮合位置改变到 C、D 点后，一般不再继续变化。所以当负荷增加时振动变化很小，与表 3-5 给出的数据比较相符。

（2）显然，要消除这种类型振动的最好办法是更换新齿轮，但这要一段较长时间的制作周期。若这种振动变化比较有规律，也可以在发电机转子上加上一对反对称重量进行平衡，因为由齿轮啮合不好引起的振动对发电机转子和汽轮机转子来说都是相当于加上一对反对称的力偶性质不平衡引起的。平衡方法是：

1）以 1000kW 负荷时测得的振动作为原始振动，以发电机两端轴承振动 3 号⊥、3 号→、4 号⊥、4 号→为准；

2）在发电机转子两端平衡槽内加上反对称的试加重量，其方向可根据所测得的相位角和振动传感器与光电传感器的相对位置算出，大小可根据同型转子的灵敏度估算；

3）根据加上试加重量后的振动和原始振动进行动平衡计算，算出应加重量的大小和方位。

该机组经上述方法平衡后，在两端平衡槽内反对称各加重 100g。空转时振动略大，3 号⊥、4 号⊥分别为 $80\mu m\angle325°$、$9\mu m\angle110°$。带负荷后振动大幅度下降，车头水平方向振动由原来 $100\mu m$ 降至 $30\mu m$ 左右，3 号⊥振动很快降至 $25\mu m$，各轴承振动均在 $30\mu m$ 左右。在带负荷情况下能稳定运行较长时间，带负荷后各轴承振动见表 3-6。

表 3-6　　　　　　　　　　　　动平衡后带负荷振动测量结果

测点位置	车头⊥	车头→	1号⊥	1号→	2号⊥	3号⊥	3号→	4号⊥	4号→
1000kW	$7\mu m\angle185°$	$32\mu m\angle18°$	$7\mu m\angle150°$	$25\mu m\angle20°$	$27\mu m\angle30°$	$25\mu m\angle25°$	$18\mu m\angle0°$	$10\mu m\angle34°$	$27\mu m\angle258°$
2000kW	$12\mu m\angle175°$	$32\mu m\angle7°$	$9\mu m\angle155°$	$27\mu m\angle10°$	$32\mu m\angle33°$	$30\mu m\angle30°$	$19\mu m\angle355°$	$10\mu m\angle34°$	$27\mu m\angle263°$
3000kW	$13\mu m\angle180°$	$29\mu m\angle15°$	$9\mu m\angle165°$	$25\mu m\angle20°$	$32\mu m\angle30°$	$30\mu m\angle31°$	$17\mu m\angle0°$	$10\mu m\angle35°$	$27\mu m\angle265°$

第三节　刚性联轴器连接对振动的影响

刚性联轴器连接的机组，若联轴器因加工不当使圆周或平面偏差大（晃度大和瓢偏大），或因套装后产生偏差，可直接影响到机组振动。两个转子用三支承连接的机组，联轴器的加工和连接尤为重要。尤其是平面偏差，会使转子摆度增加，远离联轴器的支承端会引起很大的振动。其连接刚度也可以直接影响振动，若连接刚度差，升速过程中有可能使转子变形，振动突发性增大。

1. 由刚性联轴器圆周和平面偏差大引起的振动

（1）某厂 6000kW 新装机组，汽轮机转子和发电机转子采用刚性联轴器连接，首次开机时就因 3 号轴承（发电机前轴承）和车头振动大而不能升至额定转速。为分析该机组的振动问题，在 3、4 号轴承水平方向装设振动传感器，升速过程中测得发电机转子振动伯德图见图 3-9。由图 3-9 可知，发电机通过临界转速时（1800r/min），3 号→振动达 100μm。通过临界转速后振动略有降低，而后继续增加，至 2700r/min 时 3 号→振动已超过 120μm，这时车头地面振动已达 270μm，紧急停机。由图 3-9 还可以看到 3 号→、4 号→振动相位在升速过程中始终相差 180° 左右，似有一个较大的反对称分量作用在转子上。停机后决定在发电机两端平衡槽内加上反对称分量进行现场动平衡，经多次加重试验，发现规律性差，使动平衡工作无法进行下去。表 3-7 为几次加重后的振动变化，加重后再把重量全部取掉，不能恢复到原来的振动数据，振幅和相位均有较大的变化。另外，加重后相位变化很小，如两端各反向加重 200g，在 2500r/min 时相位仅变化 3°（3 号→）。由于相位变化很小，经动平衡计算得到的应加重量将是一个很大的值，实际上是无法加上去的。

表 3-7　　　　　　　　　　　　**加重后 3 号轴承水平方向振动变化**

转速（r/min）	2500	2600	2700	2800	2900	3000
原始振动	91μm∠202°	105μm∠195°	124μm∠228°	—	—	—
3 号轴承侧加重 155g∠0°、4 号轴承侧加重 155g∠180°	86μm∠203°	108μm∠206°	103μm∠229°	114μm∠222°		
反转 100° 各加 200g	105μm∠197°	120μm∠198°	139μm∠216°			
全部去掉重量	78μm∠183°	98μm∠214°	90μm∠222°	96μm∠220°	111μm∠223°	124μm∠241°
3 号轴承侧加重 200μm∠80°、4 号轴承侧加重 200μm∠260°	59μm∠205°	—	80μm∠225°	86μm∠230°	122μm∠247°	155μm∠269°

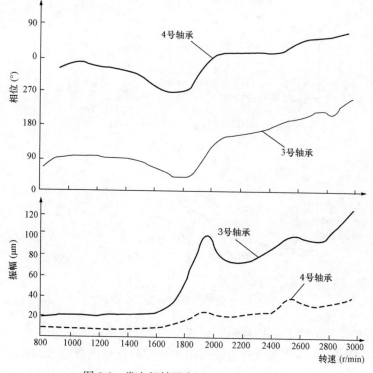

图 3-9　发电机转子水平瓦振升速伯德图

分析认为，加重后相位变化小反映了轴系中心偏差较大。由图 3-9 可知，从 1500r/min 以后 3 号→振动快速增加，至 1800r/min 就从 $20\mu m$ 增加到 $100\mu m$。这固然与通过临界转速有关（3 号→、4 号→未出现同相），但也反映了轴系中心有可能变化。结合加重后振动变化无规律的现象，决定检查轴系中心。在没有解开联轴器的情况下，测量了汽轮机转子和发电机转子的同轴度（联轴器处晃度），测量结果见图 3-10（a），同轴度相差 0.10mm。后又在盘车齿轮处测量瓢偏，最大达 0.12mm，其方位与联轴器晃度相对应。后又把联轴器解开，找到了引起晃度和瓢偏增大的主要原因是发电机对轮套装偏差引起的。

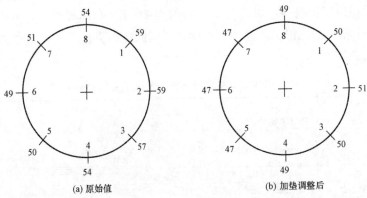

图 3-10　同轴度测量结果

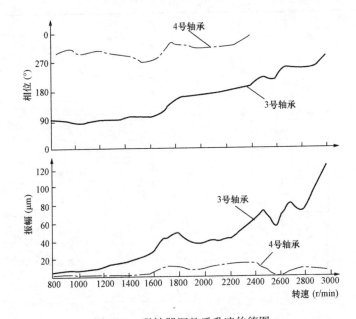

图 3-11　联轴器调整后升速伯德图

显然最好的解决方法是更换或重新套装发电机联轴器，但在没有准备的情况下短时间内是无法实现的，现场作为应急措施采用加垫片的方法进行校正。在图 3-10（a）中的方位 5、6、7 位置加垫 0.10mm，加垫测得联轴器连接后的晃度见图 3-10（b），可见，经加垫后晃度已减小到 0.04mm。后又测量盘车齿轮处瓢偏，也已减小到 0.055mm。调整联轴器晃度和瓢偏后，测得升速伯德见图 3-11，可见，在 1500r/min 以后振动已没有突发性增大的现象，但在 2800r/min 以后振动仍然增加较快。在不平衡量较大的情况下，在高转速下轴系中心仍有一定的变化。

决定再次通过现场平衡解决该机组的振动问题，试加重量后振动变化较有规律，通过动平衡计算，最后在两端平衡槽内各反向加重 277g。3000r/min 时 3 号→、4 号→振动分别降低到 11、16μm，车头水平振动也降到 20μm 以下，其他各轴承、各方向振动也均在 30μm 以下，带负荷后振动变化较小，较快地解决了该机组的振动问题。

国产 300、600MW 机组各转子之间均采用整锻式刚性联轴器连接，由于严格控制加工精度，由联轴器本身加工误差产生的振动问题较少。由于加工或检修工艺等原因使转子连接后不同心度偏大，则同上述小容量机组一样，现场动平衡一般不能达到预期的效果。

（2）某厂一台 300MW 机组，一次检修后开机发现低压转子两端轴承振动在工作转速和带负荷后明显增大。想通过现场动平衡减小振动，开机过程中测得接近工作转速的有关转速的振动值见表 3-8。

表 3-8　　　　　　　　　　接近工作转速的有关转速振动值

转速 (r/min)	2400	2440	2500	2700	2800	2890	3000
3 号⊥	34.6μm∠222°	47.1μm∠256°	36.7μm∠290°	14.8μm∠269°	27.1μm∠244°	48.5μm∠277°	37.6μm∠311°
4 号⊥	43.5μm∠23°	50.7μm∠60°	33.3μm∠92°	23.8μm∠61°	42.1μm∠58°	69.3μm∠106°	45.7μm∠152°

由表 3-8 可知，在 2440r/min 和 2890r/min 有两个峰值，瓦振 4 号⊥在 2440r/min 时最大为 50.7μm，在 2890r/min 时最大为 69.3μm，3000r/min 时瓦振 3 号⊥、4 号⊥分别为 37.6μm∠311°、45.7μm∠152°，以反相振动为主。

按照测得的相位角和该型转子加重的灵敏度选择试加重量，在两端平衡槽内反向各加重 220g，加重后测得振动见表 3-9。

表 3-9　　　　　　　　　　加重 2×220g 以后有关转速振动值

转速 (r/min)	2400	2440	2500	2700	2800	2890	3000
3 号⊥	32.3μm∠227°	46.3μm∠261°	39μm∠14°	11.4μm∠277°	21.1μm∠258°	39.6μm∠286°	35μm∠318°
4 号⊥	41.8μm∠29°	49.6μm∠65°	29.3μm∠120°	23.2μm∠53°	36μm∠57°	53.1μm∠103°	33.2μm∠143°

可以看出，试加重量后，通过 2440r/min 峰值时振动变化不大，通过 2890r/min 峰值时有较明显的降低，瓦振 4 号⊥从 69.3μm 降至 53.1μm，至 3000r/min 时瓦振 3 号⊥、4 号⊥分别为 35μm∠318°、33.2μm∠143°。将试加重量后测得的振动与原始振动相比较进行动平衡计算，计算结果表明，在各个转速下算出的应加重量的大小和方位差别很大。如 2500r/min 算出的应加重量为 469g∠62°，3000r/min 算出的应加重量为

$722g\angle 338°$。

计算出的应加重量分散性大的主要原因是加重后灵敏度差，幅值和相位变化小。显然，灵敏度差的原因说明低压转子振动不完全是由转子本身不平衡引起的，受外来振型的干扰。尤其是相位变化小，说明受轴系中心偏差影响较大。

动平衡没有继续进行下去，停机检修中测量低压转子-发电机转子联轴器同心度已由原来0.03mm以下变化到0.065mm，确证轴系中心已发生了变化。检修中将同心度校正到0.03mm以下，使3号⊥、4号⊥振动均降到20μm左右。

（3）刚性联轴器连接的机组，当联轴器晃度和瓢偏大时，有可能使油膜刚度产生非线性变化而激发起分谐波振动（频率为工作频率的1/2）。

某厂一台25MW机组在带负荷过程中，当负荷增至20MW以上时即发现振动明显增大，用光线示波器测得振动变化前后的波形和频率见图3-12。由图3-12可知，振动增加后，振动波形和频率均发生了变化。由间隔时间可以算出，当振动增大时，振动频率由50Hz变为25Hz，振动产生前后幅值对比见表3-10。

后查明原因，主要是由发电机联轴器套装偏差引起的。热套时联轴器没有套正，瓢偏达0.082mm，致使4号轴颈处晃度达0.67mm，油膜刚度产生非线性变化而激发分谐波振动。后重新调整联轴器，使瓢偏降至0.03mm以下，解决了该机组的振动问题。

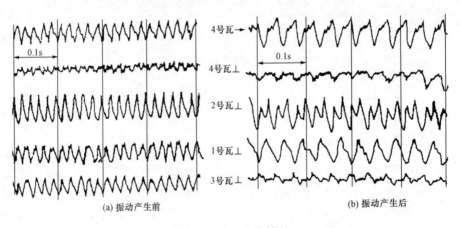

图 3-12　振动变化情况

表 3-10　　　　　　　　　　　　　　振动产生前后对比

测点 振幅（μm）	1号		2号		3号		4号		5号		6号	
	⊥	→	⊥	→	⊥	→	⊥	→	⊥	→	⊥	→
振动产生前	16	24	38	—	14	18	15	15	8	14	8	12
振动产生后	48	60	104	—	30	52	36	56	15	28	12	40

2. 三支承连接机组振动问题

为缩短轴系长度，某些机组两个转子采用三支承结构。例如，国产125MW机组高中压转子和低压转子采用三支承连接，低压转子前端用一个联轴器与高中压转子连接后共同支承在 2 号轴承上。国产 200MW 机组高压转子后端通过一个联轴器与中压转子连接后共同支承在 2 号轴承上，也为三支承结构。

对于三支承连接的机组，联轴器起到很重要的作用。既起到连接作用，又起到承载作用，联轴器的加工和连接就十分重要。如某厂一台英国 65MW 机组，高中压转子和低压转子也是三支承连接，出厂时两个转子连接好后不允许拆卸。由制造厂专门配制起吊工具，在电厂安装或检修时，两个转子一起吊出或一起放入缸内。

（1）早期生产的 125MW 机组，因三支承连接出现了不少振动问题，其中主要是 3 号轴承（低压转子后轴承）垂直和水平方向振动大，机组大修后经常因 3 号轴承振动大而需做动平衡。图 3-13 所示为某厂一台 125MW 机组大修后测得的 3、2 号轴承垂直方向振动和 3 号轴承水平方向振动的升速伯德图，可以看出，至 3000r/min 时 3 号⊥振动达 85μm、3 号→振动达 67μm。由测得的升速伯德图分析，低压转子上存在较大的不平衡质量。该机组在大修前振动较好，均在 50μm 以下。大修中仅发现转子上掉落一小块围带，在转子上未发现其他任何问题。

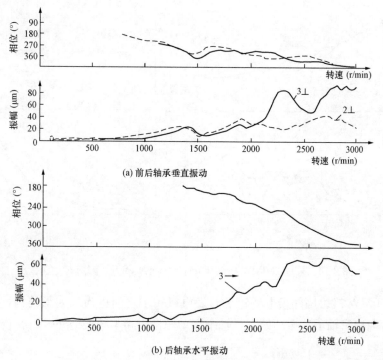

图 3-13　大修后首次启动低压转子轴承振动伯德图

分析认为，3 号轴承垂直和水平方向振动大幅度增大与低压转子 3 号轴承处摆度增大有关，摆度增加就意味着低压转子轴线偏移增大，轴线偏移产生的扰动力可用式（3-1）计算

$$F = me\omega^2 \tag{3-1}$$

式中　m——低压转子质量，kg；

　　　e——重心处偏心距，mm；

ω——转速，rad/s。

由于低压转子质量达 20 多吨，摆度增大 0.10mm，工作转速下产生的不平衡力就相当于该转子质量的 1/2 左右。

由于检修完毕机组装复后处于投运状态，已无法再校正摆度，只能在现场进行高速动平衡加以弥补。该机组在低压转子两端平衡槽内加重 430g，使 3 号轴承垂直方向振动降到 $20\mu m$ 以下，带负荷后低压转子两端轴承振动均降到 $50\mu m$ 以内，使该机组能投入运行。但可以预见，下次大修拆装联轴器后，有可能要重新调整转子平衡。

（2）另有一台国产 200MW 机组，高压转子和中压转子为三支承连接，由于联轴器连接刚度差，在高转速下发生变形致使振动增大。在 3000r/min 稳定一段时间后，轴振 $1x$、$2x$ 均分别在 $300\mu m$ 和 $400\mu m$ 的基础上又增加 $50\mu m$ 左右。与升速时相比，停机时在同转速下振动最大可增加 $100\sim150\mu m$。由于振动大，经常出现 1、2 号轴瓦碎裂的现象，升、降速振动对比曲线见图 3-14。

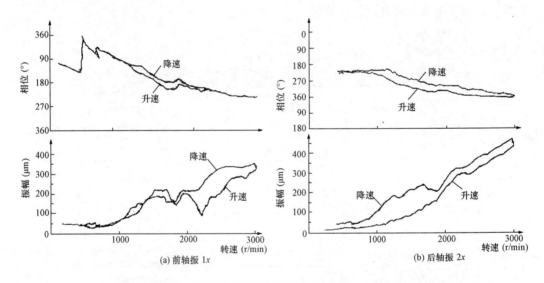

图 3-14　某厂 200MW 机高压转子前后轴振动升、降速对比曲线

（3）600MW 机组尾部集电环转子与发电机转子之间也为三支承结构，通常遇到 9 号轴承（后端稳定轴承）振动偏大，轴承振动频谱中除工频振动外，还有较大的二倍频分量振动。

较长时间以来，现场采用动平衡的方法降低 9 号轴承振动。但由于转子质量较轻，加重后产生的离心力可能同时会使轴的晃度发生变化，即加重后使原始不平衡量发生变化，动平衡不能达到预期的效果。而且由于轴位置的变化，x 和 y 方向的振动可能会出现不规则的变化。根据 9 号轴承的振动特点：轴振动较大，但轴瓦振动很小，轴振动超过 $200\mu m$ 时，轴瓦振动在 $20\mu m$ 以下。说明轴承载荷很小，可以适当抬高 9 号轴承标高。原技术标准为发电机联轴器和集电环转子联轴器处下张口 0.12mm，后增加到 0.20mm。9 号轴承标高可上抬 $1\sim1.5mm$，载荷增加后有效地控制了轴承振动。

某厂 600MW 机组 3000r/min 空负荷时，轴振 $9y$ 达 $163\mu m$（$9x$ 为 $67\mu m$），工频振

动 $121\mu m \angle 304°$、二倍频振动为 $57\mu m$。首先进行现场动平衡，在集电环转子风扇平衡槽内加重 250g，振动有一定程度降低，动平衡前后振动比较见表 3-11。

表 3-11　　　　　　　　　　　动平衡前后 9 号轴承振动比较

轴承振动	轴振 $9x$		轴振 $9y$	
	通频（μm）	工频	通频（μm）	工频
动平衡前	67	$43\mu m \angle 194°$	163	$121\mu m \angle 304°$
动平衡后	60	$24\mu m \angle 172°$	138	$100\mu m \angle 292°$
动平衡计算	$475g \angle -23°$		$971g \angle -42°$	

由于 x、y 方向振动相差较大，不可能同时降到理想的水平，后决定调整 9 号轴承标高。将 9 号轴承上抬 1mm 左右，使下张口从 0.12mm 增加到 0.2mm，并将集电环风扇平衡槽内的质量全部拆掉。标高上抬后有效地降低了 9 号轴承振动，使 x 和 y 方向振动均降到 $80\mu m$ 以下。

用相同的方法处理了另一台 600MW 机组的振动问题，调整前，轴振 $9x$、$9y$ 分别为 140、$161\mu m$，后将 9 号轴承上抬 1.5mm，使轴振 $9x$、$9y$ 降低到 45、$56\mu m$。

第四节　油膜压力低引起的低频振动

国产西屋型 300MW 机组和东方 300MW 机组都存在一种频率为 24～28Hz 的低频振动。由于这种振动的存在，使高中压转子轴振动不稳定，通频振动增大，有时突发性增大而导致跳机。

研究结果表明，这种振动是由油膜压力偏低引起的。油膜压力低的原因除机组结构、控制方式等原因外，还与冷态找中心时调整轴承标高等有关。

1. 300MW 机组低频振动问题

该问题首先发生在东方 300MW 机组上，在正常运行中多次因振动大突然跳机，后查明主要是 25Hz 左右的振动突发性增大。经 PL202 实时频谱分析仪测试，这种振动具有随机变化的性质。主频率在 24～28Hz 间，一般是以频带的形式出现，有 1～2 个主频率。其幅值和主频率都是跳跃性变化，测试时只能捕捉到某一次的情况。图 3-15 所示为某东方 300MW 机组高中压转子前轴振 $1x$ 的波形和频谱，图 3-15（a）中主频率为 24.5Hz，幅值为 24.4mV。图 3-15（b）为另一时刻测得的振动波形和频谱，主频率有两个：一个是 24Hz，幅值为 38.4mV；另一个是 26Hz，幅值为 28.3mV。图 3-16 所示为某西屋型 300MW 机组高中压转子前轴振 $1x$ 的通频振动变化趋势，表 3-12 为 VM9509 自动记录到的轴振 $1x$ 的情况（每隔 10s 记录一次）。可见，图 3-16 中通频振动跳动（跳动幅值最大可超过 $100\mu m$），主要是由 $0.5x$ 振动分量不断变化引起的。表 3-12 中 $0.5x$ 振动最大 $56\mu m$，最小仅 $4\mu m$。而工频振动（表 3-12 中为 $1x$）变化很小，变化范围为 63～$68\mu m$。图 3-17 为实测的轴心轨迹和轴振动波形，可以看到轨迹曲线紊乱，由多股曲线组成，轴振动波形中 x 和 y 方向均有明显的低频分量。

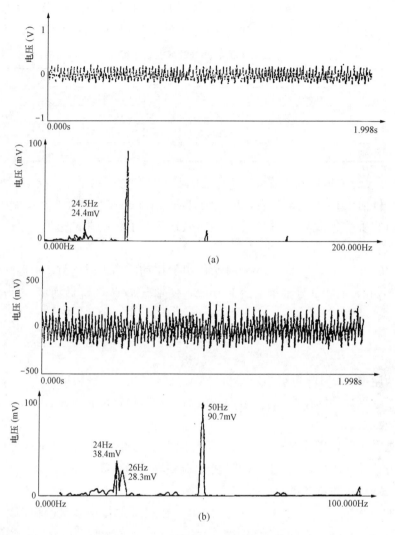

图 3-15　1x 轴承振动波形和频谱

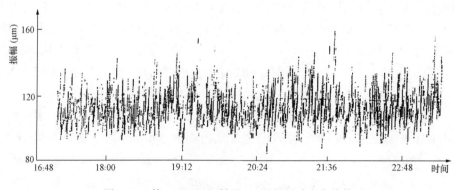

图 3-16　某 300MW 机轴承 1x 通频振动变化趋势

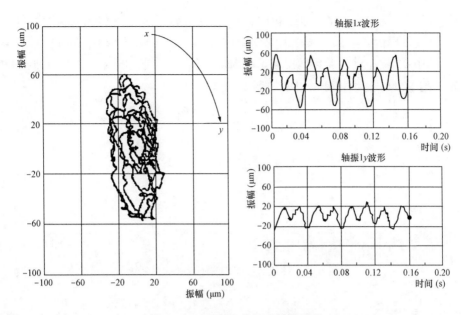

图 3-17　1 号轴心轨迹和轴振波形

表 3-12　　　　　　　　　　轴振 1x 通频及各频率分量振动变化

转速 (r/min)	时间	间隙电压 （V）	通频 （μm）	0.5x 分量	1x 分量	2x 分量
3002	23：19：43	−10.6	108	21μm∠135°	67μm∠87°	3μm∠24°
3002	23：19：54	−10.6	106	31μm∠186°	67μm∠89°	3μm∠48°
3003	23：20：05	−10.5	179	54μm∠238°	67μm∠89°	3μm∠34°
3004	23：20：16	−10.5	107	46μm∠52°	67μm∠90°	4μm∠65°
3003	23：20：26	−10.6	127	44μm∠27°	68μm∠88°	4μm∠69°
3003	23：20：37	−10.5	111	8μm∠288°	63μm∠89°	5μm∠61°
3004	23：20：48	−10.5	115	6μm∠149°	66μm∠88°	4μm∠25°
3004	23：20：59	−10.6	125	18μm∠280°	98μm∠88°	4μm∠30°
3005	23：21：12	−10.6	142	36μm∠293°	63μm∠88°	3μm∠36°
3005	23：21：23	−10.6	123	28μm∠127°	64μm∠88°	4μm∠40°
3005	23：21：34	−10.6	143	14μm∠205°	66μm∠89°	5μm∠50°
3003	23：21：45	−10.6	113	13μm∠184°	68μm∠86°	4μm∠25°
3003	23：21：55	−10.6	131	19μm∠269°	67μm∠88°	4μm∠33°
3003	23：22：06	−10.6	114	4μm∠231°	67μm∠87°	4μm∠22°
3003	23：22：17	−10.6	98	7μm∠359°	66μm∠88°	4μm∠24°
3004	23：22：29	−10.6	101	20μm∠64°	65μm∠89°	3μm∠19°
3005	23：22：40	−10.6	133	56μm∠113°	67μm∠86°	4μm∠35°
3005	23：22：51	−10.6	130	8μm∠163°	65μm∠88°	4μm∠24°
3005	23：23：02	−10.6	116	32μm∠124°	64μm∠88°	5μm∠33°

图 3-18 所示为某东方 300MW 机因轴振 $1x$ 突发性增大导致跳机的情况，可以看出轴振 $1x$ 超过跳机值 $254\mu m$。图 3-19 所示为另一台东方 300MW 机组在跳机时测得的轴振 $1x$、$2x$ 中 $0.5x$ 振动的变化情况，可以看出轴振 $1x$ 中半频分量（$0.5x$）很快增加到 $150\mu m$，轴振 $2x$ 中的半频分量也增加到 $50\mu m$。

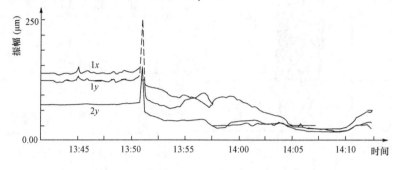

图 3-18　跳机时高中压转子两端轴振变化

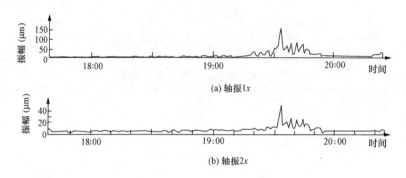

图 3-19　跳机时轴振 $1x$、$2x$ 中 $0.5x$ 振动的变化

2. 低频振动产生的原因

经过较长时间的试验研究，上述低频振动从性质上看是由于油膜压力偏低和油膜不稳引起的。

（1）这种低频振动有较宽的频带，但主频率（振幅较大时的频率）一般在 25Hz 左右，与半速涡动频率基本相符。低频振动是一种非工频振动，维持这种振动的能量是靠转子本身的转动。如图 3-20 所示，轴颈在轴承中旋转时会带动润滑油一起转动，紧靠轴颈的油流速度近似与转子转速相等，靠近轴承壁的油流速度为 0，可以认为，润滑油的平均流速约为工作转速的一半。在某种条件下，油膜驱使转子产生涡

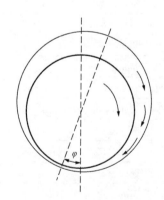

图 3-20　轴颈带动润滑油旋转

动，其涡动速度就近似于工作转速的一半。从实测的情况看，由于油膜压力低，这种由油楔作用产生的涡动是不稳定的。于是就产生了一个频带，但其主频率总是在 25Hz 左右。由于该 300MW 机组临界转速为 1650r/min（实测 1620r/min），当频带中某一频率与此相符或相近时，就有可能因共振放大而产生突发性振动而导致跳机。

（2）与油膜压力有明显关系，油膜压力低，低频振动大。如同一轴颈处的 x 方向和 y

方向，由于转子在转动中油楔的作用，油膜压力最大的部位并不是在轴颈的正下方，而是偏转了一个 φ 角。由于 y 方向比较接近油膜压力最大的方向，因此就低频振动而言，一般是 x 方向大于 y 方向。如图 3-18 所示，当突发性振动增大，轴振 $1x$ 达到跳机值时（大于 $254\mu m$），轴振 $1y$ 尚未超过 $100\mu m$。由于轴系结构原因，运行中各轴承标高变化，致使高中压转子前轴承负荷减轻，油膜压力降低。如东方 300MW 机组高中压缸两端猫爪分别坐落在 1、2 号轴承座上（分别为高中压转子前后轴承），由于汽缸和猫爪的传热形成对轴承座加热。尤其是 2 号轴承座处，散热条件差，加上轴封漏汽等影响，轴承座温升更大。经实测，2 号轴承座平均温升可达 $40\sim50℃$（1 号轴承座由于散热快，温升较小），2 号轴承座高度接近 1m，轴承标高可上升 0.5mm 左右。另外，从 3、4 号轴承（分别为低压转子前后轴承）的情况看，由于均坐落在排汽缸上，受真空和排汽温度的影响较大。抽真空后在大气压作用下，3、4 号轴承下降。经实测，当真空达 $-90kPa$ 左右时，下沉量可达 0.3～0.4mm。高中压转子和低压转子采用刚性联轴器连接，由于低压转子较重，3、4 号轴承下降会以 2 号轴承为支点，使 1 号轴颈上抬而使油膜压力减小（见图 3-21），而 2 号轴承的上升更使 1 号轴颈处油膜压力减小，从升速过程中轴中心平均位置的变化也可以做出推断。图 3-22 所示为某厂 1 号机组（东方 300MW 机组）开机过程中实测的轴中心平均位置变化趋势，可以看到，当转速从 0 升到 3000r/min 时，1 号轴颈仅上

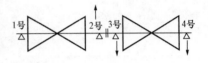

图 3-21　轴承标高变化

抬了 0.02mm，且中间还有一个下降过程，2、3 号轴颈分别上抬了 0.16、0.20mm，4 号轴颈上抬了 0.08mm，变化规律与以上推断比较吻合。

（3）顺序阀控制时与阀序有关。由于汽流力对转子有上抬或下压的作用，当下部调阀打开时，转子上抬，油膜压力降低，低频振动会增大。当上部调阀打开时，油膜压力增高，稳定性增加。西屋型 300MW 机组设计有六个调阀（如图 3-23 所示），根据油膜压力的变化可以推断，当 GV4、GV2 打开时，x 方向的振动会增大。反之，若 GV2、GV4 关闭，GV5、GV3 打开时，由于油膜压力升高，x 方向的振动会减小。根据这一原理，结合机组振动情况，可适当地调整阀门开启顺序，减小振动。

（4）与润滑油温有关，润滑油温升高，低频振动有较明显的降低。表 3-13 为某厂一台东方 300MW 机组油温试验结果，可以看出，冷油器出口油温从 36℃ 升高到 45℃ 时，轴振 $1x$ 工频分量没有变化，而 24.5、25.75Hz 低频分量有较大幅度的降低，分别从 83、63μm 降低到 18.4、16μm。当油温升高时，油的黏度降低，对转子的驱动作用力减小。

表 3-13　　　　　　　　　　　负荷 300MW 时轴振 $1x$ 油温试验结果　　　　　　　　　　μm

冷油器出口油温（℃）	50Hz 分量	24.5Hz 分量	25.75Hz 分量
36	130	83	63
37	130	59	61
41	130	31	34
44	130	24	21
45	130	18.4	16

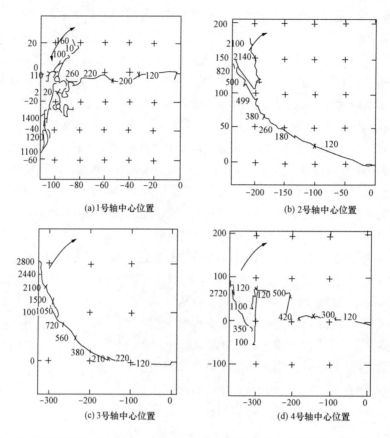

(a)1号轴中心位置

(b)2号轴中心位置

(c)3号轴中心位置

(d)4号轴中心位置

图 3-22　某 300MW 机组升速过程高中压、低压转子轴中心位置变化（单位：mm）

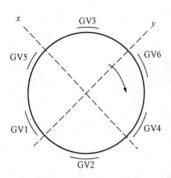

图 3-23　调阀位置

（5）与扰动力有关。扰动力越大，低频振动越大，特别是当扰动力引起的振动幅值超过轴颈处的静位移时，有可能破坏油膜，使低频振动增大。

3. 降低低频振动措施

（1）根据实测的低频振动情况，冷态找中心时适当调整各轴承标高。

某厂 1、2 号机系东方 300MW 机组，调试试运阶段均出现轴振 $1x$ 低频分量偏大，且很不稳定，曾因振动大而使保护动作跳机。分析认为，2 号轴承处由于散热条件差，运行中轴承温度高，轴承标高上升量较大而使负荷加重，1 号轴承处负荷相对减轻而使油膜压力降低。为降低 2 号轴承标高进行了吹风试验，在 2 号轴承两侧各装一台风机，试验结果表明，吹风 6h 后，可使 2 号轴承平均温度降低 20℃左右，标高约降低 0.2mm。由于 2 号轴承标高降低，1 号轴颈处油膜压力相对提高，轴振 $1x$ 低频分量有较明显的减小（降低 5～6μm），且跳动量减小，稳定性提高。

在吹风试验的基础上，利用检修机会对 2 号轴承标高进行了调整，原制造厂要求在找好高中、低压转子中心后，2 号轴承标高降低 0.28mm（抽掉 0.28mm 垫片）。为使 2 号轴承标高进一步降低，1 号机组抽掉 0.35mm，2 号机组最大抽掉 0.6mm。2 号轴承标高降低后，低频振动减小，振动得到了有效控制。后考虑轴承标高降低后可能会影响动静部分间隙，在找中心时就做了调整。

（2）减小扰动力，尽可能降低高中压转子在工作转速和通过临界转速时的振动。

如某厂一台东方 300MW 机组工作转速时轴振 $1x$、$2x$ 均在 $130\mu m$ 左右，返回制造厂做动平衡在高中压转子平衡槽内配重 1.2kg 多，使轴振 $1x$ 在工作转速时降到 $50\mu m$ 以下，轴振 $2x$ 降到 $90\mu m$ 以下。这时低频振动也相应降低，特别是轴振 $1x$，低频分量由原来的 $40\sim50\mu m$ 降到 $20\mu m$ 以下。

减小由中心不正产生的扰动力也是十分重要的，因为中心不正除产生扰动力外，还有破坏油膜的作用。某 300MW 机组在刚到达 3000r/min 时轴振 $1x$ 工频振动仅 $50\sim60\mu m$，带负荷后逐步增大到 $100\mu m$ 以上，低频振动也随负荷增加而不断增大，曾在运行中因振动突发性增大而跳机。后在检修中调整了高中压转子与低压转子中心，使带负荷后轴振 $1x$ 工频振动降到 $80\mu m$ 以下，低频振动也随之减小。

联轴器连接刚度也是必须注意的，若连接紧力不足，有可能在轴承标高变化时使轴系中心发生变化，导致工频和低频振动增大。在处理东方 300MW 机组低频振动时，将高中、低压转子联轴器连接紧力增大，联轴器螺栓伸长量由原来的 $0.16\sim0.20mm$ 增加到 $0.30\sim0.35mm$，带负荷过程中机组振动的稳定性提高。

（3）顺序阀控制时调整阀门开启顺序。

西屋型 300MW 机组有 6 个调阀，各调阀开启和关闭产生的汽流作用力直接影响轴中心平均位置，也影响到油膜压力，并对振动产生影响。图 3-25 所示为某厂一台西屋型 300MW 机组各调阀开启和关闭时对轴中心平均位置的影响，表 3-14 为统计出的偏移量，调阀布置如图 3-24 所示。可以清楚地看到，位于上部的 GV5、GV3、GV6 关闭时，轴中心平均位置上移，油膜压力降低。位于下部的 GV1、GV2、GV4 调阀关闭时，轴中心平均位置下降，油膜压力增高。

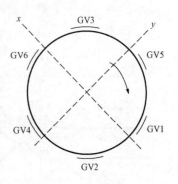

图 3-24 调阀位置

表 3-14	各调阀关、开时轴中心偏移量	μm
调阀编号	1 号轴颈在轴承中位置	2 号轴颈在轴承中位置
GV5 关闭	上升 26.7、左偏 47	上升 5.1、左偏 10.8
GV3 关闭	上升 49.6、左偏 34.3	上升 12.7、左偏 6
GV6 关闭	上升 35.6、0	上升 8.9、右偏 3.8
GV4 关闭	下降 12.7、右偏 36.8	下降 3.8、右偏 6.4
GV2 关闭	下降 31.8、右偏 12.7	下降 10.2、0
GV1 关闭	下降 24.1、左偏 21.6	下降 7.6、左偏 6.4

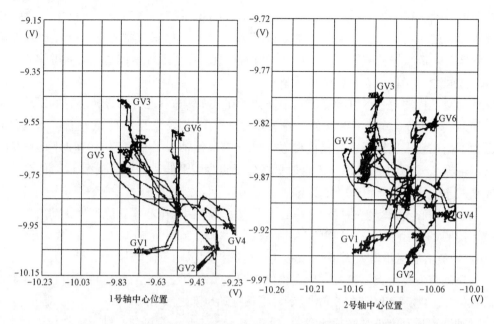

图 3-25　调阀位置和各调阀分别关、开对 1、2 号轴中心位置影响

图 3-26 为各调阀打开和关闭时对轴振 $1x$、轴振 $2x$ 的影响，可以看到，当位于上部的调阀 GV3、GV6 关闭时，轴振 $1x$、$2x$ 有较明显的增加；反之，当开启时轴振 $1x$、$2x$ 减小。而当位于下部的调阀 GV2、GV1 关闭时，轴振 $1x$、$2x$ 减小，开启时轴振 $1x$、$2x$ 增大。GV4、GV5 由于接近于 y 方向，对轴振 $1x$、$2x$ 影响较小。根据测得的机组振动具体情况，可以有针对性地进行调整。

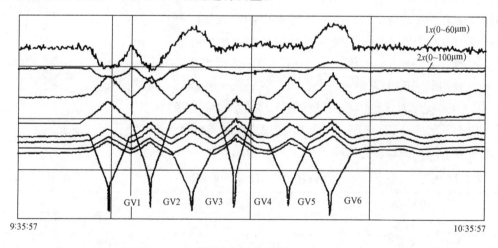

图 3-26　调阀关闭顺序对轴振 $1x$、$2x$ 影响

某厂一台西屋型 300MW 机组，负荷 280MW 顺序阀控制时，轴振 $1x$ 通频振动达 99～140μm，由于振动偏大决定通过改变阀序来降低振动。该机组调阀位置和编号如图 3-24 所示，原阀序为 2→3→1→6→4→5，为对 x 方向振动有抑制作用，将阀序改为 2→3→5→4→6→1。在负荷 254MW 时进行阀序调整试验，先将顺序阀控制（原阀序）

切换为单阀控制，而后改变阀序再切换到顺序阀控制。图 3-27～图 3-30 所示为这一过程的振动变化趋势，当顺序阀控制切换到单阀控制时，轴振 1x 通频和工频振动都同时减小，通频振动的变化幅度也明显减小。当阀序改变后再由单阀切换到顺序阀控制时，轴振 1x 通频和工频振动与原阀序相比均有较大的降低，表 3-15 列出了这一过程的幅值和相位变化。

表 3-15　　　　　　　　　　　　阀切换和阀序调整后振动变化

时间	控制方式		1x	1y	2x	2y
10：00	254MW 顺序阀 （原阀序）	通频	100～140	40～56	84～110	39～48
		工频/相位	72μm∠95°	14μm∠77°	62μm∠239°	26μm∠282°
		间隙电压（V）	−7.52	−8.83	−8.77	−8.95
10：50	254MW 单阀	通频	61～65	22～27	66～71	31～34
		工频/相位	48μm∠80°	6μm∠82°	58μm∠222°	24μm∠290°
		间隙电压（V）	−8.01	−8.68	−8.05	−8.87
10：50	254MW 顺序阀 （阀序调整后）	通频	80～110	32～50	80～100	34～46
		工频/相位	55μm∠79°	8μm∠149°	62μm∠228°	25μm∠295°
		间隙电压（V）	−8.01	−8.37	−9.03	−8.75

　　由表 3-15 可进一步看出，阀序调整后对轴振 1x、1y 有较大的抑制作用，而对轴振 2x、2y 影响较小。表 3-15 中还给出了间隙电压变化，当顺序阀（原阀序）切换到单阀时，间隙电压负值增加，表示轴中心平均位置下降，油膜压力增大，振动减小。当阀序改变后，再由单阀切换到顺序阀控制时，间隙电压变化较小，振动比原阀序明显减小。

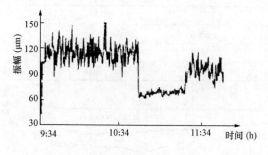

图 3-27　阀切换和阀序调整后轴振 1x 趋势

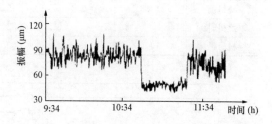

图 3-28　阀切换和阀序调整后轴振 1y 趋势

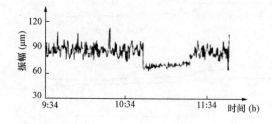

图 3-29　阀切换和阀序调整后轴振 2x 趋势

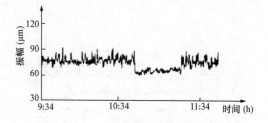

图 3-30　阀切换和阀序调整后轴振 2y 趋势

第五节　油膜压力低引发的自激振动

国产 300、600MW 机组自采用可倾瓦等措施后，运行中发生油膜自激振动的概率极少。但在某些特定条件下，如油膜压力偏低等仍有可能引发油膜自激振动。

（1）某厂一台西屋型 300WM 机组，试生产期间当负荷带到 270MW 左右时，机组振动突发性增大导致跳机，先后发生两次。图 3-31～图 3-33 为突发性振动时各瓦振、轴振变化趋势，表 3-16、表 3-17 列出了跳机前后轴振、瓦振幅值变化。可见，跳机时各轴振、瓦振均有不同程度的增加，其中以轴振 $3x$ 和瓦振 3 号⊥增加的比例最大。轴振 $3x$ 跳机前 $72\mu m$，跳机时增大到 $294\mu m$，跳机后由于转速升高（最高转速达 3042r/min），振动最大达 $321\mu m$。瓦振 3 号⊥跳机前 $12\mu m$，跳机时增加到 $34\mu m$，跳机后最大达 $63\mu m$。振动增大和减小均具有突发性和同步性，仅 2s 各瓦振、轴振均同时增大跳机，当转速降到 2422r/min 时，各瓦振、轴振均在 2s 内同时减小（轴振 $3x$、$3y$、$4x$、$4y$ 降速趋势见图 3-34）。

表 3-16　　　　　　　　　　　　跳机前后轴振动变化　　　　　　　　　　　　μm

轴振测点	$1x$	$2x$	$2y$	$3x$	$3y$	$4x$	$4y$	$5x$	$5y$	$6x$	$6y$
跳机前	52.5	59.5	47.6	71.9	59.2	44.5	30.1	38.7	29	33.3	23.5
跳机时	63.4	117.4	79.7	293.5	171	175	51	72.7	36.9	67.8	31.4
跳机后最大	63.4	124.5	83	321	175	186	52	74.7	39.3	97.4	43.7

表 3-17　　　　　　　　　　　　跳机前后瓦振变化　　　　　　　　　　　　μm

瓦振测点	1 号⊥	2 号⊥	3 号⊥	4 号⊥	5 号⊥	6 号⊥
跳机前	12.6	2.4	12.4	29.6	9.0	15.4
跳机时	—	—	33.7	54.3	—	—
跳机后最大	19.4	13.4	63.3	81.0	17.4	16.4

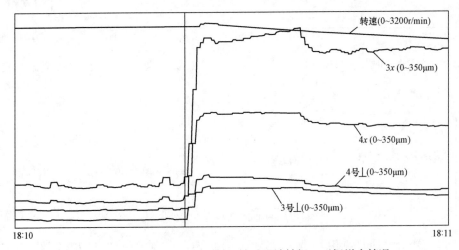

图 3-31　突发性振动产生时低压转子两端轴振、瓦振增大情况

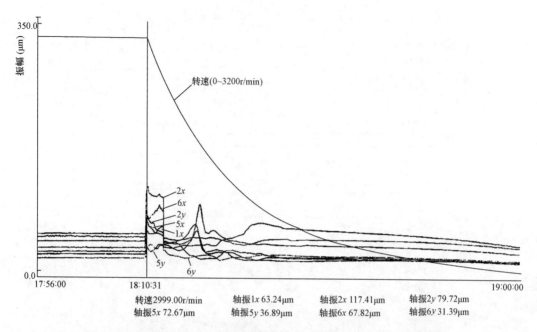

转速2999.00r/min　　　轴振1x 63.24μm　　　轴振2x 117.41μm　　　轴振2y 79.72μm
轴振5x 72.67μm　　　轴振5y 36.89μm　　　轴振6x 67.82μm　　　轴振6y 31.39μm

图 3-32　突发性振动产生时及跳机后高中压转子和发电机转子轴振变化

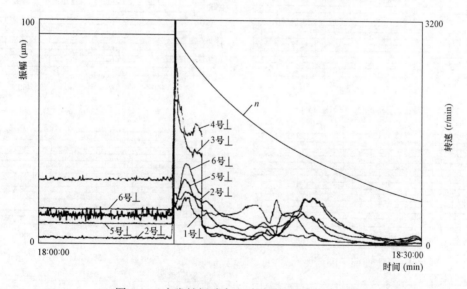

图 3-33　突发性振动产生时及跳机后各瓦振变化

　　突发性振动增大跳机时，各轴振 1x～6x 级联图见图 3-35，低压转子轴振 3x、4x 和瓦振 3 号⊥、4 号⊥振动伯德图见图 3-36。从级联图上可以看出，轴振 3x、4x 频谱中有一个较大的低频分量，其频率为 17.5Hz，而轴振 1x、2x 及 5x、6x 中该低频分量很小。由图 3-35 可知，轴振 3x、4x 和瓦振 3 号⊥、4 号⊥当振动突发性增大和减小时，主要是通频振动发生了变化，工频振动变化很小，显然通频振动中主要包含 17.5Hz 的分量。

　　（2）上述突发性振动也同样发生在另一台东方 300MW 机组上。某厂 1 号机组是东

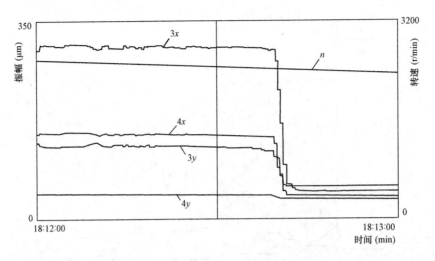

图 3-34 降速过程中，突发性振动消失情况

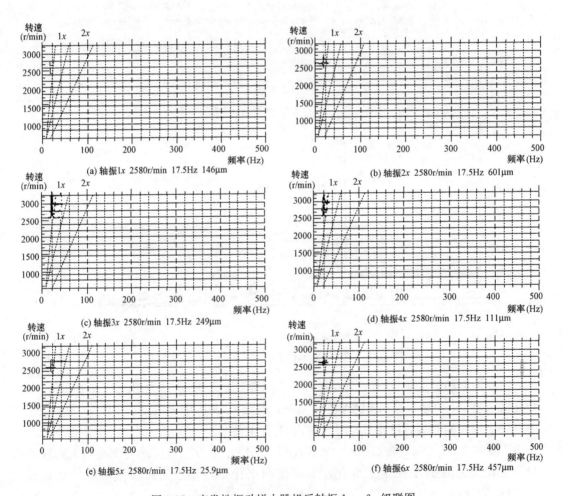

图 3-35 突发性振动增大跳机后轴振 $1x$～$6x$ 级联图

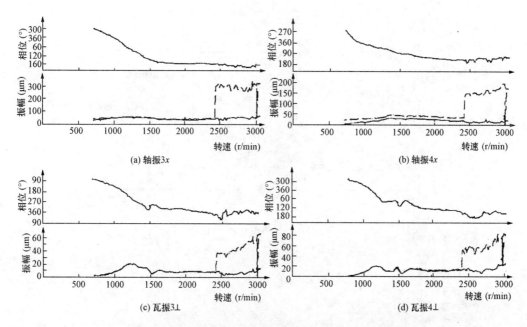

(a) 轴振3x

(b) 轴振4x

(c) 瓦振3⊥

(d) 瓦振4⊥

图 3-36　突发性振动增大时低压转子轴振、瓦振波特图

方 300MW 机组，于 1998 年安装投产，2009 年 1 月，在一次加负荷过程中低压转子两端轴振、瓦振突发性增大，致使保护动作跳机。图 3-37 和图 3-38 所示为轴振、瓦振跳机前后的变化趋势，可见，在不到 1min 的时间内，轴振 $3x$、$4x$ 通频振动迅速增大到跳机值（254μm），瓦振 3 号⊥、4 号⊥也同时大幅度增大，但跳机时工频振动并没有增加。跳机后轴振 $3x$、$4x$ 最大分别达 390、418μm，瓦振 3 号⊥、4 号⊥分别达 120、71μm，工频振动同样没有增大。当转速降到 2900r/min 以下时，轴振、瓦振很快降低，不到 1min 即恢复到原来的振动水平。

跳机时，瓦振 3 号⊥、4 号⊥和轴振 $3x$、$3y$、$4x$、$4y$ 的振动频谱见图 3-39，可以看出，频谱中以 17Hz 为主，其余有 50Hz 的工频分量。轴振还含有 34Hz 的分量，为

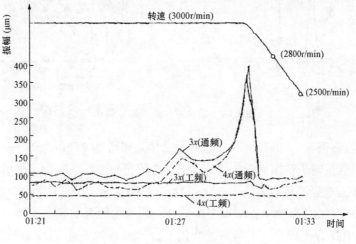

图 3-37　跳机时轴振趋势

95

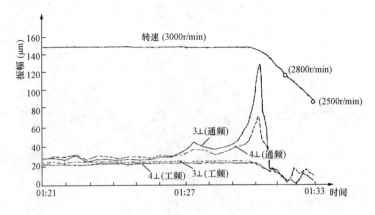

图 3-38　跳机时瓦振趋势

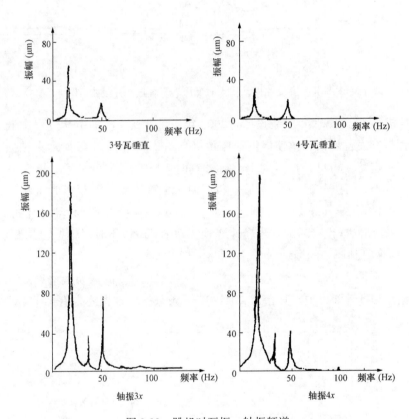

图 3-39　跳机时瓦振、轴振频谱

17Hz 的 2 倍，轴振 $3x$、$4x$ 中 17Hz 的分量已接近和超过 $200\mu m$。

　　跳机前，低压转子轴振和瓦振曾出现较大幅度的波动。图 3-40 所示为首次出现波动时轴振、瓦振趋势，其中轴振 $3x$、$4x$ 通频振动最大近 170、$145\mu m$，瓦振 3 号⊥、4 号⊥也从 $20\mu m$ 左右增加到 $30\mu m$ 以上。波动时所测得的振动频谱见图 3-41，与跳机时相比主要是 17Hz 分量较小，工频分量变化不大。图 3-42 所示为波动时测到的 3、4 号轴心轨迹，可以明显看到 17Hz 左右的低频分量，其中轴振 $4x$ 低频分量更大。

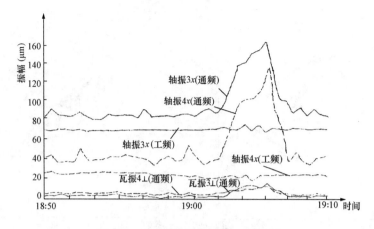

图 3-40　振动波动时轴振、瓦振超势

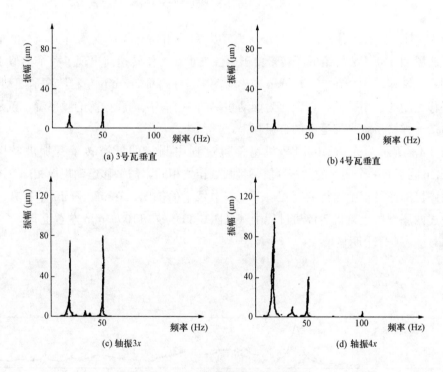

图 3-41　波动时轴振、瓦振频谱

（3）从上述两台机组表现出来的振动特性看，振动都带有突发性，在很短的时间内激发和消失。当振动激发起来后，对整个机组的振动都有影响，各瓦振、轴振有较好的同步性，同时增大或同时消失。振动增大时，主频率为 17Hz 左右。根据这些特点，两台机组在带负荷后产生的突发性振动都属于油膜自激振荡，简称油膜振荡。

油膜振荡是一种共振放大的现象，它的频率与低压转子第一临界转速相符。东方 300MW 机组低压转子第一临界转速设计为 1753r/min（29Hz），西屋型 300MW 机组低压转子第一临界转速设计为 1632r/min（27Hz），而这两种类型机组测得的油膜振荡频

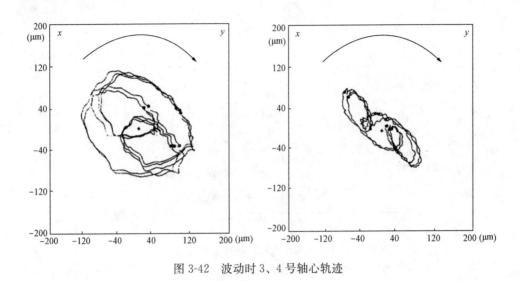

图 3-42　波动时 3、4 号轴心轨迹

率却均为 17Hz 左右。分析认为，17Hz 振动频率的出现与柔性支承有关，本书第二章分析了西屋型 300MW 机组低压转子由于柔性支承在工作转速前出现了两个类似于二阶振型的共振转速，一个在 2500r/min 左右，另一个在 2900r/min 左右，这是摆动型的。显然平移运动的频率更低，理论上为摆动频率的一半，从油膜振荡的频率看，正是柔性支承质量－弹簧系统平移运动的自振频率。

图 3-43 所示为东方 300MW 机组停机过程中测得的低压转子瓦振波特图，在 1000r/min 附近有一个明显的共振峰值，且两端相位相同，与平移运动规律相同。图 3-44 所示为停机降速过程中测得的瓦振 3 号⊥、4 号⊥伯德图，在 980r/min 左右有一个峰值。上述西屋型机组跳机后停机过程中（见图 3-33），在 1100r/min 左右也有一个峰值，瓦振 3 号⊥、4 号⊥明显增大。

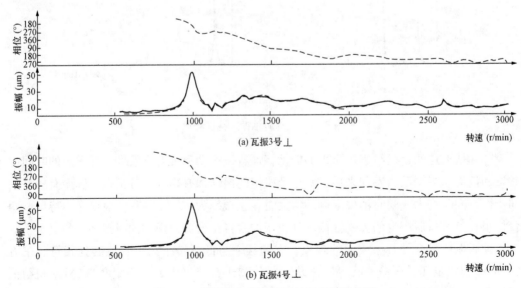

(a) 瓦振3号⊥

(b) 瓦振4号⊥

图 3-43　同型机组停机低压转子瓦振伯德图

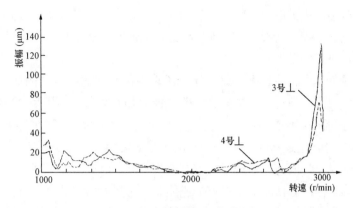

图 3-44　热态停机伯德图

（4）从上述两台机组的振动特征看，产生油膜振荡的主要原因是油膜压力偏低，偏心率减小，在某种条件下激发起油膜振荡。

由产生油膜振荡的机理可知，轴颈在带动润滑油旋转时，进油侧形成油楔后，比出油侧压力高。轴颈在出现小扰动后恢复的过程中，有一个促使轴颈产生正向涡动的力，称为失稳分力。失稳分力具有驱使轴颈正向涡动的趋势。

当油膜压力偏低时，轴颈在轴承中浮得高，偏心距（轴瓦中心和轴中心距离）减小。由于偏心率可表达为

$$x = \frac{e}{R-r} \tag{3-2}$$

式中　e——偏心距；

　　　R——轴瓦半径；

　　　r——轴颈半径；

　$R-r$——径向间隙，与偏心率有关。

理论上只要轴颈在轴承内的偏心率大于 0.8，或等价地当轴颈从轴承最底部垂直向上浮起的高度小于轴承半径间隙的 1/2 时，轴颈的高速旋转在任何情况下都是稳定的。300、600MW 机组自采用可倾瓦等措施后，发生油膜振荡的概率极少。上述东方300MW 机组自安装投运 10 多年来未发生过油膜振荡，这次发生油膜振荡时发现 3 号轴承油膜压力低（为椭圆瓦），仅 1.7MPa，而 4 号轴承油膜压力为 4.53MPa。3 号轴承油膜压力低的主要原因是运行中 2 号轴承标高上升量大，致其负荷加重而使 3 号轴承负荷相对减轻。从瓦温变化上也可以反映出来，2 号轴承瓦温由原来的 77℃增加到94℃，而 3 号轴承瓦温由原来的 70℃降低到 64℃。

2 号轴承标高上升量大主要是由高中压缸漏汽造成的，由于高中压缸猫爪后端支座在 2 号轴承上，漏汽对轴承座直接加热，导致轴承座温度升高而使标高上升量增大，随着负荷增加，漏汽量增大。故虽然在振动出现波动时，采取调整真空、投顶轴油泵等措施，但随着负荷的增加及运行时间的增长，还是没有能够避免油膜振荡的发生。

上述另一台西屋型 300MW 机组在安装试运行时发现 3 号轴承瓦温偏低，仅 50℃左

右，说明负荷偏小。跳机后检查轴瓦受力情况时，发现 y 方向对应的瓦块受力很小（y 方向是指 y 向电涡流探头所对应的方向），瓦块上部有碰磨的痕迹（3 号轴承为三瓦块可倾瓦，下部两块瓦块受力）。

当然除发现负荷小、油膜压力偏低外，还有一些其他的因素。例如，东方 300MW 机组 3 号轴承采用的椭圆瓦，抵抗油膜振荡的能力相对较低。西屋型 300MW 机组在检查时还发现 y 方向瓦块不能自由摆动，两端挡油环将瓦块在对角方向压死，顶部间隙偏大（达 1.48mm），超过 0.97～1.07mm 的厂家规定值。

（5）两台机组油膜振荡的处理。东方 300MW 机组设法消除了高中压缸漏汽，并适当提高了 3 号轴承标高。西屋型 300MW 机组将 3 号轴承标高上抬 0.15mm，采用打磨中分面的办法缩小 3 号轴承顶部间隙（顶部间隙由 1.48mm 减小到 1.11mm），对球面间隙做相应的调整，y 方向可倾瓦块沿两端对角方向打磨，装上挡油环后用手指按压能摆动，两瓦块碰磨处稍加修刮。采取上述措施后，消除了两台机组的油膜振荡，经较长时间的运行考验，未发现异常情况。

第六节　轴系中心调整注意事项

从 300、600MW 机组调整轴系中心的情况看，既要参考制造厂提供的技术标准，又必须结合机组的实际情况（如振动、瓦温、油膜压力等），尤其在调整量大的情况下，必须考虑多方面的因素。

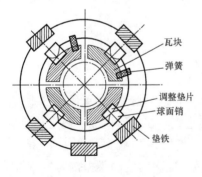

图 3-45　可倾瓦剖面图

（1）可倾瓦轴承标高调整时必须注意同心度的变化。西屋型 300MW 机组高中压转子前后轴承均为四瓦块可倾瓦轴承（见图 3-45），2 号轴承瓦套处有调整垫片，1 号轴承处没有。一般找中心时，以调整 2 号轴承标高为妥，不得已必须调整 1 号轴承标高时，其调整量不得过大（不超过 0.2mm）。

1）某厂 2 号机组是西屋型 300MW 机组，一次大修中复查高中-低压转子中心时，下张口达 0.30mm，按要求（下张口 0.152mm）1 号轴承必须降低 0.8mm 左右。因当时低压转子已就位，且提前扣了低压缸，只能调整 1 号轴承标高。考虑到 1 号轴承负荷等，决定将 1 号轴承标高降低 0.6mm 左右，由于瓦套处没有调整垫片，只能调整瓦块后球面销处的垫片。该可倾瓦有 4 个瓦块，为降低轴承标高，将底部两个瓦块（沿垂直方向 45°分布）后面球面销处的垫片各减掉 0.44mm，相当于降低标高 0.62mm。

2）装复后开机，在 2030r/min 暖机过程中，1 号轴承瓦温快速升高，仅 8min 就从 80℃增加到 98℃，紧急停机，通过临界转速时又发现轴振 $1x$、$1y$、$2x$、$2y$ 大幅度增加。检查 1 号轴承发现，下部两瓦块已严重磨损，经修刮并适当调整进油量（减少进推力轴承的油量）后继续开机。带负荷运行中 1、2 号轴承瓦温偏高，1 号轴承瓦温在

92～94℃，2 号轴承瓦温为 90℃。特别是随着开、停机次数的增加，通过临界转速时的振动越来越大，表 3-18 列出了开、停机过程中的振动变化。

表 3-18　　　　　　　　　　　　开停机通过临界转速最大振动统计

时间	工况		$1x$	$1y$	$2x$	$2y$
3 月 1 日	冷态开机	通频	130	125	125	90
		工频	$124\mu m\angle77°$	$124\mu m\angle131°$	$121\mu m\angle79°$	$85\mu m\angle174°$
3 月 11 日	热态开机	通频	270	163	97	47
		工频	$253\mu m\angle356°$	$148\mu m\angle91°$	$92\mu m\angle360°$	$45\mu m\angle87°$
5 月 15 日	热态开机	通频	290	248	154	125
		工频	—			
5 月 22 日	热态开机	通频	294		138	
		工频	$279\mu m\angle48°$	—	$126\mu m\angle45°$	—
5 月 26 日	热态停机	通频	334	280	131	110
		工频	$323\mu m\angle38°$	$266\mu m\angle131°$	$114\mu m\angle43°$	$101\mu m\angle140°$

由表 3-18 可知，从 3 月 1 日开机至 5 月 26 日停机时通过临界转速（约 1600r/min 左右），轴振 $1x$ 从 $130\mu m$ 增加到 $334\mu m$，轴振 $1y$ 从 $125\mu m$ 增加到 $280\mu m$，显然这么大的振动变化已不能保证机组的安全运行。

停机检查发现，1、2 号轴承下部两可倾瓦块均有不同程度的磨损，尤其是 2 号轴承磨损更为严重，后将 2 号轴承下部两块瓦块和 1 号轴承四块瓦块（因间隙增大）全部更换。

3）更换瓦块后开机，1、2 号轴承瓦温均下降到了 85℃ 以内，但运行几天后，1 号轴承瓦温又出现了新的变化。图 3-46 所示为连续 6 天测得的瓦温变化规律，可以看出 1

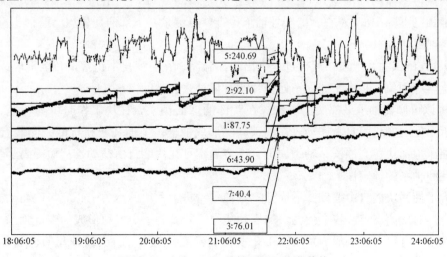

图 3-46　连续 6 天 1 号轴承瓦温变化趋势

号轴承下部两瓦块温度几乎是每天变化一次。基本规律是开始温度从 80℃ 左右逐步爬升到接近 90℃ 或更高时，突发性地跳跃升高，最高时跳变到 110℃。跳跃升高后又很快回落，不到 1min 就从 110℃ 下降到 80℃ 以下。

运行不久，在一次甩负荷故障中出现了 1 号轴承磨损烧熔事故，当时负荷从 289MW 突然甩到 0，转速飞升至 3150r/min。停机过程中，开始瓦温、振动等均正常，通过高中压转子临界转速时（1670r/min 左右），瓦温无明显变化，振动也在正常变化范围内。当转速降低到 1450r/min 左右时，瓦温开始升高，升高的速度很快，从 75℃ 升到 110℃，而后又快速回落。在转速继续降低过程中，瓦温多次反复变化，温度一次比一次高，最高达 172℃，瓦温升高后 1 号轴承振动也随之增大。图 3-47 所示为降速过程中 1 号轴承瓦温变化趋势和轴振 $1y$、$2x$ 变化趋势，转速降到 900r/min 左右时轴振 $1y$ 最大达 230μm，在很低转速时仍在 200μm 以上（实际上是晃度），轴振 $1x$、$1y$ 增大时轴振 $2x$、$2y$ 并无增大现象。

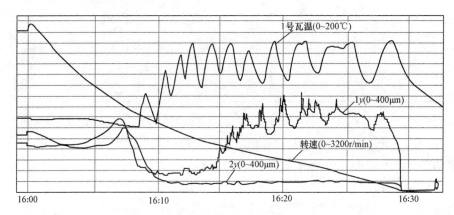

图 3-47　降速过程中瓦温、轴振变化规律

停机后，在 1 号轴承回油滤网处找到数量不少的条状乌金片，装设在 1 号轴承上部的电涡流传感器的间隙电压（y 方向）已从原来的 −11V 变化到 −18V，按灵敏度计算，轴颈已下降 1mm 左右。揭 1 号轴承检查，经测量，下部两瓦块均已磨损 1.01mm，具体情况见图 3-48。

4）分析认为，上述在运行过程中出现瓦温高、瓦温变化不正常，乃至出现瓦磨损、局部烧熔等现象，是由于球面销处垫片调整量过大引起的。

a. 该可倾瓦轴承下部两瓦块支撑在背部的球面销上，瓦块工作时可随转速、荷载及轴承温度的变化而自由摆动，在轴颈周围形成油楔。上面瓦块在背部一侧装有弹簧，从一端压迫瓦块建立油楔。轴颈周围有许多油楔且瓦块能自由摆动，从而提高了轴承的抗振性和轴系的稳定性。

为了使瓦块能自由摆动并形成油楔，轴颈对每个瓦块的承力中心应与球面销的支点相重合。若偏离支点，将会使瓦块的摆动能力下降。为了更好地形成油楔，轴颈与瓦块的接触角不宜过大，一般为瓦块的 1/3 左右。若接触角大，将会使轴瓦的进油量减小，影响油楔的形成。另外，为了减小失稳分力，防止油膜振荡，每个瓦块作用到轴颈上的

(a) 1号轴承揭瓦磨损情况

(b) 1号轴承下部瓦块磨损情况

图 3-48　1 号轴承磨损情况

油膜力应通过轴颈的中心，尽可能地减小切向分力。

b. 该可倾瓦在调整标高时球面销处垫片减薄后（减去 0.44mm），使标高下降 0.62mm。由于标高下降使承力中心下移（见图 3-49），揭瓦检查发现 y 方向对应的可倾瓦块背部受力点偏移约 8mm（见图 3-50 和图 3-51）。承力中心的改变影响瓦块摆动、油楔的形成，从而使瓦面磨损，瓦温升高，抗振能力下降。瓦面磨损后使接触角增大，进油量减小，使摆动能力下降，瓦温进一步升高。同时磨损后使间隙增大，振动增加。

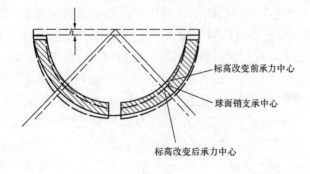

图 3-49　标高变化对可倾瓦承力中心变化的影响

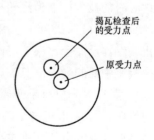

图 3-50　球面销受力点

图 3-51　可倾瓦块背部受力点偏移

图 3-46 所示的瓦温类似周期性变化可视为故障开始，由于可倾瓦摆动能力差，进油量减少使瓦温不断升高。由于瓦面磨损后接触角增大等，使摆动能力进一步降低，瓦温继续升高。当进油量减到很少时，瓦温突发性增高，而后由于某种扰动（如负荷变化、振动变化等）使可倾瓦摆动恢复时，进油量增加后使瓦温又很快降低。至于甩负荷后降速过程中出现的瓦温周期性变化并逐步升高的现象也主要与可倾瓦的摆动能力有关，随着瓦面的磨损量增加，进油量越来越少，导致瓦温也不断升高。

5）在总结经验教训的基础上，认识到要降低 1 号轴承瓦温和瓦温的变化，必须控制 1 号轴承标高的调整量。决定更换 1 号轴承，减小球面销处垫片的调整量，由原来的 0.44mm 减小到 0.20mm 以下。经实测，轴承标高由原来降低 0.62mm 改为降低 0.25mm，即轴承标高上抬了 0.37mm。为了减小下张口，在不解开联轴器的情况下，将 3 号轴承上抬 0.16mm，2 号轴承上抬 0.06mm。采取上述措施后有效地降低了 1、2 号轴承瓦温，在 3000r/min 时，1 号轴承瓦块 1、2 的瓦温分别为 70、71℃，2 号轴承瓦块 1、2 的瓦温分别为 66、62℃；带负荷 275MW 时，1 号轴承瓦块 1、2 的瓦温分别为 68、68.5℃，2 号轴承瓦块 1、2 的瓦温分别为 65.5、59.3℃；3 号轴承抬高后在 3000r/min 和带负荷后瓦温均在 60℃ 以下。机组振动正常，停机通过临界转速时没有大幅度增加的现象，经较长时间的运行考验，未出现异常情况。

（2）西屋型 300MW 机组在检修中复查轴系中心时，发现多台机组低压转子-发电机转子联轴器中心变化大，变化规律均为汽轮机侧标高降低（或发电机侧标高上升）。找中心时的技术标准为汽轮机侧联轴器比发电机侧联轴器高 0.584mm（短轴连在发电机侧），下张口 0.229mm。复查中心会发现汽轮机侧联轴器会低得很多，甚至会出现发电机联轴器反而会比汽轮机高。遇到这种情况，建议综合考虑即结合运行中的瓦温、振动及检修中瓦的受力情况等，如果检修前机组运行正常，轴承标高的调整量不宜过大。

1）某厂 3 号机组是西屋型 300MW 机组，已投运多年，于 2010 年大修复查中心时发现低压转子-发电机转子联轴器中心偏差大，测量结果为汽轮机侧联轴器比发电机侧联轴器低 0.33mm（短轴连在发电机侧），下张口 0.30mm。按厂家技术标准要求，圆周方向至少要调整 0.76~0.80mm。经研究，决定汽轮机侧上抬 0.35mm，发电机侧下降0.20mm。调整后，测量汽轮机侧联轴器比发电机侧联轴器高0.31mm，下张口不变，调整前后汽轮机低压转子与发电机转子中心状态见图3-52。

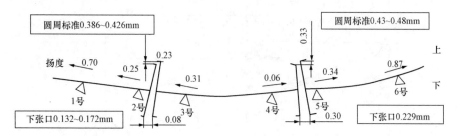

(a) 轴系原始中心数据及标准

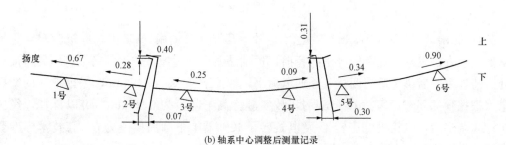

(b) 轴系中心调整后测量记录

图3-52 轴系中心调整前后数据

检修完毕后首次开机发现，4号轴承瓦温不稳定，有波动上升的趋势（见图3-53），在600r/min时瓦温最高达131.8℃，同时轴振$5y$偏大。当升速到817r/min时，因轴振$5y$超过160μm而跳机（首次开机设置跳机值为160μm）。

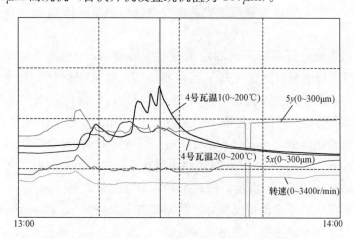

图3-53 首次开机4号瓦温和轴振$5x$、$5y$趋势

将跳机值重新设置为254μm，第二次升速到暖机转速2040r/min，暖机过程中4号轴承瓦温不断升高（见图3-54）。当升到106℃时，发现还有继续上升的趋势，手动打闸停机。停机降速过程中，4号轴承瓦温最高达120℃，轴振$5y$在通过临界转速

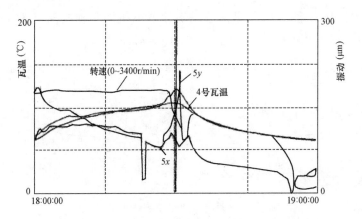

图 3-54　第二次开机 4 号瓦温和轴振 $5x$、$5y$ 趋势

（1254r/min）时最大达 $213\mu m$。考虑 4 号轴承瓦温高及轴振 $5y$ 偏大，停机后对 4 号轴承揭瓦检查，发现下瓦有较严重的磨损，顶轴油囊全部磨掉，磨掉的乌金挤压到进油口处。清理完毕后决定适当调整 4 号轴承标高，抽掉下部垫片 0.20mm，考虑下瓦的磨损量（根据顶部间隙计算约 0.11mm），故实际标高下降量为 0.31mm。可以推算，经这次标高调整后，汽轮机低压转子-发电机转子联轴器上下圆周偏差为 0，与技术标准要求还差得较远。

通过调整标高后，降低了 4 号轴承负荷，机组顺利开出。到达 3000r/min 时，4 号轴承瓦温最高为 $81.2℃$。由于 4 号轴承标高降低后相应增加了 5 号轴承负荷，一定程度上也降低了 5 号轴承振动，3000r/min 稳定一段时间后轴振 $5y$ 最大为 $84\mu m$。

2）某厂 2 号机组是西屋型 300MW 机组，在一次大修中复查汽轮机低压转子-发电机转子联轴器中心时，发现下张口偏大，将发电机后轴承降低 0.8mm，使下张口调整到规定范围内。

大修后开机发现，低压转子两端轴承振动明显增加，4 号轴承瓦温也有增加。图 3-55 所示为开机过程中测得的低压转子瓦振波特图（3、4 号轴承分别为低压转子前后轴承），可见，通过第一临界转速（设计值 1632r/min）振动不大，无明显峰值。至 2550r/min 时出现明显的峰值，瓦振 4 号⊥最大达 $40\mu m$，3 号⊥接近 $20\mu m$。通过峰值后，两轴承振动快速降低，至 2800r/min 附近 4 号⊥已由 $40\mu m$ 降低到 $12\mu m$，3 号⊥由 $20\mu m$ 降低至 $2\mu m$。2800r/min 以后振动快速增加，至 3000r/min 时 4 号⊥为 $59\mu m$、3 号⊥为 $18\mu m$。在 3000r/min 稳定一段时间后，4 号⊥最大达 $75\mu m$，3 号⊥达 $20\mu m$。该机组在大修前低压转子振动情况良好，瓦振 3 号⊥、4 号⊥均在 $30\mu m$ 以内。

考虑振动以工频分量为主，为尽快降低振动，决定对低压转子进行现场动平衡。在低压转子两端平衡槽内各加重 176g（反对称）后，在 2500r/min 左右，瓦振 3 号⊥、4 号⊥峰值振动由原来的 38、$17\mu m$ 降低到 25、$13\mu m$。但当转速升到 2800r/min 以后，瓦振 4 号⊥和 3 号⊥仍然快速上升，至 3000r/min 时瓦振 4 号⊥、3 号⊥仍达 59、$27\mu m$。由于瓦振 4 号⊥的相位与原始振动相比变化很小，动平衡工作无法进行下去。从动平衡试验情况看，不管 2800r/min 前的振动如何，2800r/min 以后随着转速上升，

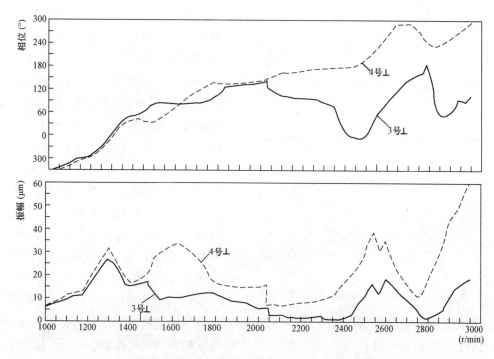

图 3-55　某厂 2 号机组冷态开机低压转子瓦振波特图

瓦振 4 号⊥总是大幅度增加，说明 4 号轴承抗振性能差。4 号轴承结构为悬挂式（见图 3-56），下瓦两球面垫块支承在轴承托架上，轴承托架悬挂在轴承座上。当转子放入轴承后，由于转子重量的作用，轴承托架变形，使支承刚度受到影响，同时也降低了球面的调心能力。这次大修中发电机后轴承标高降得多，4 号轴承负荷加重，所产生的影响更大。经揭瓦检查，发现下瓦接触不好，瓦面乌金中间有脱空现象，局部有磨损。为减轻 4 号轴承负荷，决定将 6 号轴承上抬 0.4mm，5 号轴承上抬 0.10mm。此外，对 4 号轴承的球面接触等进行了检查调整。

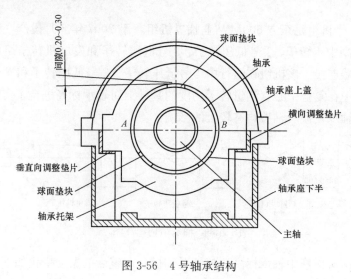

图 3-56　4 号轴承结构

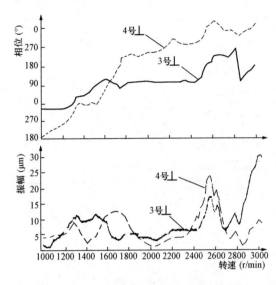

图 3-57　检修后开机低压转子瓦振伯德图

装复后在开机前将这次低压转子做动平衡时所加的配重全部拆除，在启动过程中测得的低压转子瓦振升速伯德图见图 3-57。由图 3-57 可知，经检修及调整 6、5 号轴承标高后，低压转子振动情况已大有好转。2550r/min 时瓦振 4 号⊥、3 号⊥峰值振动已由原来的 40、23μm 分别降低到 23、13μm，2800r/min 以后振动增大的幅度减小，至 3000r/min 时瓦振 4 号⊥、3 号⊥分别为 28、9μm。并网带负荷后振动变化不大，瓦振 4 号⊥在 25μm 左右，3 号⊥在 10μm 左右，机组投入正常运行。

3）从统计的多台 300、600MW 机组检修中复查中心结果看，机组运行一段时间后，低压转子两端轴承标高普遍都有下降的趋势，下降量最大可达 0.7～0.8mm，其中如西屋型 300MW 机组后轴承下降量更大一些。分析认为，这与支承方式等有关，低压转子两侧轴承均有一端支撑在排汽缸上，构成悬臂结构，支承刚度较差。轴承标高下降除受真空、排汽温度等影响外，还与荷载分配及轴承的受力点等有关，在长期受一个作用力的情况下可能会产生变形而导致标高下降。

从找中心时调整轴承标高的情况看，如果在检修前机组运行情况（如瓦温、振动等）正常，标高的调整量不宜过大，最好控制在 0.15mm 以内。

（3）随着机组容量的增加，转子质量增大，外伸部分增长，连接刚度相对不足。找中心时预调量不正确或运行中轴承标高变化等有可能影响到轴系中心，产生扰动力使振动发生变化。

1）某厂 1 号机组是东方 600MW 亚临界机组，于 2007 年 6 月投产，轴系结构如图 3-58 所示，由高中压转子、1 号低压转子、2 号低压转子和发电机转子组成，各转子间均用刚性联轴器连接。该机组在运行中 1 号低压转子、2 号低压转子和发电机转子瓦振均较大，检修中在复查中心、测量转子扬度的基础上对轴承标高进行了多次调整，发现标高调整对各轴承瓦振及轴振均有较大的影响。

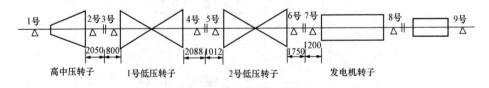

图 3-58　轴系结构示意图

经统计，历次检修中轴承标高调整情况和标高调整后的振动变化如下：

a. 2008 年 3 月大修中，按制造厂提供的找中心要求，5 号轴承上抬 0.20mm，6 号轴承上抬 0.25mm，7 号轴承下降 0.05mm，8 号轴承上抬 0.50mm。机组启动和带负荷过程中，发电机两端瓦振、轴振虽有较大幅度的降低，但 2 号低压转子两端瓦振明显上升，带负荷过程中振动变化大。当负荷升至 300MW 并停留一段时间后，因瓦振 6 号⊥超过 80μm 打闸停机。

b. 考虑上述调整会使 2 号低压转子两端轴承负荷加重。为尽快使机组投入运行，采用定期盘车将发电机前轴承（7 号轴承）抬高 0.20mm，以减轻 6 号轴承负荷。调整后在空负荷和带负荷过程中，瓦振 5 号⊥、6 号⊥得到了有效控制，虽然瓦振 5 号⊥、6 号⊥仍偏大，但机组能维持运行。

c. 考虑带负荷运行和热态停机过程中 2 号低压转子两端瓦振偏大，2008 年 6 月，机组检修中再次调整了轴承标高，5、6 号轴承分别降低 0.10、0.15mm，同时校正了 1 号低压转子-2 号低压转子联轴器同心度，并增加了连接螺栓的紧力。这次调整后，在空负荷和带负荷过程中 2 号低压转子两端瓦振、轴振均有较大幅度的降低。运行一段时间后，测得 2 号低压转子和 1 号低压转子瓦振、轴振见表 3-19，瓦振 6 号⊥最大未超过 50μm，轴振 4x 最大未超过 60μm。

表 3-19　　　　　　　　　　带负荷运行低压转子振动测量结果

工　　况		3 号轴承	4 号轴承	5 号轴承	6 号轴承
2008 年 7 月 6 日 390MW	x	27 14μm∠240°	55 44μm∠64°	26 15μm∠173°	36 23μm∠150°
	y	27 10μm∠57°	46 36μm∠15°	14 4μm∠167°	
	⊥	13μm∠323°	38μm∠149°	44μm∠227°	48μm∠49°
2008 年 7 月 25 日 410MW	x	35 18μm∠236°	56 45μm∠67°	27 18μm∠160°	36 22μm∠150°
	y	25 8μm∠42°	52 37μm∠19°	12 3μm∠180°	31 19μm∠246°
	⊥	13μm∠344°	37μm∠157°	39μm∠236°	44μm∠56°

d. 2009 年 3 月，机组大修中测得 1 号低压转子、2 号低压转子扬度和低压转子-发电机转子联轴器中心偏差较大，对轴承标高又进行了调整。3 号轴承降低 0.17mm，4 号轴承降低 0.07mm，5、6 号轴承都降低了 0.10mm，7 号轴承降低 0.30mm，8 号轴承降低 0.50mm。大修开机后在带负荷过程中，瓦振 6 号⊥迅速增大，超过 80μm 打闸停机。分析认为，由于 1 号低压转子两端轴承和发电机转子两端轴承标高降低，导致 2 号低压转子两端轴承负荷增大，而使瓦振 6 号⊥增加。

e. 定期盘车时将 7 号轴承抬高 0.20mm，8 号轴承抬高 0.40mm。2 号低压转子两端轴承负荷降低后振动有一定程度减小，使机组能维持运行。

2）理论上采用刚性联轴器连接的机组，调整轴承标高只会影响各轴承的负荷分配而不会产生引起振动的扰动力。但从以上实际情况看，轴承标高调整对振动有较大影响，与该型机组轴系抵抗变形的能力有关。

a. 从支承部分看，除 1、2 号轴承坐落在基础上外，1 号低压转子、2 号低压转子前后轴承都是支撑在排汽缸上，与基础构成悬臂结构，发电机转子两端轴承坐落在定子端盖上。低压转子和发电机转子支承刚度都较差，设计上低压转子轴承负荷和轴承比压又相对较高（见表 3-20），这是一个较为薄弱的环节。

表 3-20 各轴承冷、热态荷载与比压

轴承		1 号	2 号	3 号	4 号	5 号	6 号	7 号	8 号
荷载	冷态	119.99	76.87	415.95	297.66	306.25	386.75	299.77	330.13
（kN）	热态	107.58	164.43	303.83	330.11	318.25	333.98	352.31	322.88
比压	冷态	1.38	0.70	2.42	1.73	1.78	2.31	1.48	1.80
（MPa）	热态	1.23	1.50	1.77	1.92	1.85	1.99	1.73	1.76

在检修中复查低压转子-发电机转子联轴器中心时，有多台机组在圆周方向低压侧联轴器反而比发电机联轴器低（找中心时要求低压侧联轴器高 0.30mm），这可能与 6 号轴承处负荷重产生变形有关。

b. 从转动部分分析，低压转子、发电机转子质量大，转子本体部分和外伸部分长（见图 3-58）。从转子连接刚度看，运行一段时间以后，曾发现 1 号低压转子-2 号低压转子、低压转子-发电机转子联轴器同心度发生变化。尤其是 1 号低压转子-2 号低压转子联轴器没有止口，变化量更大。图 3-59 所示为 2008 年 3 月大修中测得的 1 号低压转子-2 号低压转子联轴器同心度及 2007 年安装时测得的同心度，可以看出有较大变化。大修中测得 1 号低压转子、2 号低压转子联轴器晃度分别为 0.135mm 和 0.155mm，而安装时晃度均在 0.03mm 以下。

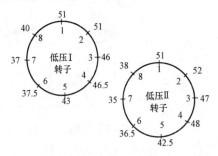
(a)1号低压转子、2号低压转子大修时测量记录

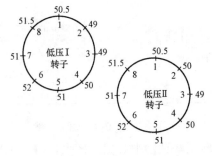
(b)1号低压转子、2号低压转子安装记录

图 3-59 1 号低压转子-2 号低压转子联轴器同心度比较

由上述分析可知，该型机组轴系抵抗变形的能力较差，在轴承标高调整及运行中轴承标高变化后有可能使轴系中心发生变化，从而对机组振动产生影响。

该机组在带负荷后，尤其是 2 号低压转子瓦振很不稳定，有时随着负荷增加有明显的上升趋势。图 3-60 所示为一次开机带负荷后测得的 2 号低压转子瓦振 5 号⊥、6 号⊥的变化趋势，随负荷增加振动不断增大，当负荷降低时振动随之减小，而 1 号低压转子

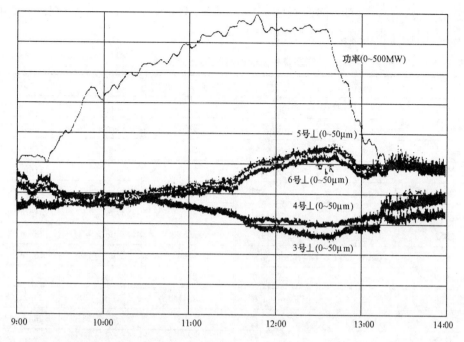

图 3-60　调整标高后带负荷过程瓦振 5 号⊥、6 号⊥及 3 号⊥、4 号⊥变化趋势

瓦振 3 号⊥、4 号⊥刚好与之相反。

　　由于轴系中心变化，使扰动力增加，热态停机时与冷态开机相比振动明显增大。图 3-61 所示为该机组一次大修后开机测得的 1 号低压转子、2 号低压转子瓦振升速伯德图，在 3000r/min 时瓦振 5 号⊥、6 号⊥工频振动均在 30μm 以下。带负荷运行仅两个月时间，2008 年 5 月 31 日，热态停机解列至 3000r/min 时发现振动大幅度增加，瓦振 5 号⊥、6 号⊥工频振动分别达 56μm 和 68μm。降速至 2500r/min 的过程中测得各个转

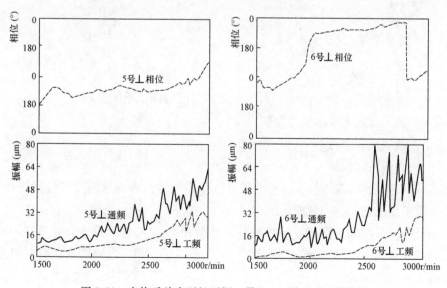

图 3-61　大修后首次开机瓦振 5 号⊥、6 号⊥升速伯德图

速的振动见表 3-21，可见，降速至 2945r/min 时 5 号⊥、6 号⊥工频振动分别达 70μm 和 74μm，同转速相比较，比冷态开机时大一倍多。

表 3-21 热态停机降速过程振动测量结果

转速（r/min）	5 号⊥	6 号⊥	转速（r/min）	5 号⊥	6 号⊥
3002	56μm∠253°	68μm∠73°	2721	28μm∠181°	42μm∠19°
2976	68μm∠235°	71μm∠57°	2701	25μm∠178°	33μm∠7°
2945	70μm∠123°	74μm∠39°	2674	38μm∠183°	38μm∠9°
2922	57μm∠191°	64μm∠21°	2654	36μm∠154°	31μm∠355°
2899	46μm∠184°	53μm∠19°	2633	33μm∠148°	31μm∠352°
2876	37μm∠179°	42μm∠12°	2613	30μm∠145°	31μm∠347°
2852	31μm∠191°	35μm∠17°	2587	27μm∠141°	28μm∠347°
2830	44μm∠200°	43μm∠23°	2566	26μm∠141°	28μm∠347°
2807	48μm∠162°	43μm∠359°	2542	24μm∠137°	28μm∠343°
2786	35μm∠153°	30μm∠356°	2518	22μm∠136°	35μm∠342°
2764	24μm∠153°	20μm∠14°	2498	20μm∠131°	23μm∠338°
2742	17μm∠83°	27μm∠42°			22μm∠333°

3）轴承标高调整除可能影响轴系中心外，还可能影响低压转子的共振转速。由于低压转子支承刚度差，类似二阶振型的摆动型共振转速比较接近工作转速，轴承标高变化对共振转速的影响也是不可忽视的。将低压转子简化为图 3-62 所示的弹簧-质量系统，则其摆动振动的自振频率可根据式（3-3）算出

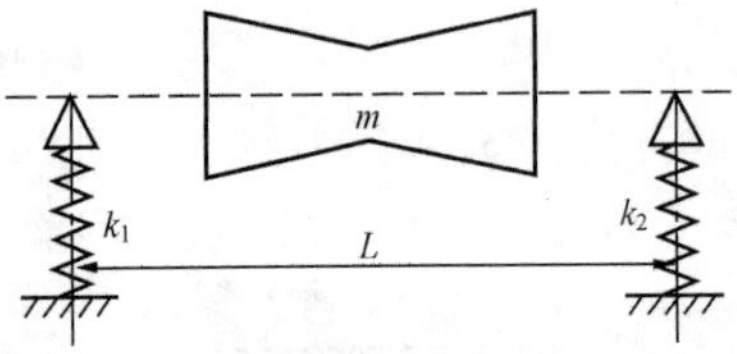

图 3-62 弹簧-质量系统示意图

$$\omega_{n2} = \sqrt{\frac{kl^2}{2I_s}} \qquad (3-3)$$

因

$$I_s = \frac{ml^2}{16}$$

故可得

$$\omega_{n2} = \sqrt{\frac{8k}{m}}$$

式中 k——支承刚度，$k = k_1 + k_2$，k_1、k_2 分别为前后端支承刚度；

$\quad\quad m$——转子质量（实际应为参振质量）；

$\quad\quad l$——两轴承间距离；

$\quad\quad I_s$——转子转动惯量。

由式（3-3）可知，频率 ω_{n2} 与转子质量（参振质量）和支承刚度（包括连接刚度）有关，与质量成反比，与刚度成正比。

由于低压转子两端支承刚度不一致，摆动型频率 ω_{n2} 可能有两个，这在 300MW 机组上很容易观察到。600MW 机组由于有两个低压转子，相互之间影响后有时可能出现四个峰值（见图 3-61）。

轴承标高调整后，由于参振质量、支承刚度、连接刚度及转子间相互影响等因素都

会影响摆动频率 ω_{n2}。表 3-22 和表 3-23 分别为 2008 年 6 月调整轴承标高前、2009 年 3 月调整轴承标高后在工作转速附近测得的峰值振动。由表 3-23 可知，2009 年 3 月轴承标高调整后，3 号⊥、4 号⊥峰值振动离工作转速较远、振动较小，而 5 号⊥、6 号⊥峰值振动离工作转速较近、振动较大。

表 3-22　　标高调整前冷态开机峰值振动和 3000r/min 时振动

工　况	3 号⊥	4 号⊥	5 号⊥	6 号⊥
3000r/min 时振动	$28.5\mu m\angle 353°$	$30.7\mu m\angle 152°$	$12.9\mu m\angle 194°$	$15.4\mu m\angle 48°$
靠近 3000r/min 峰值振动及对应转速	$32.6\mu m\angle 346°$	$41.6\mu m\angle 136°$	$37.4\mu m\angle 157°$	$26.2\mu m\angle 37°$
	2988	2960	2831	2905

表 3-23　　标高调整后冷态开机峰值振动和 3000r/min 时振动

工　况	3 号⊥	4 号⊥	5 号⊥	6 号⊥
3000r/min 时振动	$9\mu m\angle 1°$	$8\mu m\angle 186°$	$58\mu m\angle 358°$	$49\mu m\angle 171°$
靠近 3000r/min 峰值振动及对应转速	$20.3\mu m\angle 347°$	$24.5\mu m\angle 159°$	$65\mu m\angle 166°$	$72\mu m\angle 338°$
	2886	2886	2970	2970

第七节　轴承标高变化试验

轴承标高变化在大机组运行中直接关系到各轴承间的负荷分配，影响机组振动、瓦温变化等。负荷相差过大，还可引起振型、临界转速等发生变化，并导致轴瓦磨损、碎裂及引起轴瓦自激振荡等，较长时间以来就一直是专业人员十分关注的问题。

由于在现场测量各轴承标高变化的时间长、难度大、要求的测量精度高等原因，长期以来缺乏现场实测资料，对每种型号或某台机组只能根据制造厂提供的标准进行调整。为取得第一手资料，掌握机组在启动、带负荷运行中各轴承标高变化规律，自 2000 年开始就对东方 300MW 机组、西屋型 300MW 机组和东方 600MW 机组等进行了轴承标高变化试验。

（1）某厂 1 号机组为西屋型 300MW 机组，轴系结构见图 3-63，由高中压转子、低压转子、发电机转子和励磁机转子组成。各转子之间均采用刚性联轴器连接，在低压转子和发电机转子之间有一短轴。1、2 号轴承为四瓦块可倾瓦，3 号轴承为三瓦块可倾瓦，4、5、6 号轴承为椭圆瓦，励磁机两端 7、8 号轴承为圆筒瓦。

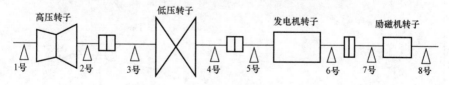

图 3-63　300MW 机组轴系示意图

该机组于 1995 年安装投运，首次大修就发现低压转子后轴承（4 号轴承）乌金严重磨损，更换了新的轴承，分析认为与轴承负荷太重、调心能力差等有关，后将轴承标高适当降低。而后在历次检修中又发现 1、2 号可倾瓦磨损，4 号瓦再次有局部磨损，特别是励磁机前轴承多次发生轴瓦碎裂等。在运行中低压转子后轴承振动不稳定，有时瓦温偏高，高中压转子在顺序阀控制时振动大，励磁机瓦振、轴振有不断增大的趋势。

这次测量是采用自行配置的标高测量装置，利用间隙电压变化测量出标高变化。如图 3-64 所示，由电涡流探头、前置器、测量支架和美国本特利 208 振动数据采集仪组成，电涡流探头测得的间隙电压信号，经前置器后直接送到 208 振动数据采集仪进行自动记录。电涡流探头直径为 8mm（随同配置前置器），灵敏度为 5V/mm。测量支架由石英玻璃做成，外部装设有保护钢管。支架底部固定在强力磁座上，磁座直接吸附在基础上。为了能紧密接触，基础上特地固定了一块铁板。

为保证测量的正确性，该装置预先在试验室对支架的稳定性进行了校验，共校验了四套测量装置，连续放置了五天五夜，最大变化量仅 0.024mm，证明装置稳定性较好。

大修中对各个标高测点的装设进行了设计，考虑 3、4 号轴承测点装设困难，重新制作了钢筋水泥座子，端部固定在基础横梁上，如图 3-65 所示。

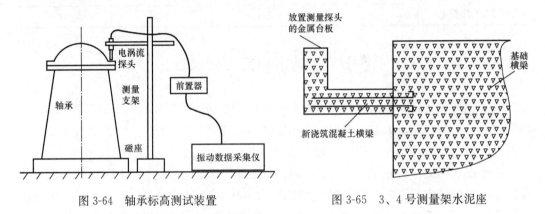

图 3-64　轴承标高测试装置　　　　　图 3-65　3、4 号测量架水泥座

（2）大修后冷态开机过程中，从氢气置换、通循环水、抽真空、冲转、并网带负荷到 300MW，全过程测量了各轴承标高变化，时间长达 100 多个小时。

1）高中压转子两端轴承（分别为 1、2 号轴承）标高变化。图 3-66 所示为 208 振

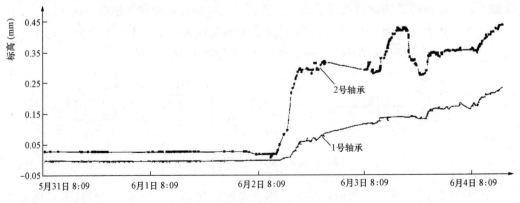

图 3-66　1、2 号轴承标高随时间变化曲线

动数据采集仪记录数据画出的 1、2 号轴承标高变化曲线（从 6 月 2 日 8：00 开始测量），可以看出：

　　a. 在轴封送汽、冲转及升速暖机过程中（10：40 轴封送汽，10：53 抽真空，15：34 冲转，20：13 到 2040r/min），1、2 号轴承标高上升，其中 2 号轴承标高上升较快。至 2040r/min 暖机时，2 号轴承标高上升了 $300\mu m$，1 号轴承标高上升了 $60\mu m$。暖机过程中标高变化较小（图 3-66 中标高变化有些反复是因为当升速到 2040r/min 时，曾打闸停机，21：20 又重新挂闸升速至 2040r/min 进行暖机），23：20 升速至 3000r/min，这时 2 号轴承标高上升 $330\mu m$，1 号轴承标高上升 $70\mu m$。分析认为，在这段时间内 1、2 号轴承标高变化主要与下列两个因素有关：

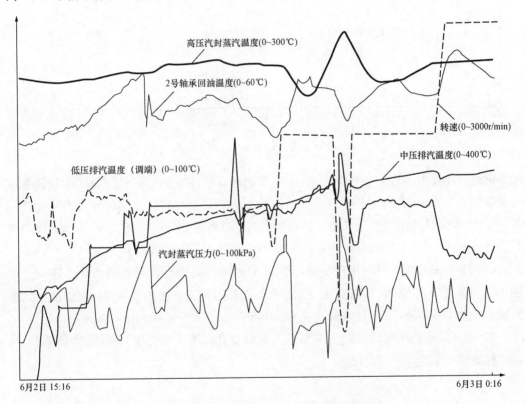

图 3-67　冲转、升速过程中有关参数变化曲线

　　（a）端部汽封的散热及汽封漏汽对轴承座的加热作用。因散热条件相对较差，对 2 号轴承座的加热作用尤为明显，2 号轴承标高上升量明显比 1 号轴承大（轴封压力、温度变化见图 3-67，回油温度变化见图 3-68）。

　　（b）冲转后随着转速增加，瓦温、回油温度升高。从图 3-68 所示的回油温度变化中，1、2 号轴承回油温度均上升了 20℃ 左右。

　　b. 当机组升速到 3000r/min 做完有关试验，于 6 月 3 日 2：48 打闸停机后，2 号轴承标高略有下降，1 号轴承标高仍有缓慢上升的趋势，这可能是汽缸传热的影响。6 月 3 日 9：00，当轴封送汽、抽真空时，2 号轴承标高又迅速上升，从 $280\mu m$ 升至 $440\mu m$，1 号

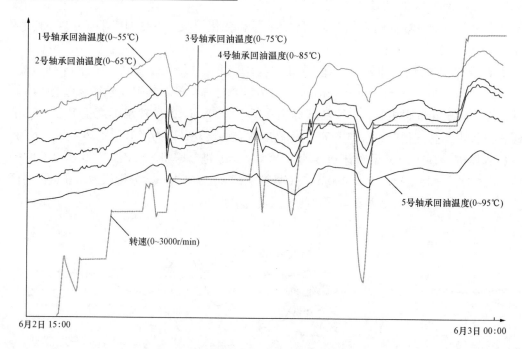

图 3-68　冲转升速过程中各轴承回油温度变化

轴承标高变化较小，仍维持在 $150\mu m$ 左右。当破坏真空、停止向轴封送汽时，2 号轴承标高又降到 $270\mu m$ 左右，1 号轴承标高仍变化不大。应该指出的是，2 号轴承标高从 $280\mu m$ 升至 $440\mu m$，除与轴封送汽有关外，还与排汽温度升高有关。6 月 3 日 20：20 当再次向轴封送汽、抽真空时，2 号轴承标高又上升到 $350\mu m$，1 号轴承标高略有上升。

c. 6 月 4 日 9：00，并网带负荷后，1、2 号轴承标高均有较明显的上升。这一过程轴承回油温度变化不大，标高变化主要是汽缸散热对轴承座加热及周围环境温度变化等影响。至 300MW 时，1 号轴承标高上升 $230\mu m$，2 号轴承标高上升 $400\mu m$。

2）低压转子两端轴承（3、4 号轴承）标高变化。图 3-69 所示为低压转子 3、4 号轴承标高变化曲线，可以看出：

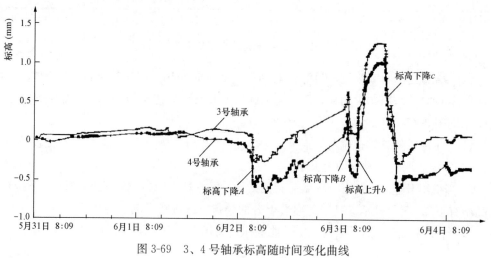

图 3-69　3、4 号轴承标高随时间变化曲线

a. 在凝汽器进水（6月1日8：45）和通循环水后（6月1日8：56），3、4号轴承标高变化很小，下降量在20μm左右，这主要是凝汽器底部与基础为刚性连接。

b. 标高变化主要发生在抽真空阶段，随着真空提高，3、4号轴承标高均有明显下降。表3-24为6月2日10：53～11：58真空从0提高到90.1kPa时标高变化情况，可以看出标高变化与真空有较好的对应关系。真空达90.1kPa时，3号轴承标高下降354μm，4号轴承标高下降424μm。抽真空开始阶段标高变化比较缓慢，真空到—72kPa以上时，标高变化明显加快。

表 3-24　3、4号轴承标高与真空的关系

时间	真空 （kPa）	3号轴承间隙电压 （V）	3号轴承标高变化 （μm）	4号轴承间隙电压 （V）	4号轴承标高变化 （μm）
10：53	0	−0.11	0	0.21	0
11：09	52	−0.09	下降 4	0.60	下降 78
11：15	60	−0.04	下降 14	0.62	下降 82
11：24	69	0.06	下降 34	0.79	下降 116
11：28	72	0.26	下降 74	0.81	下降 122
11：32	74	0.87	下降 198	1.23	下降 204
11：38	86	1.29	下降 276	1.89	下降 336
11：44	88.4	1.55	下降 332	2.15	下降 388
11：48	90	1.65	下降 352	2.32	下降 422
11：58	90.1	1.66	下降 354	2.33	下降 424

这一标高变化规律是符合低压转子结构特点的，因低压转子两端轴承坐落在排汽缸上，一端与基础横梁相连，另一端承力于排汽缸上，具有悬壁结构。当真空、排汽温度发生变化时，由于排汽缸变形，使3、4号轴承标高明显发生变化。排汽缸与凝汽器之间采用软连接时，对真空的变化反应尤为明显。设计上4号轴承负荷比3号轴承大，同时与4号轴承相邻的5号轴承为端盖式轴承，中间有一短轴，外伸部分约束作用小，使4号轴承下沉量比3号轴承大。此外，在抽真空过程中，还应考虑轴承回油温度和排汽温度等略有升高（见图3-70）及轴封漏汽等影响，故由真空影响的3、4号轴承标高实际下降的量还应更大一些。

c. 在冲转、升速阶段，由于瓦温、轴承回油温度升高及端部汽封漏汽等影响，3、4号轴承标高上升200～250μm。2：48打闸停机后由于真空破坏，3、4号轴承标高回升。由图3-71可知，此次标高上升的量超过抽真空之前的，这可能是由于轴承回油温度等升高的缘故。

d. 该机组在这次大修中因提高效率缩小了通流部分间隙，启停次数较多，有时真空、排汽温度等发生急剧变化，使3、4号轴承标高也相应发生大幅度的变化。

机组于6月3日2：48完成汽门严密性等试验打闸停机后，于9：06抽真空准备开

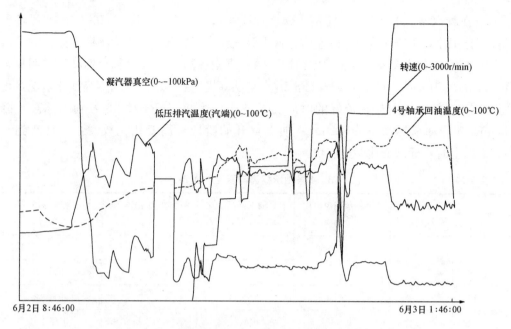

图 3-70　冲转升速过程中真空、排汽温度变化曲线

机，因故又于 11：45 破坏真空、退轴封，并再次于当晚 20：20 抽真空开机，这一过程的真空、排汽温度等变化见图 3-71。

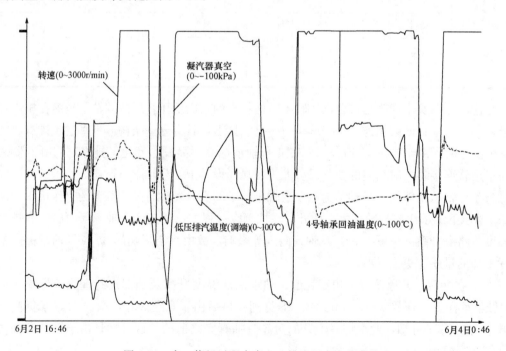

图 3-71　启、停机过程中真空、排汽温度变化曲线

　　现分析 3、4 号轴承的标高变化，由图 3-70 可知，当 9：06 抽真空后（真空最高为 -93kPa），3、4 号轴承标高同时下降，分别下降 $500\sim600\mu m$。11：45 破坏真空后，

3、4 号轴承标高又迅速上升，而且由于排汽温度等升高（由 30℃升高到 100℃），使升高的量增大，3、4 号轴承分别升高 1mm 和 1.5mm。当排汽温度降低后，标高相应降低。至 20：20 再次抽真空开机时，3、4 号轴承标高基本上恢复到第一次开机抽真空时的水平，与真空、排汽温度变化有很好的对应关系。

e. 并网带负荷后由于汽缸散热、回油温度升高等影响，3、4 号轴承标高略有上升。负荷到达 300MW 时，4 号轴承标高降低 $400\mu m$ 左右，3 号轴承标高与起始状态基本相同。

3）发电机两端轴承（5、6 号轴承）标高变化。5、6 号轴承标高变化曲线如图3-72所示，总的看标高变化较小，上下均没有超过 $100\mu m$。

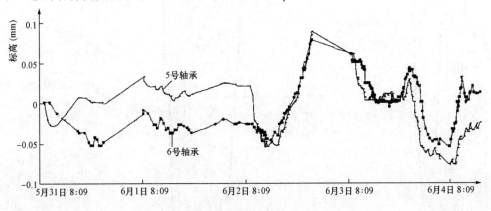

图 3-72　5、6 号轴承标高随时间变化曲线

a. 在充氢过程中（图 3-73 中 6 月 1 日 6：30～21：00），5、6 号轴承标高呈下降趋势。氢压从 0 升至 0.25MPa 时，下降量均为 $30\mu m$ 左右，因氢温也略有升高，实际下降量可能还略大一些。

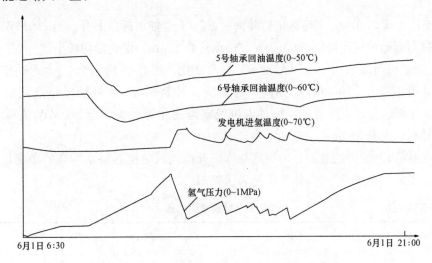

图 3-73　置换氢气过程中氢压、氢温变化曲线

b. 由图 3-72 可知，标高变化主要发生在冲转、暖机、升速到 3000r/min 的过程

中。5、6号轴承标高具有相同的变化规律，标高均升高140μm左右，这主要是轴承回油温度升高（氢温也有升高）的影响，打闸停机后，标高逐渐降低。

c. 在超速试验前并网带低负荷阶段，两轴承标高同时下降达80μm左右，这与氢温有较大降低有关（励端冷却器进风温度由65℃降至47℃，见图3-74）。

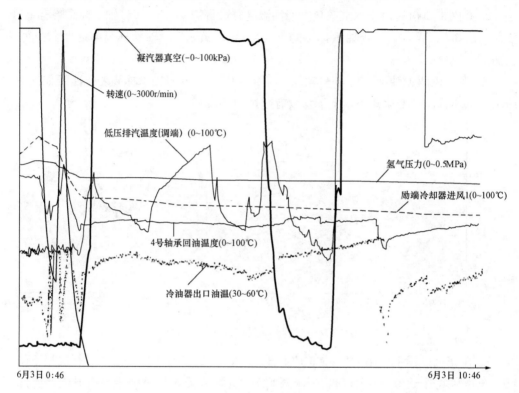

图3-74 超速试验前并网带负荷后氢压、氢温变化曲线

d. 6月4日9：00完成超速试验并网后，5、6号轴承标高上升。至300MW时5号轴承标高与起始值相比降低20μm，6号轴承升高15μm，变化量均较小。

4）励磁机两端轴承（7、8号轴承）标高变化。图3-75所示为7、8号轴承标高变化曲线，可以看出，在冲转前标高略有上升，冲转后7、8号轴承标高同时上升约200μm。分析认为，主要与轴承回油温度及室温变化等有关，至300MW负荷时7、8号轴承标高均上升250μm。

5）根据以上测得的数据，可得到从冷态开机到满负荷各轴承标高的净变化量（未考虑过程中的动态波动），具体数据见表3-25。

表3-25			各轴承标高净变化量				μm
轴承号	1号	2号	3号	4号	5号	6号	7号	8号
标高变化量	+230	+400	+50	-400	+15	+25	+250	+250

（3）通过300MW机组轴承标高试验，不但定性掌握了各轴承标高变化规律，而且

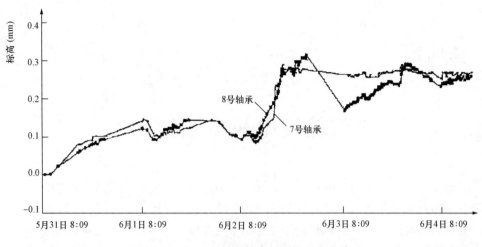

图 3-75　7、8 号轴承标高随时间变化曲线

定量地得到了各轴承标高变化的数据。这对分析运行中的振动变化、瓦温变化等有重要的参考意义，为机组检修提供了轴系中心调整的依据，并可进一步分析各轴承受力状况，从而分析轴瓦磨损、碎裂等故障。

启动和运行中的参数变化对各轴承标高有较大影响。高中压转子后轴承（2 号轴承）对轴封供汽、轴封漏汽等反应灵敏，可在短时间内使轴承标高上升 0.4mm 左右，运行中轴封压力、温度偏高可能会使 2 号轴承负荷加重。低压转子前后轴承坐落在排汽缸上并具有悬臂结构，对真空和排汽温度变化反应快，变化幅度大。破坏真空停机时，如果排汽温度偏高可能会使标高上升 1mm 以上，低转速时导致轴承负荷过重而出现轴瓦磨损等故障。

机组检修中可根据所测得的轴承标高变化及轴瓦受力情况并结合机组运行中的振动、瓦温等情况，在轴系找中心时对各轴承标高适当调整。

1）若高中压转子前端轴振低频分量较大，瓦块受力较小，可适当抬高 1 号轴承标高（下张口增加）。

2）目前高中-低压转子联轴器 3 号轴承侧比 2 号轴承侧高 0.40mm 左右比较合适，如发现 2 号轴承瓦温偏高，也可适当降低 2 号轴承标高。

3）若不考虑外伸部分影响，4 号轴承侧联轴器比 5 号轴承侧高 0.4mm 左右比较合适。4 号轴瓦磨损除应考虑标高变化外，还应考虑设计负荷重、轴位置偏移、瓦体变形等因素的影响。

4）从标高变化看，发电机转子-励磁机转子联轴器找中心时不应采用 0 对 0 的标准，应适当降低励磁机轴承标高，但实际中还应综合考虑油膜厚度、励磁机轴承受力及轴瓦碎裂故障等因素的影响。

第四章

汽轮发电机摩擦振动

摩擦振动以前在中小型机组上也出现过，但一般只是在启动过程中遇到，运行中很少出现。随着机组容量的增大，摩擦振动频繁出现，影响了机组的启、停机和正常运行，也影响到机组的经济性和安全性，甚至造成大轴弯曲事故等。摩擦振动已日益引起生产管理人员和专业人员的关注。

第一节 摩擦振动的原因

大容量机组摩擦振动问题增多，基于下列原因：

（1）为提高效率，通流部分间隙小。有些机组如英制 362.5MW 机组，高压转子通流部分靠首次启动碰磨产生间隙。

（2）为提高经济性，对 300、600MW 等机组进行了技术改造，其中缩小通流部分间隙是一项主要的技术措施。间隙缩小后容易产生碰磨，如多数机组改造后首次启动在升速过程中就会出现碰磨。布莱登汽封在带上一定负荷开始闭合时也出现碰磨，刷式汽封必须碰磨多次才能投入正常运行。

在改造中注重缩小间隙而对转子的平衡工艺重视不够，对启停机和运行中由于油膜压力、轴承标高变化等引起的动静间隙变化规律缺乏研究。当参数变化或操作不慎，频繁出现碰磨。

（3）低压缸在抽真空后承受较大的大气压力，真空较高时缸体容易产生变形，使动静间隙变化导致碰磨。特别是在冷态启动时，进汽量小，若真空偏高更容易产生碰磨。某些机组由于缸体变形、偏移，在升、降负荷或蒸汽参数发生变化时也容易发生碰磨。

（4）运行中特别是在启动中，对机组的膨胀、差胀、缸温差等控制要求严格，稍有不当就容易发生碰磨，如某 600MW 机组中压缸启动切换到高压缸时曾多次出现碰磨。

（5）因转子质量不平衡或中心不正等使转子动挠度增大导致碰磨，尤其是在开停机通过临界区时更容易出现。从多台 300MW 机组的情况看，若高中压转子不平衡量大，热态下容易产生变形，使通过临界转速时临界区拓宽，振动剧增，甚至在通过临界后振动还有继续增大的趋势。

（6）双流环密封瓦因间隙小或密封油温偏低等在启动或在运行中容易出现碰磨，由于有密封油冷却及不平衡响应较小等，这种摩擦可以维持较长时间，有的可长达一年以上。

（7）汽封、轴封等退让性能较好，不易磨掉。当工况等发生变化时出现反复碰磨，有些机组已运行多年仍有碰磨发生，甚至还有愈来愈严重的趋势。

第二节　摩擦振动的机理

1. 摩擦振动机理

摩擦是一种热效应。当转子与静止部分发生摩擦时，在接触部位（转子位移高点）发热，使转子产生热弯曲，从而产生一个热不平衡矢量，它与转子上原有的不平衡矢量（称原始不平衡）合成后使振动发生变化。

在有阻尼的振动系统中，位移总是滞后于不平衡力一个角度，这就是滞后角。当不平衡力发生变化时，滞后角度也要发生变化，这意味着位移高点即摩擦的部位也要发生变化。摩擦部位变化后反过来又要影响到转子上不平衡力的大小和位置，又会使摩擦部位再次发生变化……，使摩擦过程的幅值和相位总是不断变化。这一过程可以用解析的形式表达，假设一根均质转轴在某一轴段处发生径向摩擦，则在摩擦过程中转子的模态可写为

$$M\ddot{Z} + D_s\dot{Z} + KZ + D(\dot{Z} - j\lambda\omega Z) = mr\omega^2 e^{j(\omega t + \delta)} + R_T(t)e^{j(\alpha - \alpha_s)} \tag{4-1}$$

其中

$$\alpha = \tan^{-1}\left(\frac{y}{x}\right)$$

$$Z = x + jy$$

$$j = \sqrt{-1}$$

式中　Z——用复数表示的转子横向位移；

x、y——静止坐标中的水平和垂直位移；

K、M——转子模态刚度和质量；

D_s——外阻尼；

D——转子外部流体径向阻尼；

λ——流体圆周平均速度比；

ω——转速；

m、r、δ——不平衡质量和所处半径及初相角；

$R_T(t)$——由摩擦引起的热不平衡矢量，为时间的函数，用转动坐标表示；

α_s——摩擦部位和模态质量间与轴扭转有关的恒定的角度。

现分析在低于第一临界转速、滞后角 $\alpha < 90°$ 的摩擦过程，在没有摩擦的情况下

$$Z(t)\big|_。 = A_。e^{i(\omega t + \delta + \alpha_。)} \tag{4-2}$$

幅值和相位为

$$A_。 = \frac{mr\omega^2}{\sqrt{(k - M\omega^2)^2 + \omega^2[D_s + d(1 - \lambda)]^2}} \tag{4-3}$$

$$\alpha_0 = \tan^{-1}\frac{\omega[D_s + D(1 - \lambda)]}{M\omega^2 - K}$$

角度 $\alpha_o + \delta$ 为滞后角，根据滞后角可得到位移高点位置 [见图4-1（a）]。发生摩擦时，由摩擦引起的热不平衡矢量为

$$F = R_{\mathrm{T}}(t)e^{j(\omega t + \delta - \alpha_s + \alpha_o)}$$

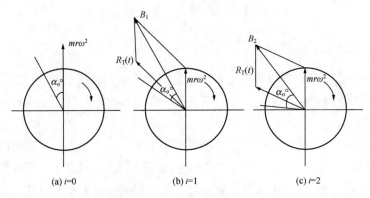

(a) $i=0$ (b) $i=1$ (c) $i=2$

图4-1 摩擦振动图解

转子响应为

$$Z\big|_o = A_o e^{j(\omega t + \delta + \alpha_o)} + (A_1\big|_1)e^{j(\omega t + \delta - \alpha_s + 2\alpha_o)}$$

$$= B_1 e^{j(\omega t + \delta + \alpha_o + \beta_1)} \tag{4-4}$$

其中

$$A_1\big|_1 = \frac{R_{\mathrm{T}}\big|_1}{\sqrt{(k - M\omega^2)^2 + \omega^2\left[D_s + D(1-\lambda)\right]^2}}$$

式中 $A_1\big|_1$——热不平衡矢量引起的幅值。

将式（4-4）中两项相加，可以得到相加后的幅值和相位。

幅值

$$B_1 = \sqrt{A_o^2 + (A_1\big|_1)^2 + 2(A_1\big|_1)A_o\cos(\alpha_o - \alpha_s)} \tag{4-5}$$

相位

$$\beta_1 = \arctan\frac{\tan(\alpha_o - \alpha_s)}{1 + A_o/(A_1\big|_1)\cos(\alpha_o - \alpha_s)}$$

可见幅值和相位都增加了 [见图4-1（b）]。

随着摩擦振动的继续，在下一时刻可得到

$$Z(t)\big|_z = A_o e^{j(\omega t + \delta + \alpha_o)} + (A_1\big|_2)e^{j(\omega t + \delta - \alpha_s + 2\alpha_o + \beta_1)}$$

$$= B_2 e^{j(\omega t + \delta + \alpha_o + \beta_2)} \tag{4-6}$$

合成后的振幅和相位为 [见图4-1（c）]：

幅值

$$B_2 = \sqrt{A_0^2 + (A_1\big|_2)^2 + 2A_o(A_1\big|_2)\cos(\alpha_o - \alpha_s + \beta_1)} \tag{4-7}$$

相位

$$\beta_2 = \arctan\frac{\tan(\alpha_o - \alpha_s + \beta_1)}{1 + \dfrac{A_o}{(A_1\big|_2)\cos(\alpha_o - \alpha_s + \beta_1)}}$$

摩擦再继续下去，可表达为

$$Z(t)\big|_i = A_o e^{i(\omega t + \delta + \alpha_o)} + (A_1\big|_i) e^{j\,(\omega t + \delta - \alpha_s + 2\alpha_o + \beta_{i-1})}$$

$$= B_i e^{j(\omega t + \delta + \alpha_o + \beta_i)} \qquad (i = 1、2、3) \tag{4-8}$$

$$A_1\big|_i = \frac{R_{T(t)}\big|_i}{\sqrt{(k - M\omega^2)^2 + \omega^2 \left[D_s + D(1 - \lambda)\right]^2}} \tag{4-9}$$

$$B_i = \sqrt{A_0^2 + (A_1\big|_i)^2 + 2A_o(A_1\big|_i)\cos(\alpha_o - \alpha_s + \beta_{i-1})} \tag{4-10}$$

$$\beta_i = \frac{\tan(\alpha_o - \alpha_s + \beta_{i-1})}{1 + \dfrac{A_o}{(A_1\big|_i)\cos(\alpha_o - \alpha_s + \beta_{i-1})}} \tag{4-11}$$

从式（4-8）及图 4-1 可知：

（1）摩擦振动是由两部分合成的，一是原始不平衡，二是由摩擦产生的热不平衡。由于热不平衡是随时间变化的，合成后的振动也随之发生变化。

（2）其变化规律是幅值随着热不平衡矢量的旋转起伏变化，与原始不平衡同相时，幅值最大，反相时幅值最小。由于每一步所取的 i 值不一致，所计算出的幅值和相位一般没有重复性。

（3）当热不平衡大于原始不平衡时，相位逆转向旋转超过 $360°$，等于原始不平衡时相位旋转 $180°$，小于原始不平衡时相位旋转角度小于 $180°$。

（4）相位旋转的快慢取决于滞后角的大小，滞后角越大旋转得越快。滞后角的大小取决于接近临界转速的程度，越接近临界转速，滞后角越大。

（5）上述未涉及第一临界转速后的摩擦，由于第一临界转速以后滞后角大于 $90°$，由摩擦产生的热不平衡与原始不平衡有抵消作用，使振动减小，摩擦不再持续。由于转轴为连续弹性体，为多自由度系统，必须考虑二阶不平衡的影响。因为对于二阶不平衡来说，滞后角仍然小于 $90°$，摩擦会使二阶不平衡分量增大，从而使合成后的振动增大，摩擦仍然能继续下去。

（6）若由摩擦产生的热不平衡随时间有增大的趋势，合成后的振动也将会随时间不断增大，显然这种振动会危及机器的安全。

2. 计算实例

（1）假设 $\dfrac{R_T(t)\big|i}{mr\omega^2} = \dfrac{A_i}{A_o} = 2$，滞后角 $\alpha_o = -40°$，$\delta = 0$，$\alpha_s = 0$。

按式（4-8），计算结果见表 4-1。

表 4-1　　　　　　　　摩擦振动计算结果（$\alpha_o = -40°$）

序号 i	0	1	2	3	4	5	6	7
B_i/A_o	1	2.83	2.56	2.29	2.07	1.87	1.69	1.48
$\alpha_o + \beta_i$	$-40°$	$-67°$	$-86°$	$-100.3°$	$-111.9°$	$-122.2°$	$-132.2°$	-143

序号 i	8	9	10	11	12	13	14
B_i/A_o	1.34	1.16	1.01	1.26	2.0	2.56	2.99
$\alpha_o + \beta_i$	-156.4	$-176°$	-212	-253.3	-293.3	-354	$-33°$

（2）假设 $\dfrac{R_{\mathrm{T}}(t)\big|_i}{mr\omega^2}=\dfrac{A_i}{A_{\mathrm{o}}}=2$，滞后角 $\alpha_{\mathrm{o}}=-60°,\delta=0,\alpha_{\mathrm{s}}=0$。

按式（4-8），计算结果见表 4-2。

表 4-2 摩擦振动计算结果（$\alpha_{\mathrm{o}}=-60°$）

序号 i	0	1	2	3	4	5	6
B_i/A_{o}	1	2.64	2.06	1.51	1.08	1.21	2.53
$\alpha_{\mathrm{o}}+\beta_i$	$-60°$	$-101°$	$-132.5°$	$-163.4°$	$-208°$	$-291°$	$-12.6°$

（3）假设热不平衡有随时间增大的趋势，设 $\dfrac{R_{\mathrm{T}}(t)\big|_i}{mr\omega^2}=\dfrac{A_i}{A_{\mathrm{o}}}=2+0.1i,\alpha=-60°$，计算结果见表 4-3。

表 4-3 摩擦振动计算结果（热不平衡随时间增加）

序号 i	0	1	2	3	4	5	6	7
B_i/A_{o}	1	2.74	2.22	1.73	1.41	1.94	3.3	3.6
$\alpha_{\mathrm{o}}+\beta_i$	$-60°$	$-101.5°$	$-135.4°$	$-171.6°$	$-225.7°$	$-307.4°$	$-21.4°$	$-75.7°$

从上述计算可知，当滞后角 $\alpha=-40°$ 时，i 需要 14 步相位角才能转满一周（360°）。当滞后角 $\alpha=-60°$ 时，i 仅需 6 步相位角就能转满一周。从表 4-3 的计算结果看，当热不平衡有随时间不断增大的趋势时，虽然合成后振动仍有波动，但与表 4-2 相比，幅值明显增大。而且随着 i 的增加，幅值越来越大，显然这种摩擦振动是危险的。

第三节　摩擦振动的识别

较长时间以来，启动过程中习惯使用听针在有关部位倾听，用声音来判别是否发生动静部分碰磨。随着测试技术的发展，在启停机和带负荷运行中，通过本特利 208 和成都昕亚 VM9510 等仪器测试，用趋势图、频谱、轴心轨迹等进行识别，更为精确和有效。

1. 利用趋势图识别

所谓趋势图就是振动幅值、相位与时间的关系曲线，摩擦振动的最基本的特征是幅值和相位随时间同时发生变化，幅值增大（主要是 $1x$ 幅值）后可自行减小。这在一般强迫振动中不多见，而在摩擦振动中可频繁出现。相位的变化规律是逆转向旋转，因为位移高点总是滞后于不平衡高点一个角度，对于本特利 208、成都昕亚 VM9510 等逆转向计数的仪器就意味着相位角是不断增加的。由于摩擦振动形式较多，有些比较短暂，有些摩擦比较轻微，热不平衡分量较小，还有些在摩擦过程中存在反向进动等，相位不断增加的规律不一定都能观察到，但在某些热不平衡分量较大、角度变化大于 360° 的摩擦振动中仍然能够看到。

图 4-2 为某台 300MW 机组大修后带负荷运行中高中压转子轴振趋势，在接近 8h 的时间区段内，轴振 $1x$、$1y$ 和轴振 $2x$、$2y$ 不断变化。幅值和相位均同时发生变化，有一定的对应关系，其中轴振 $2x$ 可以看到幅值增加、相位不断增大的规律。幅值增大

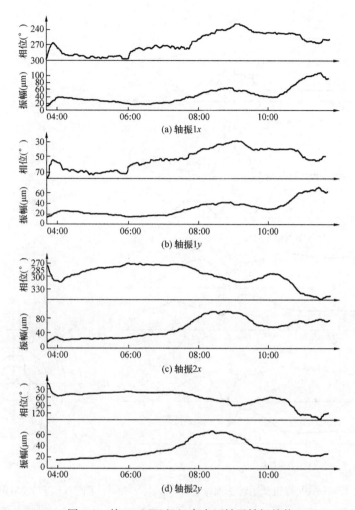

图 4-2　某 300MW 机组高中压转子轴振趋势

后经过一段时间可自行减小，符合摩擦振动规律，该摩擦振动是由于在大修中更换了 2 号轴承、调整了通流间隙后出现的。图 4-3 所示是该机大修后带负荷运行中测得的低压转子轴振 3x、3y 和 4x、4y 趋势，可以看到 x、y 轴振均有幅值增加相位增加、幅值减小相位减小的趋势，符合摩擦振动的规律，后查明摩擦是由于真空变化以后出现的。此外，用极坐标图也可判别摩擦振动，图 4-4 所示为 2030r/min 暖机过程中发电机前轴承瓦振趋势，可以清楚地看到幅值起伏变化、相位逆转向旋转的规律。

2. 利用频谱识别

由于摩擦振动除了摩擦发热使转子产生局部热弯曲外，还有"碰"的性质，即在碰磨过程中，除了有一个连续的简谐力作用在转子上外，还有一个带有脉冲性质的作用力作用到转子上。在该作用力的激发下，除 1x 振动外，还会出现 2x、3x 及高次谐波振动，也可能还会出现 1/2x 振动分量。图 4-5 为一台 25MW 机组带负荷运行中因振动大在停机过程中测得的汽轮机前轴承垂直方向振动频谱，在 2850r/min 时振动波形中有跳动现象，频谱中除 1x 振动外，还有 2x、3x 及高次谐波。降速到 2700r/min 时，除 1x

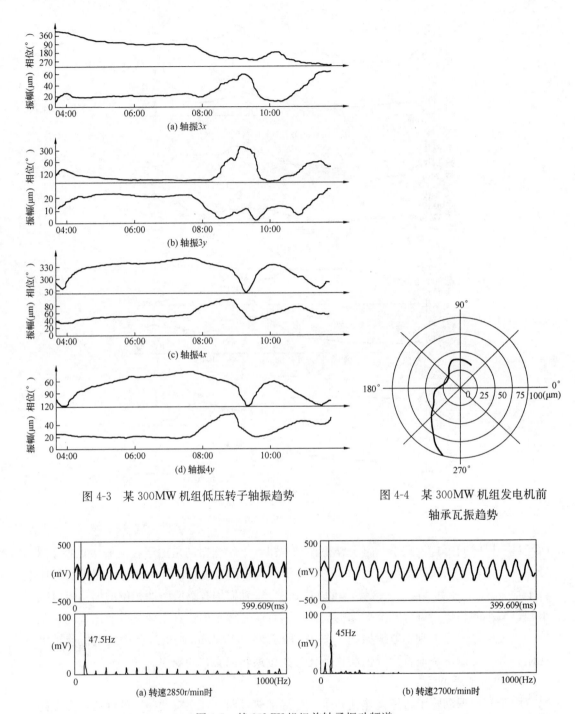

图 4-3 某 300MW 机组低压转子轴振趋势

图 4-4 某 300MW 机组发电机前轴承瓦振趋势

图 4-5 某 25MW 机组前轴承振动频谱

振动外，还有 $1/2x$ 振动分量。后经揭缸检查，发现轴封和各级汽封处均发生严重摩擦，叶轮围带也有较深的磨痕。图 4-6 所示为某 300MW 机组发电机后轴承处轴振 $6y$ 振动波形和频谱，从振动波形中可以看到波谷处有较大跳动，频谱中除一倍频外，还有大小不一的谐波分量，经检查除与密封瓦碰磨有关外，6 号轴承下瓦也有较严重的磨损。

表 4-4 所示为某 300MW 机组高中压转子产生严重摩擦后，在同一转速与没有产生摩擦时的振动比较。在摩擦后除工频振动大幅度增加外，二倍频、三倍频甚至四倍频振动都有明显的增加。

表 4-4   摩擦振动前后工频及谐波分量比较

工况	轴振	通频	工频	二倍频	三倍频	四倍频
摩擦振动 产生前	1x	45	$34\mu m \angle 123°$	19	5	2
	1y	29	$22\mu m \angle 286°$	11	2	2
	2x	87	$84\mu m \angle 53°$	17	6	2
	2y	46	$42\mu m \angle 212°$	6	3	3
摩擦振动 产生后	1x	202	$123\mu m \angle 163°$	105	36	11
	1y	267	$179\mu m \angle 313°$	101	50	21
	2x	326	$310\mu m \angle 102°$	34	42	47
	2y	317	$302\mu m \angle 218°$	55	25	13

3. 利用轴心轨迹识别

在碰磨时，轨迹由多股曲线组成，边缘有毛刺，轨迹为较扁的椭圆（在某一方向上有预载荷），有时轨迹曲线有多处转折，局部有反向进动及轨迹有畸变等。图 4-7 所示为某 300MW 机组低压转子前轴承处轴心轨迹和轴振动波形，轴心轨迹为一个很扁的椭圆，y 方向振动比 x 方向小得多，说明 y 方向有预载荷。从轴振波形看，y 方

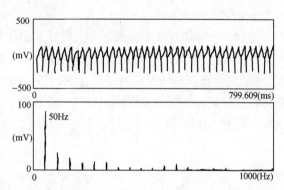

图 4-6 某 300MW 机组发电机后轴承轴振频谱

向有削波，说明有碰磨。后经检查，低压转子前轴颈与油挡发生严重摩擦，y 方向油挡约磨去 0.5mm。图 4-8 为某 300MW 机组发电机后轴承处轴心轨迹和轴振波形，从轴心轨迹中可以看出局部有反向进动（x 方向上部），轨迹畸变，有跳动。从轴振波形看，x

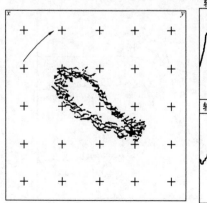

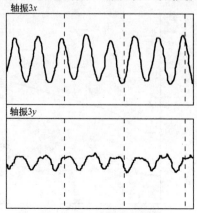

图 4-7 某 300MW 机低压转子前轴承处轴心轨迹和轴振波形

和 y 方向轴振在波谷处有跳动，y 方向在波峰处有削波。后经检查密封瓦有碰磨，同时 6 号轴承下瓦严重磨损，局部已磨出沟槽。

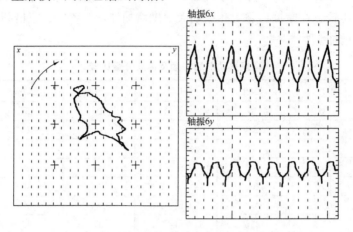

图 4-8 某 300MW 机发电机后轴承处轴心轨迹和轴振波形

4. 利用伯德图识别

动静部分间隙比较小，通过临界转速时由于动挠度增大容易出现摩擦，摩擦使阻尼增大、临界区拓宽，也可能使振动峰值不明显或出现多个峰值。图 4-9 所示为某 300MW 机组低压转子瓦振升速伯德图，该低压转子临界转速为 1700r/min 左右，通过临界转速时瓦振 3 号⊥没有明显峰值，临界区宽，说明在升速过程中低压转子在 3 号轴承侧有碰磨。图 4-10 为某 600MW 机组开机 2 号低压转子瓦振升速伯德图，当通过临界

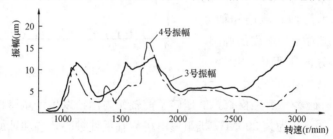

图 4-9 某 300MW 机组低压转子瓦振升速伯德图

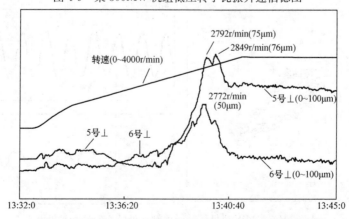

图 4-10 某 600MW 机组 2 号低压转子瓦振升速伯德图

转速时（柔性支承，二阶临界转速 2800r/min 左右）瓦振 5 号⊥有两个峰值，显然这也是碰磨引起的。由于在通过临界转速时幅值增加，出现碰磨后使幅值减小，碰磨后又使幅值增大，出现了两个峰值。

通过升速特性或波特图有利于判断摩擦振动发生的部位，为尽快消除摩擦振动提供帮助。

5. 摩擦振动危险性的预判

（1）利用相位角变化可以判断热不平衡矢量的大小，以判别摩擦振动的严重程度。

由于位移总是滞后于不平衡力一个角度，由摩擦产生的热不平衡矢量是逆转向旋转的。显然当热不平衡矢量（又称旋转矢量）大于原始不平衡时，相位角的变化可以超过 360°，一直呈增大的趋势。当小于原始不平衡时，相位角变化小于 180°。小得越多，变化的角度越小。变化角度可用图 4-11 表示，R_T 为热不平衡矢量，F 为原始不平衡矢量，则由摩擦引起的相位角的变化为 F 和以 R_T 为半径画出的圆的两切线间的夹角。这种相位角变化较小的摩擦振动比较多见，如运行中由于参数变化引起的高中压转子或低压转子的摩擦振动相位角一般变化较小，密封瓦碰磨相位角变化也较小。此外，当热不平衡矢量等于原始不平衡矢量时，相位角度变化 180°，这种情况不多见。

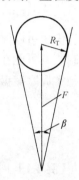

图 4-11　$R_T < F$ 时相位角变化

（2）摩擦是一种热效应，由摩擦产生的热量可表示为

$$Q = \mu F_N \theta R f \tag{4-12}$$

式中　μ——摩擦系数；

F_N——接触面处平均正压力，N；

θ——摩擦弧段对应的圆心角，rad；

R——转子半径，m；

f——转动频率，Hz。

因摩擦产生的热不平衡矢量是由于摩擦处发热使转子局部热弯曲造成的，产生的热量越大，热不平衡矢量就越大。

从式（4-12）可知，启动过程中发生摩擦比较危险。机组启动时转速不断增加，即 f 随时间增加。转子在不平衡力的作用下，动挠度增加，使 F_N 和 θ 增加，特别是在接近临界转速时，动挠度增加很快。由于正压力增加，摩擦力增加很快。摩擦加剧，热不平衡矢量迅速增大，反过来又使转子动挠度进一步增大，摩擦又进一步加剧……如果控制不好，很容易发生大轴弯曲事故。20 世纪 70 年代初到 80 年代末国产 200MW 机组曾多次发生大轴弯曲事故，几乎都是在启动过程中发生的。

（3）弯曲转子发生摩擦比较危险。由于转子热变形或在运行中设备故障或操作不当等原因，在转子弯曲（弓状弯曲）的情况下停机通过临界转速发生摩擦时将会使弯曲增大，使动挠度增加，摩擦加剧。若弯曲产生的动挠度与一阶振型相重合，则情况更为严重，可能会在很短的时间内造成大轴弯曲事故。由于通过临界转速后滞后角减小，若不能脱离摩擦时，还会产生很大的振动，仍然有可能造成大轴弯曲事故。

（4）由于产生摩擦的因素不同，摩擦过程中条件的变化（如介质磨损等），摩擦振动可以以多种形式出现，如：

1）以工频为主的周期性旋转振动；

2）类似周期性变化的逐渐衰减的振动；

3）不连续的波动（参数改变时容易出现）；

4）带有随机性变化的振动；

5）短时间急剧增大的不可控振动；

6）由碰磨引起的非工频振动。

由于可以以多种形式出现，增加了识别摩擦振动的困难。有些摩擦振动如果不及时控制，有可能在很短的时间内造成大的事故，生产管理人员、运行人员和有关专业人员必须掌握摩擦振动的基本知识。

第四节 摩擦振动实例

【例 4-1】 周期性旋转振动。

幅值是周期性变化，相位是逆转向旋转的一种摩擦振动，由于以工频为主，又称周期性工频旋转振动。这种振动其实由来已久，直至 20 世纪 80 年代初一台进口 600MW 机组上发生这种振动后才广为关注。产生这种振动的条件，一是由摩擦产生的热不平衡矢量大于转子上原始不平衡量；二是在摩擦过程中产生的热量比较均匀，介质磨损少，使热不平衡矢量能基本保持不变。这种振动是摩擦振动中比较典型又比较特殊的一种。

（1）图 4-12 为一台 25MW 机组大修后启动到 3000r/min 时测得的振动趋势，图中 3、4 号轴承分别为发电机前后轴承，2 号轴承为汽轮机后轴承。从图中可以看出，3、2 号轴承振动（垂直方向瓦振）均具有周期性变化的规律（约 1h 一次），4 号轴承振动较小，也能看出有周期性变化趋势。3 号和 2 号轴承幅值和相位都是同步变化，从幅值变化看，以 3 号⊥变化最大，其次是 2 号⊥。从相位变化看，幅值变化一个周期，相位变

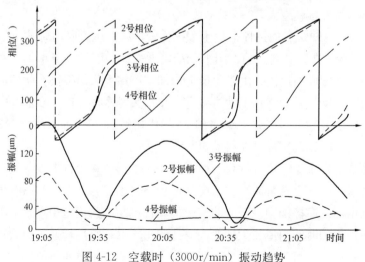

图 4-12　空载时（3000r/min）振动趋势

化 360°左右，对应关系较好。表 4-5 列出了近三个周期的振动变化，可以看出，瓦振 3 号⊥最大可达 168μm，最小仅 4μm。

表 4-5　　　　　　　　　　　3、2 号轴承振动变化统计结果

周期	3 号轴承⊥		2 号轴承⊥	
	振动最大	振动最小	振动最大	振动最小
第一个周期	$168μm∠340°$	$26μm∠160°$	$88μm∠350°$	$4μm∠160°$
第二个周期	$136μm∠310°$	$4μm∠150°$	$74μm∠300°$	$2μm∠150°$
第三个周期	$111μm∠315°$	$34μm∠130°$	$63μm∠305°$	$19μm∠129°$

（2）为摸清产生振动的原因，多次复查和调整了轴系中心。在没有收到效果的情况下，回顾大修中曾将高压端汽封更换为不锈钢汽封片。考虑到汽封间隙较小，不锈钢汽封片不易磨掉，决定揭缸进行检查。发现不锈钢汽封片有多道摩擦发蓝和变形，修整后将间隙由 0.5mm 放大到 0.75mm，并对汽轮机转子做了低速动平衡，减小汽轮机侧的振动。装复后开机，虽然汽轮机轴承振动有较大幅度的减小，但周期性旋转振动仍然没有解决，变化规律不变。

后在偶然谈论某厂一台发电机因在端盖风档处加装羊毛毡后开不出机的情况时，检修人员回忆在 3 号轴承外油挡处为防止漏油加装了羊毛毡。经检查羊毛毡确有较深的磨痕，局部发黑变硬，羊毛毡共两道，厚约 5mm。由于羊毛毡在高温下不能磨掉，运行中一直与轴产生摩擦，与之对应的轴上可以看到已磨出两道发亮的痕迹。后将羊毛毡全部取掉，消除了周期性旋转振动。

（3）在处理摩擦振动过程中，有时摩擦部位难于寻找。但在该实例中，若从振动特征考虑还是可以少走弯路的。

1）从统计到的近三个周期的振动变化趋势看，以瓦振 3 号⊥变化的热不平衡矢量最大。从第一个周期的变化看，根据最高点和最低点的幅值和相位，可估算出热不平衡矢量接近 100μm，而瓦振 2 号⊥的热不平衡矢量不到 50μm。从第二和第三个周期的情况看，也是以 3 号轴承处的热不平衡矢量为最大。

2）从升速波特图看，首次启动 3 号⊥在通过临界转速时，峰值出现波动，临界区宽（见图 4-13）。而后在热态启动时，通过临界转速时 3 号⊥振幅多次出现波动，且幅值明显减小，而 2 号⊥等变化不大（见图 4-14）。

3）从相位变化看，瓦振 3 号⊥、2 号⊥相位相同，且同步变化，同时接近最大值和最小值。而瓦振 4 号⊥和 1 号⊥则与之相反，说明扰动力的变化在 3 号轴承和 2 号轴承之间。

根据上述几点现象可大致确定摩擦部位在 3 号和 2 号轴承之间，接近 3 号轴承。

此外，对该机摩擦振动的处理之所以走了一些弯路，主要受到传统观念的影响。一是认为发电机转子和定子间隙大，不可能有摩擦，一提到摩擦，就认为是汽轮机，加上大修中，汽轮机高压端又换了不锈钢汽封，刚好巧合；二是对羊毛毡与大轴摩擦会影响振动认识不足或毫无认识，以致在拆掉油挡处羊毛毡时遭到不少人的反对，有的甚至认为是"无稽之谈"，直到消除摩擦振动后才统一认识。

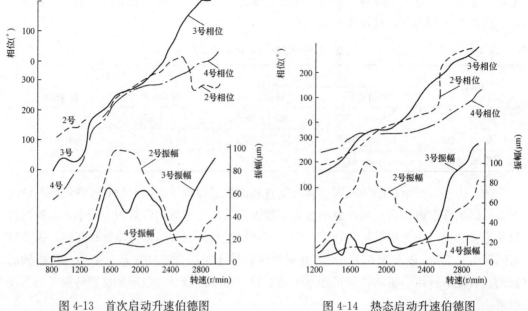

图 4-13　首次启动升速伯德图　　　　图 4-14　热态启动升速伯德图

【例 4-2】 一种不稳定变化的摩擦振动。

某厂一台西屋型 300MW 机组正常运行中低压转子两端瓦振与轴振发生变化，瓦振 3 号⊥（低压转子前轴承垂直）、4 号⊥（低压转子后轴承垂直）分别由 15、$30\mu m$ 上升至 38、$46\mu m$，轴振 $3x$、$3y$、$4x$、$4y$ 也相应发生变化，约 40min 后瓦振和轴振又恢复正常，此后低压转子多次出现这种不稳定振动。

（1）在一次冷态开机升速及带负荷过程中，低压转子两端瓦振和轴振发生了类似周期性变化的振动，持续 6h 左右才自行稳定。图 4-15、图 4-16 为瓦振 3 号⊥、4 号⊥和轴振 $3x$、$4x$ 在并网带负荷过程中的变化趋势，从图中可以看出：

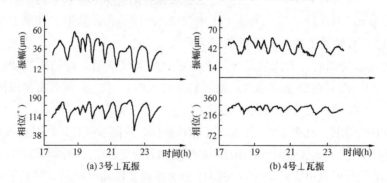

图 4-15　带负荷过程瓦振 3 号⊥、4 号⊥变化趋势

1）瓦振 3 号⊥、4 号⊥具有相同的变化规律，类似于周期性变化，6h 左右变化了 8 次。

2）幅值变化时相位也同时发生变化，两者变化规律相同（不完全同步）。

3）随着时间的增长，瓦振 3 号⊥、4 号⊥均有逐步减小的趋势，但变化的幅度并未明显减小。

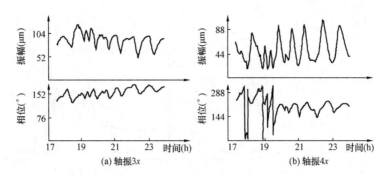

图 4-16　带负荷过程轴振 3x、4x 变化趋势

4）轴振 3x 的变化规律与瓦振 3 号⊥、4 号⊥相同，轴振 4x 与 3x 不同步，当 3x 达到最大时，4x 接近最小。同时 4x 幅值和相位变化的幅度大，随着时间的增长有增大的趋势。

瓦振、轴振幅值和相位的变化范围见表 4-6，从表中可以看出，瓦振变化以 3 号⊥为最大，幅度变化 46μm，相位变化接近 100°。轴振变化以 4x 为最大，幅值变化 91μm，相位变化 324°。

表 4-6　　　　　　　　　　并网带负荷过程中振动变化统计

项　　目	瓦振 3 号⊥	瓦振 4 号⊥	轴振 3x	轴振 4x
幅值变化（μm）	12~58	29~60	46~125	13~104
相位变化	57°~155°	235°~290°	122°~185°	0°~324°

（2）运行二个多月后低压转子两端瓦振、轴振开始快速增加，瓦振 4 号⊥、轴振 4x 分别超过跳机值和报警值使保护动作跳机，图 4-17、图 4-18 为跳机前后瓦振和轴振的变化情况。可以看出跳机时的振动为：瓦振 3 号⊥、4 号⊥分别为 47、82μm，轴振 3x、4x 分别为 105、135μm。跳机后瓦振和轴振均出现波动，通过临界转速时轴振 3x、4x 均超过 200μm，轴振 4x 最大达 265μm。

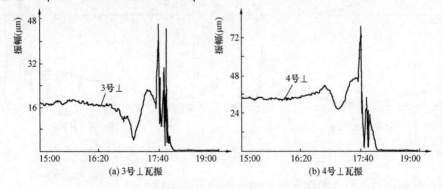

图 4-17　跳机前后瓦振 3 号⊥、4 号⊥趋势

此后，机组运行中瓦振、轴振一直处于不稳定状态。图 4-19 为连续 10 天测得的瓦振 3 号⊥、4 号⊥变化情况，可以看出变化没有规律，随机变化，有时变化幅度较大，变化范围也较宽，瓦振 3 号⊥从 11μm 变化到 30μm，4 号⊥从 23μm 变化到 53μm。

（3）在一次温态启动带负荷到 70MW 左右时，因瓦振 3 号⊥、4 号⊥同时超过

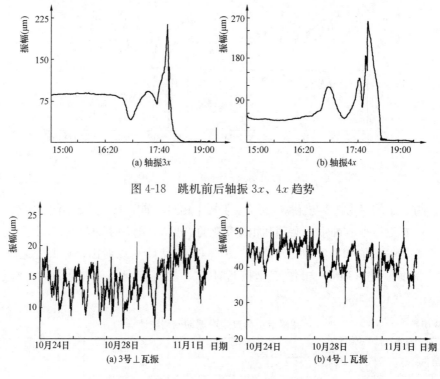

图 4-18 跳机前后轴振 $3x$、$4x$ 趋势

图 4-19 瓦振 3 号 ⊥、4 号 ⊥ 趋势（连续 10 天）

80μm 使保护动作跳机，图 4-20、图 4-21 所示为跳机前后瓦振、轴振变化情况。可以看出，在跳机前瓦振和轴振都有一个波动和爬升的过程，相位也有较大变化。与上次跳机不同的是，这次跳机后瓦振、轴振变化较小，通过临界区时振动也不大。

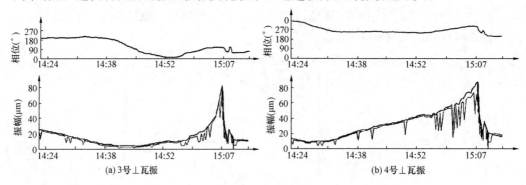

图 4-20 跳机前后瓦振 3 号 ⊥、4 号 ⊥ 趋势

（4）可知，低压转子两端瓦振和轴振不稳定振动特征：

1）两端瓦振、轴振随机性变化，有时具有类似周期性变化；

2）振动幅值和相位同时发生变化；

3）振动变化有时与负荷、真空等参数有关。

这些特征表明低压转子两端不稳定振动是由于转子与静止部分摩擦造成的。为了更好地验证，在一次振动变化时用 VM9510 振动数据采集仪进行了全面的监测，根据测

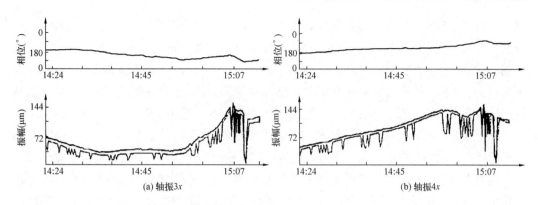

图 4-21　跳机前后轴振 3x、4x 趋势

试数据画出幅值和相位的变化趋势（见图 4-22），从图中可以看出，瓦振 3 号⊥、4 号⊥的幅值和相位变化具有相同规律，当幅值增加时相位增加，表示由摩擦产生的热不平衡矢量（又称旋转矢量）逆转向旋转。当转到与原始不平衡（转子上原有的不平衡）矢量相同时，振动达到最大值，也就是图上所看到的峰值。而后由于与原始不平衡的相位差增大，幅值不断地下降，相位仍然是逆转向变化，图 4-22 完整地记录了摩

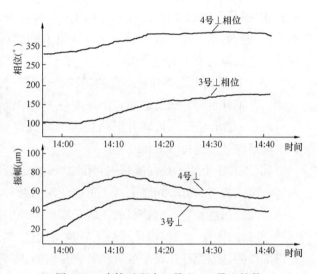

图 4-22　摩擦过程中 3 号⊥、4 号⊥趋势

擦振动的规律。根据 3 号⊥、4 号⊥在碰磨过程中轴振波形、轴心轨迹、频谱的测试，也有助于分析判断。在这次振动变化刚开始和幅值达到最大值开始下降时，分别测量了 3、4 号轴心轨迹和轴振波形，发现 3 号轴颈处的轴心轨迹和轴振波形变化较大。图 4-23 所示为测量结果，其中图 4-23（a）为刚开始碰磨时的情况，从轴心轨迹看，在 y 方向上有预

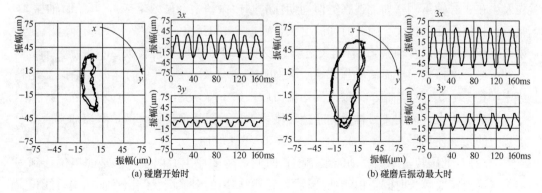

(a) 碰磨开始时　　　　　　　　　　　　(b) 碰磨后振动最大时

图 4-23　碰磨过程轴心轨迹和轴振波形变化

载荷，局部出现反向进动。从轴振波形看，x 方向振动波形较好，而 y 方向波形畸变，有削波和高频干扰。图 4-23（b）所示为幅值达到最大值开始下降时的轴心轨迹和轴振波形，从轴心轨迹看，y 方向幅值增加，说明预载荷减轻，局部反向进动已基本消失。从轴振波形看，y 方向轴振波形已基本恢复正常，仅波峰处稍有削波，说明经过峰值后摩擦已减弱，这也是多数摩擦振动不规则或不能在较长时间维持下去的原因。

从上述分析可知，该机低压转子在运行中出现的不稳定振动是由动静部分碰磨引起的。但什么原因引起碰磨，为什么有时能维持很长的时间，为什么有时发展到瓦振、轴振大幅度增加引起跳机，跳机后再次开机，为什么又能引起摩擦乃至再次发生跳机，及停机过程中表现出的振动大小不一等问题，仍一时难以解释，必须通过检查后才可能弄清楚。

（5）机组大修中揭低压缸检查动静摩擦情况。

1）摩擦最严重的部位是 4 号轴承内油挡和相对应的转轴，油挡摩擦发生在上部，铜质齿已基本磨平，相对应的轴颈上有一道道的磨痕，最深处约 2mm，揭开时轴上和油挡处均有摩擦后产生的金属渣。

2）3 号轴承侧内油挡和相对应的转轴处也有一定程度的摩擦，油挡摩擦发生在 y 方向侧，转轴处也有一道道磨痕，但深度与 4 号轴承处相比要轻，最深处未超过 1mm。

3）3、4 轴承端部汽封均有不同程度的磨损，与轴封相对应的转轴上有一道道磨痕，磨痕最深处未超过 0.5mm。

4）低压转子上正、反向隔板汽封倒数 1~3 级处均有不同程度的磨损，最严重处是正向第六级隔板汽封处，转轴上有一道道较深的磨痕，深度约 0.2mm。

（6）通过揭缸检查，对该机低压转子摩擦振动中的一些问题继续进一步的分析。

1）低压转子发生的摩擦从转轴上看是全周性的，从油挡、轴封、汽封等静止部件看是局部性的。因此低压转子的摩擦首先是由静止部分的位移、局部变形等引起的，而不是由于转子动挠度增大引起的。

2）从揭缸检查到的情况看，摩擦最严重的部位是在 4 号轴承内油挡处，油挡上部磨去约 3mm，相对应转轴上的磨痕最深约 2mm。产生这么严重的摩擦，可能是油挡本身移位造成的。由于某种原因如下油挡挂耳螺栓紧力不够或运行中经受长期振动等使油挡向下移位，上部间隙减小而产生摩擦。从实测的振动情况看，多数情况下摩擦振动首先发生在 4 号轴承处。如上述在类似周期性的摩擦振动中（见图 4-16），开始时轴振 $4x$ 幅值、相位均变化较大。随着时间的增长，轴振 $3x$ 和瓦振 3 号⊥、4 号⊥有降低趋势，说明逐步减弱。只有轴振 $4x$ 有增大之势，说明 4 号轴承侧变形较大，不平衡分布在 4 号轴承侧，摩擦减轻反而使轴振增大。又如图 4-20、图 4-21 所示的瓦振、轴振变化趋势中，在 14：57 左右轴振 $4x$ 增大到达峰值后开始下降，这时轴振 $3x$ 及瓦振 3 号⊥、4 号⊥均快速增大。说明 4 号轴承侧摩擦加剧，轴振受阻幅值反而降低，摩擦加剧后由于干扰力的增加使瓦振 3 号⊥、4 号⊥及轴振 $3x$ 迅速增加。

3）有时低压转子摩擦振动能维持很长时间，主要原因有两个：一是油挡位移到一定位置可能需要较长时间，由于油挡较宽，经摩擦后的金属渣继续留在油挡内可能再次发生摩擦；二是油挡离轴承中心较近，不平衡响应较小，使振动变化较缓慢，转子由于变形小而使磨损缓慢。

如上述分析，工作转速时的摩擦振动，主要是对二阶振型产生影响。设转子为一均布质量的转轴，两端铰支，则二阶振型系数及其他各阶振型系数计算式为

$$A_1 = \frac{2Qr}{mgL} \sin \frac{i\pi}{L} x$$

式中　A_1——振型系数；

　　　i——阶次；

　　　Qr——轴上任意分布的不平衡质量和所处的半径；

　　　L——轴长；

　　　m——单位轴长质量；

　　　x——不平衡质量所处的轴向位置（离某一侧轴承中心的距离）。

已知低压转子两端轴承中心距离 $L=6050\text{mm}$，4 号轴承内油挡离 4 号轴承中心的距离 $x=420\text{mm}$，则可算出

$$A_2 = 0.419 \frac{2Qr}{mgL}$$

即相当于最灵敏处的 0.419 倍。

同样可算出

$$A_1 = 0.215 \frac{2Qr}{mgL}$$

$$A_3 = 0.605 \frac{2Qr}{mgL}$$

由于油挡处摩擦时二阶振型影响较小，由摩擦产生的热不平衡矢量对工作转速振动影响也就不会很大，不会因油挡处摩擦而在短时间内使振动增加到很大，这就是该机低压转子有时摩擦振动能维持很长时间的重要原因之一。由图 4-19 中统计 10 天的振动情况可知，虽然振动一直处于不稳定的状态，但瓦振 3 号⊥未超过 $30\mu\text{m}$，4 号⊥也在 $55\mu\text{m}$ 以下。

（7）若在摩擦过程中由于转子变形或其他原因使转子上其他部位也产生摩擦，则有可能使振动急剧增大，结合两次跳机情况进行分析。

1）第一次跳机的特点是瓦振 4 号⊥增加很快，仅 3min 振动就从 $40\mu\text{m}$ 增加到 $80\mu\text{m}$ 以上。跳机后通过低压转子一阶临界转速时振动很大，轴振 $3x$、$4x$ 均超过 $200\mu\text{m}$。说明摩擦部位对一、二阶振型影响比较大。从揭缸检查的情况看，与隔板汽封特别是 4 号轴承侧正向第六级隔板汽封处摩擦有较大关系。

按上述方法，可以算出第六级隔板汽封处摩擦产生的热不平衡分量对一、二、三阶振型的影响（第六级隔板汽封处离 4 号轴承中心距离 $x=1290\text{mm}$）

$$A_1 = 0.62 \frac{2Qr}{mgL}$$

$$A_2 = 0.973 \frac{2Qr}{mgL}$$

$$A_3 = 0.906 \frac{2Qr}{mgL}$$

可见该处摩擦对一、二、三阶振型均有较大影响，接近二阶振型的最灵敏处，对一阶振型影响也较大。另外，由于隔板汽封处直径较大，由摩擦产生的热不平衡分量相对较大。再加上4号轴承为悬臂结构等，不平衡响应大，于是在很短的时间内使振动快速增加到跳机值。在停机过程中，由于一阶振型系数较大，使通过临界转速时振动增大。

2）第二次跳机的特点是瓦振3号⊥、4号⊥同时增大到80μm以上，跳机后通过一阶临界转速时轴振、瓦振均不大。这次跳机瓦振、轴振的变化曲线见图4-20、图4-21，图4-21在轴振4x到达峰值后开始降低时摩擦加剧，导致轴振3x、瓦振3号⊥也快速增加。这可能与3号轴承侧油挡、轴封等同时摩擦有关，两端同时产生摩擦使二阶振型系数增大，加上3、4号轴承不平衡响应大使振动快速增加到跳机值。由于油挡处摩擦时对一阶振型系数影响小，且产生的振型相反，故在停机过程中通过临界转速时振动不大。

（8）为防止摩擦，消除低压转子的不稳定振动，在大修中更换了4号轴承内油挡，对磨痕较深的轴段进行了电刷镀处理，进一步调整了油挡、轴封和汽封等处的间隙，对低压内缸的变形情况进行实测，调整了通流部分间隙。大修后开机，低压转子振动情况较好，带负荷运行中轴振3x、3y、4x、4y和瓦振3号⊥、4号⊥幅值、相位稳定，经较长时间运行观察，未发现振动有随机变化等现象。

【例4-3】 由参数变化引起的摩擦振动。

（1）300、600MW等机组由于动静间隙小及其结构上的一些原因，运行中易受负荷、真空、轴封压力、温度等影响。当这些运行参数变化时，容易出现摩擦振动，这种摩擦振动是以"波动"或突发性振动出现的。

某厂两台英国进口的362.5MW机组，在一次大修后开机带负荷运行中，当负荷降低时均出现一种类似周期性的振动。图4-24所示为1号机降负荷过程中2号轴振趋势（汽轮机侧轴系结构见图4-26），可以看

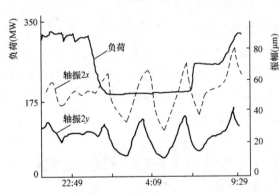

图4-24 负荷变化时1号机2号轴振趋势

到当负荷从340MW降至180MW后，2号轴振随即出现了周期性变化的振动（1号轴振也有类似情况），约3h变化一次，变化幅度达40~50μm，随着时间的增长有增大趋势。图4-25所示为2号机在负荷降低后，1、3号轴振趋势，也出现了周期性的振动，约2~3h变化一次。上述两台机组的周期性振动在运行一段时间后特别是采用升负荷等措施后一般能自行消失，但在升

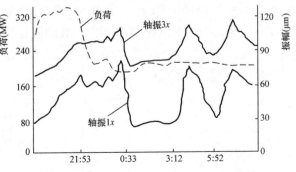

图4-25 负荷变化时2号机、3号轴振趋势

降负荷过程中容易出现"波动"，即半个周期的振动。图 4-27 所示为 2 号机在一次升降负荷过程中测得的 1、2 号轴振趋势，可以看到幅值、相位均出现了波动，幅值变化 $20\sim50\mu m$，相位变化 $10°\sim50°$。

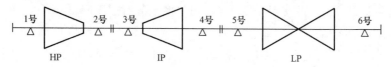

图 4-26　汽轮机侧轴系结构

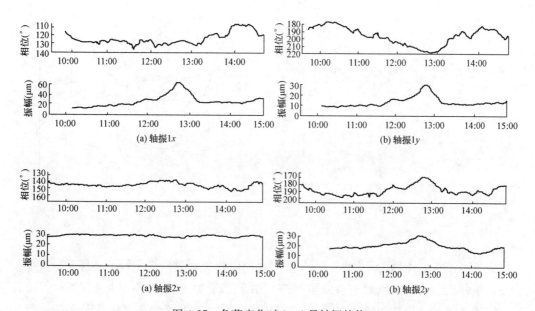

图 4-27　负荷变化时 1、2 号轴振趋势

注：10:00 开始升负荷，11:20 从 200MW 升至 300MW，12:20 降负荷，14:00 负荷降至 200MW。

上述振幅出现周期性变化或波动、相位同时发生变化及振动能自行消失等都是摩擦振动的特征，波动时相位一般变化较小，这意味着由摩擦产生的热不平衡矢量较小，摩擦比较轻微。

从该机的振动情况看，摩擦振动主要发生在降负荷过程及负荷较低时，经多次振动分析试验，发现与高压内缸温度的变化有关。图 4-28 所示为一次试验中得到的 1 号机降负荷后 2 号轴振与内缸温度的趋势，可以看到，当负荷降低时，由于汽缸夹层冷却汽量减少，使高压内缸温度升高，而后 2 号轴振即产生周期性振动。图 4-28 中三次降负荷的情况都有这种规律，内缸温度升高后可能影响到缸体变形、偏移等，使动静

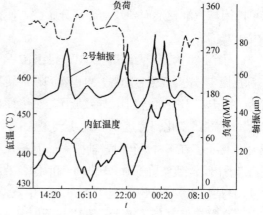

图 4-28　振动与内缸温度关系

间隙发生变化而引起碰磨。

为进一步证实内缸温度对周期性振动的影响，为能减小或控制周期性振动的发生，在降负荷时利用调节主蒸汽温度的办法尽可能保持内缸温度不变，共进行了 2 次试验。第 1 次是将负荷从 340MW 降至 300MW，同时将主蒸汽温度降低 20℃，历经 1 个多小时，未出现周期性振动，试验结果见图 4-29（a）。第 2 次是将负荷从 300MW 降至 210MW，同样采取降低主蒸汽温度的办法保持内缸温度不变，试验结果见图 4-29（b），可以看出，同样也未出现周期性振动。

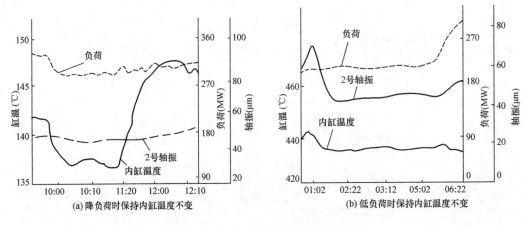

图 4-29　内缸温度对振动的影响

为检查该机的摩擦情况，运行八年后揭高压缸检查，确认高压转子动静部分发生了摩擦，端部轴封、隔板汽封均有摩擦痕迹。由于转子加工精度高，轴封、汽封等弹性好，退让性能好，虽然动静间隙很小（甚至没有间隙），在安装调试阶段及多年运行中经受了多次摩擦，但磨损并不严重，也没有威胁到机组的安全运行。由此可见，在缩小通流间隙、提高效率的同时，还必须注意转子、轴封、汽封等部件的加工精度和加工工艺，只有良好的基础才能有好的效果。

（2）300、600MW 机组在运行中排汽缸承受很大的大气压力，当真空发生变化时，有可能因排汽缸变形而导致动静部分摩擦，使振动发生变化，在启动时若真空较高也容易发生摩擦。

1）图 4-30 为某厂西屋型 300MW 机组在一次冷态开机过程中测得的轴振 $4x$、$4y$、$5x$、$5y$ 和瓦振 4 号⊥、5 号⊥趋势，可以看到在冲转升速过程中，真空较高（−95kPa 以上，最高达−98kPa）、进汽量较小，导致低压缸变形而出现碰磨，使轴振 $4x$ 和瓦振 4 号⊥大幅度变化。轴振 $4x$ 变化幅度达 80μm，振动最大达 124μm；瓦振 4 号⊥变化幅度也接近 10μm，最大达 38μm。在正常运行时，轴振 $4x$、瓦振 4 号⊥分别在 10μm 和 30μm 以下。从图 4-30 还可以看出，当真空降低时，轴振 $4x$ 和瓦振 4 号⊥变化幅度减小，渐趋稳定。

2）某厂东方 300MW 机组，在运行中真空变化时低压转子瓦振反应比较灵敏。当真空提高时瓦振 4 号⊥增大，真空降低时瓦振 4 号⊥减小。图 4-31、图 4-32 分别为真空变化时对瓦振 4 号⊥和轴振 $4x$、$3x$ 的影响，从图 4-31 可以看到，8：11 停真空泵

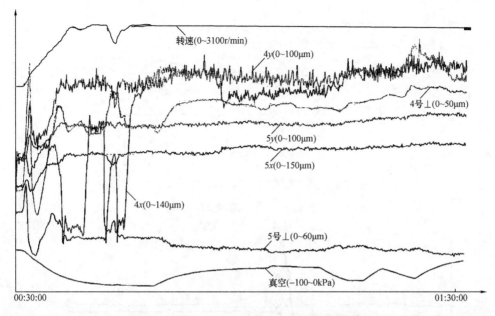

图 4-30　某 300MW 机组 4、5 号轴振/瓦振趋势

后，真空从 -93kPa 降低至 -92kPa，这时瓦振 4 号⊥从 44μm 降至 27μm，而后于 9：11 再次启动真空泵，真空从 -92kPa 提高到 -92.6kPa，这时瓦振 4 号⊥从 26μm 逐步增加到 45μm，还可以看到，在真空降低和升高的过程中，轴振 $3x$、$4x$ 变化较小，有时这也是摩擦振动的一个特征。图 4-32 为停用循环水泵和启动真空泵的情况，9：30 停用循环水泵，真空从 -94.4kPa 降低到 -93.4kPa，瓦振 4 号⊥从 45μm 降至 28μm，9：33 启动真空泵，真空从 -93.4kPa 提高到 -95.2kPa，这时瓦振又从 28μm 增加到 43μm，有很好的对应关系。

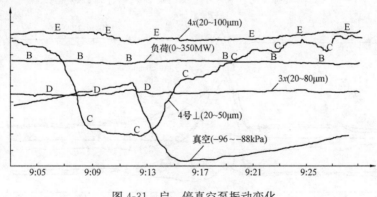

图 4-31　启、停真空泵振动变化

（8：41 停泵，9：11 启泵）

（3）某西屋型 300MW 机组，带负荷运行中当负荷从 255MW 减至 240MW 时，低压转子两端瓦振、轴振明显增大，瓦振 4 号⊥在 10min 时间内从 20μm 增加到 98μm，瓦振 3 号⊥及低压转子两端轴振均有明显增加。图 4-33、图 4-34 所示为振动变化趋势，表 4-7 列出了低压转子瓦振、轴振变化情况。

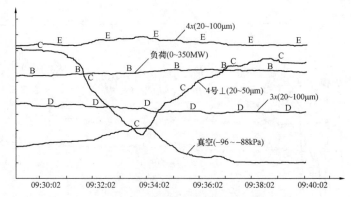

图 4-32　停用循环水泵和启动真空泵振动变化

（9：30 停循泵，9：33 启真空泵）

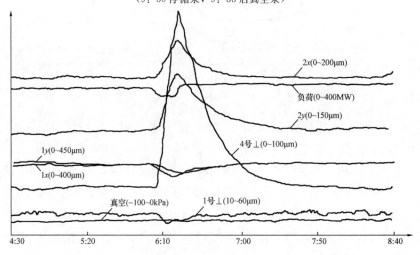

图 4-33　瓦振 1 号⊥、4 号⊥及轴振 $1x$、$1y$、$2x$、$2y$ 趋势

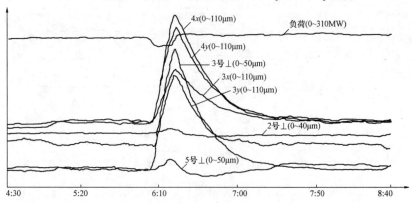

图 4-34　瓦振 3 号⊥、5 号⊥及轴振 $3x$、$3y$、$4x$、$4y$ 趋势

表 4-7　　　　　　　　　　　减负荷时低压转子瓦振、轴振变化　　　　　　　　　　μm

时间	负荷	3 号⊥	4 号⊥	$3x$	$3y$	$4x$	$4y$
6：00	255	12	20	38	25	40	40
6：15	240	38	98	71	68.5	105	97

为分析振动变化原因，调出有关运行参数，发现当负荷降低时，差胀约增加了0.1mm，增加后一直维持在较高的水平上。按理由于负荷降低，转子温度降低应快于缸温的降低，即差胀应减小，差胀的增加说明在负荷降低时有摩擦发生。由于负荷降低后真空提高，使排汽缸承受的大气压力增加，有可能使排汽缸产生新的变形而导致动静部分摩擦。后将机组负荷增加，振动降低，逐渐恢复到正常水平。

（4）某东方300MW机组，运行中发现低压转子瓦振与轴封压力、轴封温度有关。图4-35所示为轴封压力变化时测得的瓦振变化趋势，试验时轴封压力先从0.028MPa增加到0.06MPa，而后再从0.06MPa降低到0.03MPa。从图4-35中可以看出，当轴封压力增加时，瓦振3号⊥、4号⊥（分别为低压转子前后轴承垂直方向）均有较大幅度的增加，3号⊥从18μm增加到24μm，4号⊥从34μm增加到42μm，相位也同时发生变化，瓦振3号⊥相位由75°增加到90°，4号⊥相位由250°增加到270°。图4-35中

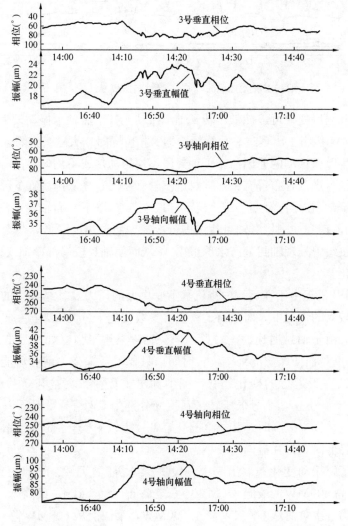

图4-35　轴封压力变化试验（16：35～16：55压力由0.028MPa升至0.06MPa，

16：55～17：09压力由0.06MPa降至0.03MPa）

还给出了轴向振动趋势，可以看出与垂直方向变化规律相同。其中 4 号轴向振动较大，轴封压力提高后由 $80\mu m$ 增加到 $105\mu m$，已达到很大的程度。轴封压力增加后再降低时，振动明显降低，相位也减小，有较好的重复性。

轴封温度变化试验也进行了多次，有时提高轴封温度可减小振动，有时降低轴封温度可减小振动，规律性不强。图 4-36 所示为其中的一次试验结果，由于运行中瓦振 4 号⊥居高不下，采用降低真空、降低轴封压力等均不奏效，后将轴封温度从 170℃升至 200℃（从 12：35 开始），瓦振 4 号⊥从 $50\mu m$ 降至 $40\mu m$ 以下。

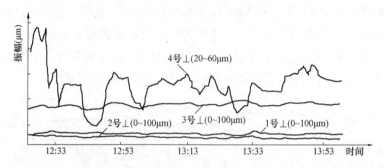

图 4-36　轴封温度变化试验（12：35 轴封温度从 170℃升至 200℃）

轴封压力和温度变化可以使低压转子轴承振动尤其是后轴承振动发生较大变化，这已在多台 300MW 机组上出现过。从振幅增加、相位同时增大这一点看，性质上应属于摩擦振动，产生摩擦振动的原因与转子轴封段不均匀加热或不均匀冷却等有关。就该机的情况看，与轴封进汽管布置有关，轴封进汽管（$\phi108$）是从排汽缸下部进入，有很长一段管子（约 7m）在排汽缸内。排汽温度一般在 50℃以下，而轴封蒸汽温度在 170～200℃，排汽的流动和冲刷将对轴封蒸汽进行冷却，使过热度降低，甚至有可能使蒸汽中带水（有的机组曾发现轴封处有水珠甩出）。从而使轴封段局部冷却变形，产生摩擦，使振动发生变化。

（5）600MW 机组由于在运行中排汽缸承受更大的压力及其结构上的一些原因，在低压转子振动较大的情况下，对负荷、真空等参数变化十分灵敏，极易产生变形而导致动静部分摩擦。由于轴封退让性能较好，部分轴段采用平齿（如 2 号低压转子隔板汽封），汽封不易磨掉而使摩擦能维持很长时间。只要参数一变，就有可能产生摩擦。图 4-37 所示为连续三天运行的变化趋势，图中标出了负荷、真空与 1 号低压转子瓦振（分别为 3 号⊥、4 号⊥）、2 号低压转子瓦振（分别为 5 号⊥、6 号⊥）的关系，可以看出当负荷降低、真空提高时，瓦振 3 号⊥、4 号⊥、5 号⊥、6 号⊥增加，反之当负荷增加、真空降低时，各瓦振同时减小。

为更好地了解振动变化，取出其中一段进行分析。9 月 25 日 14：57～9 月 26 日 9：00，负荷最高 600MW，最低 350MW，真空最低－91.5kPa，最高－94kPa。经历了三次降负荷，第一次负荷从 600MW 降至 500MW，第二次从 600MW 降至 450MW，第三次从 450MW 降至 350MW。1、2 号低压转子两端瓦振趋势见图 4-38 和图 4-39，表 4-8 列出了升降负荷过程的振动变化，可以看出，幅值变化时，相位也同时发生变化，

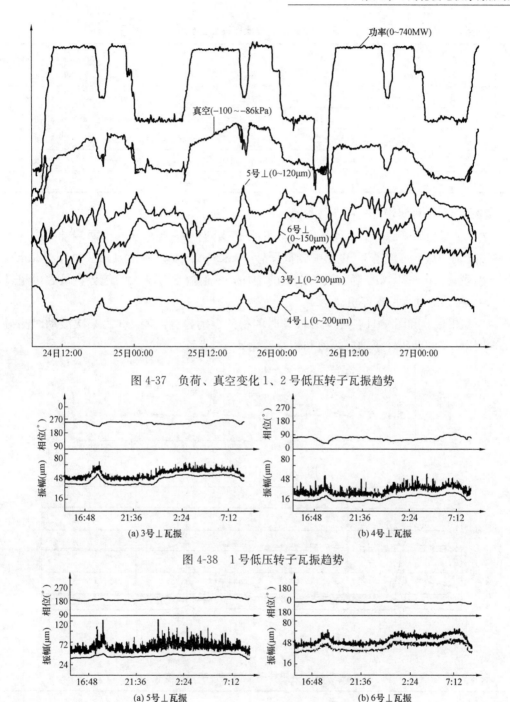

图 4-37　负荷、真空变化 1、2 号低压转子瓦振趋势

图 4-38　1 号低压转子瓦振趋势

图 4-39　2 号低压转子瓦振趋势

幅值和相位变化与负荷、真空有一定的对应关系，负荷保持不变时，振动仍有一定的变化（5 号⊥、6 号⊥较明显）。这些都说明，低压转子在降负荷、真空提高以后，动静部分发生摩擦，运行中低压转子振动不稳。由于机组负荷白天高，半夜以后负荷降低，使振动每天都有一次较大的变化（见图 4-37）。

表 4-8 升、降负荷过程低压瓦振变化

时间	负荷（MW）	真空（kPa）	3 号⊥	4 号⊥	5 号⊥	6 号⊥
25 日 16：48	600	−91.8	36μm∠250°	14μm∠80°	36μm∠175°	35μm∠0°
25 日 18：30	500	−93.2	51μm∠225°	20μm∠30°	46μm∠185°	46μm∠8°
25 日 21：00	600	−91.5	34μm∠250°	15μm∠80°	38μm∠178°	35μm∠0°
26 日 1：00	450	−92.7	42μm∠245°	20μm∠70°	46μm∠190°	50μm∠8°
26 日 5：00	450	−93	48μm∠250°	22μm∠70°	43μm∠190°	50μm∠8°
26 日 7：00	350	−94	50μm∠265°	26μm∠92°	45μm∠190°	54μm∠10°

【例 4-4】 一种缓慢变化的摩擦振动。

某厂 2 号机系亚临界 600MW 机组，在带负荷运行中，高中压转子两端轴振出现了一种不规则的振动"波动"（也影响到低压转子），6～8h 出现一次（最长可超过 10h），波动幅度可达 40～80μm。随着波动次数的增加，峰值振动有增大的趋势，最大可超过 200μm，曾因振动大两次停机。

（1）图 4-40 和图 4-41 所示为在波动时测得的振动趋势，表 4-9 为某次波动时测得的高中压转子和低压转子轴振幅值和相位变化。

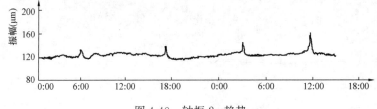

图 4-40 轴振 2y 趋势

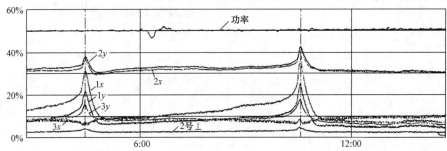

图 4-41 机组功率，轴振 1x、1y、2x、2y 趋势

表 4-9 振动波动时高中压转子、低压转子轴振变化

时间	负荷（MW）	1x	1y	2x	2y	3x	3y	4x	4y
9：01	400	38 31μm∠336°	50 46μm∠104°	141 134μm∠92°	151 146μm∠189°	24 13μm∠153°	32 19μm∠150°	44 33μm∠170°	57 50μm∠284°
9：08	400	40 35μm∠336°	51 49μm∠104°	144 137μm∠94°	152 148μm∠92°	23 15μm∠157°	32 20μm∠147°	44 35μm∠172°	66 52μm∠282°

时间	负荷 （MW）	1x	1y	2x	2y	3x	3y	4x	4y
9：15	400	44 39μm∠332°	54 53μm∠100°	148 140μm∠96°	158 154μm∠193°	25 12μm∠169°	33 22μm∠141°	51 38μm∠172°	63 56μm∠284°
9：22	400	73 69μm∠322°	85 83μm∠90°	171 165μm∠102°	184 181μm∠202°	22 8μm∠227°	41 33μm∠117°	62 51μm∠170°	82 74μm∠284°
9：29	400	57 52μm∠323°	69 67μm∠93°	162 156μm∠98°	173 167μm∠197°	20 9μm∠186°	36 25μm∠128°	53 43μm∠170°	72 63μm∠283°
9：36	400	40 34μm∠333°	57 54μm∠102°	149 143μm∠93°	158 153μm∠192°	27 12μm∠167°	29 18μm∠142°	47 35μm∠170°	60 52μm∠282°

1）从图 4-40 可知，波动间隔的时间越来越短，第 2 次与第 1 次间隔 11h，第 3 次与第 2 次间隔 9h，第 4 次与第 3 次间隔 8h。峰值振动也有增大的趋势，轴振 2y 第 1 次波动时峰值振动 140μm，最后一次增加到 160μm。

2）从图 4-41 可看出，轴振 1x、1y、2x、2y 同时增大和减小，同时出现峰值，有较好的同步性。

3）振动与机组功率无关。

4）以轴振 2y 为最大，出现峰值时可达 180μm。但从变化幅度看，以 1x 为最大，可从 40μm 左右增加到 150μm。

5）在出现波动时，相位变化较小。在幅值增加时，2x、2y 相位增大，角度变化 10°~13°，1x、1y 在幅值增加时，相位减小（均减小 14°）。

（2）从上振动特征分析，该机在运行中出现的振动波动是一种比较轻微的摩擦振动，摩擦时产生的热量小，由热变形引起的热不平衡矢量也较小。从 1x、2x 或 1y、2y 的相位分析，在带负荷运行中的摩擦，以二阶分量为主。由于二阶临界转速远离工作转速，滞后角小，加上热不平衡矢量小，因此在摩擦开始阶段，振动只是缓慢地增加。从图 4-41 可以看到，在振动出现波动前，一直是缓慢增加的，通过一段时间的摩擦后，由于转子热变形的增加使摩擦加剧，反过来又使热变形增加，出现了振动突发性增大。而当热不平衡矢量转到与转子原始不平衡力相反时，因这时热不平衡矢量较大，使振动大幅度减小，于是出现了振动的波动。从该机的情况看，正是这样一个过程。从宏观看经过数小时波动一次，但从微观看波动后振动仍在变化，摩擦仍未终止，仅是变化缓慢。波动过程应看作是一个连续不断的摩擦过程。

（3）分析认为该机在运行中能长时间维持轻微摩擦的主要原因是转动部分刚性差，带负荷后动挠度偏大。从支承部分看，可倾瓦受力不均匀。

经检查，高中—低对轮不同心度偏大（0.05mm 以上），对轮间垫片止口一侧有间隙。空载时轴振 2x、2y 就达 70~80μm，带负荷后轴振更大，在没有出现波动时，轴振 2x、2y 就在 100μm 以上。可见高中压转子在带负荷运行中动挠度大，对轮连接刚度不足，这也是 600MW 机组普遍存在的问题。由于动挠度大和连接刚度不足，表现出了下列振动问题：

1）空载时振动不稳。表 4-10 为某次定速运行中的振动变化，可以看出，在空载运行中随着时间的增长，轴振 $2x$、$2y$ 不断增大，相位也不断增加，已具有摩擦振动的特征。轴振 $1x$、$1y$ 除振动增大外，还有突变，在 2min 时间内振动可增加一倍多。

表 4-10　　　　　　　　　定速（3000r/min）运行中轴振趋势

时间	$1x$	$1y$	$2x$	$2y$
18：20	$17\mu m\angle 175°$	$8\mu m\angle 230°$	$70\mu m\angle 169°$	$80\mu m\angle 248°$
18：25	$16\mu m\angle 173°$	$10\mu m\angle 200°$	$90\mu m\angle 188°$	$105\mu m\angle 270°$
18：27	$17\mu m\angle 155°$	$15\mu m\angle 180°$	$108\mu m\angle 194°$	$110\mu m\angle 280°$
18：29	$30\mu m\angle 100°$	$30\mu m\angle 170°$	$125\mu m\angle 210°$	$130\mu m\angle 290°$
18：31	$72\mu m\angle 72°$	$88\mu m\angle 155°$	$148\mu m\angle 226°$	$171\mu m\angle 306°$

2）带负荷过程中振动变化大，低负荷时振动有明显增加，高负荷时有时振动出现突变。如在某次带负荷到 520MW 时，轴振 $2x$、$2y$ 分别从 70、$75\mu m$ 增大到 105、$115\mu m$，相位也有较大的变化，其中 $2y$ 相位变化接近 100°。

3）甩负荷后振动出现突变。图 4-42 所示为某次甩 300MW 负荷时测得的高中压转子轴振趋势，可以看到振动均出现较大的跳动。轴振 $1x$ 从 $22\mu m$ 增至 $74\mu m$，$1y$ 从 $19\mu m$ 增至 $67\mu m$，$2x$ 从 $100\mu m$ 增至 $143\mu m$，$2y$ 从 $120\mu m$ 增至 $180\mu m$。

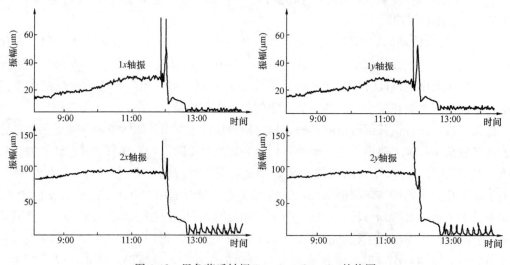

图 4-42　甩负荷后轴振 $1x$、$1y$、$2x$、$2y$ 趋势图

该机在安装调试阶段就出现过多次剧烈的摩擦振动，因此该机在带负荷运行中出现的振动波动可以认为是摩擦振动的延续。经剧烈的摩擦振动后，使动静间隙增大，暂时脱离摩擦。经一段时间的运行后，特别是经历了甩负荷等故障后，由于转子动挠度大及连接刚度差等，又产生了一种轻微的、持续时间较长的摩擦振动。

此外，从支承部分看，y 方向对应的可倾瓦块受力偏小。理论上，由于偏转角的影响，转子在转动过程中 y 方向对应的可倾瓦块受力一般比 x 方向对应的可倾瓦块要大；

而从振动情况看，轴振 y 方向比 x 方向大，y 方向对应的可倾瓦块受力偏小。

（4）据上分析，检修中在复查中心的基础上，对高中—低对轮中心进行了调整，更换对轮螺栓。调整了高中—低对轮同心度，使不同心度降至 0.03mm 以下。增加对轮螺栓紧力，并使各螺栓的伸长量一致。采取上述措施后消除了运行中出现的振动波动，使机组在较短的时间内投入正常运行。

【例 4-5】 由剧烈摩擦造成的大轴弯曲事故。

冲动式机组若转子与静止部分发生剧烈的局部摩擦，则容易造成大轴弯曲事故。

（1）某厂 2 号机为东方 300MW 机组，于 1999 年安装投产，在一次热态启动中，当转速升至 1300r/min 左右时，高中压转子两端轴振（分别为 1x、1y、2x、2y，下同）和瓦振（分别为 1、2 号，下同）大而使保护动作跳机。再次开机时，因振动更大无法升速。现场诊断高中压转子已发生永久性弯曲，必须揭盖检查。

在这次热态开机时，抽真空后 0.5h 才向高中压轴封送汽，冷空气进入高中压汽缸内，而转子温度在 300℃ 以上，导致：

1）负差胀增大。由抽真空时的 −1.86mm 不断增大至冲转前已达 −2.3mm。

2）偏心增大。由抽真空时 51.8μm 增大到冲转前 70.8μm。真空与偏心变化趋势见图 4-43，抽真空后 8min，偏心已增大了 13μm。负差胀增大，表示动静部分轴向间隙发生变化。而偏心的增大，表示转子弯曲增大（弹性弯曲）。根据偏心探头装设位置估算，当偏心增大 10μm 时，转子重心处的偏心可增大 30μm。

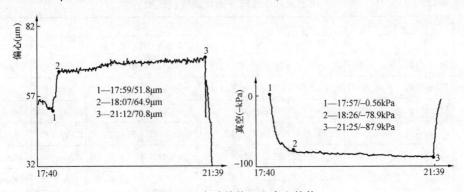

图 4-43　启动前偏心和真空趋势

众所周知，转子在转动中的不平衡离心力可表达为

$$F = Me\omega^2$$

式中　M——转子质量；

　　　e——重心处偏心距；

　　　ω——角速度。

由于高中压转子重 21.5t，即使偏心距增加不大也会产生较大的不平衡力。若转子重心处偏心增加 0.57mm，则在 1000r/min 时离心力可增加 11t 左右。

在该不平衡力的作用下，使机组在冲转后低转速时振动就明显增大，表 4-11 列出这次开机（7 月 20 日）和另一次热态开机（6 月 16 日）相比较的结果。

从表 4-11 中可以看出，转速从 800r/min 以后振动就有明显差别，达 1000r/min 时轴振 $2x$ 已比 6 月 16 日开机大两倍，至 1150r/min 时已大 5 倍多，轴振 $1x$ 与 6 月 16 日开机相比也增大 4 倍多。至 1000r/min 以上轴振 $1x$、$2x$ 相位差愈来愈小，至 1200r/min 时仅相差 31°。幅值的急剧增大和相位差的减小，标志着转子已明显存在弓状弯曲。

（2）当高中压转子两端轴振和瓦振在低转速时明显增大时，继续升速直至保护动作跳机。但跳机后在较长一段时间内振动并没有降低，而是继续增大。表 4-12 列出了跳机后振动变化数据（由现场装设的 TDM 振动监测仪测得）。

表 4-11　　　　　　　　　7 月 20 日和 6 月 16 日两次开机振动比较

转速 （r/min）	7 月 20 日开机		6 月 16 日开机		转速 （r/min）	7 月 20 日开机		6 月 16 日开机	
	轴振 $1x$	轴振 $2x$	轴振 $1x$	轴振 $2x$		轴振 $1x$	轴振 $2x$	轴振 $1x$	轴振 $2x$
600	5μm∠252°	25μm∠342°	7μm∠329°	18μm∠299°	950	27μm∠127°	68μm∠46°	10μm∠37°	30μm∠352°
650	3μm∠240°	27μm∠351°	8μm∠334°	19μm∠301°	1000	36μm∠123°	90μm∠55°	10μm∠45°	31μm∠5°
700	4μm∠189°	29μm∠356°	8μm∠342°	20μm∠302°	1050	50μm∠112°	113μm∠62°	14μm∠56°	31μm∠18°
750	7μm∠136°	34μm∠5°	9μm∠352°	23μm∠309°	1100	92μm∠107°	179μm∠73°	17μm∠73°	30μm∠32°
800	11μm∠116°	42μm∠15°	9μm∠3°	27μm∠316°	1150	113μm∠119°	200μm∠84°	20μm∠88°	32μm∠43°
850	17μm∠119°	50μm∠26°	10μm∠16°	29μm∠326°	1200	135μm∠118°	205μm∠87°	25μm∠102°	35μm∠60°
900	23μm∠132°	58μm∠40°	10μm∠37°	30μm∠342°					

表 4-12　　　　　　　　　跳机后高中压转子两端轴振、瓦振

转速 （r/min）	瓦振		轴振		转速 （r/min）	瓦振		轴振	
	1 号⊥	2 号⊥	$1x$	$2x$		1 号⊥	2 号⊥	$1x$	$2x$
1294	58μm∠183°	31μm∠200°	209μm∠113°	240μm∠93°	1030	72μm∠136°	85μm∠134°	173μm∠141°	397μm∠103°
1323	73μm∠183°	36μm∠187°	270μm∠116°	303μm∠103°	1009	69μm∠131°	79μm∠138°	142μm∠156°	374μm∠104°
1298	75μm∠190°	41μm∠200°	322μm∠114°	358μm∠108°	985	62μm∠129°	98μm∠141°	123μm∠163°	355μm∠102°
1270	89μm∠197°	56μm∠207°	321μm∠133°	361μm∠107°	941	51μm∠121°	80μm∠117°	121μm∠171°	346μm∠103°
1242	110μm∠194°	74μm∠203°	303μm∠112°	353μm∠105°	900	43μm∠117°	65μm∠111°	127μm∠183°	336μm∠102°
1215	120μm∠179°	79μm∠192°	280μm∠112°	350μm∠106°	877	39μm∠115°	59μm∠109°	111μm∠180°	316μm∠99°
1185	118μm∠167°	86μm∠194°	249μm∠115°	407μm∠106°	857	35μm∠110°	55μm∠108°	94μm∠188°	297μm∠96°
1133	111μm∠149°	154μm∠176°	229μm∠114°	403μm∠106°	837	33μm∠111°	53μm∠110°	91μm∠188°	296μm∠98°
1080	94μm∠141°	143μm∠152°	182μm∠137°	394μm∠106°	816	31μm∠110°	52μm∠111°	78μm∠192°	285μm∠96°

根据所测得的振动数据，分别画出如图 4-44、图 4-45 所示的瓦振、轴振升降速振动变化曲线，可以看出：

1）从幅值变化看，停机后不论是瓦振还是轴振均大幅度增加，尤其是 2 号⊥瓦振和 $2x$ 轴振增加的幅度更大。当转速降到 1133r/min 时 2 号⊥瓦振最大达 154μm，转速降到 1185r/min 时轴振 $2x$ 最大达 407μm，一直至 1030r/min 振动仍保持在 400μm 左右。

2）降速时，瓦振和轴振增加的过程有起伏变化，尤其是瓦振起伏变化较明显。

3）在同一转速下比较相位，瓦振和轴振降速时相位均比升速时大，尤其轴振相位增加更明显，增大 $40°\sim100°$。

4）轴振 $2x$ 在降速过程中相位几乎保持不变，从图 4-45 中可以看出一直在 $100°$ 左右。

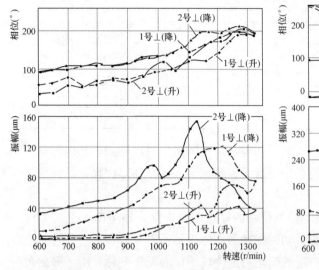

图 4-44　瓦振 1 号⊥、2 号⊥升降速振动变化

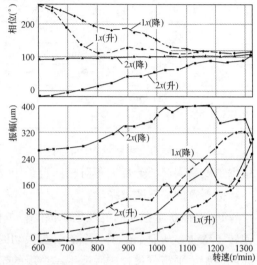

图 4-45　轴振 $1x$、$2x$ 升降速振动变化

在降速过程中，除测量了通频和工频振动外，还测量了二倍频、三倍频、四倍频及 1/2 倍频的振动分量。发现在跳机后降速过程中，高次谐波分量增加，但 1/2 倍频分量始终较小。表 4-13 列出了升速时转速 990r/min 和跳机后转速降至 985r/min 时各高次谐波分量比较，其中尤其是轴振 $1x$、$1y$ 的二倍频、三倍频分量明显增大，轴振 $1x$、$1y$ 的二倍频分量分别由 19、11μm 增加到 105、101μm，轴振 $1y$ 的三倍频分量由 2μm 增加到 50μm。

表 4-13　　　　　　　　　　　　升、降速高次谐波分量比较

工况	测点	通频	工频	二倍频	三倍频	四倍频
升速 990r/min	轴振 $1x$	45	34μm∠123°	19	5	2
	轴振 $1y$	29	22μm∠286°	11	2	2
	轴振 $2x$	87	84μm∠53°	17	6	2
	轴振 $2y$	46	42μm∠212°	6	3	3
降速 985r/min	轴振 $1x$	202	123μm∠163°	105	36	11
	轴振 $1y$	267	179μm∠313°	101	50	21
	轴振 $2x$	326	310μm∠102°	34	42	47
	轴振 $2y$	317	302μm∠218°	55	25	13

停机过程中当高中压转子两端瓦振、轴振增加时，对低压转子振动（瓦振为 3 号⊥、4 号⊥，轴振为 $3x$、$4x$）也有较大影响，尤其对瓦振影响更大。表 4-14 列出了高中压转子瓦振、轴振较大时低压转子的振动情况，可见当瓦振 2 号⊥达 154μm 时，3 号

⊥、4号⊥瓦振分别增加至139、86μm，对轴振动的影响则相对小一些。

表 4-14　　　　　　　　　　高中压转子振动对低压转子的影响

转速	瓦振				轴振			
(r/min)	1号⊥	2号⊥	3号⊥	4号⊥	$1x$	$2x$	$3x$	$4x$
1215	120μm∠179°	79μm∠192°	60μm∠242°	52μm∠289°	280μm∠112°	350μm∠106°	51μm∠72°	50μm∠338°
1185	118μm∠167°	86μm∠194°	78μm∠243°	66μm∠275°	249μm∠115°	407μm∠106°	58μm∠76°	69μm∠338°
1159	117μm∠160°	114μm∠194°	110μm∠231°	82μm∠253°	240μm∠118°	404μm∠105°	56μm∠59°	75μm∠34°
1133	111μm∠149°	154μm∠176°	139μm∠198°	86μm∠214°	229μm∠124°	403μm∠106°	54μm∠41°	85μm∠347°
1108	94μm∠141°	143μm∠152°	108μm∠166°	54μm∠180°	200μm∠123°	396μm∠103°	48μm∠23°	91μm∠341°

（3）跳机后在停机过程中，高中压转子两端瓦振、轴振大幅度增加，相同转速下相位增加及高次谐波分量大和对相邻转子振动影响大等现象表明存在摩擦振动，而且是性质较为严重的局部摩擦振动。

1）摩擦产生振动的机理是摩擦使转子位移的高点部位发热，转子断面上产生温差使转子弯曲，从而产生了一个能引起振动的扰动力，称为热不平衡分量。它与转子上存在的原始不平衡分量合成后产生一个新的扰动力而使转子振动发生变化，由于滞后角的影响，位移高点总是滞后于不平衡力一个角度。因此热不平衡分量不仅改变了扰动力的大小，而且也改变了扰动力的方向，使新的扰动力逆转向转动，热不平衡分量有时也称为旋转矢量。

2）由于摩擦振动是一种热效应，因此研究摩擦产生的热量尤为重要，摩擦产生的热为

$$Q = uF_N R\theta f \tag{4-13}$$

式中　u——摩擦系数；

　　F_N——摩擦相接触的平均正压力；

　　R——转子半径；

　　θ——摩擦弧段对应的圆心角；

　　f——转动频率。

该机摩擦是在停机过程中产生的，而且从轴振 $2x$ 相位几乎不变可以看出是一种局部摩擦（揭盖检查也证实了这一点），根据式（4-13）可以得出在停机过程中影响摩擦产生热量的主要因素是摩擦接触处的平均正压力 F_N。

分析影响正压力 F_N 的主要因素是转子不平衡产生的动挠度和热弯曲产生的挠度。停机过程中，由于不平衡力随着转速降低减小，因此由不平衡产生的转子动挠度不是主要的，应主要考虑由热弯曲产生的挠度。

a. 高中压转子第一临界转速为 1676r/min，跳机后最高转速为 1323r/min，发生摩擦时应在 1323r/min 以下。从实测到的振动情况看，摩擦最严重是在转速 1150～1200r/min 时，远离一阶临界转速。根据相频特性，滞后角很小，即不平衡高点和位移高点接近重合。使转子总是在一个部位摩擦，容易形成摩擦—热弯曲—加剧摩擦—加剧热弯曲的恶性循环。

b. 高中压转子全长 7391mm，冲动式，转盘结构，中间轴封段长度 985mm，直径 625mm（见图 4-46），重心位于中间轴封段靠中压侧。当转子发生弯曲时中部挠度最大，最容易发生摩擦。

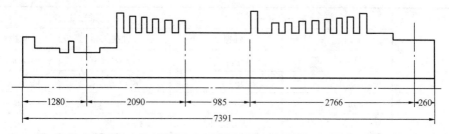

图 4-46　高中压转子几何尺寸

转子在一阶临界转速以下运行时，其动挠度曲线为一阶振型。由于摩擦发生在转子中部，所产生的热弯曲和转子一阶振型曲线相接近。设转子沿轴长某一位置 x 的挠度为 y，则根据振动理论，有

$$EI \frac{\mathrm{d}^4 y}{\mathrm{d}x^4} = \rho \omega^2 y \tag{4-14}$$

式中　EI——抗弯刚度；

　　　ρ——单位轴长的质量；

　　　ω——角速度。

式（4-14）左边表示载荷分布，右边为挠度形状，两者是相一致的。图 4-47 所示为转子一阶振型和热弯曲产生的载荷分布，由于两者的一致性，热弯曲对振动的影响就非常灵敏，产生摩擦时使振动急剧增大。而且可以预见，越接近一阶临界转速，不平衡响应越大。以至于在第一次开机之后的几次开机中，由于转子已经产生永久性弯曲，对转速更为敏感。当转速从 900r/min 升至 1000r/min 时，轴振 $1x$ 工频振动从 $62\mu m$ 增至 $105\mu m$。

c. 停机后转子没有蒸汽流动冷却，轴封处流量小，冷却作用不大。

（4）由于转子总是在一个部位摩擦，在一段时间内是一种恶性循环，使摩擦部位温度急剧升高，材料膨胀而受到很大的压力。当压应力超过材料的屈服极限时，冷却后转子就会产生永久性（塑性）弯曲，这时摩擦的高点位置却变成了低点（见图 4-48）。

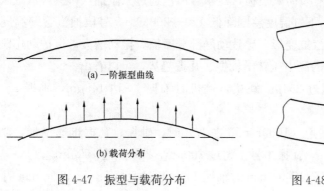

(a) 一阶振型曲线

(b) 载荷分布

图 4-47　振型与载荷分布

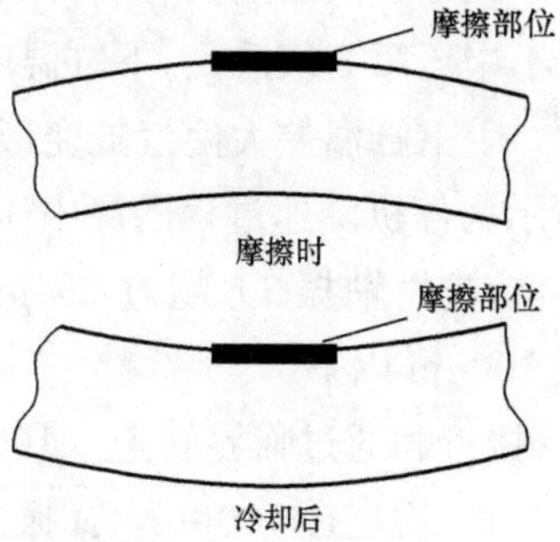

图 4-48　摩擦时和冷却后
转子弯曲示意

由于转子弯曲，在第一次开机停下后第二次开机及以后几次开机中，出现了振动"反相"的现象，见表4-15，由表中可见，随着转速增高，反相现象愈明显。

表4-15   第一次和第二次开机振动比较

转速 （r/min）	第一次开机		第二次开机	
	轴振 $1x$	轴振 $2x$	轴振 $1x$	轴振 $2x$
800	$11\mu m\angle116°$	$42\mu m\angle15°$	$50\mu m\angle310°$	$107\mu m\angle278°$
900	$23\mu m\angle132°$	$58\mu m\angle40°$	$66\mu m\angle307°$	$110\mu m\angle285°$
1000	$36\mu m\angle121°$	$93\mu m\angle55°$	$113\mu m\angle307°$	$143\mu m\angle288°$
1050	$50\mu m\angle112°$	$123\mu m\angle62°$	$140\mu m\angle312°$	$150\mu m\angle289°$

（5）揭缸检查证实高中压转子已经发生弓状弯曲（见图4-49），弯曲高点在中部轴封处，弯曲量最大为0.26mm。由于转子发生了弓状弯曲，可明显地观察到围带、汽封、轴封处单边摩擦的现象。中部轴封处有因高温而将轴封齿烧熔的痕迹，经测量摩擦最严重处恰好是转子低点。

（6）采用松弛法直轴将转子校直。当加温到685℃恒温观察时，发现转子有校直趋势，继续恒温一段时间后确信转子已校直时。停止加热，冷却后经测量，原最大弯曲部位弯曲度已小于0.03mm，只是在1号轴承侧局部跳动值略偏大（见图4-50）。分析认为转子已校直，经低速动平衡后，装复投运。

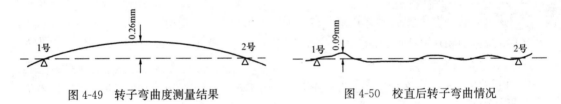

图4-49 转子弯曲度测量结果   图4-50   校直后转子弯曲情况

【例4-6】冷水冷汽进入汽缸导致高中压转子弯曲。

某厂4号机为西屋型300MW机组，一次带负荷运行中因锅炉MFT动作（灭火保护），在减负荷过程中因操作不当，冷水、冷汽通过3号段抽汽管道进入汽缸，动静部分剧烈摩擦，并导致高中压转子永久弯曲。

（1）锅炉灭火后因没有及时减负荷，冷水、冷汽通过三段抽汽口进入汽缸（三段抽汽口位于中压第5级后）。下缸温度急剧降低150～200℃（3号段抽汽管壁温度降低近300℃），上下缸温差大使汽缸变形，导致动静部分摩擦，振动增大，保护动作跳机。图4-51所示为停机降速过程的高中压转子轴振、瓦振趋势，可以看出：

1）首先由轴振 $1x$ 超过254μm 跳机，跳机时轴振 $1y$ 达145μm，轴振 $2x$、$2y$ 较小，在100μm 以下。

2）接近和通过临界转速（1600r/min左右）时，轴振、瓦振迅速增加，轴振 $1x$、$1y$、$2x$、$2y$ 均超过500μm，瓦振1号$\perp$ 超过200μm，2号$\perp$ 达150μm。

3）临界区拓宽，降速至1700r/min时轴振 $1x$ 已超过500μm，至800r/min时轴振 $1x$ 仍在500μm 以上，轴振 $1y$、$2x$、$2y$ 及瓦振1号$\perp$、2号$\perp$ 振动大的转速范围也较宽。

4）降速过程中出现多个峰值，如轴振 $1y$ 在 $1650r/min$ 时出现峰值，轴振 $2y$、$2x$ 在 $760r/min$ 出现峰值。

5）低转速时振动大，如在 $200r/min$ 时轴振 $1x$、$1y$ 仍超过 $200\mu m$（实为偏心）。

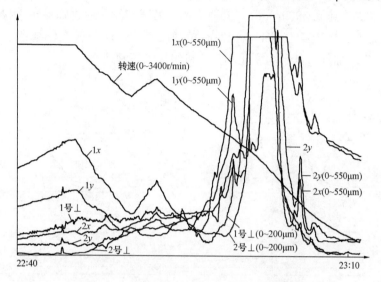

图 4-51　降速时高中压转子轴振、瓦振趋势

停机后二次挂闸开机不成功，后采取延长暖机时间、利用温差直轴等措施均因振动大不能将机开出，经较长时间盘车，偏心仍稳定在 $0.1mm$ 左右，确信转子已产生永久弯曲。

（2）考虑到弯曲量较小，试用现场动平衡降低振动，尽快将机开出。

在上下缸温差降至 $55℃$、偏心 $0.1mm$、连续盘车 $4h$ 以上，且汽缸内无金属摩擦声的情况下启动。当转速升至 $1560r/min$ 时，轴振 $1x$ 已达 $264\mu m$，打闸停机。测得升速伯德图见图 4-52，可以看出在接近一阶临界转速时，轴振大幅度增加。说明一阶不平

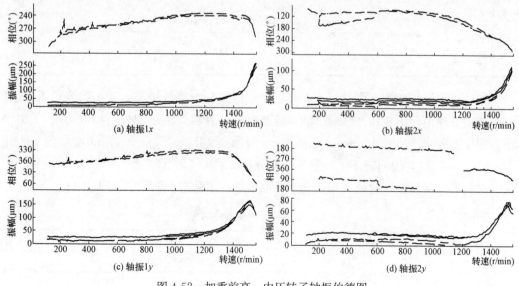

图 4-52　加重前高、中压转子轴振伯德图

衡分量较大，但已经比较接近临界转速，估计通过加重能将机开出。

根据所测得的振动幅值和相位，在转子中间平衡面上加重 1.43kg（5 块平衡块，每块 286g），加重后启动通过一阶临界转速时轴振 $1x$ 最大为 $132\mu m$，$1y$、$2x$、$2y$ 均小于 $100\mu m$，顺利升速到 3000r/min。升速伯德图见图 4-53，通过临界转速和到达工作转速时的振动见表 4-16。考虑到工作转速时振动已很小，动平衡工作结束。带负荷后除轴振 $2x$ 有一定增加外，其余均变化不大，机组投入正常运行。

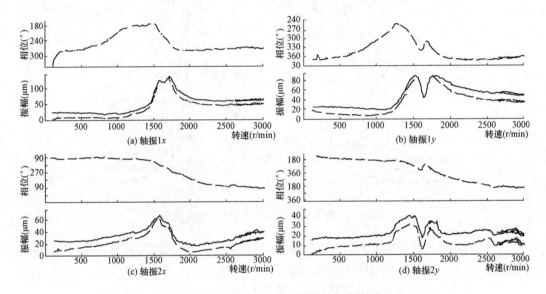

图 4-53　加重后高、中压转子轴振伯德图

表 4-16　　　　　　　　　　平衡后振动（中间平面加重 1.43kg）

工况	1x	1y	2x	2y	1号⊥	2号⊥
临界转速	132	90	65	40	—	—
	$122\mu m\angle253°$	$88\mu m\angle315°$	$60\mu m\angle200°$	$30\mu m\angle300°$		
工作转速	66	50	34	21	9	5
	$50\mu m\angle270°$	$30\mu m\angle0°$	$25\mu m\angle120°$	$10\mu m\angle210°$		

（3）机组运行两个多月后转入大修，在停机过程中测得轴振、瓦振趋势见图 4-54。与平衡后升速伯德图相比，在通过临界转速时振动有较大幅度增加，其中轴振 $1x$ 由平衡后的 $132\mu m$ 增加到 $240\mu m$，$1y$ 由 $90\mu m$ 增加到 $135\mu m$，$2y$ 由 $42\mu m$ 增加到 $132\mu m$（$2x$ 峰值不明显），说明转子上一阶不平衡分量又发生了较大变化。

停机冷却后揭缸，对高、中压转子弯曲度进行了测量，测量结果见表 4-17。

表 4-17　　　　　　　　　　高、中压转子晃度测量结果　　　　　$\times10\mu m$

位　置	1	2	3	4	5	6	7	8	最大值
高压轴封	50	48	48	50	51	52	53	52	5
低压平衡环	50	47	47	49	52	55	55	55	8

续表

位　置	1	2	3	4	5	6	7	8	最大值
高压第8级隔板	50	45	44	47	52	56	57	55	11
高压第Ⅰ级隔板前	50	44	39	42	53	53	55	57	16
喷嘴室	50	45	45	49	53	57	58	54	13
高压进汽平衡环	50	45	45	48	53	57	61	57	16
中压进汽平衡环	50	49	48	51	57	61	63	60	15
中压进汽处	50	44	44	48	53	58	60	55	16
中压第2级隔板	50	45	46	49	55	60	62	57	16
中压第4级隔板	50	45	45	49	54	59	60	55	15
中压第5级隔板	50	48	48	50	58	60	61	56	13
中压第6级隔板	50	45	46	49	53	58	59	55	13
中压第7级隔板	50	46	47	50	56	60	61	56	14
中压第8级隔板	50	46	47	51	55	59	60	56	13
中压轴封	50	48	48	49	51	52	53	51	5

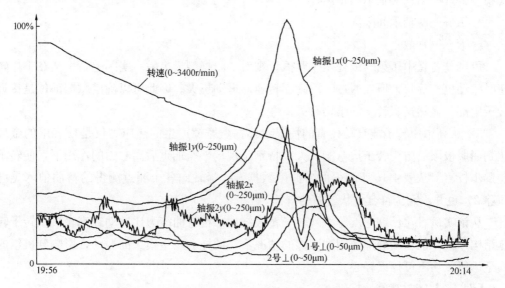

图4-54　带负荷运行后高中压转子轴振、瓦振降速趋势

从表4-17中可以看出，转子存在一定的永久弯曲，中部弯曲量较大。最大弯曲量为0.08mm，方位在编号3~7，低点为3。动平衡时加重位置为键相槽逆转向105°，与转子上低点位置比较吻合（转子编号为键相槽为1，逆转向编号）。

（4）大修中转子返制造厂做平衡时，发现弯曲度不大，已自动校直。制造厂在高速动平衡过程中将现场平衡时加的1.43kg重量全部去掉，回电厂装复后开机振动情况良好，经较长时间的运行考验未发现异常。

该机高中压转子经剧烈摩擦，通过临界转速时轴振顶表（超过500μm），当时产生了少量的永久弯曲，运行一段时间冷却后又自动校直，分析与下列因素有关：

1）该机为反动式机组，高中压转子为转鼓结构，抗弯刚度大。中压第 5 级处直径 796mm，若在该部位摩擦，很难产生永久弯曲变形。

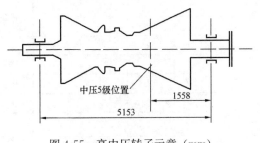

2）根据中压第 5 级的轴向位置，可计算出不平衡响应。中压第 5 级位置如图 4-55 所示，离 2 号轴承 1558mm，两轴承中心距 5153mm，用 $A_n = R\sin\frac{n\pi}{L}S_1$，即可算出各阶振型系数

图 4-55　高中压转子示意（mm）

$$A_1 = R\sin\frac{\pi}{L}S_1 = 0.813R$$

$$A_2 = R\sin\frac{2\pi}{L}S_1 = -0.946R$$

$$A_3 = R\sin\frac{3\pi}{L}S_1 = 0.287R$$

式中　S_1——离一端轴承的距离；

　　　L——两轴承间距离；

　　　R——常数。

可见，若在中压第 5 级处发生摩擦，则对二阶振型最灵敏。实际上，虽然在工作转速时振动也有反映，但在通过一阶临界转速时振动更大。因此可以确定摩擦部位是接近转子中部，显然这与转子的结构有关。

3）从高中压转子能自动校直的情况看，剧烈摩擦产生的热应力仅是使表层的金属达到屈服极限。由于转子抗弯刚度大，特别是现场平衡加重后离心力的作用下，使转子能逐步校直。从表 4-16 所测得的弯曲度数据看，沿轴向各个测点测得的弯曲值（晃度值除 2）也并不完全符合弓状弯曲的规律。

从该实例看，反动式汽轮机（转子转鼓结构）抗弯曲能力比冲动式汽轮机（转子转盘结构）强，但在动静部分剧烈摩擦的情况下，同样会产生很大的振动，影响到机组的安全运行，切不可掉以轻心。

【例 4-7】密封瓦摩擦振动。

为防止漏氢，西屋型 300MW 机组发电机两端均装有双流环密封瓦，有氢侧和空侧两路密封油。从运行情况看，有部分机组由于密封瓦与大轴发生摩擦，在启动中因振动大影响开机或影响暖机。在带负荷运行中，因密封瓦摩擦使发电机两端轴振、瓦振出现随机性变化。有的可使振动增加到报警值以上，也有个别机组因密封瓦摩擦使转子变形后在停机通过临界转速时振动大幅度增加。

1. 振动特征

某厂一台西屋型 300MW 机组，安装后首次启动当转速升到 2040r/min 暖机时，发现瓦振 5 号⊥、6 号⊥（分别为发电机前后轴承垂直方向）随时间不断增加，相位也同时发生变化。图 4-56、图 4-57 所示为在启动过程中测得的 5 号⊥、6 号⊥瓦振乃奎斯特图，先后升速两次，第一次转速升至 2040r/min 时，在转速不变的情况下，振动不断增大，约经 45min，瓦振 5 号⊥从 61μm∠328°增加到 97μm∠9°，瓦振 6 号⊥从 36μm∠173°增加到 81μm∠210°，振动接近 100μm 时打闸停机。当转速降至 1200r/min 左右又挂闸升速，第二次升速至 1900r/min 左右又发现振动随时间不断增加，转速升至 2100r/min 时，

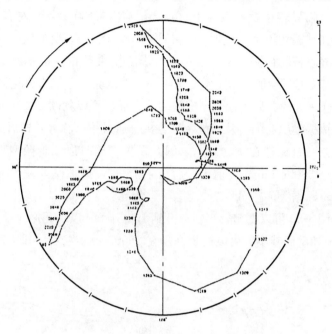

图 4-56　启动过程中瓦振 5 号⊥乃奎斯特图

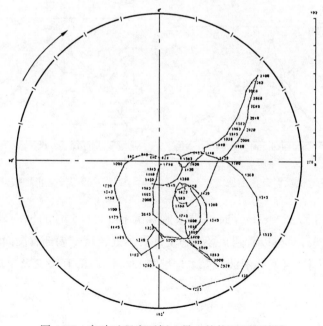

图 4-57　启动过程中瓦振 6 号⊥趋势乃奎斯特图

瓦振 5 号⊥从 $43\mu m\angle 11°$ 增加到 $98\mu m\angle 125°$，瓦振 6 号⊥从 $36\mu m\angle 212°$ 增加到 $90\mu m$ $\angle 310°$，再次打闸停机。后经较长时间的盘车，才将机开出。

虽然经调试后通过 168h 验收，但该机在启动过程中发电机瓦振大的问题一直存在，在冷态、半热态启动中都会遇到。图 4-58、图 4-59 所示为某次冷态启动中测得的瓦振、轴振升速伯德图，可以看到、转速在 2100r/min 左右 6 号⊥瓦振最大达 $81\mu m$。

该发电机第一临界转速设计值为 1290r/min（实测 1300r/min 左右），通过临界转速时发电机瓦振和轴振均不大，说明一阶不平衡分量较小。从图 4-56、图 4-57 可以看到，在 2040r/min 暖机时瓦振 5 号⊥、6 号⊥不断增大，相位也不断增加。按本特利 208 计数规律，相位不断增加表示不平衡矢量逆转向旋转。第二次升速到 1900～2100r/min 时又重复了这一规律，显然这是摩擦振动的特征，可以判断 2040r/min 暖机过程中瓦振增大是由摩擦振动引起的。从相位特性分析，通过第一临界转速后两轴承相位快速分开，而后相位差一直保持在 180° 左右，因此发生摩擦时以二阶振型为主。由于在二阶临界转速（设计 3800r/min）以前，滞后角小于 90°，虽然摩擦发生在第一临界转速后，但振动仍然不断增大。

从图 4-58、图 4-59 可以看出，当转速升到 1600r/min 以后瓦振 5 号⊥、6 号⊥快速增加，而轴振 $5x$ 却反而减小，可以初步判断在 1600r/min 左右，开始发生摩擦，使轴振减小，瓦振增大。

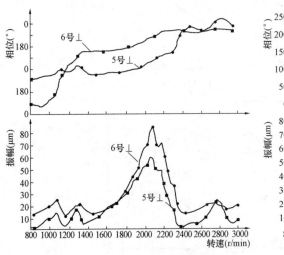

图 4-58　发电机瓦振升速伯德图

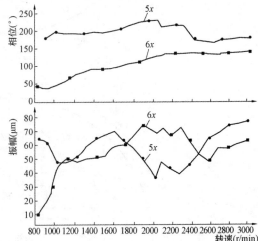

图 4-59　发电机轴振升速伯德图

此外，还测得了 2300r/min 时（尚未脱离摩擦）5、6 号的轴心轨迹和轴振波形（见图 4-60、图 4-61），可以看到 5 号轴心轨迹有多处转折，局部有反向进动。轴振波形中，有高次谐波干扰，$5y$ 有削波现象。6 号轴心轨迹局部有突变及反向进动，轴振波形中有跳动。

2. 振动试验

分析表明，该发电机在第一临界转速以后振动增大是由摩擦产生的。从发电机的结

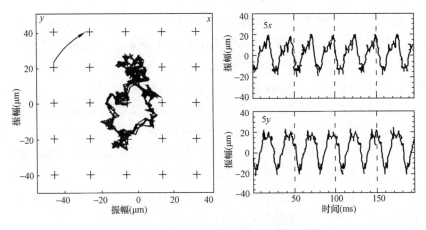

图 4-60 暖机时 5 号轴心轨迹和轴振波形

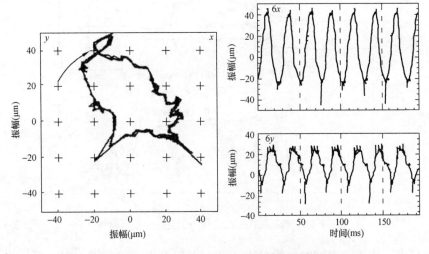

图 4-61 暖机时 6 号轴心轨迹和轴振波形

构上看，最有可能发生摩擦的部位是密封瓦处。该密封瓦为双流环式（见图 4-62），用空侧和氢侧两路油密封。密封瓦和大轴间的径向间隙 a 及瓦套间的侧向间隙 b、c 均较小，其中径向和侧向总间隙设计上控制在 $0.23\sim0.28$mm。为防止漏氢和保证氢气纯度，该机将间隙控制在 $0.18\sim$ 0.23mm。由于间隙小，在振动较大和密封瓦浮动性能差的情况下就容易发生摩擦。

为证实通过第一临界转速后振动增大是否是由密封瓦摩擦引起的，进行了密封油温、氢温、氢压等变化试验。

（1）密封油温试验。密封油温对密封瓦的浮动性能有较大的影响，密

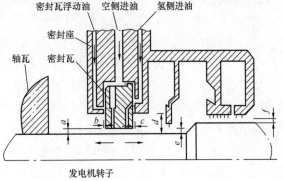

图 4-62 密封瓦结构

封油温高，油的黏度低，密封瓦浮动性能好；反之，密封油温低，浮动性能就差。图 4-63 所示为一次暖机过程中密封油温试验的结果，在冷态开机刚到 2000r/min 时，瓦振 5 号⊥、6 号⊥分别为 35、55μm，这时密封油温为氢侧 37.5℃、空侧 45.6℃。考虑到油温较低，在暖机转速不变的情况下，将密封油温提高。从图 4-63 中可以看到，在密封油温提高的过程中，瓦振 5 号⊥、6 号⊥不断降低。当氢侧油温提高到 41℃，空侧油温提高到 52.7℃时，瓦振 6 号⊥已由 55μm 降到 44μm，瓦振 5 号⊥由 35μm 降到 29μm。考虑到氢侧和空侧油温相差较大，后又将空侧油温降低。当空侧油温从 52.7℃ 逐步降至 34℃时，瓦振 5 号⊥、6 号⊥突然大幅度增加，6 号⊥由 41.6μm 增加到 61.7μm，5 号⊥由 27.4μm 增加到 36.7μm，后打闸停机终止试验。在整个油温升降过程中，瓦振 5 号⊥、6 号⊥与油温变化均有较好的对应关系。

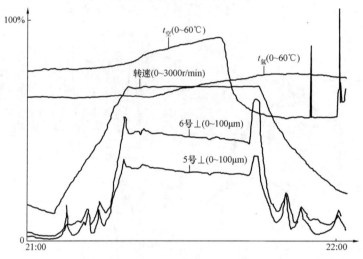

图 4-63　密封油温变化瓦振 5 号⊥、6 号⊥趋势

（2）氢温、氢压变化试验结果见图 4-64，可以看出当氢温增加时（氢压也同时增加），瓦振 6 号⊥和轴振 $6x$ 降低。当氢温、氢压出现波动时，瓦振 6 号⊥和轴振 $6x$ 也出现相应的波动，波动速度和波动节奏与氢温、氢压波动完全相同。

上述试验证明瓦振 5 号⊥、6 号⊥增大与密封瓦摩擦有关，分析认为转轴与密封瓦摩擦是与扰动力偏大（轴振偏大）及密封瓦浮动性能差等有关。

扰动力方面引起密封瓦碰磨的原因如下：

1）该机在安装时短轴和发电机对轮晃度偏差大，达 0.21mm，后在一次大修中通过校正、重新铰孔、配对轮螺栓，使晃度从 0.21mm 降至 0.11mm。

2）由于晃度偏大的影响，在低转速时轴振 $5x$、$6x$ 较大。图 4-65 为某次启动中测得的升速过程振动趋势，可以看到，转速在 823r/min 时轴振 $5x$ 就已达 74μm，至 1600r/min 时 $5x$ 已达 80μm，轴振 $6x$ 也接近 80μm。

3）为进一步分析 1600r/min 以后轴振 $5x$ 降低、瓦振 5 号⊥和 6 号⊥快速增加的现象，在 5 号轴承外侧轴的外露部分装设电涡流传感器测量了轴的绝对振动，电涡流探头装设方向与 x 方向相同，固定在 4 号轴承侧的盘车盖上，由于运行中盘车盖振动很小，

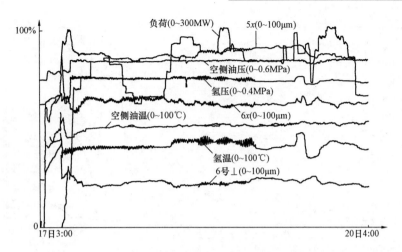

图 4-64　氢温、氢压变化发电机瓦振、轴振趋势

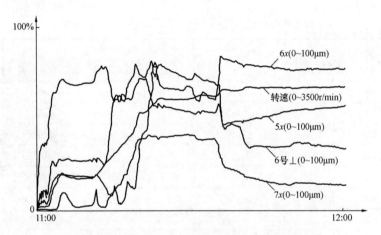

图 4-65　启动过程中发电机轴振、瓦振趋势

故用电涡流探头测得的振动可视做轴的绝对振动。

启动中测得在各个转速下的轴的绝对振动和瓦振 5 号⊥、6 号⊥见表 4-18，根据表中数据画出了图 4-66 所示轴振、瓦振波特图，可以看出：

a. 转速 850r/min 时 $5x$ 绝对振动为 81μm，1600r/min 时增至 101μm，这时瓦振 5 号⊥、6 号⊥分别为 16μm∠340°、17μm∠169°。

b. 转速 1600r/min 以后轴振 $5x$ 开始减小，至 2054r/min 时由 101μm 降低到 36μm。而瓦振 5 号⊥、6 号⊥变化规律刚好相反，1600r/min 以后瓦振快速增加，至 2054r/min 时瓦振 5 号⊥、6 号⊥达到最大值，分别为 58μm∠70°、81μm∠272°。

c. 转速至 2300r/min 以后轴振 $5x$ 出现突变，至 2350r/min 仅增加 50r/min，振动就从 66μm 一下增大到 178μm，至 2400r/min 时最大达 218μm。在轴振突发性增大的同时，瓦振 5 号⊥、6 号⊥大幅度降低，5 号⊥从 17μm 降至 3μm，6 号⊥从 35μm 降至 15μm。瓦振 5 号⊥在 2350r/min 到 2380r/min 时相位产生突变，突变后 5 号⊥、6 号⊥由反相振动变为同相振动。

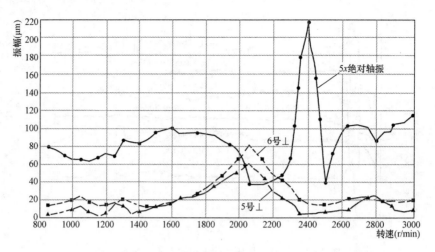

图 4-66　升速过程中绝对轴振 5x 和瓦振 5 号⊥、6 号⊥波特图

表 4-18　　　　5 号轴绝对振动和瓦振 5 号⊥、6 号⊥关系测量结果

转速 (r/min)	5 号轴 绝对振动	5 号⊥	6 号⊥	转速 (r/min)	5 号轴 绝对振动	5 号⊥	6 号⊥
850	81	15μm∠312°	4μm∠90°	1991	77	50μm∠44°	66μm∠241°
900	78	16μm∠321°	6μm∠81°	2054	36	58μm∠70°	81μm∠272°
950	70	17μm∠326°	10μm∠108°	2200	39	29μm∠127°	46μm∠321°
1000	66	20μm∠332°	10μm∠129°	2257	49	21μm∠137°	42μm∠328°
1050	66	23μm∠346°	13μm∠150°	2304	66	17μm∠138°	35μm∠330°
1100	63	18μm∠25°	8μm∠246°	2350	178	4μm∠190°	20μm∠341°
1150	69	12μm∠10°	4μm∠6°	2380	205	3μm∠342°	17μm∠346°
1200	71	15μm∠5°	8μm∠62°	2400	218	3μm∠279°	15μm∠346°
1250	69	19μm∠20°	17μm∠89°	2440	154	4μm∠319°	13μm∠333°
1300	88	12μm∠38°	22μm∠140°	2460	100	5μm∠332°	13μm∠328°
1350	83	5μm∠23°	17μm∠164°	2500	30	6μm∠350°	14μm∠320°
1400	82	7μm∠353°	14μm∠177°	2540	70	6μm∠5°	15μm∠317°
1450	87	9μm∠335°	14μm∠172°	2600	95	7μm∠346°	18μm∠318°
1500	95	12μm∠335°	13μm∠165°	2640	102	9μm∠344°	20μm∠323°
1550	98	13μm∠340°	15μm∠166°	2700	102	16μm∠350°	21μm∠331°
1600	101	16μm∠340°	17μm∠169°	2750	100	22μm∠11°	22μm∠338°
1650	92	21μm∠353°	21μm∠174°	2800	83	23μm∠50°	20μm∠347°
1750	93	23μm∠354°	26μm∠186°	2850	95	16μm∠69°	17μm∠345°
1800	91	28μm∠358°	33μm∠186°	2880	95	12μm∠72°	17μm∠344°
1850	91	35μm∠6°	42μm∠196°	2900	103	9μm∠72°	17μm∠343°
1900	85	40μm∠17°	49μm∠211°	2950	105	7μm∠42°	18μm∠340°
1950	81	47μm∠32°	59μm∠220°	3000	113	9μm∠15°	20μm∠338°

以上特征表明，在转速 1600r/min 时，当轴振减小、瓦振增大时，转轴与密封瓦开始摩擦。由于密封瓦浮动性能差（或卡涩），转轴处于约束状态，轴振动减小。至 2300r/min 后，在一个比较大的扰动力的作用下，密封瓦浮动，轴振动大幅度增加，由于脱离碰磨使瓦振减小。

密封瓦从卡涩到浮动的过程，就是轴振动从减小到增加或瓦振从增加到减小的过程，这一过程从轴中心平均位置的变化上也可以看出。图 4-67 所示为在这次升速过程中测得的轴中心平均位置变化趋势，可以看到，在 2300r/min 以前 5 号、6 号轴中心平均位置是连续的曲线。2300r/min 以后曲线不连续，发生突变，上下左右均发生较大的偏移。特别是左右方向，约偏移 0.1mm，这主要是受密封瓦浮动的影响。轴中心平均位置偏移、轴振动大幅度增大，说明密封瓦已从卡涩状态走向浮动。

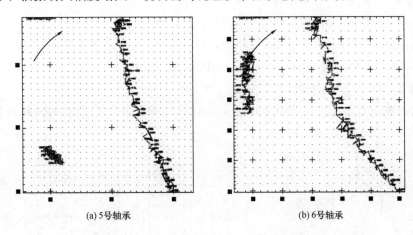

(a) 5号轴承　　　　　　　　　　(b) 6号轴承

图 4-67　升速过程中轴中心平均位置变化

3. 振动原因分析

从上述试验表现出的振动特征看，该机密封瓦浮动性能较差（主要是 5 号侧）。经分析影响密封瓦浮动性能的因素有：

（1）密封瓦与转轴的径向间隙及与瓦套间的侧向间隙。

（2）空侧、氢侧的密封油温度与温差。

（3）氢温、氢压。

（4）作用在密封瓦体两侧的压力（油压、氢压、大气压力）。

（5）密封瓦本身的变形及与瓦套的配合。

（6）组装工艺等。

从该机的情况看，密封瓦径向、侧向间隙偏小（0.18～0.23mm），主要是防止漏氢和保证氢气纯度。因空侧密封油没有加温装置，冷态启动时特别是冬天启动时，密封油温偏低。5 号侧密封瓦与瓦套配合较差，检修中必须用较大的力量才能将密封瓦拆下。密封瓦经运行后有变形（为立式椭圆），这些对密封瓦的浮动都产生影响。在检查密封瓦时，除径向有摩擦痕迹外，在侧向（空侧）也有较明显的摩擦痕迹。为分析密封瓦碰磨的原因，除检查密封瓦、瓦套是否有局部变形外，对密封瓦轴向受力进行了计算。密封瓦受力示意见图 4-68，设空侧总的轴向力为 $F_空$，氢侧总的轴向力为 $F_氢$，根据图 4-68 所示可得到

$$F_空 = \frac{\pi}{4}(D_0^2 - D_i^2)p_A + \frac{\pi}{8}(D_i^2 - D^2)p_A = \frac{\pi}{8}(2D_0^2 - D_i^2)p_A$$

$$F_氢 = \frac{p_A + p_B}{8}\pi(D_0^2 - D_3^2) + \frac{\pi}{4}p_B(D_3^2 - D_2^2) + \frac{p_B + p_H}{8}\pi(D_2^2 - D^2)$$

$$= \frac{\pi}{8}\left[(D_0^2 - D_3^2)p_A + (D_0^2 - D_2^2 + D_3^2 - D^2)p_B + (D_2^2 - D^2)p_H\right]$$

式中　　p_A ——空侧油压，MPa；

　　　　p_B ——氢侧油压，MPa；

　　　　p_H ——氢压，MPa。

已知：$D_0 = 570\text{mm}$，$D = 450.25\text{mm}$，$D_1 = 555\text{mm}$，$D_2 = 496\text{mm}$，$D_3 = 516\text{mm}$，$D_i = 470.25\text{mm}$。按一般工况，$p_A = 0.47\text{MPa}$，$p_B = 0.48\text{MPa}$，$p_H = 0.29\text{MPa}$，代入计算，得到 $F_空 = 41765\text{N}$，$F_氢 = 42645\text{N}$。

氢侧的轴向力大于空侧 880N（90kg），计算结果与实际检查到的密封瓦侧向碰磨情况相符。

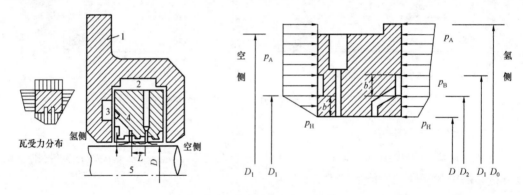

图 4-68　密封瓦轴向受力分析

1—密封座；2—空侧进油；3—氢侧进油；4—密封瓦；5—轴

从该型机组密封瓦碰磨情况看，从安装、调试开始，历次启动都会在中速暖机时遇

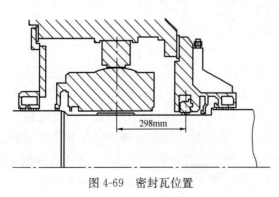

图 4-69　密封瓦位置

到。除了与碰磨时有密封油冷却外，从密封瓦所处的位置看，不平衡响应较低也是一个重要原因。图 4-69 为密封瓦所处的位置，密封瓦距一端轴承的距离 $x = 298\text{mm}$，两轴承中心距 $L = 8150\text{mm}$。为判断密封瓦碰磨对振动的影响，计算一、二、三阶振型系数

$$A_i = \frac{2Qr}{mgl}\sin\frac{i\pi}{L}x$$

式中　i——阶次；

　　Qr——在半径 r 处的不平衡重量，可代替由摩擦产生的热不平衡量；

　　m——单位轴长质量。

将 L、x 代入，即可算出一、二、三阶振型系数

$$A_1 = \frac{2Qr}{mgL}\sin\frac{\pi}{L}x = 0.115\frac{2Qr}{mgL}$$

$$A_2 = \frac{2Qr}{mgL}\sin\frac{2\pi}{L}x = 0.23\frac{2Qr}{mgL}$$

$$A_3 = \frac{2Qr}{mgL}\sin\frac{3\pi}{L}x = 0.342\frac{2Qr}{mgL}$$

各阶振型系数均较小，其中二阶振型系数为 0.23，即为最灵敏处的 0.23 倍。可见，对二阶振型影响不是很大，对一阶振型影响更小，这与实际遇到的情况比较相符。密封瓦碰磨时一般振动变化缓慢，峰值也不会很大（该机在调试时振动增加较快，可能与短轴处晃度大有关），停机通过一阶临界转速时一般不会出现大的振动。

4. 处理措施

采取下列措施控制和降低密封瓦摩擦振动：

（1）机组启动前适当提高氢侧、空侧密封油温度，最好调整到 40℃ 以上，并注意氢侧、空侧密封油的温差，如空侧密封油温短时间内无法提高，可采用临时加温措施。

（2）适当提高 1600～2400r/min 区间的升速率，在 2030r/min 暖机时若振动大，可改变暖机转速，如将暖机转速提高到 2300r/min。

（3）如发现密封瓦在空侧碰磨时，可适当提高空侧密封油压。

（4）为降低短轴处晃度对密封瓦碰磨的影响，在一次大修中找到了晃度偏大的主要原因是发电机对轮瓢偏大。采用手工打磨的方法，将对轮外圆瓢偏由 0.10mm 降低到 0.0325mm。校正瓢偏后，有效降低了启动中的振动，如在 820r/min 时轴振 $5x$ 由原来 $74\mu m$ 降低到 $56\mu m$。空、氢侧密封油温分别在 29、31℃ 的情况下，1900～2100r/min 出现的最大振动 5 号⊥为 $19\mu m$，6 号⊥为 $37\mu m$。其中 5 号⊥已有大幅度的降低，6 号⊥也有明显减小，升速过程振动曲线见图 4-70。

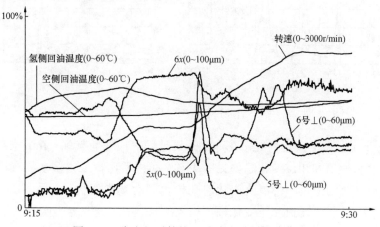

图 4-70　发电机对轮校正后升速过程振动曲线

【例 4-8】 一种扩散性的摩擦振动。

某厂一台新装的 7500kW 背压式汽轮发电机组，轴系由汽轮机、发电机和励磁机转子组成，励磁机采用无刷励磁，两端没有支承，励磁机转子和发电机外伸轴为一体。

(1) 机组到达 3000r/min 时，振动不稳，产生一种类似周期性的振动，并且越来越大，在很短时间内就因振动大而使保护动作跳机。

图 4-71 所示为先后二次跳机时 DCS 自动记录到的振动趋势，从第一次跳机时记录到的趋势看［见图 4-71(a)］，3 号⊥瓦振（发电机前轴承垂直方向）开始较大，有跳动，而后 4 号⊥瓦振（发电机后轴承垂直方向）增加较快。经 4 个周期的变化，瓦振 4 号⊥即达到了跳机值（100μm），跳机时 3 号⊥瓦振不到 20μm。从图 4-71 还可以看到约 5min 变化一个周期，峰值振动一次比一次大，第一次峰值时 3 号⊥瓦振最大 28μm（4 号⊥14μm），第二次峰值 4 号⊥瓦振 40μm（3 号⊥瓦振 8μm），第三次峰值时 4 号⊥瓦振 96μm（3 号⊥瓦振 18μm），第四次峰值时 4 号⊥瓦振超过 100μm（3 号⊥瓦振 19μm）。从最低的振动看，第一次出现峰值后 4 号⊥瓦振最小降到 6μm，第二次峰值后最小降到 4μm，第三次降到 2μm，跳机后最小降到 0，一次比一次小。此外还可以看到，振动增加速度很快，不到 3min 就从最小值增加到最大值。峰值停留时间很短，振动降低的速度也很快，3min 左右即从最大降到了最小值。

第一次跳机停机后，对发电机 3 号轴承侧的端盖进行了检查，发现在端盖风挡处有磨痕，后将间隙增大。第二次启动［见图 4-71(b)］时，一开始就表现出 4 号⊥瓦振在峰值处有跳动，而后跳动加剧，仅二个周期 4 号⊥瓦振就超过 100μm 跳机，而 3 号⊥瓦振始终不大（2 号⊥瓦振也不大）。

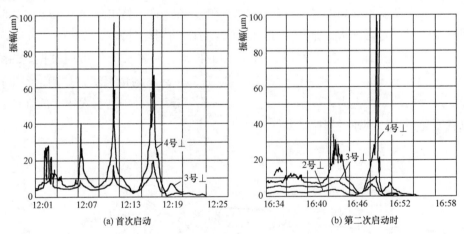

(a) 首次启动　　　　　(b) 第二次启动时

图 4-71　启动过程瓦振 3 号⊥、4 号⊥趋势

为进一步了解振动变化情况，在一次开机过程中，测得 3000r/min 空载运行时 3 号⊥、4 号⊥瓦振幅值和相位变化趋势见图 4-72。可以看出，工频振动具有周期性变化的规律，约 5min 变化一次，在幅值变化时相位也同时发生变化，3 号⊥、4 号⊥瓦振相位变化不一致，4 号⊥瓦振相位变化幅度较大。

(2) 上述类似周期性变化的振动符合摩擦振动的规律，从测得的振动特征看，摩擦应在 4 号轴承侧。经检查，发现励磁机末端整流盘外圆径向及风扇端部等均有严重的摩擦痕迹，分析认为这是由振动大引起的，而不是引起摩擦振动的原因。后揭开 4 号轴承进行检查，发现下瓦靠前端、上瓦靠后端均有摩擦痕迹。说明励磁机转子由于两端没有支承，运行中变形严重、动挠度大，使 4 号轴承油膜局部受到破坏，产生干摩擦。这种摩擦是静止部分直接与转轴产生摩擦，可导致转子热变形，产生一个带有旋转性质的热不平衡力，与转子上原有不平衡力合成后产生了上述类似周期性变化的振动。摩擦后，峰值振动随周期次数的增

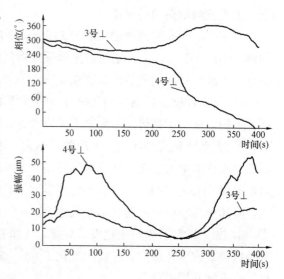

图 4-72 瓦振 3 号⊥、4 号⊥变化趋势

加而增大，说明摩擦带有扩散性。在摩擦过程中扰动力增加很快，特别是上述第二次开机，第二个周期峰值振动就超过了跳机值。从检查到的整流盘外圆径向摩擦的情况看，与外壳间隙有 2mm 左右，说明在摩擦过程中外伸部分变形严重。

为判断外伸部分的变形情况，在 4 号轴承外侧轴的外露部分装设了电涡流传感器（见图 4-73），测得在碰磨过程中轴的绝对振动最大可超过 $300\mu m$。传感器离轴承中心距离 200mm，端部整流盘处离 4 号轴承中心 1000mm，与外壳径向间隙 2mm 左右的整流盘有径向摩擦，说明摩擦过程中外伸部分变形很大。

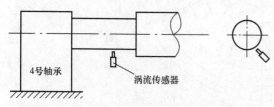

图 4-73 涡流传感器装设位置

（3）为减小外伸部分变形，防止与轴瓦发生碰磨，采取了下列措施：

1）校正整流盘飘偏、晃度。整流盘位于励磁机末端，重 92kg，直径 560mm，整流盘的飘偏和晃度对外伸端的变形和振动有很大的影响。经检查整流盘外圆处飘偏达 0.37mm，径向晃度 0.10mm，调整后飘偏和晃度分别降至 0.05mm 和 0.04mm。

2）精确平衡。在整流盘平衡槽内加重进行现场动平衡，共加重 72g，在 3000r/min 时 4 号⊥瓦振由 $17\mu m$ 降至 $5\mu m$，3 号⊥瓦振也由 $12\mu m$ 降至 $7\mu m$，发电机通过临界转速时振动也有一定程度的降低。

3）适当增大 4 号轴承间隙，顶部间隙由原来 0.30mm 增加到 0.38mm。

4）在 3000r/min 运行时，发现振动有不断增大的趋势时，采用降低转速等措施进行控制，待振动减小后再升速。

通过上述措施后，在 3000r/min 运行时瓦振 3 号⊥、4 号⊥可控制在 $10\mu m$ 以内，电涡流探头处测得的轴振动在 $165\mu m$ 以内。

（4）因在 3000r/min 时发电机两端轴承振动已很小，且变化不大，决定励磁、并

网，重点监测轴振动的变化。

在 3000r/min 时测得轴振动为 $117\mu m \angle 96°$，励磁后轴振动很快增加，仅 0.5h 就增加到 $211\mu m \angle 114°$。去掉励磁后振动逐步降低，但再次励磁后振动又会增加。试验反复进行了 6 次，每次励磁后振动变化如图 4-74 所示，从励磁试验中可得到：

1）每次加励磁后轴振和瓦振都有明显增加，相位也同时发生变化，去掉励磁一般情况下振动呈减小趋势，但恢复不到原状。

2）振动变化规律与起始振动关系不大，不管开始时振动是大还是小，加上励磁后振动总是逐渐增大，而且随着时间的增长越来越大。如最后一次（第 6 次）3000r/min 时振动仅 $64\mu m \angle 141°$，经 0.5h 已逐步增加到 $274\mu m \angle 197°$，去掉励磁时振动仍急剧增大，降速至 2500r/min 时振动最大达 $460\mu m \angle 150°$。

3）加上励磁后振动变化没有规律，无重复性，相位变化有时逆转向，有时顺转向，其中以第 5 次变化最大，逆转向变化了 65°。由于振动无法稳定，无法进行励磁，显然机组也不能并网带负荷。

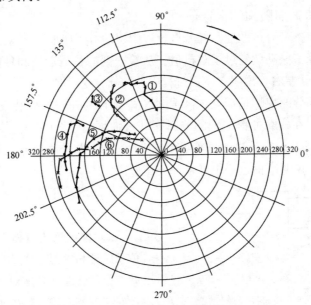

图 4-74 六次励磁后振动变化趋势

从空载时振动不稳，经平衡后加励磁又出现振动不稳，表明轴系抗振能力很差。从结构上分析，外伸部分长，端部有一个 92kg 的质量，即使一个很小的扰动力作用在外伸部分或本体上，都会使外伸端变形。变形后产生碰磨使外伸部分变形更大，在较短时间内形成了一种扩散性的振动，使机组无法运行下去。

（5）解决该机扩散性振动应从增强支承刚度着手，后在励磁机后端整流盘处加了一个接长轴（见图 4-75），增加一道轴承。支承刚度

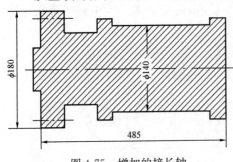

图 4-75 增加的接长轴

172

增加后，有效地控制了外伸部分的变形，使振动减小，消除了不稳定振动。4 号轴承外伸轴振动由原来 $100\mu m$ 以上降低到 $57\mu m$，在不作任何调整的情况下，$3000r/min$ 及并网带负荷后振动稳定，具体数据见表 4-19，彻底解决了该机的振动问题。

表 4-19　　　　　　　　　　　　空载及并网带负荷后振动测量结果　　　　　　　　　　μm

测点	3 号⊥	4 号⊥	5 号⊥（新加）	轴振动
3000r/min	8	4	5	57
3700kW	5	3	2	63

【例 4-9】 由碰磨引起的不稳定振动。

某厂 2 号机为西屋型 300MW 机组，在一次冷态启动过程中，发现励磁机侧有碰磨声，至 $3000r/min$ 及带负荷运行中仍不能消除，触摸励磁机外伸端的永磁机外壳，有较明显的碰磨感觉。

（1）为摸清碰磨的部位，在现场用 PL202 实时频谱分析仪进行测试，发现永磁机外壳水平方向和 8 号轴承（励磁机后轴承）水平方向有比较典型的摩擦频谱。除一倍频外，还有二倍频、三倍频等分量，同时还发现这些频率分量都是跳跃变化的。表 4-20 为用速度传感器测得的振动变化量，从当时测量的情况看，振动跳跃变化与碰磨的声音比较吻合。此外还测量了 7 号轴承振动频谱及励磁机外壳振动频谱，均以 50Hz 为主，未发现有跳动现象。

表 4-20　　　　　　　　　　　　　振动频谱测量结果　　　　　　　　　　　　mV

位置	50Hz	100Hz	150Hz
永磁机外壳水平方向	3～7	6～17	10～38
8 号轴承水平方向	2～6	4～12	4～10

注　50Hz 时，约 $21mV=10\mu m$；100Hz 时，约 $42mV=10\mu m$；150Hz 时，约 $63mV=10\mu m$。

（2）据上述测量结果可以初步判断碰磨发生在永磁机端，因当时负荷较紧张，不能停机检查，设法监视运行。监视内容有两个：一是 8 号轴承瓦温，开机出现碰磨声后，与以前运行时相比较，瓦温从 63℃ 上升到 77℃，升高了 14℃；二是 8 号轴承振动变化，包括轴振、瓦振、间隙电压、轴心轨迹等。

1）轴振、瓦振变化。出现碰磨后轴振、瓦振和正常运行时比较见表 4-21，可以看出，轴振 $8x$、$8y$ 和瓦振 8 号→通频振动变化较大，其中轴振 $8x$ 通频振动变化接近 $50\mu m$，而且工频振动的幅值和相位也有一定变化。

表 4-21　　　　　　　　　　　　　励磁机轴振、瓦振变化

工况		$7x$	$7y$	$8x$	$8y$	7 号→	8 号→
2010.3.9 正常运行时 180MW	通频（μm）	57	39	48	44	11	6
	工频	$45\mu m\angle70°$	$32\mu m\angle193°$	$35\mu m\angle339°$	$31\mu m\angle85°$	$9\mu m\angle290°$	$3\mu m\angle311°$
2010.6.27 出现碰磨时 200MW	通频（μm）	52～65	40	52～100	42～55	11	5～13
	工频	$48\mu m\angle62°$	$36\mu m\angle186°$	$38～45\mu m$ $\angle327°～340°$	$30\mu m\angle84°$	$8\mu m\angle297°$	$3\mu m\angle289°$

2）为进一步分析轴振 8x、8y 及瓦振 8 号→通频振动变化原因，进行频谱分析，图 4-76 所示为轴振 8x、8y 在某一时刻测得的频谱。可以看出，除工频、倍频分量外，还有一个 2～3Hz 的低频振动。经观察该低频振动是跳跃变化的，有时以一个或两个主频率出现，有时以频带的形式出现。由于其幅值跳跃变化，使通频振动也随之发生变化。

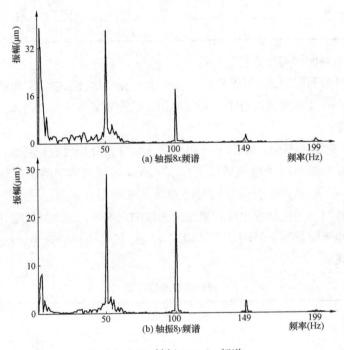

图 4-76　轴振 8x、8y 频谱

3）测量中发现轴振 8x 间隙电压随机性跳动，跳动范围 0.4V 左右，轴振 8y 间隙电压也有一定的变化，图 4-77 所示为在 20min 内测得的轴中心平均位置变化。可以看到变化较快，与测得的间隙电压跳动是一致的。根据电涡流探头灵敏度计算，x 方向跳动最大为 0.05mm，y 方向跳动略小。

4）图 4-78 所示为在 8 号轴承处测得的轴心轨迹，可以看到轨迹曲线沿 x 方向上下移动（y 方向移动量较小），可以离开轴承中心位置，在轴心轨迹测量中这种现象并不多见。

（3）监视运行 10 天后停机检查，发现摩擦部位在永磁机端部小轴处（见图 4-79），小轴与环氧树脂板外壳发生摩擦。环氧树脂板是局部摩擦，摩擦位置在水平方向略靠上，与 x 探头方向比较接近。检查 8 号轴承，发现下瓦磨损，球面接触较差，局部有脱空，复查励磁机-发电机转子对轮中心，发现左右偏差大。

后调整永磁机端部小轴处间隙，重新调整励磁机-发电机转子对轮中心，改善球面接触情况，使机组恢复正常运行。

（4）从这次外伸端碰磨的情况看，虽然碰磨部位是在永磁机端部小轴处，直径较小

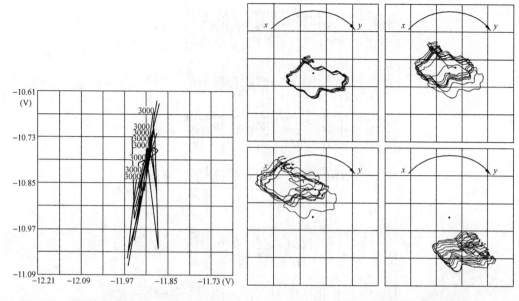

图 4-77 8 号轴承处轴中心平均位置趋势   图 4-78 8 号轴心轨迹趋势

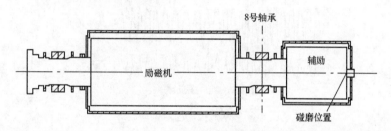

图 4-79 励磁机和碰磨位置

（约 60mm），而且是与环氧树脂板发生摩擦。显然这种摩擦产生的能量不大，但从对支持轴承（8 号轴承）的影响看，还是比较大的。可以使轴振、瓦振跳动，可以激发起 2～3Hz 的低频振动，可以使间隙电压、轴中心平均位置跳动，使轴心轨迹偏离轴承中心，并使轴瓦温度升高。连续运行 10 天无衰减（也没有发展），外伸端的碰磨也是不可忽视的。

【例 4-10】由摩擦激发的低频振动。

某厂一台 50MW 高温高压机组，在一次大修后带负荷运行 70h 后突然出现剧烈的振动，基础、台板等均有较强的振动感。

（1）在产生剧烈振动前后，用 16 线光线示波器在现场进行了测试。图 4-80 所示为剧烈振动产生前后测得的振动波形和频率，表 4-22 为剧烈振动产生前后幅值对比，可以看出，振动变化主要发生在汽轮机侧，以 1 号、2 号轴承振动变化为最大，其中 1 号 ⊥ 从 15μm 增加到 92μm，增加的比例最大。产生剧烈振动时，1 号 ⊥、2 号 ⊥ 振动频率以 25Hz 为主，50Hz 分量很小，3 号 ⊥、4 号 ⊥ 振动 25Hz 分量较小，可以判断剧烈振动是汽轮机侧引起的。

175

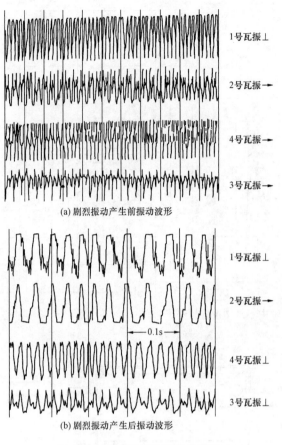

(a) 剧烈振动产生前振动波形

(b) 剧烈振动产生后振动波形

图 4-80　剧烈振动前后振动波形

表 4-22　　　　　　　　　　　剧烈振动产生前后幅值对比　　　　　　　　　　　μm

工况	1 号		2 号		3 号		4 号	
	⊥	→	⊥	→	⊥	→	⊥	→
正常运行时	15	21	14	34	7	13	23	27
剧烈振动时	92	50	58	58	12	21	26	30

（2）分析认为，该机在带负荷后出现的剧烈振动与汽轮机侧动静部分碰磨有关。

1）从振动波形看，1 号⊥、2 号⊥在波峰和波谷处有削波，1 号⊥有高频分量。

2）从冷态开机测得的升速伯德图看（见图 4-81），瓦振 1 号⊥通过临界转速时（1700r/min 左右）有两个峰值（均为 80μm），临界转速区宽，说明通过临界转速时阻尼大，有碰磨。

3）为证实汽轮机侧是否发生碰磨，爬入汽缸，在盘车时就能听到清晰的摩擦声。

（3）该机振动问题还在于出现振动时的特征和振动频率的变化。

1）一般在冷态开机带满负荷运行2～3 天后才会出现振动，若在 50MW 时出现振

176

动，在现场用同步器稍减一点负荷，振动即可消失。但运行不久（不超过 2h）剧烈振动又会产生，再减负荷，振动又可消失。运行一段时间剧烈振动又可产生……，一直将负荷减到 0 仍不能维持运行，以至在现场一直观察的制造厂有关领导和专家也没有看到过这种振动。

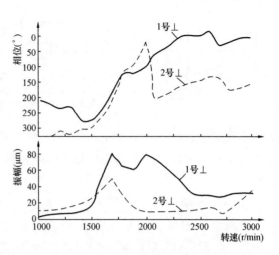

图 4-81　冷态开机升速伯德图

2）出现剧烈振动时，振动频率突然发生变化，从 50Hz 变到 25Hz，在现场可以听到声音也发生明显的变化。

（4）分析认为上述振动现象的出现，与摩擦产生的转子热变形有关，转子产生热变形后使油膜刚度产生非线性变化，从而产生 25Hz 的分谐波振动。

1）从热态停机降速伯德图（见图 4-82）可知，热态停机通过临界转速时振动大幅度增加，瓦振 1 号⊥由冷态开机时的 80μm 增加到 180μm，2 号⊥由 48μm 增加到 118μm。说明一阶不平衡分量大幅度增加，显然若转子弓状弯曲反应最为灵敏。从揭缸检查的情况看，转子在热态下产生弓状弯曲主要是中间隔板汽封处严重碰磨，隔板汽封局部有变形。

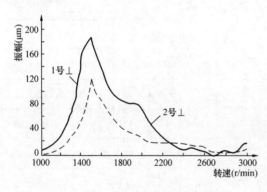

图 4-82　热态停机降速伯德图

2）转子在热态下产生弓状弯曲后，由于轴颈处有斜度，容易破坏油膜，使油膜刚度产生非线性变化。在一个小的扰动力的作用下，激发起分谐波振动，使振动大幅度增加。另外，从图 4-82 所示的降速伯德图看，降速时临界转速已降低到 1580r/min，碰磨时产生的带有脉冲性质的扰动力同样可以激发起 25Hz 左右的振动。

（5）该机在返制造厂检修时，因发现速度级后弯曲量偏大，重新更换了新的转子。更换新转子后，上述振动现象再未出现。

【例 4-11】 超速试验动静碰磨引起的突发性振动。

某厂 3 号机为超临界 600MW 机组，汽轮机型号 N600-24.2/566/566，为超临界、一次中间再热、三缸四排汽、双背压、反动式汽轮机。轴系由高中压转子、1 号低压转子、2 号低压转子和发电机转子组成，两个低压转子之间有接长短轴，轴系末端接励磁滑环短轴，各转子之间由刚性对轮连接，轴系结构如图 4-83 所示。1、2 号轴承为四瓦块可倾瓦，位于高中压缸前后轴承箱内；3～6 号轴承也为四瓦块可倾瓦，分别坐落在

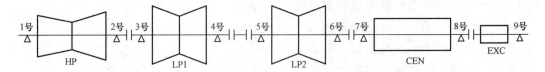

图 4-83 某 600MW 机组轴系结构

低压排汽缸上；7、8 号轴承下部是两块活动瓦、上部为圆筒瓦，支撑在发电机前后端盖上；励磁滑环短轴与发电机尾部对轮刚性连接，另一端用四瓦块可倾瓦的 9 号轴承支持。

1. 机组振动情况

该机调试阶段在带低负荷后正常升速过程中振动良好，而后又完成了 103%（OPC）、105%（DEH）和 110% 电气超速试验，1 号低压转子轴振动和其他测点振动良好（见表 4-23）。

表 4-23 正常升速和超速过程 1 号低压转子轴振动

转速 (r/min)	3x 通频 (μm)	3x 工频	4x 通频 (μm)	4x 工频	转速 (r/min)	3x 通频 (μm)	3x 工频	4x 通频 (μm)	4x 工频
1500	35	13.4μm∠74°	17.1	7.5μm∠168°	2500	34.4	9.3μm∠81°	52.9	41.4μm∠236°
1600	45.1	11.8μm∠185°	35.2	24.9μm∠218°	2600	38.7	13.9μm∠94°	73.5	48.3μm∠248°
1700	39.6	4.9μm∠328°	34.4	23.6μm∠243°	2700	40.1	14.9μm∠86°	60.3	48.6μm∠257°
1800	38.8	6.2μm∠180°	32.8	21.8μm∠236°	2800	41.2	30.1μm∠97°	64.2	60.6μm∠259°
1900	36.9	2.6μm∠0°	33.4	23.9μm∠239°	2900	52.9	44.5μm∠120°	80.2	69.1μm∠276°
2000	37.8	2.1μm∠0°	31.5	22.4μm∠244°	3000	63.6	58.3μm∠141°	77.7	67.1μm∠290°
2100	37	2.1μm∠0°	35.3	27μm∠244°	3000	61.4	54.2μm∠142°	74.1	62.4μm∠285°
2200	35.5	4.6μm∠84°	34.4	27.2μm∠248°	3100	55.5	46.5μm∠151°	64.4	53.2μm∠280°
2300	36.5	8μm∠117°	35.2	27.5μm∠247°	3200	61.3	52.2μm∠165°	70.9	58.3μm∠292°
2400	39.3	3.6μm∠0°	35	26.5μm∠233°	3300	63.1	52.9μm∠172°	67.8	57.6μm∠303°

随后进行机械超速试验，升速过程中 1 号低压转子轴振动良好，3318r/min 撞击子动作跳机。与此同时，1 号低压转子轴振动突然大幅度增加到保护动作值以上，其他轴振动均有不同程度增加（见表 4-24、图 4-84），现场测量 4 号瓦垂直振动达 100μm 左右，不得不破坏真空紧急停机。突发性振动发生前后运行参数稳定：润滑油压 0.14MPa，润滑油温 40℃，真空 −90kPa，低压轴封汽温度 227℃，3 号轴承瓦温 69℃，4 号轴承瓦温 76℃。

表 4-24　　　　　　　　　　　　机械超速过程 1 号低压转子轴振动变化

转速(r/min)	3x 通频(μm)	3x 工频	4x 通频(μm)	4x 工频	转速(r/min)	3x 通频(μm)	3x 工频	4x 通频(μm)	4x 工频
3300	65.7	52.2μm∠174°	67.3	57.3μm∠300°	2600	157	123μm∠270°	181	173μm∠77°
3280	268	238μm∠326°	236	226μm∠117°	2500	143	113μm∠252°	152	146μm∠59°
3280	60.6	51.1μm∠173°	67.7	57.6μm∠298°	2400	119	89.9μm∠243°	99.3	96.1μm∠54°
3200	241	214μm∠315°	238	227μm∠109°	2300	110	79.9μm∠247°	79.7	76.6μm∠71°
3200	61.2	50.9μm∠165°	70.4	59.9μm∠288°	2200	108	78.1μm∠242°	86.3	81.5μm∠75°
3100	217	195μm∠306°	230	223μm∠99°	2100	104	77.1μm∠233°	79	75μm∠68°
3100	54.1	44.2μm∠155°	64.4	53.5μm∠278°	2000	98.8	72.2μm∠228°	63.2	59.9μm∠60°
3000	212	188μm∠305°	206	197μm∠100°	1900	94.2	69.4μm∠222°	46.8	41.1μm∠62°
3000	58.1	51.7μm∠148°	70.8	61.2μm∠283°	1800	96.9	75.6μm∠218°	32.3	27μm∠83°
2900	216	190μm∠287°	223	216μm∠92°	1700	89.2	71.4μm∠201°	37.8	32.4μm∠108°
2800	175	143μm∠274°	187	182μm∠83°	1600	96.6	85.8μm∠187°	52	47.8μm∠130°
2700	157	124μm∠271°	174	167μm∠81°	1500	85.8	82.2μm∠146°	88.7	82.5μm∠105°

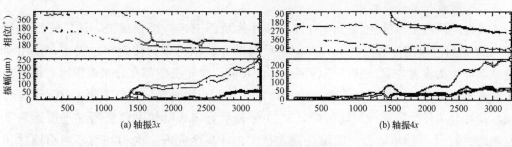

(a) 轴振3x　　　　　　　　　　　　　(b) 轴振4x

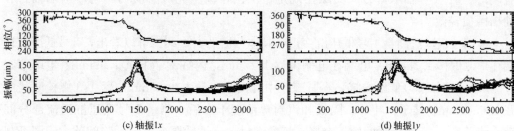

(c) 轴振1x　　　　　　　　　　　　　(d) 轴振1y

图 4-84　机械超速试验 1 号低压转子轴振动异常曲线升降速伯德图

停机后揭开 1 号低压缸人孔门进入缸内检查，两末级叶片没有发现明显缺陷，平衡螺塞完整，凝结水硬度合格。为准确判断机组振动故障决定再次开机，13 日 4 时 35 分冲转，转速到 2300r/min 以上时 1 号低压转子轴振动快速增加（见表 4-25）。转速 2500r/min 时，机组 TSI 显示 1 号低压转子 3、4 号轴绝对振动超过保护定值（254μm）跳机，本特利 208P 测量显示 1 号低压转子 3、4 号轴振动在 150μm 左右。从振动变化初步分析，低压缸存在叶片断裂或者是严重动静碰磨的可能，决定停机揭 1 号低压缸进行全面检查。

表 4-25 再次开机升速过程 1 号低压转子轴振动

转速 （r/min)	3x		4x		转速 （r/min)	3x		4x	
	通频 （μm)	工频	通频 （μm)	工频		通频 （μm)	工频	通频 （μm)	工频
1000	35.9	7.2μm∠86°	28	23.9μm∠57°	1800	97.9	73.5μm∠224°	31.4	26.5μm∠83°
1100	35.7	11.8μm∠97°	35.9	32.1μm∠61°	1900	97.7	71.2μm∠231°	44.5	40.9μm∠65°
1200	39.1	26.7μm∠115°	49.3	46μm∠77°	2000	101	72.7μm∠237°	64	60.4μm∠64°
1300	54	33.2μm∠167°	38.3	32.9μm∠104°	2100	106	77.9μm∠247°	78.6	74.3μm∠76°
1400	49.9	30.6μm∠160°	45.2	39.6μm∠74°	2200	101	70.7μm∠253°	73.2	69.1μm∠85°
1500	78.9	72.5μm∠160°	75.9	70.9μm∠104°	2300	101	70.4μm∠245°	64.6	60.9μm∠62°
1600	94.4	82.8μm∠197°	46.3	43.4μm∠132°	2400	124	94.8μm∠251°	103	99.2μm∠58°
1700	95.6	74.8μm∠214°	32.8	28.5μm∠110°	2500	145	114μm∠255°	152	146μm∠61°

2. 1 号低压缸检查处理

揭缸后吊出 1 号低压转子检查发现，叶片顶部围带有磨损痕迹，转子正反向第 1~5 级轴封对应部位磨损严重，其中正反向第 5 级轴与轴封接触部位发蓝，说明动静碰磨产生的温度较高。转子上各测点晃度及前后对轮瓢偏都在合格范围内，说明转子没有发生弯曲。上隔板顶部汽封磨损严重，左右两侧磨损轻微，下隔板汽封没有磨损。动叶片未发生脱落或损坏故障，3、4 号轴承侧末级叶轮制造厂所加平衡螺塞没有脱落。3、4 号轴承紧力、间隙在规定范围内，乌金完好、受力均匀，两端轴封和油档磨损轻微。

采用拉钢丝法测量 1 号低压缸变形，具体数据见表 4-26。可以看出，1 号低压缸调端往炉侧偏移 1.75mm、电端往电侧偏移 1.77mm，内缸调端下沉 1.99mm、电端下沉 1.57mm。试扣 1 号低压内缸，不紧螺栓中分面张口最大 1.95mm，紧 1/3 螺栓时最大张口 0.40mm。转子、叶片、隔板和汽封等清理干净后，测量 1 号低压缸通流部分间隙，前后第 5、6 级汽封间隙不合格，打磨汽封齿。最后要求上缸动静间隙大于图纸规定值 0.2~0.3mm，下缸间隙取图纸规定大值。

表 4-26　　　　　　　　　　　　　1 号低压内缸变形测量　　　　　　　　　　　　　　mm

测量位置	测点距离	钢丝垂弧	实测值		计算值	
3 号轴瓦后油挡	6440	0.23	18.13	18.135	0	0.005
			17.9			0.0025
调 7 级隔板	5115	0.44	18.42	16.67	1.75	0
			19.1			1.99
调 6 级隔板	4790	0.47	11.1	9.78	0.91	0
			11.18			1.23
1 号静叶持环(调)5 级	4570	0.49	21.68	20.77		
			21.51			0.8
1 号静叶持环(调)1 级	4050	0.52	24.93	24.76	0.17	0
			24.61			0.24
1 号静叶持环(电)1 级	3710	0.52	25.04	24.57	0.47	0
			24.86			0.58
1 号静叶持环(电)5 级	3200	0.51	21.1	21.27	0	0.17
			21.19			0.5
电 6 级隔板	2950	0.5	9.57	10.8	0	1.23
			10.97			1.18
电 7 级隔板	2650	0.48	16.54	18.31	0	1.77
			18.52			1.57
4 号轴瓦前油挡	1330	0.31	16.865	16.865		
			16.53			0.025

3. 处理后机组振动

抢修工作完成后，转速 3000r/min 时轴系振动合格，并网带负荷最高到 185MW，降负荷解列后做汽门严密性试验和超速试验。3000r/min 空转、带负荷和超速试验前后机组振动变化见表 4-27。在空转和带负荷时，除轴振动 $9x$ 偏大外，其他测点振动都在优良范围内。超速试验最高转速 3300r/min 时，1 号轴振动有所增大，轴振 $9x$ 降低较多，其他测点振动基本稳定，没有出现突发性振动增大现象。

表 4-27　　　　　　　　空转、带负荷和超速前后机组振动

工况	$1x$	$2x$	$3x$	$4x$	$5x$	$6x$	$7x$	$8x$	$9x$
7 日 23:22	33.8	68	63.5	65.5	52.2	47.9	63	52.2	95.3
3000r/min	$24\mu m\angle143°$	$59\mu m\angle181°$	$54\mu m\angle110°$	$61\mu m\angle266°$	$48\mu m\angle251°$	$31\mu m\angle44°$	$42\mu m\angle285°$	$12\mu m\angle315°$	$53\mu m\angle126°$
8 日 11:11	53.7	69.9	54.2	69.9	58.2	36.1	69	49	106
169MW	$41\mu m\angle151°$	$53\mu m\angle204°$	$44\mu m\angle97°$	$62\mu m\angle265°$	$50\mu m\angle263°$	$23\mu m\angle28°$	$54\mu m\angle273°$	$25\mu m\angle301°$	$59\mu m\angle139°$
8 日 15:06	46	73	49	69	57	37	70	52	110
解列后	$36\mu m\angle139°$	$60\mu m\angle207°$	$38\mu m\angle120°$	$60\mu m\angle266°$	$50\mu m\angle268°$	$24\mu m\angle17°$	$60\mu m\angle290°$	$18\mu m\angle294°$	$72\mu m\angle149°$

工况	1x	2x	3x	4x	5x	6x	7x	8x	9x
超速前 3000r/min	45 36μm∠131°	73.2 58μm∠210°	44.5 35μm∠122°	63.7 55μm∠267°	56.7 50μm∠266°	36.7 25μm∠24°	—	53.7 17μm∠293°	112 72μm∠148°
最高转速 3300r/min	81.1 73μm∠163°	68.6 47μm∠221°	65.5 50μm∠153°	71.7 63μm∠291°	53.7 45μm∠261°	51.1 41μm∠6°	—	61.2 41μm∠303°	64.5 44μm∠122°
超速后 3000r/min	43 34μm∠138°	69.9 56μm∠203°	48.7 37μm∠130°	66.7 56μm∠272°	58 52μm∠279°	32.9 22μm∠22°	—	50.6 21μm∠294°	102 54μm∠137°

4. 低压转子突发性振动分析

机械超速试验升速过程中振动正常，从 DCS 曲线查询 20:48:51 转速到 3318r/min 时轴振动 4x 增加到 118μm，20:48:55 转速降低到 3298r/min 时，4x、3x、3y、4y 轴振动都不同程度增大。转速降低到 3280r/min 时，1 号低压转子轴振动从升速时的 66～67μm 大幅度增加到 236～268μm，相位角突变 150°～180°。与升速过程同转速相比较，3 号轴振动变化 284μm ∠331°，4 号轴振动变化 283μm ∠118°，以工频分量为主。

再次开机过程中，1 号低压转子轴振动在 2300r/min 以上快速增加，到 2500r/min 时轴振动快速增加到保护定值以上跳机。根据揭缸检查情况，由于低压缸变形和下沉，导致转子与汽缸上部径向间隙很小。机械超速试验升速过程中，3、4 号轴颈在轴承中的位置进一步上抬，动静间隙可能消失，由于碰磨部位在二阶振型敏感点附近，严重的动静碰磨产生一对较大的反对称干扰力使 1 号低压转子在极短时间内出现振动大幅度增加的现象。

动静碰磨引起的振动变化，一般情况下都有十几分钟或几个小时的时间过程。而这次超速试验升速过程动静碰磨引发的振动具有突发性，在几秒钟内振动由正常值增加到跳机值以上。实际分析处理过程中，还应该根据临界转速、额定转速的振动变化与叶片断裂现象导致的振动增大区别开来。

【例 4-12】 300MW 机组周期性振动分析

某厂 4 号机为亚临界 300MW 机组。汽轮机型号 N300-16.7/537/537-2，为引进西屋技术优化设计的一次中间再热、单轴、两缸两排汽反动式汽轮机。轴系由高中压转子、低压转子和发电机转子组成，各转子之间由刚性对轮连接。

1. 振动现象

开始振动出现大幅度变化，但周期不定，主要在负荷变化时产生。运行几天以后出现稳定性的周期变化，时间约 2h，轴系所有测点均出现类似变化，以 1 号轴振变化最为明显（见图 4-85）。周期性振动有下列特点：

（1）每个周期内振动幅值和相位变化大，汽轮机各测点最大、最小值及工频振动变化量见表 4-28。说明转子存在热变形，该热变形产生的振动分量越大，导致相位变化就越大，当热变量超过原始振动时，相位变化 360°。

表 4-28　　　　　　　　　　负荷 295MW 顺序阀控制时周期性振动数据

测点	$1x$	$1y$	$2x$	$2y$	$3x$	$4x$	3 号⊥	4 号⊥
18：27	167 $135\mu m\angle 358°$	143 $129\mu m\angle 98°$	107 $83\mu m\angle 208°$	110 $95\mu m\angle 301°$	59 $22\mu m\angle 338°$	63 $48\mu m\angle 210°$	14 $13\mu m\angle 281°$	45 $43\mu m\angle 140°$
19：27	33 $9\mu m\angle 202°$	44 $17\mu m\angle 315°$	40 $17\mu m\angle 187°$	34 $8\mu m\angle 270°$	69 $35\mu m\angle 194°$	31 $17\mu m\angle 56°$	15 $14\mu m\angle 55°$	38 $36\mu m\angle 6°$
20：35	160 $135\mu m\angle 358°$	153 $124\mu m\angle 98°$	103 $83\mu m\angle 207°$	106 $92\mu m\angle 301°$	56 $26\mu m\angle 337°$	66 $50\mu m\angle 208°$	15 $13\mu m\angle 279°$	46 $44\mu m\angle 139°$
变化量	$130\mu m\angle 360°$	$112\mu m\angle 360°$	$68\mu m\angle 92°$	$87\mu m\angle 130°$	$16\mu m\angle 360°$	$34\mu m\angle 360°$	$12\mu m\angle 360°$	$25\mu m\angle 360°$

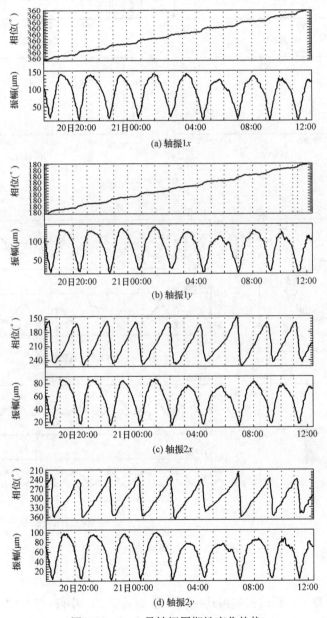

图 4-85　1、2 号轴振周期性变化趋势

（2）从图4-86频谱看，主要是工频分量，存在一定的20～21Hz的低频分量，但幅值不大（约15～20μm），符合该机型顺序阀运行时的规律。同时存在幅度不大的2倍频振动，约10μm。

（3）从图4-87轴心轨迹和波形看，存在轻微的削波现象，说明存在一定的动静碰磨。轨迹图存在圆环晃动的现象，主要是顺序阀导致的低频激振所致。

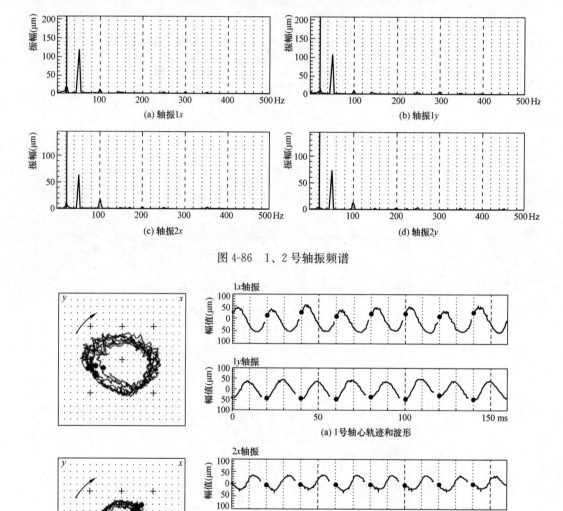

图 4-86 1、2号轴振频谱

图 4-87 1、2号轴心轨迹/波形

2. 试验分析及处理

从历史趋势看，小修前机组振动优良，且振动稳定。小修后开机振动明显变差，幅值增大、且不稳定。期间多次改变了阀序，但只是振动平均值有小幅变化，对振动稳定性无任何改善，说明故障出现在小修后开机。

（1）小修后开机通过临界转速时 $1x$ 轴振为 $99\mu m$，停机过临界时 $1x$ 轴振为 $165\mu m$。说明高中压转子平衡状况发生较大改变，这种状况可能是部件脱落引起，也可能是动静摩擦产生的热变形所致。

（2）机组运行参数正常，振动与各运行参数之间无对应关系。即当振动出现周期性波动时，与蒸汽参数、汽缸膨胀、轴位移、油温/瓦温、真空、阀序控制方式等无关。

（3）对比故障前后的调节级压力和主汽流量，额定负荷下调节级压力增加了 $0.38MPa$、流量增加约 $28t/h$，考虑到当前真空比之前低 $4kPa$ 左右，调节级压力和主汽流量的变化尚属正常。

从以上现象分析，这种异常振动由动静摩擦引起。摩擦所产生部位可能是油挡贴在轴上摩擦，也可能是调节级故障飞脱部件与轴接触产生的摩擦。最后检查确认是测量弯曲度的百分表杆未提起，导致与大轴长期接触摩擦所致。

第五节　摩擦振动的控制

摩擦振动是一种不稳定振动，在启动升速和带负荷运行中必须进行控制。此外，对摩擦介质的了解也十分重要。

（1）启动中摩擦振动的控制。300、600MW 等机组通流改造后，在启动升速过程中，几乎每台机组会遇到摩擦振动。处理摩擦振动的基本经验是，当振动增大到一定程度时打闸停机，盘车几小时后再开机。如振动还是增大，再停机，有时要反复多次。这里显然涉及振动多大才打闸停机，如果振动偏小就打闸，下次启动可能还会出现摩擦。如果振动偏大才打闸，可能会影响到机组的安全性和经济性。从多台机组总结出的经验看。

1）如果在临界转速前出现摩擦，打闸时控制的振幅应偏小一些。因为这时转子主要是一阶振型，若转子在靠近中间部位摩擦，对振动非常敏感。打闸时间稍一迟缓振动就会快速增加，而且在打闸后有可能因没有脱离摩擦而使振动继续增大。若确证在临界转速前已发生摩擦振动，建议打闸时的轴振应控制在 $120\sim140\mu m$。若一次打闸后还不能解决，第二次可适当放大到 $150\sim180\mu m$，可根据机组具体情况确定。某厂一台西屋型 300MW 机组通流改造后首次启动，在 1200r/min 暖机 20min 后，高中压转子两端轴振有不断增大的趋势。根据幅值和相位的变化规律，判断为摩擦振动。想先用降速的方法进行控制，降速后振动继续增大。轴振 $1x$、$1y$ 至 $140\mu m$ 时打闸停机，测得打闸后轴振 $1x$、$1y$、$2x$、$2y$ 降速特性见图 4-88，可以看出，打闸后振动继续增大，转速降至 950r/min 时轴振 $1y$ 最大达 $257\mu m$，$1x$ 接近 $200\mu m$。连续盘车数小时后，再次启动未发现碰磨。

2）如在临界转速以后出现碰磨，因转子是以二阶振型为主，打闸后通过一阶临界转速时振动不会很大（但有时也有例外），打闸值的设定可高一点，一般轴振取

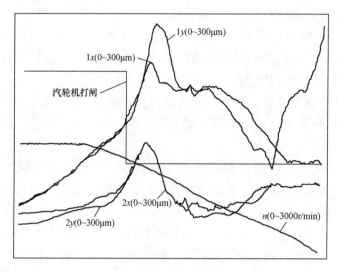

图 4-88　打闸后高压转子轴振趋势

$160\mu m$。但具体到某一台机组，必须视实际情况而定，特别要看振幅增加的速度，若增加很快，应提前打闸。

（2）工作转速和带负荷后发现碰磨时，一般控制轴振 $160\sim180\mu m$，瓦振 $80\sim90\mu m$。

某台亚临界 600MW 机组通流改造后首次启动，中压缸启动至 3000r/min 定速运行中切换到高压缸进汽时，轴振 $2y$（实为 $2x$）快速增加（见图 4-89），超过 $120\mu m$ 打闸停机。通过一阶临界转速时（1650r/min 左右），轴振最大未超过 $60\mu m$。图 4-90 所示为打闸前后测得的轴振 $1x$、$2x$ 趋势，可以看到在打闸前轴振 $1x$、$2x$ 相位差 170°，以二阶振型为主，打闸后通过一阶临界转速时没有很明显的峰值。

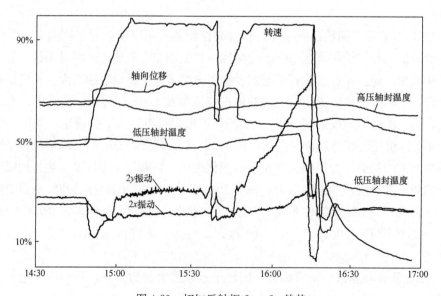

图 4-89　切缸后轴振 $2x$、$2y$ 趋势

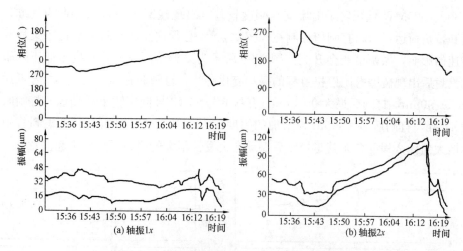

图 4-90　打闸前后轴振 $1x$、$2x$ 幅值、相位变化

但有时也有例外，如另一台亚临界 600MW 机组在定速运行 2h 后，高中压转子出现摩擦振动，轴振 $1x$ 快速增加，至 $180\mu m$ 时打闸停机。打闸停机时轴振 $1x$、$2x$ 工频振动分别为 $160\mu m \angle 80°$、$110\mu m \angle 280°$，降速通过一阶临界转速时振动没有明显增加（轴振 $1x$、$2x$ 降速波特图见图 4-91）。但当转速降到 1300r/min 左右时，轴振 $1x$、$2x$ 均出现较大的峰值，$1x$ 振动为 $130\mu m$（工频 $120\mu m \angle 0°$），$2x$ 振动达 $331\mu m$（工频 $315\mu m \angle 2°$），显然这是在降速过程中再次发生摩擦引起的。

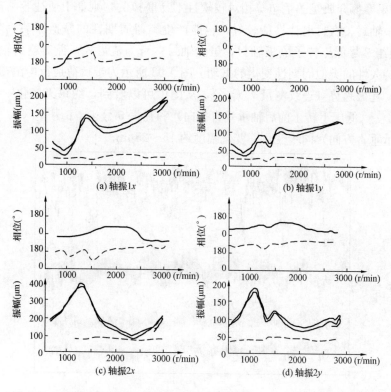

图 4-91　打闸后高中压转子轴振伯德图（虚线为正常停机时幅值和相位）

300、600MW 低压转子由于支承刚度较差，出现碰磨时一般以瓦振为基准，工作转速和带负荷运行时，打闸值控制在 80～90μm。必须注意的是打闸后由于柔性支承共振转速的影响，振幅可能会升高。图 4-92 所示为某亚临界 600MW 机组低压转子加装刷式汽封后出现碰磨打闸停机过程的振动变化趋势，打闸时瓦振 5 号⊥（2 号低压转子前轴承）90μm，打闸后最大 99.5μm；瓦振 6 号⊥（2 号低压转子后轴承）打闸时工频振动 47μm，打闸后最大 85μm，增加的幅度较大。对于这些机组必须考虑到打闸后振动会增大到什么程度，尤其是打闸后振动会突发性增大的机组，更应引起注意。

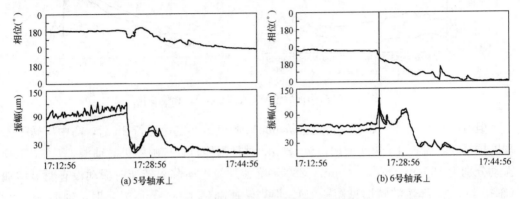

图 4-92　打闸停机后 2 号低压转子瓦振趋势

（3）对摩擦介质特性的了解更有利于识别和控制摩擦振动。

1）如果摩擦介质是羊毛毡等相对较软且不易磨掉的，则如上所述容易产生周期性摩擦振动。轴封、汽封退让性能较好，也能产生类似周期性的摩擦振动。东方亚临界600MW 机组 2 号低压转子隔板轴封，虽然轴封本身为梳齿式，但对应的轴段是光轴，也能产生持久性的类似周期性变化的振动。图 4-93 所示为带负荷运行中测得的 1、2 号低压转子、瓦振趋势（连续测量 7 天多），从图中可以看到，约每天变化一次，瓦振 3 号⊥、4 号⊥（低压 I 转子前后轴承垂直方向）和瓦振 5 号⊥、6 号⊥（1、2 号低压转子前后轴承垂直方向）同步变化，变化幅度约 15～25μm。

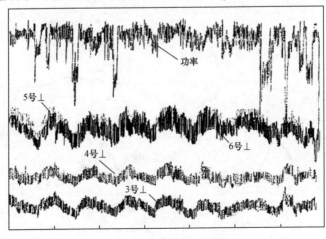

图 4-93　1、2 号低压转子瓦振趋势（连续 7d）

2）密封瓦与转轴发生摩擦时，由于有密封油冷却，变化一般比较缓慢。图 4-94 所示为某厂一台西屋型 300MW 机组在带负荷运行中测得的密封瓦碰磨时轴振 $5x$ 趋势，可以看出，变化带有随机性，有时也可以出现类似周期性的变化，变化周期可达 $2\sim 3h$，幅值和相位变化幅度一

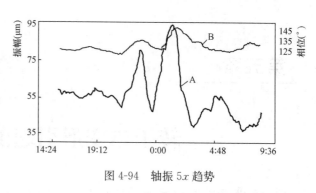

图 4-94　轴振 $5x$ 趋势

般较小，但有时也可达到 $50\mu m$ 以上。运行中密封瓦摩擦由于有密封油冷却及不平衡响应小等原因，一般可维持较长的时间。如该机密封瓦摩擦维持了一年多，直到大修时更换新的密封瓦后摩擦振动才消除。

3）布莱登汽封在带负荷过程中容易出现碰磨，当达到某一负荷（额定负荷的 15% 左右）开始闭合时，最容易出现碰磨。如某亚临界 600MW 机组在一次大修中高中压缸改为布莱登汽封后，首次开机带负荷过程中当负荷升到 77MW 时，轴振 $2x$ 开始增大，由 $40\mu m$ 增至 $80\mu m$，而后又降至 $60\mu m$，之后又迅速增大到 $170\mu m$，打闸停机。通过临界转速时轴振 $2x$ 最大 $125\mu m$，打闸停机后盘车数小时（一般 4h 以上），再次开机带负荷未出现碰磨。

4）新推广的刷式汽封，不少机组已在低压缸上采用，这种汽封由于间隙小在首次开机及在带负荷过程中容易出现碰磨，有时需反复打闸多次才能正常运行。如某亚临界 600MW 机组，在大修中低压缸加装了刷式汽封，首次开机当转速升至 2800r/min 左右出现碰磨，瓦振很快超过 $80\mu m$，打闸停机。盘车 4h 后，再次开机至 2800r/min 左右还是出现碰磨，后又将定值提高到 $100\mu m$，又反复打闸两次后才将机开出。而且在带负荷运行中当参数改变时（负荷、真空等），仍然容易出现碰磨。图 4-95 所示为运行中测到的低压 Ⅱ 转子瓦振趋势，可以看到多次出现类似周期性的变化，瓦振 6 号⊥工频振动最大达 $70\mu m$，最小仅 $5\mu m$，相位变化幅度最大可达 90°，瓦振 5 号⊥也有类似的变化。从该机的情况看，运行一段时间摩擦会逐步减弱，振动会渐趋平稳。

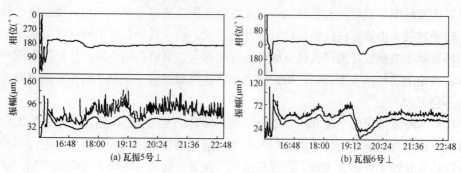

(a) 瓦振5号⊥　　　　　　　　　(b) 瓦振6号⊥

图 4-95　带负荷运行中 2 号低压转子瓦振趋势

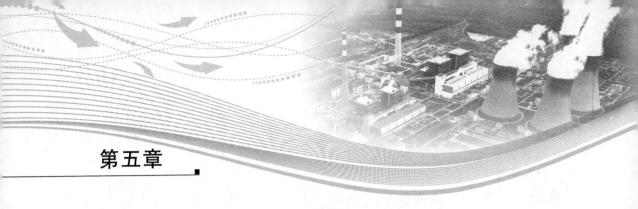

第五章

转子热变形引起的振动

第四章讲的摩擦振动主要是由热变形引起的，本章讲的热变形涉及的范围更宽一些，涉及转子材质、制造工艺、安装质量及运行管理等。由于热变形的形式不同，对机组振动的影响也不同。有的在运行中就能表现出来，有的可能会在超速时或停机通过临界转速时产生很大的振动，威胁到机组的安全运行。随着机组容量的增大，产生热变形的概率较大，对机组振动的影响更大，是专业人员和生产管理人员不可忽视的。

第一节　热变形产生的原因

通常转子产生热变形的原因如下。

（1）转子材质不均或有内应力，在热态下或经过一段时间的运行后，由于内应力释放，使转子产生变形，振动发生变化。目前已发现多台国产 300、600MW 机组高中压转子运行一段时间后产生新的变形，使振动尤其是通过一阶临界转速时的振动发生变化。

（2）作用在转子上的扰动力偏大，使在暖机过程及热态运行中由于抗弯刚度变化而使振动增大，停机通过临界转速时振动增大尤为明显。

（3）发电机转子存在匝间短路，匝间短路既可产生磁场不平衡，又可在转子断面上产生温差，转子变形后使振动发生变化。转子变形与匝间短路的部位有关，匝间短路使振动达到稳定一般需要较长时间。

（4）发电机转子通风孔部分堵塞，冷却不均同样会使转子断面产生温差。转子每一槽间有多匝线圈，线圈间有绝缘层，只要各匝线圈、绝缘等膨胀不均，就会使通风孔错位，转子越长，由膨胀造成错位的可能性就越大。由于转子是从中间向两端膨胀，越靠近护环处膨胀差越大，通风孔错位的可能性就越大。通风孔错位后，使护环附近产生热变形。理论上这种热变形是以三阶振型为主，停机通过第二、第一临界转速时振动增加一般不会很大。

（5）水冷发电机转子冷却水管部分堵塞，使转子断面上产生温差，越靠近大齿处影响越大。由于这种温差沿转子轴长均匀分布，造成的热弯曲以一阶振型为主。在工作转速时振动变化较小，不易发现，但停机通过一阶临界转速时振动会大幅度增加，威胁到机组的安全运行。

（6）转子热变形还应考虑套装部件热态下的松弛（如汽轮机套装叶轮、套装对轮等），转子中心孔加工不规则及中心孔进油、进水等。这一般在中小型机组上可能会遇到，300MW、600MW 以上大机组这方面的问题较少。

第二节　热变形的振动特征

一、热变形产生的振动与转子热状态有关

（1）如果热变形发生在汽轮机转子上，在暖机及带负荷过程中就能反映出来。如图 5-1 所示为某西屋型 300MW 机组在一次冷态开机中测得的高中压转子轴振升速伯德图，可以看出在 2030r/min 暖机过程中（约暖机 3h），轴振 $1x$、$1y$、$2x$、$2y$ 均有不同程度增加，轴振 $2y$ 增加最大达 $30\mu m$，相位同时变化 $10°\sim20°$。从变化趋势看，轴振 $1x$、$2x$ 和轴振 $1y$、$2y$ 相位差减小，同相分量增加，说明一阶振型分量有增大趋势，转子产生弓状弯曲。

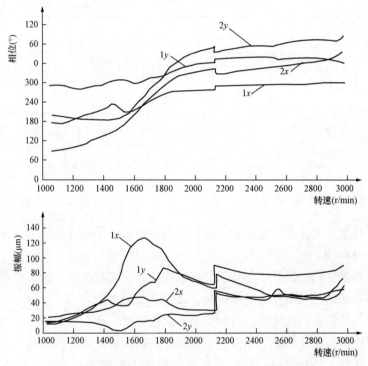

图 5-1　某 300MW 机组高中压转子轴振升速伯德图

并网带负荷后，尤其是在带负荷初始阶段，缸温、转子温度升高较快，更能反映出热变形对振动的影响。如图 5-2 所示为某台东方 300MW 机组在启动带负荷过程中测得的高中压缸温变化趋势，也可代表转子温升趋势，13 日 10：08 冲转，11：05 并网，13：41负荷升到 56MW 因故停机，而后又于 14：27 重新并网，19：30 负荷升到 300MW。在这一过程中，测得高中压转子轴振变化见表 5-1，从图表中可看出，缸温变化最快是在并网和带负荷初始阶段。并网后 2h 负荷升到 56MW 时，缸温上升 240℃左右。而在这段时间内，轴振 $2x$、$2y$ 也是变化最快的，$2x$ 从 $67\mu m\angle211°$ 变化到 $102\mu m\angle200°$，

$2y$ 从 $31\mu m\angle335°$ 变化到 $56\mu m\angle328°$。当因故停机缸温略有下降时，轴振 $2x$、$2y$ 及轴振 $1x$、$1y$ 也相应降低。当负荷升至 300MW 时，轴振 $2x$、$2y$ 分别升到 $119\mu m\angle208°$、$73\mu m\angle336°$，轴振 $2x$ 变化趋势如图 5-3 所示。

表 5-1 带负荷过程振动测量结果

时间	负荷（MW）	$1x$	$1y$	$2x$	$2y$
11：05	4.4	$33\mu m\angle155°$	$33\mu m\angle297°$	$67\mu m\angle211°$	$31\mu m\angle335°$
11：59	16.2	$66\mu m\angle161°$	$54\mu m\angle300°$	$64\mu m\angle196°$	$31\mu m\angle320°$
12：43	57	$49\mu m\angle182°$	$48\mu m\angle318°$	$95\mu m\angle198°$	$49\mu m\angle328°$
13：41	56	$48\mu m\angle169°$	$47\mu m\angle309°$	$102\mu m\angle200°$	$56\mu m\angle328°$
14：33	8.2	$44\mu m\angle191°$	$36\mu m\angle326°$	$81\mu m\angle212°$	$41\mu m\angle338°$
18：51	216	$43\mu m\angle223°$	$50\mu m\angle347°$	$121\mu m\angle205°$	$74\mu m\angle333°$
19：29	300	$38\mu m\angle232°$	$42\mu m\angle351°$	$119\mu m\angle208°$	$73\mu m\angle336°$

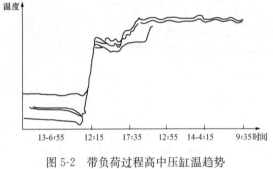

图 5-2 带负荷过程高中压缸温趋势   图 5-3 带负荷过程轴振 $2x$ 趋势

（2）如果热变形发生在发电机转子上，振动会随着转子电流的增加不断增大，这在后文的实例中可看到。

二、热变形产生的振动除了与转子热状态有关外，还与热变形的形式有关，热变形形式考虑到不平衡响应可概括为类似一阶、二阶、三阶振型

（1）类似一阶振型的热变形，这种热变形比较常见，称为弓状弯曲。其振动特征是在带负荷运行中振幅变化较小，相位变化的特征是两端轴振或瓦振的相位差减小，即同相分量增加，在热态停机通过一阶临界转速时振动大幅度增加。由于转子产生弓状弯曲，使动挠度曲线发生变化，轴颈相对轴承有个斜度，使轴向振动增加，使相邻转子的振动增加，同时还容易使油膜刚度产生非线性变化，激发起分谐波振动等，使振动放大，机组无法运行。

（2）类似二阶振型的热变形，纯粹的这种热变形比较少见，一般是由端部变形引起（既有二阶又有一阶），其振动特征是在带负荷运行中就能反映出来（工作转速在一阶临界转速以上、二阶以下），通过一阶临界转速时，一般不会出现很大的振动。

（3）类似三阶振型的热变形，从实测到的 600MW 发电机热变形的振动特征看，其热变形形式类似于三阶振型。热变形主要发生在两端护环附近，这种热变形的振动特征是在工作转速时，振动有明显的增加，两端轴振、瓦振以同相分量为主。通过二阶临界转速时，振动无明显变化。通过一阶临界转速时，振动有一定程度的增加。超速试验时，轴振、瓦振均有较大幅度的增加。

三、对类似一阶振型的热变形必须引起高度关注

这种热变形在带负荷运行中一般不易发现，其主要危险是在热态停机通过一阶临界转速时振动会有大幅度增加，可能会危及整个机组的安全。为能正确判断这种热变形，运行中除注意幅值变化外，还应注意相位变化和轴向振动的变化。

第三节 实 例 分 析

【例5-1】发电机转子冷却水管部分堵塞引起的热变形。

(1) 某厂125MW机组发电机为双水内冷，运行中发现发电机两端轴承振动有增大趋势（前、后轴承分别为4、5号轴承），特别是5号轴承轴向振动最大已增至$175\mu m$。停机检查5号轴承未发现问题后又开机，开机过程中测量了1、3、4、5号轴承的振动，并重点观察了5号轴承的振动变化。从测量结果看，未发现异常情况，发电机转子通过临界转速（1350r/min左右）时振动最大为$30\mu m$，汽轮机转子通过临界转速时振动最大为$25\mu m$。工作转速时各轴承振动见表5-2，发电机两端轴承振动均在$25\mu m$以下。从通过临界转速和到达工作转速时的振动情况看，发电机转子平衡情况较好。

表5-2 　　　　　　　　　　工作转速时各轴承振动　　　　　　　　　　μm

测点	车头	1号	3号	4号	5号	6号	7号
⊥	30	22	17	15	5.8	18	16
→	17	19	20	22	11	11	6

并网带负荷以后，机组振动发生了变化，随着负荷的增加和运行时间的增长，发电机两端轴承振动不断增加。表5-3列出了带负荷后发电机两端轴承振动变化情况，从表中可以看出，带负荷后与空载时相比发电机两端轴承振动明显增加。尤其是5号轴承垂直和水平方向振动增加更为明显，垂直方向振动从$6.2\mu m$增加到$26.2\mu m$，水平方向振动从$11\mu m$增加到$49.4\mu m$。从相位变化看，空载时5号⊥和4号⊥相位差$110°$，带负荷后5号⊥相位变化较大，两端轴承的相位差不断减小，至负荷100MW时，5号⊥和4号⊥相位仅相差$2°$，5号→和4号→相位相差$8°$。

表5-3 　　　　　　　　带负荷后发电机两端轴承振动变化情况

时间	工况	5号⊥	5号→	4号⊥	4号→
19:10	3000r/min	$6.2\mu m\angle 180°$	$11\mu m\angle 39°$	$15\mu m\angle 70°$	$22\mu m\angle 50°$
22:00	52MW	$18\mu m\angle 82°$	$34.9\mu m\angle 40°$	$20.7\mu m\angle 15°$	$29.2\mu m\angle 52°$
23:00	66MW	$15.9\mu m\angle 80°$	$38.5\mu m\angle 42°$	$23\mu m\angle 71°$	$32.3\mu m\angle 55°$
23:05	90MW	$20.3\mu m\angle 86°$	$43.2\mu m\angle 44°$	$23\mu m\angle 66°$	$33.4\mu m\angle 58°$
23:20	100MW	$26.2\mu m\angle 87°$	$49.4\mu m\angle 42°$	$22.3\mu m\angle 85°$	$35.1\mu m\angle 50°$

（2）为分析振动增大的原因，首先进行了转子电流试验。有功负荷固定在 100MW，转子电流从 1100A 增加到 1580A（额定电流为 1650A），稳定一段时间观察振动变化，试验结果见表 5-4。

表 5-4　　　　　转子电流变化试验结果（23：30 转子电流从 1100 升到 1580A）

时间	转子电流（A）	5 号 ⊥	5 号 →	4 号 ⊥	4 号 →
23：20	1100	26.2μm∠87°	49.4μm∠43°	22.3μm∠85°	35.1μm∠50°
23：35	1580	29.6μm∠85°	—	23.9μm∠89°	—
23：40	1580	34μm∠85°	61.8μm∠46°	24.5μm∠92°	42μm∠50°
23：46	1580	44μm∠86°	69.1μm∠46°	25.8μm∠97°	50.8μm∠47°

试验结果表明，振动与转子电流有很大的关系，转子电流增大，5、4 号轴承垂直和水平方向振动都同时增大。而且当电流保持不变时随着运行时间的增长，振动不断增大。从相位特性看，两端轴承垂直和水平方向振动都是以同相分量为主。通过发电机转子电流试验，可排除汽轮机侧及传动力矩等影响。

由于振动偏大（5 号轴向振动已超过 $100\mu m$）及振动随时间有继续增大的趋势，决定停机检查发电机。负荷 120MW、转子电流 1120A 时打闸停机，在停机过程中重点监测了 5 号轴承的振动，测得如图 5-4 所示的降速伯德图。从图中可以看出，在解列至 3000r/min 时，5 号 ⊥ 振动为 $35\mu m$，降速至 2400r/min 时出现一个小的峰值，振动约 $80\mu m$，降速至 2150r/min 时振动降到 $20\mu m$ 左右。而后随着转速的降低，振动快速增加。至 1500r/min 时已增至 $200\mu m$，1300r/min 时达 $741\mu m$，1250r/min 时增至 $990\mu m$，1240r/min 时已超过仪器最大量程 1mm。这么大的振动已经到了十分危险的程度，当时发电机两端轴承处因油挡摩擦冒烟、擦出火花、发电机端盖密封磨损，地面抖动，现场人员十分慌乱，幸好转速较低，没有造成更大事故。

停机过程的振动情况进一步证实发电机转子在运行中已经产生了严重的热变形，而且这种变形近似于一阶振型，即通常所说的"弓"状弯曲。

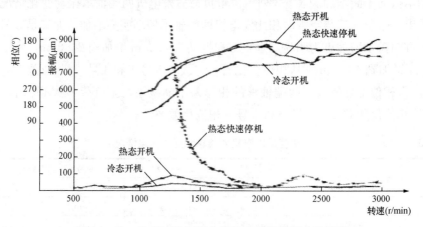

图 5-4　冷、热态开机和热态停机 5 号轴承振动伯德图

（3）为什么在工作转速时振动增加不大而在通过临界转速时 5 号轴承垂直方向振动

会超过 1mm，用挠性转子的振动理论可以得到解释。该发电机转子一阶临界转速 1300r/min 左右，工作转速是在一阶临界转速以上，二阶临界转速（3600r/min 以上）以下，工作转速转子的振型可表达为

$$y = \frac{\omega^2}{\omega^2 - \omega_1^2} A_1 \sin\frac{\pi}{L}x + \frac{\omega^2}{\omega^2 - \omega_2^2} A_2 \sin\frac{2\pi}{L}x + \frac{\omega^2}{\omega^2 - \omega_3^2} A_3 \sin\frac{3\pi}{L}x$$

式中　　ω——转速，rad/s；

ω_1、ω_2、ω_3——发电机转子一、二、三阶临界转速，rad/s；

A_1、A_2、A_3——一、二、三阶振型系数；

　　　L——轴长，mm；

　　　x——轴上某一点到左边支点的距离，mm。

转子由热变形产生弓状弯曲后，由于近似一阶振型，一阶振型系数 A_1 较大。由振型的正交性可知，二阶振型系数 A_2 接近 0，三阶振型系数 A_3 在端部为负值。可知降速过程中在较高转速时，由于一、三阶振型抵消，振动较小。当接近一阶临界转速时，由于热变形与一阶振型相似，振动就急剧增加，从 2150r/min 时不到 20μm 一下增加到超过 1mm。

（4）停机后对发电机转子热变形的原因进行了分析，认为引起热变形的原因主要有两个：一是转子线圈存在匝间短路；二是转子冷却水管有部分堵塞。

在运行和停机过程中对匝间短路进行分析和测试，同时将该机运行历史上相同工况下的电压和电流进行了比较核对，确证转子没有匝间短路。该转子共有 14 个线圈，每个线圈有冷却水管，水管为 7mm×7mm 方形管。为查清各根冷却水管是否有堵塞，在不抽转子的情况下进行了流量试验。试验方法是在进水总管上接上工业水，调整到一定的压力，打开发电机转子出水侧的集水箱，逐根测量流量，每个点做三次，而后进行比较分析，每次通水时间控制在 15s。

从流量试验结果，可以清楚看出有一根冷却水管堵塞，使水压增高、流量减小，流量仅为其他管子的 1/3。该根冷却水管对应第 2 组线圈，从位置看比较靠近大齿，使转子在大齿上下方向产生了明显的温差，转子热弯曲后使振动增大。理论上转子由于径向温差产生的热弯曲可用下式计算：

$$\delta = \frac{\alpha \Delta t L^2}{8d}$$

式中　　δ——转子最大弯曲量，mm；

　　　α——线膨胀系数，1/℃；

　　　Δt——转子直径方向沿轴长的平均温差，℃；

　　　d——轴直径，mm；

　　　L——两端轴承中心距，mm。

该转子两轴承中心距 $L=5365$mm，轴径 $d=400$mm，若取 $\alpha=1.0\times10^{-5}$/℃，则温差 $\Delta t=1$℃时，就可产生 $\delta=0.09$mm 的弯曲量，即只要几度的温差就能使转子产生较大的弯曲。从流量试验冷却水管堵塞所对应的 2 号线圈的位置看，比较靠近大齿。即

从截面看，分布于转子大齿上下端，在一端堵塞的情况下，就会产生较大的温差导致转子弯曲。运行中在转子电流 1050A、负荷 118MW 时，用电涡流传感器测量了轴振动，在 4 号轴承内侧离轴承中心约 800mm 处测得轴振动为 542μm，在 5 号轴承外侧离轴承中心 400mm 处测得轴振动为 375μm。估计停机前负荷 120MW、转子电流 1120A 时，发电机转子中部最大弯曲值可达 1mm 左右。

该转子虽然在通过一阶临界转速时轴承振动超过 1mm，由于是转子断面温差引起的热弯曲，且转速较低时产生的局部摩擦，转子未产生永久弯曲。连续盘车 3h 后，又重新启动成功。热态开机时 5 号轴承振动升速伯德图如图 5-4 所示，可以看出通过一阶临界转速时振动 80μm 左右，比冷态开机略大，但达到工作转速时振动变化不大。

（5）查出冷却水管有堵塞后，设法将冷却水管中的脏物冲洗掉。由于冷却水管较小，而且在转子中有几个回路，要将堵塞在水管中的脏物冲洗出来十分困难。开始用 1MPa 左右的压力水冲洗效果不大，后将压力提高到 6MPa，才将大部分脏物冲出。脏物冲出后在进水压力为 0.3MPa 的情况下，流量比原来增加约 1 倍，但比另一侧回路略小。考虑到该机即将大修，未继续冲洗。冷却水管经冲洗后带负荷振动测量结果见表 5-5。

从表 5-5 中可看出，带负荷过程中振动还是有些变化，但变化到一定程度后能减小。说明热变形量与原来相比已大大减小，后该机连续运行较长时间，未因振动问题而停机。

表 5-5 冷却水管冲洗后带负荷振动测量

时间	工况	4 号 ⊥	4 号 →	5 号 ⊥	5 号 →
16：43	3000r/min	16.8μm∠116°	15.8μm∠368°	7.6μm∠310°	17.8μm∠350°
16：48	并网	18.7μm∠114°	—	8.0μm∠304°	—
16：58	10MW 1100A	19μm∠111°	21.2μm∠368°	8.4μm∠302°	28.2μm∠327°
20：35	115MW 1350A	19.2μm∠133°	23.5μm∠57°	10.6μm∠314°	16.8μm∠26°
第二天 8：45	125MW 1350A	16.9μm∠149°	21.5μm∠98°	14.2μm∠338°	15.9μm∠53°

【例 5-2】75MW 发电机转子由匝间短路引起的振动。

发电机转子匝间短路既产生磁场不平衡，又由于短路匝通过的电流较大，附近的温度较高，在转子截面上产生温差，由热变形引起振动。

某厂一台 75MW 机组运行几年后发现发电机两端轴承振动变化，有下列几个特点：

（1）运行中随着负荷和转子电流的增加，振动不断增大。如某次冷态启动到 3000r/min 时，发电机转子前轴承垂直方向振动为 21μm，带负荷至 60MW 时，振动就增大到 60μm。尤其是轴向振动，在 3000r/min 时 3 号轴承轴向振动仅 10μm，带负荷至 60MW 时轴向振动增加到 86μm。

（2）热态停机通过临界转速时振动明显增大。如图 5-5 所示为发电机前轴承在冷态开机通过临界转速时的振动和热态停机时比较，可看出，冷态开机时通过一阶临界转速时的振动为 $62\mu m$，热态停机时通过一阶临界转速时的振动已增加到 $300\mu m$，严重影响机组的安全运行。

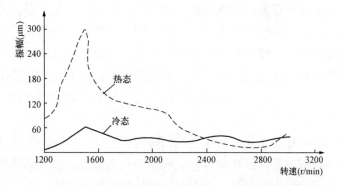

图 5-5　冷态开机和热态停机 3 号⊥瓦振比较

（3）从冷态开机到带负荷后振动稳定一般需要很长的时间，有时需要 2～3 天，与转子电流有明显的关系。表 5-6 列出了某次冷态启动后振动变化测量结果，从表中可以看出，共测量了近 30h，振动还没有完全稳定，后因振动太大，没有继续进行下去。

表 5-6　　　　　　　　　　　　某次冷态启动后振动变化测量结果

时间	负荷 (MW)	转子电流 (A)	3号⊥	3号→	3号⊙	4号⊥	4号→	4号⊙
14:55	空载	0	$4\mu m\angle268°$	—	—	$9\mu m\angle290°$	—	—
15:06	并网	—	$5\mu m\angle300°$	—	—	$10\mu m\angle280°$	—	—
15:30	50	420	$1\mu m\angle275°$	—	—	$24\mu m\angle273°$	—	—
16:15	50	420	$5\mu m\angle350°$	—	—	$37\mu m\angle272°$	—	—
17:30	50	420	$8\mu m\angle346°$	—	—	$47\mu m\angle268°$	—	—
第二天 8:00	50	450	$6\mu m\angle40°$	$6\mu m\angle75°$	$11.5\mu m\angle235°$	$72\mu m\angle270°$	$55\mu m\angle160°$	$36\mu m\angle88°$
10:00	53	450	$9\mu m\angle15°$	$8\mu m\angle110°$	$12.5\mu m\angle226°$	$61\mu m\angle270°$	$51\mu m\angle156°$	$27\mu m\angle95°$
11:00	50	470	$8\mu m\angle35°$	$2.5\mu m\angle80°$	$12.5\mu m\angle230°$	$58\mu m\angle268°$	$47\mu m\angle165°$	$27\mu m\angle92°$
15:00	55	480	$9\mu m\angle30°$	$3.5\mu m\angle125°$	$11.5\mu m\angle232°$	$67\mu m\angle270°$	$59\mu m\angle160°$	$38\mu m\angle90°$
16:00	65	600	$12\mu m\angle38°$	$3.5\mu m\angle220°$	$12\mu m\angle220°$	$72\mu m\angle268°$	$73\mu m\angle172°$	$42\mu m\angle88°$
16:40	65	600	$14\mu m\angle60°$	$3\mu m\angle285°$	$12\mu m\angle220°$	$86\mu m\angle268°$	$85\mu m\angle175°$	$47\mu m\angle80°$
17:15	65	600	$13.5\mu m\angle65°$	$3.2\mu m\angle10°$	$12.5\mu m\angle214°$	$90\mu m\angle270°$	$90\mu m\angle172°$	$56\mu m\angle78°$

可以看出振动变化是很大的，4 号⊥（发电机后轴承）从 $9\mu m$ 增加到 $90\mu m$，4 号→和 4 号⊙也变化很大，但相位变化较小。3 号⊥和 3 号→、3 号⊙振幅变化较小，但相位变化较大，其中 3 号⊥相位变化 203°。振动变化与转子电流有很大关系，电流越大振动越大。而且与时间有关系，稳定在某一个电流值，振动还在不断变化。如电流稳定在 600A，开始 4 号⊥振动为 $72\mu m$，经过一个多小时后，振动就增加到 $90\mu m$，

197

4号→和4号⊙也有类似情况。

后查明该发电机转子因运行时间较长存在匝间短路，匝间短路引起的振动变化与短路点的位置有关。从该机的情况看，只要在检修中拉了套箍，短路位置就有可能发生变化。一般短路位置分布在端部，因此理论上以二阶振型为主，在工作转速时比较容易表现出来。见表5-6，在并网和带负荷开始阶段，4号⊥就反映出振动变化。但对一阶振型的影响也是不能忽视的，特别是两端都有短路点，位置又接近相同时，对一阶振型的影响更大。从该机平衡一阶振型（采用冷态补偿的办法，见下文）的情况看，一般都需要加上很多重量。该机为补偿热变形引起的一阶不平衡，就曾在两端平衡槽内加重达3535g。

由匝间短路引起的振动变化除与短路点的位置有关外，还与动平衡时加重的方位有关。如果所加的方位刚好是热变形的方向，就能助长热变形，使该侧轴承的振动很快反映出来。如果是与热变形方向相反，则可起到抵消热变形的作用。表5-6的振动变化是在一次动平衡后发生的，在3、4号侧平衡槽内分别反对称加重350g，结果使工作转速时的振动都降到了10μm以下，而且以同相分量为主。可是在并网带负荷后由于4号侧所加的重量与热变形方向相同，振动很快增加。而3号侧由于加重与热变形方向相反，振动变化很小，但相位变化却很大。

该机由于热变形，当振动增加到一定程度（一般在90μm以上）就很容易激发起25Hz的低频振动，这种振动一旦产生机组就无法继续运行。图5-6（a）和（b）为用16线光示波器测得的低频振动的情况，图5-6（a）为3号⊥振动与转子电流变化的关系，随着转子电流的增加，振动频率和波形不断发生变化。转子电流500A时，振动频率以50Hz为主。随着转子电流的增加，50Hz振动分量逐步减少，25Hz振动分量增加。当转子电流增加到550A时，由原来50Hz的振动变成了25Hz的振动。图5-6（b）为激发起25Hz振动时3、4号轴承垂直和水平振动情况，可以看出除4号→有一定的50Hz的振动分量外，其余均是25Hz的振动。由于匝间短路在不抽转子更换绝缘的情况下无法处理，为了维持机组运行，一般可采用冷态补偿的方法使热态时振动减小。

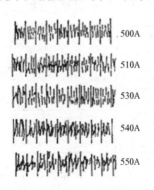

(a) 3号⊥振动与转子电流关系

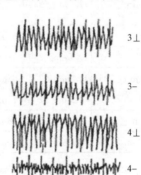

(b) 产生低频振动时波形

图5-6　发电机轴承振动波形

若热态和冷态时的相位相差不大，则可减小冷态下的振动，使热态下振动也同时减小。如该机在冷态开机时，测得3号轴承通过临界转速时的振动为62μm∠130°，热态停机时通过临界转速时的振动为300μm∠160°，相位相差不大，可采用动平衡的方法降低冷态开机通过临界转速时的振动。在两端平衡槽内各加重900g，使通过一阶临界时的最大振动降到13μm，经冷态平衡后热态停机通过一阶临界时的振动也相应降至160μm。

还可用矢量计算计算出热变形量，而后定出一个目标值进行平衡。如表 5-6 中，冷态开机至 3000r/min 时测得振动为 3 号⊥：$4\mu m\angle 268°$，4 号⊥：$9\mu m\angle 290°$；

带负荷后由于热变形使振动变化为 3 号⊥：$13.5\mu m\angle 65°$，4 号⊥：$90\mu m\angle 270°$；

于是可以求出振动热变量为△3 号⊥$=13.5\mu m\angle 65°-4\mu m\angle 268°=19.1\mu m\angle 80°$；

△4 号⊥$=90\mu m\angle 270°-9\mu m\angle 290°=81.6\mu m\angle 268°$。

将冷态下的振动标准定为 3 号⊥：$50\mu m\angle 240\sim 250°$，4 号⊥：$50\mu m\angle 80\sim 90°$，经多次平衡调整，最终使冷态下的振动达到 3 号⊥：$63\mu m\angle 247°$，4 号⊥：$51\mu m\angle 70°$。热态下带负荷 65MW 时，3 号⊥为 $42\mu m\angle 250°$，4 号⊥为 $23\mu m\angle 265°$，基本能满足现场要求。

由于转子热变形后使各个方向加重的影响系数不一致，有时很难估算正确。该机曾在 3 号瓦侧三个方向各加重 500g（三个方向分别是 $30°$、$235°$、$135°$），结果算出的影响系数 K_{33} 可相差 25％，K_{43} 可相差 30％以上。

若两端平衡槽内加重太多（一般不超过 1kg），还必须考虑移重。将端部加的集中质量适当地移到转子中部，这样既降低了端部平衡面的应力，又使加重更为合理。移重时必须根据灵敏度进行计算，该机曾将端部平衡面所加的 3.5kg 平衡重全部移到了转子中间本体部分，移重后再适当调整配重即可。

该机采用上述方法处理后机组运行接近 5 年，而后选择适当时机将转子送制造厂返修，更换绝缘，解决了匝间短路问题。

【例 5-3】600MW 发电机转子匝间短路故障分析处理。

某厂 1 号机组发电机型号 QFSN-600-2。故障前带负荷及额定转速时发电机轴振动最大 $46\mu m$、瓦振动最大 $26\mu m$。停机降速过程中，轴振 7y 最大 $71\mu m$、8y 最大 $44\mu m$，瓦振 7⊥最大 $22\mu m$、8⊥最大 $27\mu m$。

1. 发电机振动恶化情况

2014 年 2 月 12 日开机，升速过程轴振 7y、8y 最大为 70、$39\mu m$，瓦振 7 号⊥、8 号⊥最大为 15、$14\mu m$。额定转速时 7y、8y 轴振为 36、$40\mu m$，瓦振 7 号⊥、8 号⊥为 14、$19\mu m$（见表 5-7）。无论升速过程还是额定转速，与停机时比较发电机振动基本未变。

表 5-7　　　　　　　带负荷过程发电机振动变化　　　　　　　　　　μm

时间	负荷（MW）	轴振动 7y	轴振动 8y	瓦振 7 号⊥	瓦振 8 号⊥
2014 年 2 月 12 日 11：08	空载	34	37	12	17
2014 年 2 月 12 日 11：30	32（并网）	24	19	9	11
2014 年 2 月 12 日 14：40	350	83	39	27	28
2014 年 2 月 12 日 21：25	420	109	52	43	42
2014 年 2 月 17 日 3：50	534	137	74	59	53

2014 年 2 月 12 日 11：30 发电机并网带负荷 32MW，14：40 负荷升至 350MW，

21：25 负荷升至 420MW，17 日 3：50 最高负荷达 534MW，带负荷初期发电机振动变化曲线如图 5-7 所示，机组调峰运行发电机振动变化曲线如图 5-8 所示。可以看出，刚并网时发电机振动稍有降低，随后加负荷过程中发电机振动大幅度增加，之后调峰运行时，负荷变化，发电机振动随之变化，两者变化趋势基本一致。

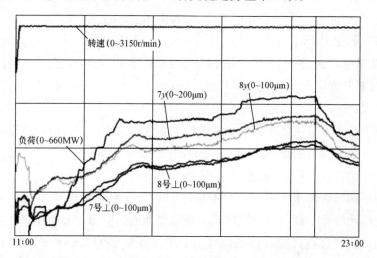

图 5-7　带负荷初期发电机振动变化曲线

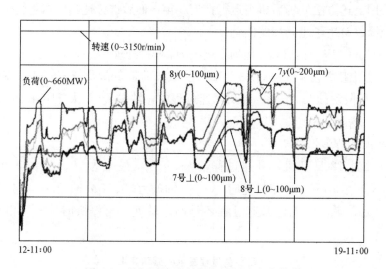

图 5-8　机组调峰运行发电机振动变化曲线

2. 励磁电流变化试验

为区别有功、无功负荷对发电机振动的影响，2 月 19 日进行了励磁电流变化试验。试验过程有功稳定在 460MW，15：31 励磁电流从 3068A 快速增加，15：33 增加到 3578A，稳定约 30min。之后 16：06 开始降低励磁电流，16：11 降至 2993A，再次稳定 30min。励磁电流与发电机振动变化之间的关系曲线如图 5-9 所示，励磁电流变化试验数据见表 5-8。可见，发电机振动与励磁电流关系密切，励磁电流变化时发电机振动立即变化，励磁电流稳定 30min，发电机振动继续变化。

表 5-8　　　　　　　　　　　　　励磁电流变化试验数据

时间	有功/励磁电流	轴振 7y		轴振 8y		瓦振 7 号⊥		瓦振 8 号⊥	
		通频 (μm)	工频	通频 (μm)	工频	通频 (μm)	工频	通频 (μm)	工频
15：19	461MW/3068A	125	118μm∠129°	62	62μm∠118°	58	54μm∠342°	54	50μm∠146°
15：33	466MW/3578A	131	125μm∠129°	69	68μm∠120°	61	57μm∠342°	56	53μm∠148°
16：00	465MW/3575A	141	134μm∠135°	75	75μm∠129°	63	61μm∠347°	58	55μm∠156°
16：11	465MW/2976A	129	124μm∠133°	67	65μm∠125°	58	55μm∠346°	54	51/μm∠52°
16：41	465MW/2993A	123	118μm∠129°	64	63μm∠117°	54	52μm∠341°	54	51μm∠145°

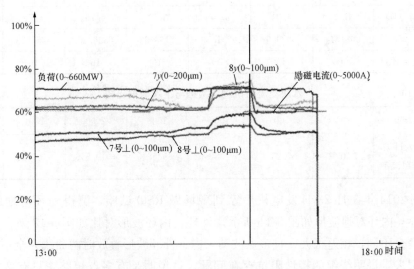

图 5-9　励磁电流与发电机振动变化关系曲线

3. 发电机振动分析

从上述励磁电流变化试验可知，带负荷后 7、8 号振动增加的主要原因是发电机转子产生了热变形引起转子热态不平衡。而发电机转子热变形因素主要有三个：一是发电机转子匝间短路，短路的线棒电流大、短路点温度高，径向出现温差后导致转子热弯曲；二是发电机转子通风孔不均匀堵塞，堵塞点由于冷却风量减小造成温度较高，径向温差也导致发电机转子热弯曲；三是带负荷后，发电机转子内部部件往前后两端膨胀，在两端出现质量不平衡导致发电机振动增大。结合发电机振动变化历史分析，认为发电机转子产生热变形的主要原因是转子线圈出现匝间短路。

4. 发电机电气试验

（1）查找本次停机前两个典型负荷点：有功 499.46MW、无功 4.95Mvar、励磁电流 3050A；有功 306.8MW、无功−18.48Mvar、励磁电流 2351A。查找本次开机后两个相对应负荷点：有功 499.2MW、无功 4.0Mvar、励磁电流 3224A；有功 307.7MW、无功−16.58Mvar、励磁电流 2408A。对比后可看出，在相同有功和无功负荷下，励磁电流有所增大。

（2）2013 年 11 月 27 日 1 号发电机第一次大修后启动过程交流阻抗测试数据见表 5-9，本次交流阻抗测试数据与上次数据比较见表 5-10。可以看出，在盘车状态下，本次测试数据比 2013 年大修后数据增加了 7.36％，损耗有所增加；转速 500r/min 以上，本次测试交流阻抗与 2013 年大修后比较均有减少，损耗有所增加。

表 5-9　　　　　第一次大修后启动过程交流阻抗测试数据（2013 年 11 月 27 日）

转速（r/min）	盘车（静态膛内）	500	1000	1500	2000	2500	3000
交流电压（V）	200	200.7	200.7	200.35	200.92	201.91	201.7
电流（A）	43.68	43.09	43.22	42.50	42.36	12.13	42.11
交流阻抗（Ω）	4.62	4.91	4.68	4.71	4.76	4.79	4.79
功耗（W）	5681.44	5929.9	6291.83	6183.62	6306.45	6357.53	6399.94
绝缘电阻（MΩ）	16	16	16	16	16	16	16

表 5-10　　　　　　　　　本次交流阻抗测试数据与上次数据比较

转速（r/min）	0	500	1000	1500	2000	2500	3000
与 2013 年 11 月 27 日数据比较	7.36％	−7.25％	−7.82％	−9.58％	−10.5％	−10.31％	−9.44％

（3）2014 年 3 月 23 日发电机厂家到现场做 RSO 试验，测得外环对地波形如图 5-10 所示，内环对地波形如图 5-11 所示，外环、内环波形对比如图 5-12 所示。内、外环波形完全不同，相差很大，且多点波动。内、外环波形叠放时两曲线完全不重合，波形差异很大，说明绕组的特性阻抗存在问题，且说明是有多点短路。只有两曲线（相减）为一条直线或曲线重合，才能说明绕组的特性阻抗没问题。

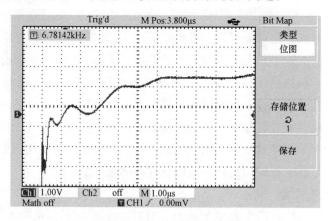

图 5-10　外环对地波形图

5. 发电机转子拔护环检查情况

通过电气 RSO 试验，更加准确判定发电机转子存在较为严重的匝间短路。2014 年 4 月 10 日发电机转子抽出后将励端护环拔出，在 8 号线圈 R 部发现有一个明显的烧伤

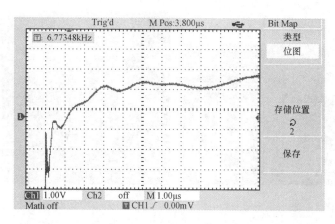

图 5-11　内环对地波形图

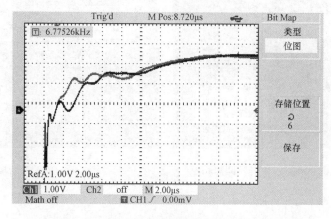

图 5-12　外环、内环波形重合情况（对比）

点（如图 5-13 所示），断了十多处顺走绝缘垫块（如图 5-14 所示），拔出汽端护环后发现有 4 个顺走绝缘垫断裂（如图 5-15 所示）。

　　2014 年 4 月 20 日转子返回制造厂以后，在 6 号线圈励端第四匝与第五匝之间发现一匝间短路点（如图 5-16 所示），线圈烧伤不严重，进行打磨处理；2 号线圈励端第四匝有一匝间短路点（如图 5-17 所示），打磨后如图 5-18 所示。发电机转子上共发现并处理了 4 处短路点。

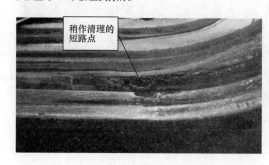

图 5-13　励端 8 号线圈 R 部一个明显的烧伤点

图 5-14　励端十多处顺走绝缘垫块断裂

图 5-15 汽侧 4 个顺走绝缘垫断裂

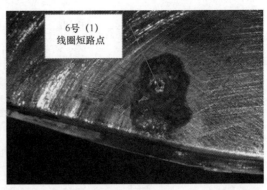

图 5-16 6 号线圈励端第四匝与五匝之间
一匝间短路点

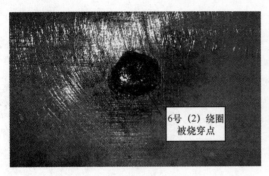

图 5-17 2 号线圈励端第四匝一匝间短路点

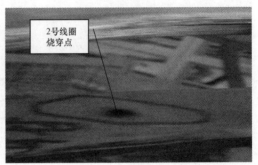

图 5-18 2 号线圈烧穿点

6. 转子修复后振动情况

在制造厂处理了匝间短路并进行高速动平衡，转子回厂装复后 2014 年 6 月 19 日开机，升速过程发电机轴振最大 95.5μm，发电机一阶临界瓦振最大 65μm、二阶临界瓦振最大 48.8μm；额定转速下发电机轴振最大 102μm、瓦振最大 71μm。负荷 560MW 时，7、8 号⊥瓦振分别为 58μm（49μm∠95°）、76μm（64μm∠252°），7y、8y 轴振分别为 124μm（114μm∠233°）、88μm（86μm∠223°）。空载和带负荷时，发电机轴振、瓦振都偏大。

发电机振动偏大原因是转子存在较大的原始不平衡，采取在低发对轮及末端风扇环加重的方法消除了不平衡。在低发对轮顺转 60°加重 600g，励磁风扇相同方位加重 350g。额定转速下发电机振动均有所好转，8 号⊥瓦振从 71μm 下降到 45μm，7y、8y 轴振动分别从 96、102μm 下降到 59、63μm，通过动平衡达到了预期效果。

【例 5-4】 300MW 发电机转子停机过程振动增大分析。

某厂一台东方 300MW 发电机转子运行中振动不稳定，轴振、瓦振有较明显的增加。停机通过临界转速时，与冷态开机相比振动大幅度增加。分析认为与发电机转子热变形有关，而且这种热变形主要是以"弓状"弯曲为主。

1. 发电机振动情况

该机带负荷运行过程中，发电机两端轴振、瓦振除振幅变化外，从相位看两端轴振同相分量增加。轴振、瓦振变化均比较缓慢，随着运行时间的增长，轴振、瓦振有不断增大的趋势。经较长时间测量，轴振 $5x$ 最大可达 $118\mu m$，瓦振 5 号⊥最大可达 $45\mu m$。一旦振动增大后，运行中就不易减小，直到停机后再次开机振动才能减小。表 5-11 为某段时间监测记录，根据测量结果，可算出 $3000r/min$ 空载和带负荷 $298MW$ 后同相分量的变化，图 5-19 为计算结果。

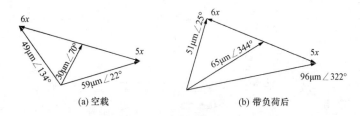

(a) 空载　　　　　　(b) 带负荷后

图 5-19　对称、反对称分量矢量运算

表 5-11 带负荷运行后振动变化

时间	工况	轴振 $5x$	轴振 $6x$	瓦振（μm）5 号⊥	瓦振（μm）6 号⊥
2003 年 3 月	3000r/min（开机）	$59\mu m\angle 22°$	$49\mu m\angle 134°$	12	14
2003 年 5 月	184MW	$82\mu m\angle 318°$	$43\mu m\angle 58°$	35	11
2003 年 9 月	298MW	$96\mu m\angle 322°$	$51\mu m\angle 25°$	37	12
2003 年 11 月	3000r/min（解列）	$92\mu m\angle 316°$	$50\mu m\angle 5°$	41	16

可看出空载时同相分量 A_d（对称分量）为 $30\mu m\angle 70°$，反相分量 $A_s = -B_s = 39\mu m\angle 172°$。带负荷后同相分量 $A_d = 65\mu m\angle 344°$，反相分量 $A_s = -B_s = 38\mu m\angle 112°$。计算结果表明，带负荷后同相分量比空载时增加 1 倍多，而反相分量几乎没有变化。

同相分量增加表示一阶振型分量增加，转子产生弓状弯曲，故在停机通过发电机转子一阶临界转速时，振动会有大幅度的增加。如图 5-20 所示为某次带负荷停机过程中测得的发电机两端轴振、瓦振降速伯德图，可以看出在通过发电机一阶临界转速时瓦振、轴振迅速增加。转速降至 $1450\sim1350r/min$ 时瓦振 5 号⊥、6 号⊥峰值分别为 96、$92\mu m$，转速降至 $1360r/min$ 时轴振 $5x$ 峰值振动达 $137\mu m$，降至 $1180r/min$ 时轴振 $6x$ 峰值振动达 $135\mu m$。由于瓦振、轴振并不同时出现峰值，共振区显得很宽，从 $1600\sim1100r/min$ 近 $500r/min$ 转速范围内轴振、瓦振均较大。对转动部分和支承部分的安全运行都产生很大影响，现场只能采取破坏真空等措施，加快通过临界区的时间。

2. 发电机振动分析

为摸清发电机转子产生热变形的原因，首先考虑发电机转子是否存在匝间短路等问题。进行励磁电流试验，有功负荷稳定在 291MW，励磁电流先从 1721A 升至 1819A 稳定 30min，而后降至 1647A 再稳定 30min。在整个过程中记录了发电机两端瓦振和轴振变化，励磁电流变化试验结果见表 5-12。从表中可看出，励磁电流升高和降低，发电机转子两端瓦振和轴振均没有变化，说明转子热变形不是由电气方面原因造成的。后根据升速时发电机转子通过临界转速时两端轴振没有明显的峰值及瓦振临界区宽等，怀疑与密封瓦或风挡等部位的摩擦有关。如图 5-21 和图 5-22 所示为冷态启动时发电机轴振和瓦振升速伯德图，可看出通过临界转速（$1400r/min$ 左右）时，轴振 $5x$、$6x$ 均在

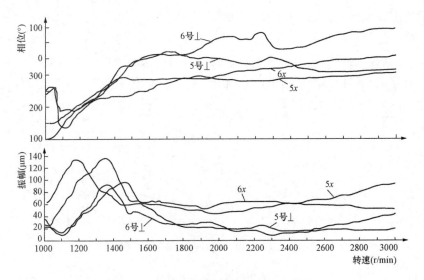

图 5-20　发电机停机轴振、瓦振伯德图

50μm 以下，没有明显峰值。如图 5-22 所示瓦振升速伯德图看，临界区较宽，通过临界区时，振幅有起伏变化。后在检修中通过对密封瓦检查，发现 5 号侧、6 号侧密封瓦径向和空侧均有不同程度的磨痕，尤其空侧几乎整圈都有摩擦痕迹。如图 5-23 所示为 5 号侧密封瓦空侧摩擦情况的照片，可以清楚地看到内外圈有两道摩擦痕迹。

表 5-12　　　　　　　励磁电流变化试验结果（有功负荷 291MW）

时　间	励磁电流（A）	5 号⊥	6 号⊥	5x	6x
10：15	1721	27μm∠252°	7μm∠332°	83μm∠237°	48μm∠285°
10：20	1819	27μm∠253°	7μm∠332°	84μm∠238°	50μm∠287°
10：59	1819	27μm∠254°	7μm∠343°	84μm∠238°	50μm∠287°
11：06	1647	28μm∠254°	6μm∠331°	83μm∠238°	49μm∠285°
11：35	1647	27μm∠252°	6μm∠335°	83μm∠236°	49μm∠285°

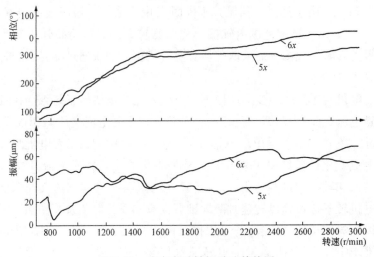

图 5-21　冷态启动轴振升速伯德图

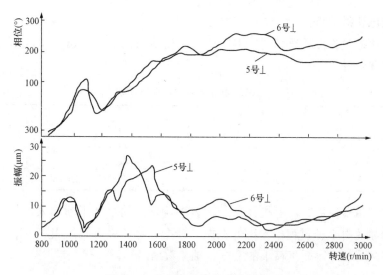

图 5-22　冷态启动瓦振升速伯德图

3. 发电机振动处理

密封瓦摩擦由于有密封油冷却和润滑，可以维持很长时间，经过较长时间的摩擦使发电机转子变形。如果是单端摩擦，主要使一、二阶振型分量同时增加，工作转速和通过临界转速时的振动都会发生变化。如果是两端同时同方位发生摩擦，使一、三阶振型分量增加，停机通过临界转速时振动将会大幅度的增加，该机停机通过临界转速时的轴振动最大曾达到 209μm。

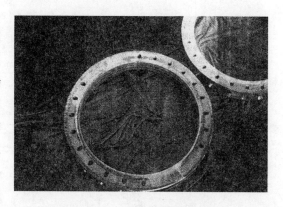

图 5-23　空侧密封瓦磨损照片

后通过调整密封瓦侧向压力等措施（原空侧和氢侧密封油路接错），改善了密封瓦的浮动性能，使转子热变形减小，从而使停机通过临界转速时的轴振、瓦振减小。

【例 5-5】600MW 发电机不稳定振动分析和控制。

某厂 1 号机是亚临界 600MW 机组，自 2007 年 6 月安装投运以来，一直存在发电机振动不稳定的问题。振动随无功、有功负荷的增加而增大，额定负荷运行时发电机瓦振达 70～80μm、轴振可超过 100μm。长时间以来，因振动大只能限制转子电流运行（4000A 以下）。为查明振动原因，多次进行了振动分析试验，制造厂也派人到现场进行了匝间短路测试。大修中抽出发电机转子，拆出两端护环，将检查出的问题如通风孔部分堵塞，端部线圈、端部绝缘移位，纵轴、横向垫块松动和断裂等处理，并将转子送制造厂进行了冷、热态动平衡。回厂装复后开机，发电机振动随负荷增加而增大的问题依然存在。为使机组尽快投运，采用加重的方法将振动控制在一定的范围内。经较长时间的运行考验，未发现异常情况。

一、发电机振动特征

（1）升速通过临界转速和到达工作转速时振动均较小（见表 5-13），冷态下发电机转子平衡状况较好。

表 5-13　　　　　　　　　　冷态启动升速过程发电机振动

	7 号⊥	8 号⊥	7x	8x
通过一阶临界转速	$16.5\mu m\angle 8°$	$16.5\mu m\angle 26°$	$23.7\mu m\angle 240°$	$35.3\mu m\angle 57°$
通过二阶临界转速（μm）	<20	<20	<20	<20
工作转速	$25\mu m\angle 137°$	$20\mu m\angle 159°$	$23\mu m\angle 65°$	$31\mu m\angle 108°$

（2）并网带负荷后，发电机瓦振、轴振随着负荷的增加不断增大。如图 5-24 和图 5-25 所示分别为升负荷过程中测得的瓦振、轴振趋势，表 5-14 为用 VM9510 十六通道振动分析仪测得的在不同负荷下的瓦振、轴振数据。

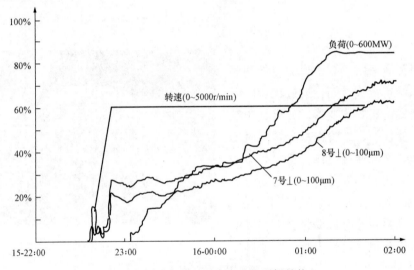

图 5-24　升负荷过程中发电机瓦振趋势

表 5-14　　　　　　　　　　带负荷过程振动测量数据

时间	工况（MW）	5 号⊥	6 号⊥	7 号⊥	8 号⊥	7x	8x
23：00	并网	$31\mu m\angle 293°$	$52\mu m\angle 106°$	$25\mu m\angle 137°$	$20\mu m\angle 159°$	$23\mu m\angle 65°$	$31\mu m\angle 108°$
23：15	90	$34\mu m\angle 323°$	$44\mu m\angle 105°$	$26\mu m\angle 141°$	$22\mu m\angle 162°$	$23\mu m\angle 67°$	$31\mu m\angle 109°$
23：40	160	$32\mu m\angle 328°$	$37\mu m\angle 105°$	$28\mu m\angle 145°$	$23\mu m\angle 162°$	$23\mu m\angle 71°$	$31\mu m\angle 111°$
23：55	200	$35\mu m\angle 334°$	$38\mu m\angle 114°$	$32\mu m\angle 150°$	$25\mu m\angle 164°$	$27\mu m\angle 73°$	$36\mu m\angle 110°$
第二天 0：15	210	$37\mu m\angle 343°$	$39\mu m\angle 122°$	$35\mu m\angle 152°$	$28\mu m\angle 166°$	$31\mu m\angle 75°$	$40\mu m\angle 110°$
0：20	250	$37\mu m\angle 348°$	$40\mu m\angle 118°$	$37\mu m\angle 151°$	$30\mu m\angle 165°$	$32\mu m\angle 80°$	$41\mu m\angle 109°$
0：40	350	$39\mu m\angle 350°$	$36\mu m\angle 127°$	$42\mu m\angle 159°$	$34\mu m\angle 169°$	$36\mu m\angle 86°$	$45\mu m\angle 110°$
1：00	440	$35\mu m\angle 352°$	$34\mu m\angle 128°$	$50\mu m\angle 160°$	$42\mu m\angle 170°$	$43\mu m\angle 91°$	$55\mu m\angle 110°$
1：15	500	$32\mu m\angle 3°$	$30\mu m\angle 131°$	$60\mu m\angle 162°$	$51\mu m\angle 172°$	$50\mu m\angle 92°$	$64\mu m\angle 111°$
1：50	500	$30\mu m\angle 19°$	$27\mu m\angle 139°$	$69\mu m\angle 165°$	$62\mu m\angle 176°$	$56\mu m\angle 93°$	$74\mu m\angle 111°$
3：15	500	$18\mu m\angle 20°$	$26\mu m\angle 129°$	$75\mu m\angle 168°$	$69\mu m\angle 180°$	$56\mu m\angle 100°$	$78\mu m\angle 115°$

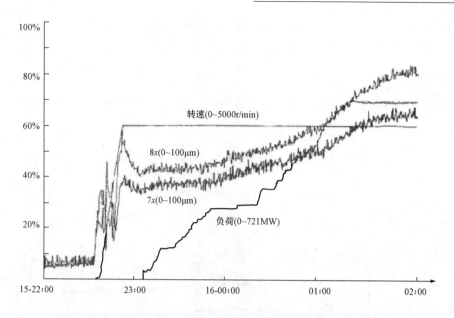

图 5-25　升负荷过程中发电机轴振趋势

从图 5-24、图 5-25 和表 5-14 可知：

1）除并网开始振动略有波动外，而后随着负荷增加，瓦振、轴振不断增加，有较好的对应关系。从并网开始经两个多小时，负荷从 0 逐步增加到 500MW 时，瓦振 7 号⊥、8 号⊥（分别为发电机前后轴承垂直振动）分别从 $25\mu m \angle 137°$、$20\mu m \angle 159°$ 增加到 $60\mu m \angle 162°$、$51\mu m \angle 172°$，轴振 $7x$、$8x$（分别为发电机转子前后轴颈处 x 方向轴振）分别从 $23\mu m \angle 65°$、$31\mu m \angle 108°$ 增加到 $50\mu m \angle 92°$、$64\mu m \angle 111°$。

2）升负荷过程中负荷稳定在某一值时，振动仍有增加的趋势。如负荷稳定在 500MW，经 2h 瓦振 7 号⊥、8 号⊥就从 $60\mu m \angle 162°$、$51\mu m \angle 172°$ 增加到 $75\mu m \angle 168°$、$69\mu m \angle 180°$，轴振 $7x$、$8x$ 分别从 $50\mu m \angle 92°$、$64\mu m \angle 111°$ 增加到 $56\mu m \angle 100°$、$78\mu m \angle 115°$。

3）瓦振、轴振增加均以工频振动为主，振动增加时相位同时变化 $20°\sim30°$。两端瓦振、轴振均以同相分量为主，负荷增加瓦振、轴振增大以后，同相分量有进一步增加的趋势。

4）表 5-14 中还列出了与发电机相邻的 2 号低压转子瓦振（前后轴承瓦振分别为 5 号⊥、6 号⊥），可以看出随着负荷的增加，瓦振有降低趋势，但规律性不强。

（3）当负荷稳定后，瓦振 7 号⊥、8 号⊥和轴振 $7x$、$8x$ 比开始时有较明显的增加，而后趋于稳定（如图 5-26 所示）。

（4）负荷降低时，瓦振、轴振也随着降低（如图 5-26 所示）。

（5）降负荷至工作转速及停机通过一阶临界转速时振动均有较明显的增加，通过二阶临界转速时也略有增加。图 5-27 为热态停机和冷态开机发电机瓦振伯德图，图上也同时标出了冷态开机时测得的升速伯德图，工作转速和通过第一临界转速时的振动比较见表 5-15。

表 5-15　　　　　　　　　　　　　热态停机和冷态开机振动比较

工况	工作转速		第一临界转速	
	7 号⊥	8 号⊥	7 号⊥	8 号⊥
热态停机	$43\mu m\angle 122°$	$40\mu m\angle 138°$	$64\mu m\angle 70°$	$79\mu m\angle 38°$
冷态开机	$25\mu m\angle 137°$	$20\mu m\angle 159°$	$16.5\mu m\angle 8°$	$16.5\mu m\angle 26°$

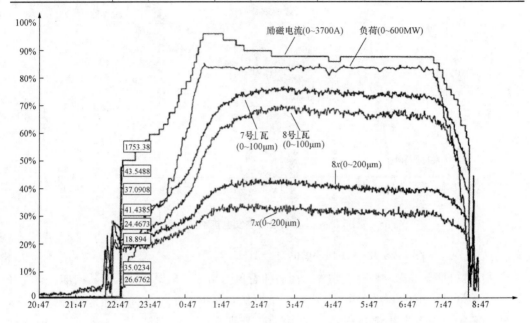

图 5-26　负荷、励磁电流与发电机瓦振、轴振趋势

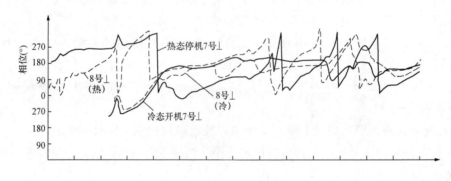

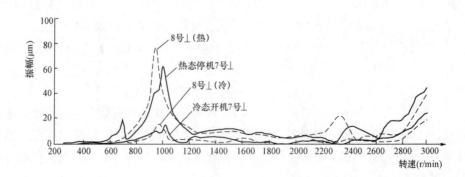

图 5-27　热态停机和冷态开机发电机瓦振伯德图

二、发电机振动试验

振动与负荷有关，随着负荷的升降而增大和减小，有一定的时间滞后。热态停机和冷态开机相比较，振动有明显增加。这些现象表明发电机转子在带负荷运行中存在热变形，与该机大修前相比，规律基本相同。

为进一步分析发电机振动是由热变形引起、还是汽轮机传动力矩的影响，进行了励磁电流和有功负荷试验，同时还进行了氢温试验。

1. 励磁电流试验

该试验是在 600MW 运行近 2h 后进行的，维持有功负荷 600MW 不变，将无功负荷从 40Mvar 增加到 140Mvar，使转子电流从 3670A 增加到 4020A，并保持 45min，观察振动变化，试验结果见图 5-28 和表 5-16。

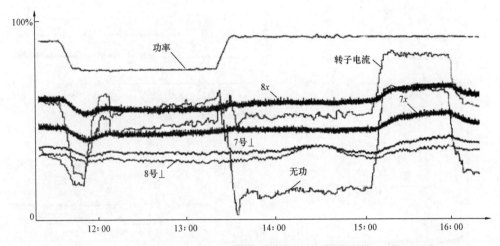

图 5-28　励磁电流试验发电机瓦振、轴振趋势

表 5-16　　　　　　　　　　　励磁电流变化试验结果

时间	励磁电流（A）	7 号⊥	8 号⊥	$7x$	$7y$	$8x$	$8y$
15：00	3670	$57\mu m\angle133°$	$54\mu m\angle140°$	$67\mu m\angle87°$	$20\mu m\angle238°$	$78\mu m\angle91°$	$13\mu m\angle235°$
15：20	4020	$63\mu m\angle131°$	$59\mu m\angle135°$	$75\mu m\angle83°$	$24\mu m\angle232°$	$86\mu m\angle89°$	$14\mu m\angle227°$
15：59	4020	$67\mu m\angle130°$	$61\mu m\angle133°$	$79\mu m\angle84°$	$25\mu m\angle233°$	$88\mu m\angle87°$	$15\mu m\angle230°$

从图表中可看出，当有功负荷不变、转子电流增加时，发电机瓦振、轴振均有明显的增加，相位也有一定的变化。电流从 3670A 增加到 4020A 时，瓦振 7 号⊥、8 号⊥分别从$57\mu m\angle133°$、$54\mu m\angle140°$增加到 $63\mu m\angle131°$、$59\mu m\angle135°$，轴振 $7x$、$8x$ 分别从 $67\mu m\angle87°$、$78\mu m\angle91°$增加到 $75\mu m\angle83°$、$86\mu m\angle89°$。当励磁电流保持不变时，瓦振、轴振仍有继续增加的趋势，符合热变形的特点。

2. 有功负荷变化试验

主要目的是判断传动力矩对发电机振动的影响，在轴系中心有偏差的情况下，传动力矩增加，振动同样会增大。由于改变有功负荷时，转子电流会发生变化，为使转子电流保持不变，必须同时改变无功负荷。试验分两个时间段进行，第一个时间段（13：19～13：42）是将有功负荷从 550MW 增加到 600MW（短时间达 615MW），第二个时间段

（1：45～3：15）是将有功负荷从 500MW 降至 400MW。两个时间段的试验结果如图 5-29 和表 5-17。

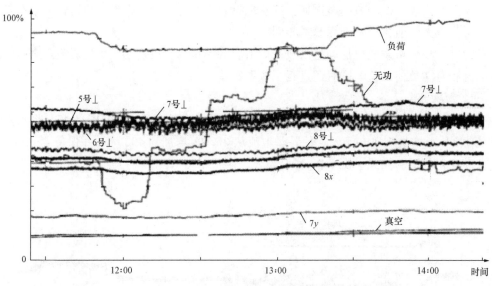

(a) 有功负荷试验发电机瓦振、轴振趋势(13:19~13:42)

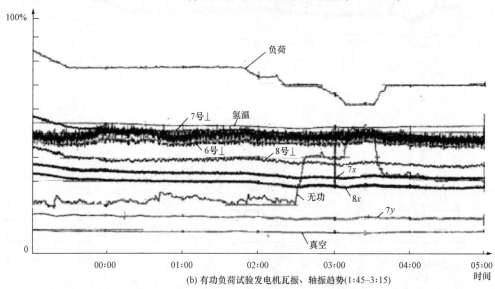

(b) 有功负荷试验发电机瓦振、轴振趋势(1:45~3:15)

图 5-29　有功负荷试验发电机瓦振、轴振趋势

表 5-17　　　　　　　　　　有功负荷变化试验结果

时间	负荷/转子电流	7号⊥		8号⊥		5号⊥		6号⊥		7x		7y		8x		8y	
		通频(μm)	工频	通频(μm)	工频	通频(μm)	工频	通频(μm)	工频	通频(μm)	工频	通频(μm)	工频	通频(μm)	工频	通频(μm)	工频
13：19	550MW 4009A		68μm ∠327°		55μm ∠325°		65μm ∠17°		55μm ∠189°	107	96μm ∠95°	53	44μm ∠235°	96	80μm ∠92°	24	14μm ∠240°
13：30	600MW 4028A		70μm ∠327°		56μm ∠325°		64μm ∠15°		55μm ∠187°	110	100μm ∠95°	53	45μm ∠234°	99	87μm ∠90°	24	14μm ∠242°

续表

时间	负荷/转子电流	7号⊥ 通频(μm)	7号⊥ 工频	8号⊥ 通频(μm)	8号⊥ 工频	5号⊥ 通频(μm)	5号⊥ 工频	6号⊥ 通频(μm)	6号⊥ 工频	7x 通频(μm)	7x 工频	7y 通频(μm)	7y 工频	8x 通频(μm)	8x 工频	8y 通频(μm)	8y 工频
13:42	615MW 4000A		72μm∠327°		58μm∠327°		63μm∠17°		52μm∠189°	112	101μm∠96°	53	46μm∠235°	101	88μm∠94°	25	15μm∠245°
1:45	500MW 3296A	65	64μm∠338°	51	48μm∠338°		50μm∠20°		55μm∠192°	84	76μm∠103°	39	35μm∠241°	76	63μm∠99°	19	10μm∠254°
2:25	450MW 3129A	62	61μm∠338°	49	48μm∠337°		55μm∠19°		55μm∠192°	82	71μm∠103°	37	33μm∠241°	71	60μm∠100°	19	9μm∠254°
2:35	400MW 3225A	61	60μm∠338°	49	48μm∠337°		56μm∠21°		53μm∠193°	81	71μm∠103°	37	33μm∠241°	70	57μm∠98°	18	9μm∠248°
3:10	400MW 3146A	61	59μm∠335°	48	46μm∠333°		57μm∠20°		54μm∠193°	80	71μm∠101°	37	32μm∠240°	69	55μm∠97°	18	8μm∠46°
3:15	400MW 3219A	61	59μm∠336°	48	45μm∠334°		57μm∠20°		54μm∠193°	80	71μm∠102°	37	32μm∠240°	70	56μm∠97°	18	8μm∠4°

从图表中可知，当有功负荷增加保持转子电流不变时（无功负荷减小），瓦振 7 号⊥、8 号⊥和轴振 $7x$、$8x$ 略有增加。有功负荷从 550MW 增加到 615MW 时，瓦振 7 号⊥、8 号⊥分别从 $68\mu m∠327°$、$55\mu m∠325°$ 增加到 $72\mu m∠327°$、$58\mu m∠327°$，轴振 $7x$、$8x$ 分别从 $96\mu m∠95°$、$80\mu m∠92°$ 增加到 $101\mu m∠96°$、$88\mu m∠94°$。当有功负荷从 500MW 降至 400MW 时，瓦振 7 号⊥、8 号⊥分别从 $64\mu m∠338°$、$48\mu m∠338°$ 降至 $60\mu m∠338°$、$48\mu m∠337°$（不变），轴振 $7x$、$8x$ 分别从 $76\mu m∠103°$、$63\mu m∠99°$ 降至 $71\mu m∠103°$、$57\mu m∠98°$，在 400MW 稳定 40min 后，瓦振、轴振均变化较小。

3. 氢温变化试验

氢温变化试验主要目的是找出氢温对瓦振、轴振的影响规律，以利于降低发电机振动。氢温变化时可影响到两端轴承（端盖式轴承）标高，进而改变轴系各轴承负载分配。同时也影响到转子的温度状态，影响到转子断面上的温差。试验结果见图 5-30 和表 5-18，从图表中可知，氢温降低使瓦振 7 号⊥、8 号⊥增大，但对轴振 $7x$、$8x$ 影响较小。试验时当氢温降到 36℃ 左右，因瓦振 7 号⊥、8 号⊥快速增加，终止试验。

表 5-18　　　　　　　　　　氢温变化试验结果

时间	氢温（℃）	7号⊥	8号⊥	7x	7y	8x	8y
14:00	41.5	58μm∠131°	54μm∠137°	69μm∠87°	20μm∠236°	80.5μm∠91°	12.7μm∠233°
14:30	36.5	61μm∠136°	62μm∠144°	68μm∠91°	20μm∠242°	79μm∠93°	12μm∠240°
14:50	41.5	57μm∠133°	54μm∠140°	69μm∠87°	—	81μm∠91°	—

以上试验表明，励磁电流增加或减小对发电机瓦振和轴振影响较大，可以认为发电机转子热变形是影响发电机振动的主要原因。发电机转子产生热变形以后，轴系中心受到影响，负荷增加和降低时对发电机振动也有一定影响。从氢温试验情况看，氢温降低到一定程度使瓦振 7 号⊥、8 号⊥有较大幅度的增加，这可能是转子断面上温差增大的

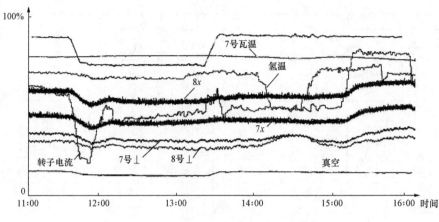

图 5-30　氢温试验发电机瓦振、轴振趋势

缘故。因为从该发电机调整轴承标高的情况看，轴承标高降低，振动可减小，与氢温试验的结果不一致。

三、转子热变形后振型

从带负荷后表现出的振动特征看，发电机转子热变形以三阶振型为主。

（1）500MW 运行时，瓦振 7 号⊥和 8 号⊥相位相差 12°，轴振 $7x$、$8x$ 相位相差 15°，均以同相分量为主。

（2）热态停机时，通过二阶临界转速时振动最大未超过 $20\mu m$，通过一阶临界转速时振动虽有增加，但增加的幅度不大。

（3）超速试验时，发电机瓦振、轴振大幅度增加。图 5-31 为甩负荷时（负荷 578MW）测得的瓦振 7 号⊥、8 号⊥趋势，可以看到甩负荷后转速飞升到 3078r/min 时，瓦振 7 号⊥从 $58.7\mu m$ 增加到 $80.2\mu m$，瓦振 8 号⊥从 $53.4\mu m$ 增加到 $89.4\mu m$。说明越接近三阶临界转速，不平衡响应越高。

理论上三阶振型可表达为

$$Y_x = A_3 \sin \frac{3\pi}{L} X$$

式中　Y_x——沿一端支点距离 x 处的动挠度；

$\quad\quad A_3$——三阶振型系数，与三阶不平衡分量大小及接近三阶临界转速程度有关；

$\quad\quad L$——轴长（两轴承中心间的距离），mm；

$\quad\quad X$——以一端为支点的相对轴长，以 $L/4$、$L/2$ 等表示。

将 X 以不同的值代入，即可得到图 5-32 所示的三阶振型曲线。可见，当不平衡分布在 $1/6L$、$1/2L$、$5/6L$ 时对三阶振型最为灵敏，即对振动影响最大。

该发电机转子两轴承中心距 $L=10\,061$mm，护环中心距一端轴承中心 1260mm，护环长 859mm，如图 5-33 所示，可以估算出对三阶振型影响最大的部位是在护环和铁芯连接处（过盈连接）。由于通过一阶临界转速时振动不大，在 $1/2L$ 处失衡的可能性不大，在护环和铁芯连接处（或附近）失衡的可能性就较大。

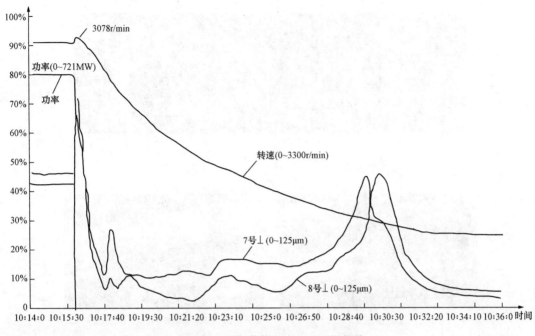

图 5-31　甩负荷停机发电机瓦振趋势

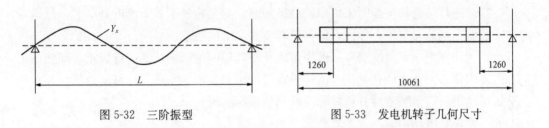

图 5-32　三阶振型　　　　　　　　图 5-33　发电机转子几何尺寸

　　为查明转子热变形是否由匝间短路引起，制造厂曾多次派人到现场进行测试，运行中和停机检修时做了有关试验，确认发电机转子无匝间短路。

四、转子热变形原因

　　从转子抽出后及拆下两端护环检查的情况看，通风孔部分堵塞使转子不均匀冷却是产生热变形的主要原因。

　　（1）转子抽出后，从外表检查就可看到部分通风孔堵塞，是由转子线圈或层间绝缘垫片位移引起错位，位移距离 3～8mm。经检查有 1/2 以上通风孔错位，通风孔错位图片如图 5-34 所示。拉出护环后又发现转子护环内端部通风孔有较严重错位或由于绝缘包裹没有风孔（如图 5-35 所示）。经统计错位达 20 多处，由于绝缘包裹没有风孔达 7 处。

　　（2）线圈或层间绝缘垫片位移带有随机性的。从膨胀产生的位移分析，越到端部错位情况将越严重，加上护环内端部通风孔错位及没有风孔等情况，不平衡主要分布在护环附近。由通风冷却不均产生的不平衡容易激发起三阶振型，与实测到的振动特征相符。

图 5-34   通风孔错位图片

(a) 同匝间通风孔位移情况

(b) 通风孔被端部绝缘盒包裹无法通风

图 5-35   护环内端部通风孔错位和通风孔被端部绝缘盒包裹

（3）制造厂热态动平衡时采用摩擦鼓风加热，只是将转子表面温度升高了，与运行时转子的温度场分布是不一样的，即不是真实意义上的热态动平衡。

（4）转子修复时不可能对每一槽中每匝线圈和层间绝缘垫片都进行校正，即使校正仍有可能因位移而使通风孔错位。该转子在检修中对发现的问题进行修复处理，并在热态下做了动平衡，但装复后开机振动问题仍然没有解决。

五、发电机振动控制

为尽快地使机组投运，根据三阶振型的特点，决定在低压-发电机对轮和励端风扇环平衡槽内加重。人为地产生一个干扰力，使空载时的振动适当增大，控制高负荷运行时的振动。

（1）对轮加重和励端风扇环平衡槽加重的大小和方位，取决于热变形（热不平衡矢量）的性质、大小及振动控制的程度，并取决于对轮加重的影响系数。

1）热变形的性质和大小。根据表 5-14 测得的振动，可算出各不同负荷下的热变形量，表 5-19 列出了瓦振 7 号⊥、8 号⊥热变形量的计算结果。

表 5-19　　　　　　　　　　瓦振 7 号⊥、8 号⊥热变形量计算结果

时间	功率（MW）	7 号⊥	8 号⊥	△7 号⊥	△8 号⊥
23：30	0	$25\mu m \angle 137°$	$20\mu m \angle 159°$	—	—
23：55	200	$32\mu m \angle 150°$	$25\mu m \angle 164°$	$9.5\mu m \angle 186°$	$5.4\mu m \angle 183°$
0：40	350	$42\mu m \angle 159°$	$34\mu m \angle 169°$	$21\mu m \angle 185°$	$15\mu m \angle 183°$
1：00	440	$50\mu m \angle 160°$	$42\mu m \angle 170°$	$29\mu m \angle 180°$	$23\mu m \angle 180°$

续表

时间	功率（MW）	7号⊥	8号⊥	△7号⊥	△8号⊥
1：15	500	$60\mu m\angle162°$	$51\mu m\angle172°$	$39\mu m\angle178°$	$32\mu m\angle180°$
1：50	500	$69\mu m\angle165°$	$62\mu m\angle176°$	$48\mu m\angle179°$	$43\mu m\angle183°$
3：15	500	$75\mu m\angle168°$	$69\mu m\angle180°$	$55\mu m\angle182°$	$51\mu m\angle188°$

从表中可看出，随着负荷的升高及同一负荷下运行时间的增长，热变形量△7号⊥、△8号⊥不断增加，但相位变化很小，△7号⊥、△8号⊥相位变化均不超过10°，说明热变形的位置在升负荷过程中没有变化。△7号⊥、△8号⊥相位十分接近，带负荷过程中瓦振和轴振都是以同相分量为主，从热变形产生的响应看，热变形是以三阶振型为主。由于负荷还没有带到600MW，若以500MW稳定后的热变形量推算，则满负荷的热变形量还应更大一些。

2）期望达到的振动控制值。不仅要考虑带额定负荷的振动值，同时还必须兼顾空载时的振动。从该机的情况看，带上额定负荷时热变形量约$60\mu m$，若期望带上额定负荷时瓦振在$20\mu m$左右，空载时振动将达到$40\sim50\mu m$。

3）对轮加重的影响系数。主要考虑幅值影响系数，根据该机对轮加重动平衡经验，约每千克影响$45\sim50\mu m$，励端风扇环平衡槽加重约为对轮加重的60%，对轮加重的方位按热不平衡矢量的角度（取180°）和滞后角确定。

据上决定在低压-发电机对轮加重1kg，加重方位为-140°，励端风扇环平衡槽内加重600g，加重方向与低压-发电机对轮相同。加重后在3000r/min（并网前）测得发电机7号⊥、8号⊥瓦振为$45\mu m\angle340°$、$61\mu m\angle340°$，7x、8x轴振为$57\mu m\angle305°$、$44\mu m\angle287°$。考虑到瓦振、轴振在空载时的幅值和相位已基本达到期望值，决定带负荷观察振动变化。

（2）带负荷过程及降负荷过程发电机瓦振、轴振变化趋势如图5-36和图5-37所示，用VM9510振动分析仪测得的工频振动见表5-20。

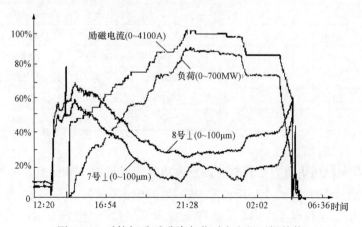

图5-36 对轮加重后升降负荷时发电机瓦振趋势

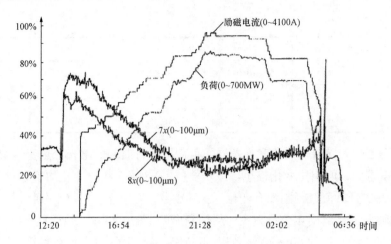

图 5-37　对轮加重后升降负荷时发电机轴振趋势

表 5-20　　　　　　　　　　　**动平衡后升、降负荷过程发电机振动**

测量时间	功率（MW）	励磁电流（A）	7 号⊥	8 号⊥	7x	8x
14：45	并网	—	$45\mu m\angle340°$	$61\mu m\angle340°$	$57\mu m\angle305°$	$44\mu m\angle287°$
15：30	110	1929	$50\mu m\angle342°$	$63\mu m\angle334°$	$53\mu m\angle299°$	$36\mu m\angle283°$
16：30	219	2190	$45\mu m\angle346°$	$60\mu m\angle335°$	$47\mu m\angle304°$	$25\mu m\angle281°$
17：30	284	3675	$34\mu m\angle343°$	$50\mu m\angle333°$	$37\mu m\angle302°$	$20\mu m\angle280°$
18：30	388	2932	$25\mu m\angle340°$	$40\mu m\angle326°$	$30\mu m\angle301°$	$15\mu m\angle265°$
19：30	386	3010	$17\mu m\angle330°$	$31.6\mu m\angle318°$	$21\mu m\angle301°$	$8\mu m\angle243°$
20：30	497	3478	$9\mu m\angle314°$	$27\mu m\angle308°$	$17\mu m\angle305°$	$8\mu m\angle220°$
21：30	534	3545	$7\mu m\angle295°$	$26\mu m\angle305°$	$12\mu m\angle308°$	$9\mu m\angle202°$
22：30	604	3979	$16\mu m\angle202°$	$23\mu m\angle276°$	$2\mu m\angle6°$	$13\mu m\angle177°$
23：30	591	3907	$12.6\mu m\angle213°$	$36\mu m\angle283°$	$4\mu m\angle305°$	$15\mu m\angle181°$
第二天 0：30	587	3907	$12\mu m\angle209°$	$25\mu m\angle283°$	$7\mu m\angle320°$	$13\mu m\angle183°$
1：30	581	3838	$8\mu m\angle221°$	$26\mu m\angle290°$	$9\mu m\angle305°$	$13\mu m\angle188°$
2：30	500	3407	$12.5\mu m\angle298°$	$35\mu m\angle305°$	$18\mu m\angle280°$	$16\mu m\angle220°$
3：30	500	3407	$15\mu m\angle305°$	$37\mu m\angle303°$	$19\mu m\angle280°$	$17\mu m\angle220°$
4：30	487	3407	$16\mu m\angle315°$	$40\mu m\angle310°$	$20\mu m\angle280°$	$17\mu m\angle220°$
5：00	217	2515	$38\mu m\angle342°$	$52\mu m\angle324°$	$35\mu m\angle280°$	$22\mu m\angle260°$
5：10	0	—	$46\mu m\angle344°$	$57\mu m\angle328°$	$42\mu m\angle280°$	$28\mu m\angle270°$

　　从图表中可以看出：

　　1）当负荷和励磁电流逐步升高时，发电机瓦振、轴振不断降低，与对轮加重前变化趋势刚好相反。从并网到带负荷 604MW（励磁电流 3979A），瓦振 7 号⊥、8 号⊥分别从 $45\mu m\angle340°$、$61\mu m\angle340°$ 降低到 $16\mu m\angle202°$、$23\mu m\angle276°$，轴振 $7x$、$8x$ 分别从 $57\mu m\angle305°$、$44\mu m\angle287°$降低到 $2\mu m\angle6°$、$13\mu m\angle177°$。

　　2）瓦振、轴振降低的同时，相位也不断变化。瓦振 7 号⊥相位从 340°降到 202°，8

号⊥相位从 340°降到 276°，轴振相位也有较大的变化。

3）当负荷降低、励磁电流减小时，瓦振、轴振又开始回升。至空载时，瓦振 7 号⊥、8 号⊥分别为 $46\mu m\angle344°$、$57\mu m\angle328°$，与开始并网时差别不大，轴振 $7x$、$8x$ 比并网时略小。

图 5-38 为带负荷后停机过程中测得的降速伯德图，通过第一临界转速时，瓦振 7 号⊥、8 号⊥分别为 $61\mu m\angle11°$、$68\mu m\angle351°$，比加重前略小。

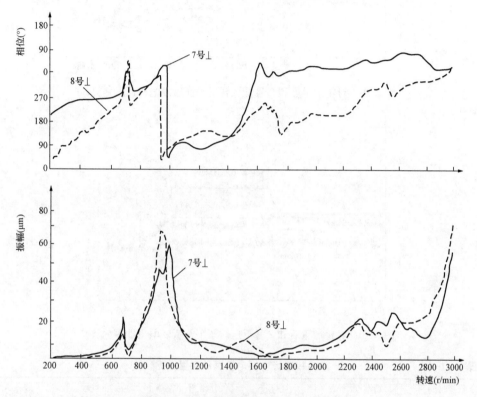

图 5-38　对轮加重后热态停机瓦振伯德图

（3）因对轮加重后，2 号低压转子瓦振偏大，经 5、6 号瓦侧加重调整后，发电机瓦振、轴振幅值和相位有变化。3000r/min 时测得 7 号⊥、8 号⊥瓦振为 $53\mu m\angle8°$、$54\mu m\angle349°$，$7x$、$8x$ 轴振为 $62\mu m\angle308°$、$40\mu m\angle300°$。

从相位变化看，对抵消热变形更为有利，对轮和尾端风扇环内平衡重量没有继续调整。图 5-39 和图 5-40 分别为运行一个多月后在负荷 350～600MW 时测得的瓦振、轴振趋势，表 5-21 为带负荷运行中发电机振动测量数据。可以看出 600MW 运行时，瓦振 7 号⊥、8 号⊥和轴振 $7x$、$8x$ 工频振动均在 $20\mu m$ 以下。根据表中数据和上述空载时振动，可计算出热变形量，600MW 负荷时瓦振△7 号⊥、△8 号⊥分别为 $56\mu m\angle176°$、$49\mu m\angle186°$，550MW 负荷时△7 号⊥、△8 号⊥分别为 $48\mu m\angle184°$、$43\mu m\angle192°$。与对轮加重前相比，变化幅度小一些，但相位基本相同。

经较长时间监测，加减负荷过程中振动变化比较有规律，高负荷运行时振动很小。通过对轮和励端风扇环加重，有效地控制了发电机振动。

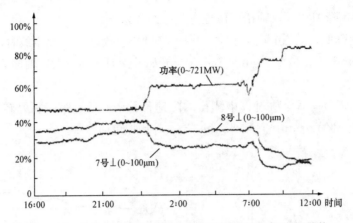

图 5-39 对轮加重后和 2 号低压转子平衡后发电机瓦振趋势

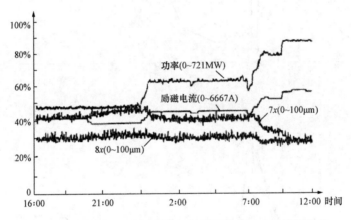

图 5-40 对轮加重后和 2 号低压转子平衡后发电机轴振趋势

表 5-21　　　　　　　　　　带负荷运行中发电机振动测量数据

测量时间	功率（MW）	7 号⊥	8 号⊥	7x	8x
16：54	350	26μm∠1	36μm∠322°	30μm∠303°	10μm∠255°
19：39	350	27μm∠359°	37μm∠323°	31μm∠300°	11μm∠253°
23：40	350	33μm∠359°	41μm∠327°	34μm∠299°	13μm∠258°
1：46	450	21μm∠360°	33μm∠318°	29μm∠303°	8μm∠247°
6：02	450	22μm∠359°	35μm∠318°	28μm∠299°	11μm∠241°
8：47	550	6μm∠41°	22μm∠300°	22μm∠308°	7μm∠210°
10：23	600	9μm∠115°	16μm∠285°	14μm∠322°	7μm∠170°

（4）采用动平衡加重的方法控制发电机热变形引起的振动还需要考虑下列问题。

1）对轮和励端风扇环加重对发电机转子来说均属于外伸端加重，由于外伸端动挠度较大，平衡三阶振型时外伸端加重具有较高的灵敏度，能有效地降低本体部分的振动。同时外伸端加重相对于发电机转子本体部分加重方便得多，不需置换氢气等，也可以节省时间。但外伸端加重后必须考虑对相邻转子的影响，低压-发电机对轮加重的同时在 2 号低压转子上加重，一次便升速到 3000r/min。后利用停机机会略为调整，

600MW 负荷运行时使 2 号、1 号低压转子两端瓦振（工频）均在 30μm 左右。励端风扇环平衡槽加重后在 600MW 负荷运行时，测得稳定轴承（9 号轴承）内侧轴振动（x 方向）为 114μm（工频 100μm），考虑到加重半径较小（150mm），外伸部分质量轻，风扇环加重对外伸轴振动影响较小。

2）低压-发电机对轮加重 1kg 后，3000r/min 时离心力约 5t，静态下挠度约 0.094mm，动态下挠度可能会更大，轴系中心变化可能会使带负荷过程中振动出现不稳定等现象。但高负荷运行时由于热变形的抵消作用，动挠度会减小，从加重后的振动情况看影响不是很大。此外，对轮加重后会使连接螺栓的应力增加，从而影响到连接刚度等，这方面的问题尚待进一步观察，当然还需考虑检修中拆装对轮带来的影响。

3）用加重的方法控制发电机振动只是针对某种工况进行的。从该发电机的情况看，热变形量产生的振动约 50～60μm，相位变化不大，加重后 600MW 负荷运行时瓦振、轴振均已控制到 20μm 左右，但空载时振动略大（达 50～60μm）。

【例 5-6】 热套部件松动引起的振动。

某厂一台 25MW 机组大修后冷态开机至 3000r/min 后，停机通过临界转速时汽轮机侧轴承振动大幅度增加，前后轴承垂直方向振动均接近 200μm。为查明原因先后揭缸四次，最终发现是热套部件松动引起的，后采用电刷镀的方法增加套装部件紧力，消除了振动。

1. 振动特征

（1）冷态开机至 3000r/min 时，发现前轴封处因碰磨有火花冒出，打闸停机，降速过程通过临界转速时振动大幅度增加。升速和降速伯德图如图 5-41 所示，可以看出升速通过临界转速时 1、2 号轴承振动均在 60μm 左右，降速时 1 号轴承振动最大达 195μm（1500r/min），2 号轴承振动最大达 197μm（1450r/min）。升速通过临界区时 1 号轴承振动没有明显的峰值，临界区宽。降速时有较明显的峰值，临界区相对较窄。从相位变化看，在相同转速下，降速时相位比升速时增大（1 号轴承有几个转速例外），1、2 号轴承相位差减小。

（2）带负荷运行后停机通过临界转速时与冷态停机时相比，1、2 号轴承振动不但没有增加，反而有减小的现象。图 5-42 为测得的降速伯德图，可以看到通过临界转速时两轴承振动均在 30μm 左右，1 号轴承振动仍保持临界区宽的特点。

（3）为查明冷态停机振动增大的原因，先后四次揭缸检查，对高压汽封进行修刮调整，调整汽封进汽量，复查调整机组中心，解开对轮汽轮机单独开机等，均没有收到好的效果。反而在冷态通过临界转速时振动越来越大，最后 1、2 号轴承振动达 400μm 左右，严重影响机组的安全运行。

2. 试验分析

从振动特征分析，到 3000r/min 不带负荷停机通过临界区时振动大幅度增加，带负荷运行后停机通过临界区时振动不增大这一点看，转子上热套部件有可能松动。该机采用高参数启动，刚到 3000r/min 时热套部件与大轴温差大，容易产生松动。带负荷运行后温差减小，不易出现松动。

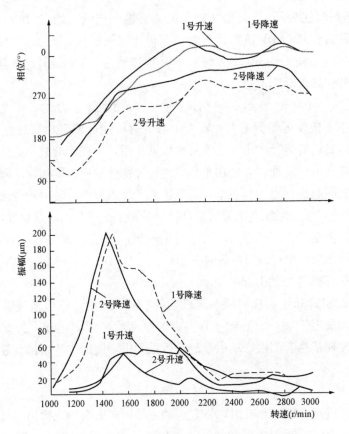

图 5-41　冷态开机、停机 1、2 号轴承振动伯德图

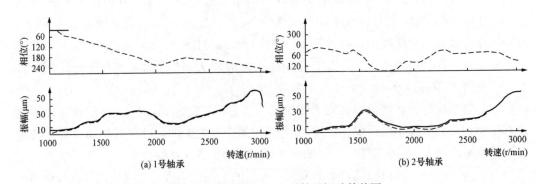

图 5-42　热态停机 1、2 号轴承振动伯德图

该机历次启动主汽参数均选择为主蒸汽温度 280℃以上，主蒸汽压力 2.0MPa 左右。为证实热套部件确定存在松动，进行了滑参数启停和降低转速启停试验。

（1）滑参数启停时，主蒸汽温度不超过 210℃，主蒸汽压力不超过 0.6MPa。第一次启动升速到 2500r/min，升速通过临界区时 1 号轴承振动最大为 47.5μm∠354°（1700r/min），2 号轴承振动最大为 36.4μm∠274°（1500r/min）。打闸停机，降速通过临界转速时，1 号轴承振动最大为 58.7μm∠319°（1700r/min），2 号轴承振动为52.3μm∠286°（1500r/min）。振动有一定增加，但未出现大幅度增加的现象，低参数启、停机汽轮机振动伯德图如图 5-43 所示。

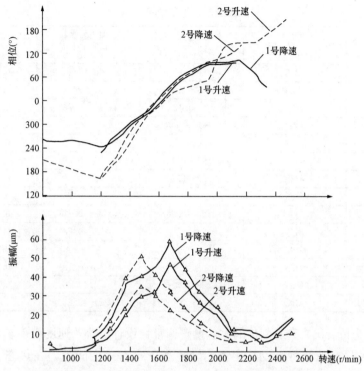

图 5-43　低参数启、停机汽轮机振动伯德图

（2）第二次启动将转速升至 3000r/min，通过临界转速时 1 号轴承振动最大为 52.7μm$\angle$358°（1700r/min），2 号轴承振动最大为 48.8μm$\angle$277°（1500r/min）。工作转速时，1 号轴承振动为 21.2μm$\angle$27°，2 号轴承振动为 20.4μm$\angle$180°。停机通过临界转速时，1 号轴承振动最大为 60.5μm$\angle$5°（1700r/min），2 号轴承振动最大为 52.2μm$\angle$280°（1500r/min），振动也没有大幅度增加的现象。

（3）再次启动将主蒸汽温度缓慢地升高到 310℃，主蒸汽压力升至 3.1MPa，至 3000r/min 后打闸停机。通过临界转速时，测得 1 号轴承振动最大为 105μm$\angle$23°，2 号轴承振动最大为 93μm$\angle$302°。说明缓慢升温、升压对通过临界转速的振动还是有影响的，但比冷态停机通过临界转速下振动有较大幅度的降低。

3. 检查处理

该汽轮机转子汽封、叶轮、叶轮间的轴套（又称隔圈）等均为套装结构，有一定的过盈量。考虑到 1 号轴承振动通过临界转速时临界区宽、阻尼大，重点检查高压汽封及前面几级叶轮、轴套。最后一次揭缸时（第四次），高压汽封、复速级围带、压力级前几级围带及隔板轴封处磨损特别严重，最严重处已超过 1mm，转子存在明显的单侧磨损。经逐级检查转子上热套部件，发现速度级与压力一级之间的轴套松动，用铜棒敲击可以转动。为进一步检查松动部件，决定将高压汽封套、速度级及压力一、二级等热套部件全部拆下，测量是否有紧力（过盈），而后再按制造厂给出的过盈量套装，套装部件拆装情况见表 5-22。

表 5-22 套装部件拆装情况

名称	几何尺寸 （mm）	处理前过盈量 （mm）	处理后过盈量 （mm）	设计过盈量 （mm）
推力盘	$\phi212$	0.06	0.15	0.08～0.16
油挡盘	$\phi255$	0.05～0.12	未处理	0.08～0.15
小汽封套	$\phi308$	0～0.17	0.12～0.26	0.06～0.14
中汽封套-1	$\phi309$	−0.06～0	0.09～0.13	0.10～0.16
中汽封套-2	$\phi311$	−0.07～0.01	0.13～0.19	0.10～0.16
大汽封套	$\phi387$	0.07～0.14	0.25～0.29	0.25～0.33
复速级叶轮	$\phi388$	0.33～0.40	0.49～0.50	0.42～0.44
复速级后轴套	$\phi389$	−0.30～−0.27	0.23～0.25	0.10～0.20
压力一级	$\phi390$	0.24～0.29	0.33～0.37	0.36～0.38
压力一级后轴套	$\phi391$	0.01～0.02	0.18～0.20	0.11～0.20
压力二级	$\phi392$	0.26～0.27	0.395～0.40	0.36～0.38
压力二级后轴套	$\phi393$	0.03～0.09	0.16～0.18	0.11～0.20
压力三级	$\phi394$	0.23～0.26	0.41	0.35～0.38
压力三级后轴套	$\phi395$	0.02～0.03	0.21～0.22	0.11～0.20

从表 5-22 中可看出，套装部件的过盈量普遍都比设计值小，速度级后轴套有 0.27～0.30mm 间隙，冷态下就可转动，中汽封套冷态下也有一定间隙，在热态下也会发生转动。

在套装部件内表面采用电刷镀的方法使内径减小，以保证设计所需过盈量，处理后的过盈量也示于表 5-22 中，重新套装后的过盈量与设计值基本相符。

此外还发现压力七、八级后轴套也有松动，考虑到拆装困难，做了防止转动的措施。在轴套与叶轮轮壳接缝处打入一个埋头销子，销子头部铆紧，防止在运行中飞出。

采取上述措施后，消除了冷态停机通过临界转速时，1、2 号轴承振动大幅度增加的现象，机组投入正常运行。

4. 振动分析

从该机情况看，热态部件松动后对振动的影响应考虑两个方面的问题：一是松动后由于偏心产生的不平衡离心力，这在高转速下是有影响的，带负荷运行中使 1、2 号轴承振动增大（从 $20\mu m$ 左右增加到 $50\mu m$ 以上）；二是松动后与转轴发生摩擦，转子弯曲（主要是弓状弯曲）使振动增大，尤其是通过临界转速时振动大幅度增加。从揭缸后检查到的转子单边摩擦的情况看，运行中转子弯曲量是比较大的。

为分析转子的碰磨情况，升、降速过程中用 PL-202 实时频谱分析仪测量了振动波形和频谱。测量结果表明，从升速至 2800r/min 以上，出现较明显的碰磨（如图 5-44 所示），振动波形有跳动和谐波干扰，频谱中除工频外还有很多谐波分量，这可能与套装部件松动后引起动静碰磨有关。测量时重点关注了停机通过临界转速时的频谱，如图 5-45 所示为 1800r/min（临界转速前）和 1500r/min（临界转速）时的振动波形和频谱。从 1800r/min 时振动波形和频谱看，以工频分量为主（190mV 约 $127\mu m$），有一定的倍频及高次谐波分量，振动波形在波峰和波谷处有轻微的削波现象，说明这时已出现碰磨出现。至 1500r/min 时工频振动已接近 $200\mu m$，振动波形中已有明显的削波，说明碰磨已较为严重。

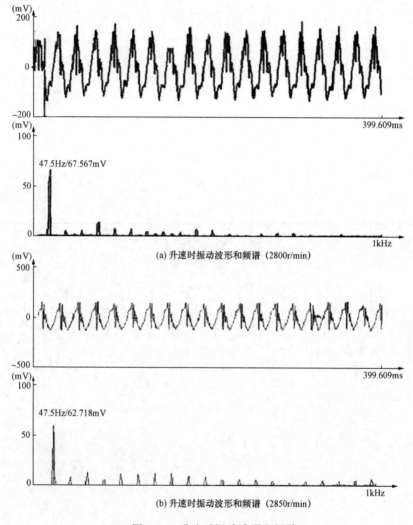

图 5-44　升速时振动波形和频谱

从振动波形和频谱测量可得出，冷态开机转速升至 2700r/min 以上，由于热套部件松动偏移使振动增加，动静部分出现碰磨。停机降速过程中由于热套部件松动与转轴发生碰磨，使转子产生热弯曲，通过临界转速时振动大幅度增加。启停多次后由于热套部件与转轴的间隙越磨越大，摩擦加剧使振动进一步增大，转子弯曲量增大出现单边摩擦。

因为套装部件一般要在热态下才出现松动，冷态下是难于发现的。该机揭缸多次因热态松动后有碰磨，经碰磨后间隙增大最终检查出了松动部件。处理热套部件的松动也是比较困难的，必须在现场做一个固定转子的架子，还需将转子竖起，电刷镀时必须经精确的计算。该机经电刷镀处理后经较长时间的运行，未出现异常。

【例 5-7】内应力释放导致转子弯曲引起的振动。

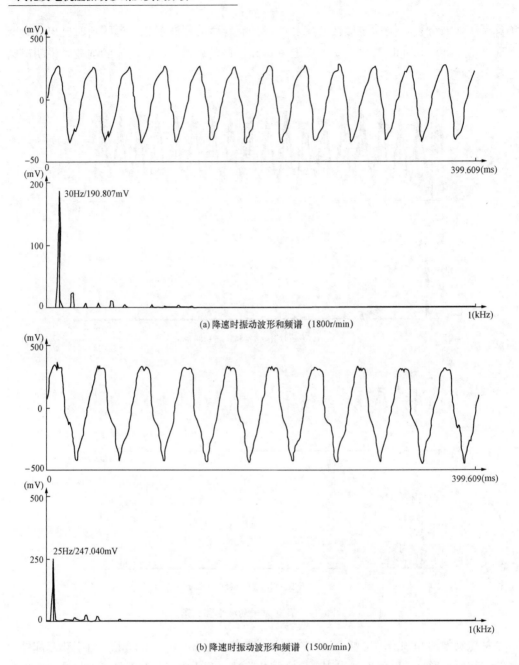

(a) 降速时振动波形和频谱 （1800r/min）

(b) 降速时振动波形和频谱 （1500r/min）

图 5-45　降速时振动波形和频谱

　　300、600MW 机组运行 3～5 年时间以后，部分机组上发现高中压转子通过临界转速时振动增大，而后又检查出是由转子弯曲变形引起的。分析认为这种变形与转子内应力释放等有关，经现场动平衡一般能收到较好的效果。当弯曲量较大时，也可以将转子送制造厂车削，之后做高速动平衡。

一、西屋型 300MW 高中压转子弯曲处理

　　某厂 2 号机系西屋型 300MW 反动式机组，高中压转子为转鼓结构。该机 2009 年 9

月安装投运，2011 年 6 月第一次大修，在不到两年时间内发现高中压转子在通过临界转速时振动有不断增加的趋势。2009 年 9 月调试期间，开机通过高中压转子临界转速时（1580r/min 左右），轴振 $1x$、$2x$（分别为前、后轴承 x 方向）均在 $80\mu m$ 以下（工频），如图 5-46 所示。至 2011 年 6 月大修前，停机通过临界转速时轴振 $1x$ 已增大到 $180\mu m$，轴振 $2x$ 也在 $150\mu m$ 以上。

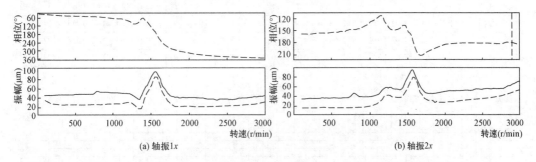

图 5-46　安装调试时高中压转子轴振 $1x$、$2x$ 升速伯德图

由于振动大幅度增加，大修中对高中压转子进行了检查，测量了转子各个部位的晃度，测量结果如图 5-47 所示。从图表中可以看出，高中压转子已经发生了明显的弓状弯曲，弯曲最大部位在中压转子进汽侧平衡环处，弯曲量最大达 0.06mm，弯曲方位在图中 1-5 处。从图中还可看到，外伸端弯曲方向与本体部分相反。

考虑到弯曲量较小，弯曲最大部位是在中压进汽侧平衡环处，决定利用大修机会在中间平衡面上加重。根据通过临界转速时所测得的轴振 $1x$、$2x$ 相位，结合晃度测量的低点位置，在第 10、11、12、13、14 号平衡孔内分别加重 180、281、283、280、283g，合计 1307g。加上平衡重量后，开机升速通过临界转速时（1600r/min 左右）轴振 $1x$ 为 $55.8\mu m\angle 132°$（通频 $69.8\mu m$），轴振 $2x$ 为 $58.3\mu m\angle 127°$（通频 $69.6\mu m$），如图 5-48 所示。由于中间加重面不在二阶振型的节点上，对工作转速的振动有一定影响。加重后额定转速时轴振 $1x$ 为 $32\mu m\angle 310°$，加重前为 $25\mu m\angle 300°$；轴振 $2x$ 加重后为 $20\mu m\angle 210°$，加重前为 $60\mu m\angle 190°$。通过大修中在高中压转子中间平衡面上加重，有效地降低了开、停机过程通过临界转速时的振动，同时也改善了工作转速时的振动。

二、上汽 300MW 高中压转子弯曲处理

某上海产 300MW 机组 2008 年 9 月安装投产，调试期间高中压转子通过临界转速时振动较小，轴振 $1x$、$2x$ 均在 $80\mu m$ 以下。运行一年多后发现启动过程中高中压转子通过临界转速时振动增大，有时需要延长暖机时间乃至停机后盘车几小时后再次开机方能升至额定转速。如 2010 年 5 月冷态开机时就接连开了三次，第一次升速通过临界时轴振 $1x$ 最大达 $234\mu m$，2300r/min 时因振动持续增大降速停机。第二次升速时通过临界时轴振 $1x$ 最大达 $257\mu m$，因振动大无法控制打闸停机。盘车 4h 后第三次开机，通过临界时振动仍较大，高中压转子轴振升速伯德图如图 5-49 所示，可以看到通过临界转速时（1600r/min 左右），轴振 $1x$ 通频振动超过 $200\mu m$（工频振动 $140\mu m$），轴振 $2x$ 工频振动也接近 $100\mu m$。如图 5-50 所示为 2010 年 7 月开机过程中测得的轴振 $1x$、$1y$、

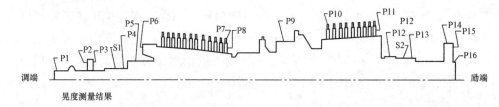

晃度测量结果

代号	P1	P2	P3	P4	P5	P6	P7	P8	P9	P10	P11	P12	P13	P14	P15	P16	S1	S2
设计	0.1	0.02	0.02	0.02	0.03	0.04	0.04	0.03	0.03	0.04	0.04	0.03	0.02	0.02	0.03	0.03	0.02	0.02
修前	0.10	0.02	0.02	0.02	0.02	0.025	0.08	0.03	0.11	0.08	0.025	0.02	0.01	0.06	0.015	0.02	0.02	0.01
修后	0.10	0.02	0.02	0.02	0.02	0.025	0.08	0.03	0.12	0.08	0.025	0.02	0.02	0.04	0.015	0.02	0.02	0.01

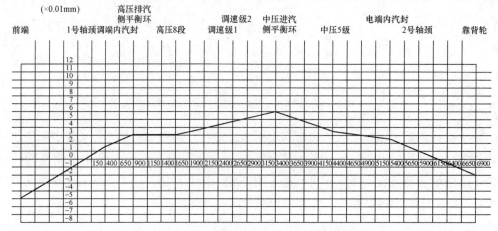

图 5-47 高中压转子晃度测量和转子弯曲示意图

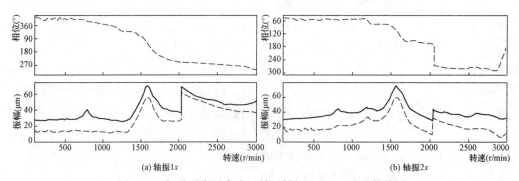

(a) 轴振1x   (b) 轴振2x

图 5-48 加重平衡后高中压转子轴振 1x、2x 升速伯德图

$2x$、$2y$ 升速伯德图，可以看出通过临界转速时，振动有进一步增大的趋势。表 5-23 列出了这次开机通过临界转速时轴振 $1x$、$1y$、$2x$、$2y$ 通频、工频等分量，可以看到轴振 $1x$ 工频分量已达 $200\mu m$，轴振 $2x$ 工频分量也达 $158\mu m$。

表 5-23   高中压转子临界转速振动值

名称	转速（r/min）	通频（μm）	工频	倍频	半频（μm）
$1x$ 轴振	1700	212	$200\mu m\angle 12°$	$25\mu m\angle 74°$	$15\mu m\angle 11°$
$2y$ 轴振	1750	170	$149\mu m\angle 109°$	$32\mu m\angle 238°$	11
$2x$ 轴振	1750	171	$158\mu m\angle 49°$	$36\mu m\angle 198°$	8.2
$2y$ 轴振	1750	165	$147\mu m\angle 133°$	$25\mu m\angle 6°$	14

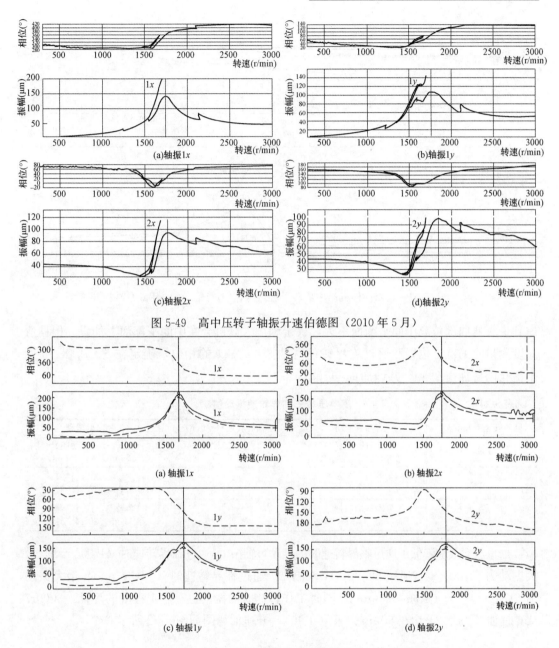

图 5-49　高中压转子轴振升速伯德图（2010 年 5 月）

图 5-50　高中压转子轴振升速伯德图（2010 年 7 月）

　　分析认为，通过临界转速时振动增大固然与碰磨等有关，但更主要是反映了转子平衡情况已经发生了变化，特别是工频振动的增加更说明了这一点。

　　2011 年 6 月大修前停机过程中又测量了高中压转子通过临界转速的振动（图 5-51 和表 5-24），可以看出轴振 $1x$ 有进一步增大的趋势，通频振动达 $312\mu m$，工频振动达 $295\mu m$，瓦振 1 号⊥工频达 $33\mu m$。

　　由于通过一阶临界转速时振动增大，大修中测量了高中压转子弯曲度，发现转子已产生弓状弯曲。弯曲的最大部位是在中压第一、第二级之间，弯曲量最大 $0.06mm$。考

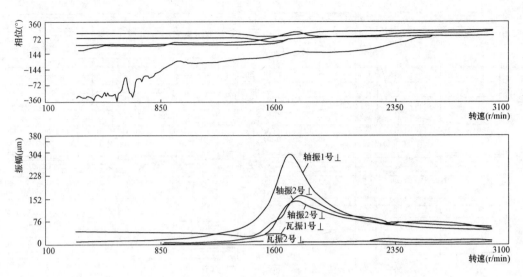

图 5-51　大修前停机高中压转子轴振降速伯德图（2011 年 6 月）

虑到最大弯曲部位离中间平衡面不远，决定利用大修机会在中间平衡面上加重。根据弯曲度测量时的低点位置和通过临界转速时轴振 $1x$、$2x$ 的相位，确定在 6、7、8、9 号平衡孔内各加重 294g，共计加重 1176g。

表 5-24　　　　　　　　　高中压转子临界转速振动值

临界转速（r/min）	前轴承振动	临界转速（r/min）	后轴承振动
1690	$1x$：312（通频） 295μm∠20°（工频）	1720	$2x$：153（通频） 138μm∠41°（工频）
—	—	1760	$2y$：169（通频） 156μm133°（工频）
1590	1 号⊥－34（通频） 33μm∠71°（工频）	1590	2 号⊥：12（通频） 11μm∠88°（工频）

　　加重后有效地降低了通过临界转速时的振动，轴振 $1x$ 通过临界转速时（1700r/min）最大振动为 51μm∠4°（通频 68.9μm），轴振 $2x$ 通过临界转速时（1750r/min）最大振动为 51.4μm∠79°（通频 73.8μm）。同时工作转速时的振动也有一定程度的降低，3000r/min 时轴振 $1x$、$2x$ 均在 50μm 以下（工频），升速伯德图如图 5-52 所示。

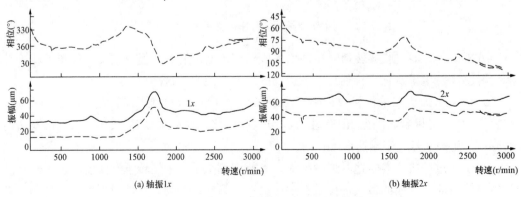

(a) 轴振1x　　　　　　　　　　　　　　(b) 轴振2x

图 5-52　加重平衡后轴振 $1x$、$2x$ 升速伯德图

三、上汽 600MW 高中压转子弯曲处理

某厂 3 号机为 N600-24.2/566/566 型超临界机组，2006 年 3 月安装投运。调试期间高中压转子通过临界转速时振动较小，轴振 $1x$、$2x$ 分别为 $79\mu m\angle77°$、$53\mu m\angle137°$（如图 5-53 所示）。2008 年 4 月启动升速过程中高中压转子通过临界转速时（1500r/min）振动明显增加，轴振 $1x$、$2x$ 均超过 $100\mu m$（如图 5-54 所示）。而后在 2009 年 12 月开机时振动又有进一步增加，通过临界转速时 $1x$、$1y$、$2x$、$2y$ 轴振最大振动分别为 127、133、135、$105\mu m$。

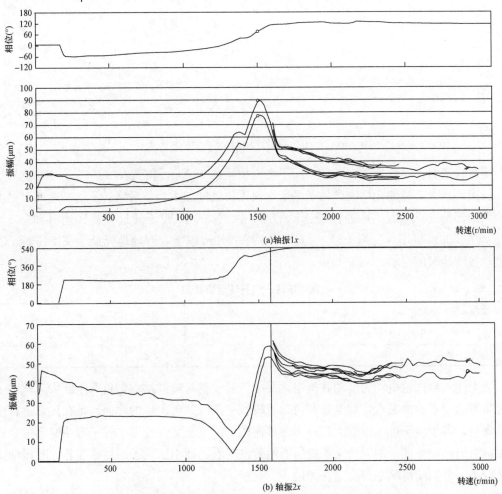

图 5-53　安装调试时轴振 $1x$、$2x$ 升速伯德图（2006 年 3 月）

而后在每次开机通过高中压转子临界转速时振动一直偏大，轴振 $1x$、$2x$ 均在 $100\mu m$ 以上，而且瓦振也明显增大。表 5-25 为 2010 年 7 月测得的一次开停机过程高中压转子通过临界转速时的振动情况，可以看到不但轴振 $1x$、$2x$ 较大，而且瓦振 1 号⊥也较大，升速通过临界转速时达 $70\mu m$，降速时达 $92\mu m$。鉴于振动明显增大，2011 年 6 月大修中对高中压转子进行了检查，测量了转子本体和外伸部分的晃度，转子中部晃度最大 0.20mm（弯曲 0.10mm），两端对轮处晃度高点与转子中部高点相反，转子已

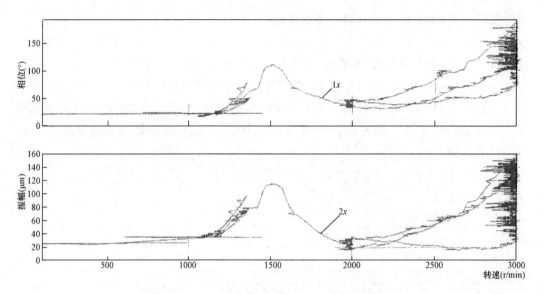

图 5-54　高中压转子升速伯德图（2008 年 4 月）

发生弓状弯曲。经计算需在转子中间平衡面加重约 1500g，位置在 3、4、5、6、7 号螺孔。因 3、4、7 号螺孔厂家已加了平衡重块无法继续加重，最后将转子送制造厂对晃度较大的部位进行车削，再进行高速动平衡。目前高中压转子通过临界转速时轴振 $1x$、$2x$ 均在 $50\mu m$ 以下，瓦振 1 号⊥、2 号⊥均在 $20\mu m$ 以下，有效地降低了高中压转子通过临界转速时的振动。

表 5-25　　　　　　　　　　　高中压转子临界转速振动值　　　　　　　　　　　μm

时间	状态	$1x$	$1y$	1号⊥	$2x$	$2y$	2号⊥
8：48	升速	135	115	70	127	91	35
11：26	降速	212	160	92	156	131	37

上述三台汽轮机均为反动式机组，高中压转子都是转鼓结构，抗弯刚度大。从转子发生弯曲变形的情况看，均是带负荷运行较长一段时间后出现的，而且是在正常运行中出现的。由于转子抗弯刚度大，外力很难使转子产生永久性变形，转子弯曲变形主要是由内应力释放等产生的。从动平衡后的运行情况看，高中压转子通过临界转速时振动变化较小，但振动情况是否稳定尚需进一步观察。

第六章

汽轮发电机轴向振动

轴向振动虽然在国际 ISO 标准中没有参与评定，但它也是机器缺陷的一种表现，与垂直和水平方向的振动有一定关系。为确保机组安全运行，轴向振动大，同样也应该进行分析处理。

第一节　轴向振动产生原因

汽轮发电机组中，轴承座在轴向是没有扰动力的，但产生轴向振动的机组很多，分析其原因主要有：

（1）从转动系统分析，轴颈在轴承中有个倾斜度，使作用在轴承上的力没有通过轴承的承力中心（如图 6-1 所示），沿轴向发生交替变化。由于轴承座底部总是具有一定的弹性，于是使轴承座产生轴向振动。显然若轴承座底部连系螺丝连接不好，或各个螺丝紧力不一

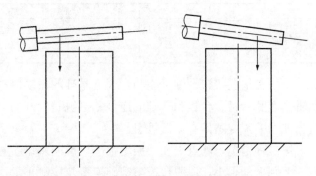

图 6-1　轴颈倾斜使轴承座受力发生变化

致，或轴承座与台板接触不好，地脚螺丝没有拧紧等，都会使轴向振动更大。

使轴颈产生倾斜的原因有转子永久性弯曲或由热变形产生的弹性弯曲，转子在不平衡力作用下产生动挠曲，刚性对轮端面加工偏差或挠性对轮中心偏差产生的弯曲，若轴系抵抗变形的能力较差（如对轮连接刚度较差），由轴承标高变化造成的弯曲等。

（2）轴承座支承刚度沿轴向不一致，轴承座垂直振动沿轴向有差别，一端振动大，另一端振动小，从而使轴承座产生轴向振动（如图 6-2 所示）。显然若轴承座较高，垂直方向刚度差别较大，轴向振动就越大。

轴承座垂直方向产生刚度差别的主要原因有：

1）轴承悬臂结构，如 300、600MW 机组低压转

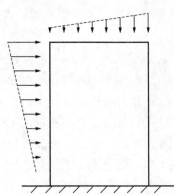

图 6-2　垂直刚度差别引起轴向振动

子两端轴承坐落在排汽缸上，一端支承在基础横梁上，

233

另一端支撑在排汽缸上，构成悬臂结构。

2）轴承座与台板接触不良或连系螺丝松紧不一，台板和垫铁接触不良，台板和基础的地脚螺丝松紧不一，由于轴承漏油将基础的二次灌浆局部泡发等。轴承座底部加的垫片过多，尤其是发电机轴承座有绝缘垫片，容易产生松紧不一致。

（3）若两个轴承支承在同一个轴承座上（如125MW机组3、4号轴承），若相位不一致时，容易产生轴向振动。

（4）轴承座轴向刚度差（如发电机后轴承）及球面调心能力差等。

第二节　轴承座外特性试验

轴承座外特性试验是指通过轴承座各个部位的振动测量，分析轴承座与台板、台板与基础等部位之间的连接和接触情况，判断各部位的支承刚度，是分析轴向振动的重要手段。

在轴承座上确定几个关键的测点，逐个测量振动，根据测量结果进行分析。

假定所确定的振动测点如图6-3所示，振动测量结果一般可归纳为表6-1所示的三种情况。

表6-1				轴承座外特性试验结果				μm
测点位置	1	2	3	4	5	6	7	8	9
第一种情况	48	50	52	60	62	59	54	51	50
第二种情况	10	12	37	42	50	36	18	10	10
第三种情况	35	35	40	55	70	75	70	68	37

第一种情况，整个轴承座和台板、基础的振动值都不相上下，振动没有衰减。这说明轴承座和台板、台板和基础的连接和接触是良好的，可能是由于扰动力太大，或基础抗振能力差，或基础有共振等引起。

第二种情况，测点1和9振动很小，说明基础抗振能力较好，测点1和2、测点8和9差别振动很小，说明台板与基础连接及接触正常，主要是测点2和测点3差别振动大，达$25\mu m$（连接和接触良好差别振动不应超过$5\mu m$），说明轴承座左侧与台板的接触或连接不好，应检查连系螺丝是否拧紧或台板是否有脱空。轴承座右侧测点7和8差别振动偏大，也应进行检查。此外，测点6和7差别振动也较大，可能与瓦的接触等有关。

第三种情况，主要是测点8和9差别振动大，达$31\mu m$，说明台板和基础之间连接或接触不好，应检查地脚螺丝是否拧紧，垫铁是否有松动或位移，二次灌浆是否被油泡发等。此外，从测点1和9看，振动均较大，但与测点5相比，振动有衰减，可以认为基础没有共振，测点1和9振动偏大说明扰动力较大。

外特性试验结果除表6-1所示的几种情况外，可能还会有其他不同的情况，应根据实际测得的数

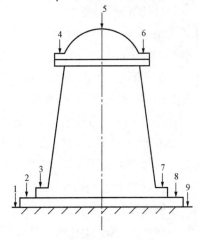

图6-3　轴承座外特性试验振动测点

据进行分析。就轴向振动而言，应注重轴承座、台板、基础等沿轴向的差别振动，尤其应注意轴承座顶部前、后端的差别振动，因为轴向振动一般以轴承顶部为最大，前、后端的差别振动反映最为明显。

第三节 实 例 分 析

【例 6-1】降低 60MW 发电机前轴承轴向振动。

某厂与燃气轮机配套的 60MW 汽轮发电机组，在运行中发电机前轴承轴向振动大，一般在 200μm 以上（轴承中分面处），最大超过 300μm，考虑到机组的安全运行，必须及时进行分析处理。

一、振动试验

为分析轴向振动产生原因，开、停机过程中进行了有关试验。

1. 转速试验

转速试验主要是判断振动是否与转子质量不平衡及中心不正等有关，考虑到转子的动挠度，重点关注通过第一临界转速时的振动。试验前，在发电机后轴承外侧轴的外露部分粘贴光标，在 3、4 号轴承（分别为发电机前后轴承）垂直方向装设振动传感器，升速过程中测量各个转速的振动，发电机振动升速伯德图如图 6-4 所示。

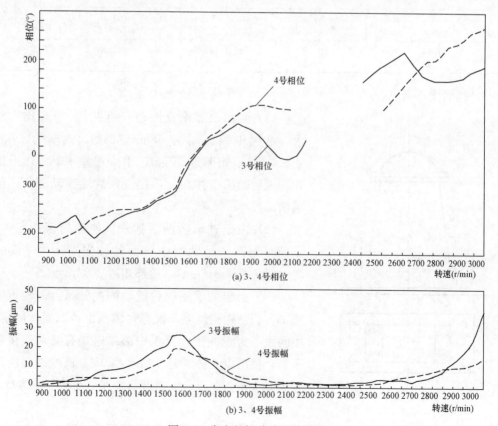

图 6-4 发电机振动升速伯德图

从图中可以看出：

（1）发电机转子通过第一临界转速（1533r/min）时，3号轴承振动最大为26μm、4号轴承振动最大为19μm。

（2）通过临界转速后振动很快降低，转速至2200～2300r/min时，3号⊥、4号⊥振动仅1μm，至2500r/min时仅3μm。

（3）2800r/min以后，振动快速增加，至3000r/min时，3号⊥达40μm、4号⊥达15μm。

（4）从振动相位分析，在通过临界转速时两端轴承振动相位很接近，通过临界转速后相位快速分开，至工作转速时两轴承振动相位相差90°左右。

通过转速试验可知，发电机转子存在一定的对称和反对称分量，不平衡比较接近3号轴承侧。

2. 3号轴承座外特性试验

考虑到3号轴承座轴向振动大，为分析轴向振动的原因，在转速3000r/min时对3号轴承座进行了外特性试验。根据该轴承座结构特点，确定了有关测点（如图6-5所示），测量了各测点的幅值和相位，测量结果见表6-2。

表6-2　　　　　　　　　　　　　3号轴承座外特性试验结果

测点位置	1	2	3	4	5	6	7	8	9	10
电端	26μm ∠205°	26μm ∠201°	56μm ∠203°	49μm ∠202°	68μm ∠212°	69μm ∠208°	35μm ∠219°	41μm ∠217°	22μm ∠220°	17μm ∠224°
汽端	11μm ∠71°	18μm ∠50°	25μm ∠57°	18μm ∠69°	19μm ∠51°	30μm ∠30°	37μm ∠27°	40μm ∠28°	37μm ∠27°	25μm ∠23°

从图表中可知：

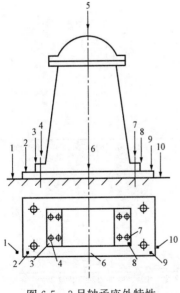

图6-5　3号轴承座外特性
试验测点布置

（1）轴承顶部垂直振动（测点5）电端比汽端大，电端工频振动为68μm∠212°，汽端为19μm∠51°，幅值相差近50μm，相位相差161°，接近反相。说明轴承座存在前后摆动，后端摆动较大，前端摆动较小。

（2）由于轴承座前后摆动，使轴向振动增加，试验时测得3号轴承中分面处轴向振动为233μm∠216°（通频248μm），顶部超过300μm。

（3）引起轴承座前后摆动的主要原因是轴承座底部台板结构刚度差，仅靠每侧两个地脚螺丝固定，中间没有螺丝固定。台板中部靠电端有松动或接触不良，使测点6振动达69μm∠208°，而汽端对应位置为30μm∠30°，台板的振动差别与轴承座振动差别是一致的。

（4）从轴承座底部振动情况看，除台板振动有关外，也有它自身的特点。汽端测点 3 振动最小为 $25\mu m\angle57°$，而电端测点 3 振动为 $56\mu m\angle203°$，电端和汽端测点 8 分别为 $41\mu m\angle217°$、$40\mu m\angle28°$，轴承座底部的差别振动容易使轴承座振型发生变化，从而产生轴向振动。

为助于分析振动原因，除测量工频、通频振动外，还测量了二倍频振动。表 6-3 为频谱测量结果，3 号轴承垂直、轴向、水平方向振动均以工频即一倍频分量为主，二倍频分量很小。

表 6-3　　　　　　　　　　　　3 号轴承座振动频谱测量结果

轴承振动	3 号⊥（电端）	3 号⊥（汽端）	3 号⊙	3 号→
通频（μm）	71	21	248	17
工频	$68\mu m\angle212°$	$19\mu m\angle51°$	$233\mu m\angle216°$	$16\mu m\angle337°$
二倍频（μm）	1	2	1	1

3. 开停机振动比较

空载运行时 3 号轴承垂直和轴向振动有较大的变化，3 号⊥由开始的 $40\mu m\angle206°$ 增加到 $68\mu m\angle212°$，3 号⊙由 $214\mu m\angle215°$ 增加到 $233\mu m\angle216°$。考虑到这种变化，在停机过程中观察了各个转速的振动，尤其是通过临界转速的振动。结果表明，虽然在高转速时振动变化较大，但通过临界转速时振动几乎没有变化，表 6-4 列出了开机和停机通过临界转速区 3 号⊥振动比较。

表 6-4　　　　　　　　开机和停机通过临界转速区 3 号⊥振动比较

转速（r/min）	1443	1511	1533	1563
开机	$19\mu m\angle277°$	$26\mu m\angle314°$	$26\mu m\angle328°$	$24\mu m\angle359°$
停机	$22\mu m\angle287°$	$26\mu m\angle337°$	$24\mu m\angle358°$	$15\mu m\angle27°$

二、振动原因分析

通过上述振动测试和振动分析试验可知，3 号轴承轴向振动大的主要原因一方面是轴承座底部台板支承刚度较差，电端台板中部接触不良或有松动。与汽端相比，垂直方向的刚度差别大，使轴承座前后摆动，导致轴向振动增加。另一方面是发电机转子存在一定的对称和反对称分量，虽然扰动力不是很大，但在支承刚度较差的情况下，对轴向振动同样有较大的影响。

考虑到运行中无法检查台板的接触情况，停机检修处理台板的工作量大，花费时间长。决定先从发电机转子动平衡入手，通过现场平衡减小扰动力，期望能在降低垂直方向振动的同时降低轴向振动，并使振动的稳定性增加。

三、现场动平衡

1. 临界转速下的动平衡

考虑到轴向振动与转子的动挠度有关，为减小动挠度，首先考虑减小临界转速时的振动。

发电机转子重 21.5t，加重半径 378mm，采用两端对称加重的方法，每侧加重 200g，加重位置根据所测得的相位进行估算。加上试加重量后，通过临界转速时的振动有较大幅度的减小，3 号⊥由 $26\mu m$ 降至 $15\mu m$，4 号⊥由 $19\mu m$ 降至 $10\mu m$。振动已较小，一阶振型平衡结束，升速到 3000r/min 时 3 号⊥和 3 号⊙略有降低。

2. 工作转速下的动平衡

采用反对称加重降低工作转速时的振动，每侧加重 190g 使工作转速时的振动 3 号⊥由 41μm∠270°降低到 12μm∠269°，4 号⊥与加重前比较变化不大，为 16μm∠342°。考虑到 3 号⊥已较小，4 号轴承振动有增加的趋势，动平衡工作结束，发电机动平衡后升速伯德图如图 6-6 所示。

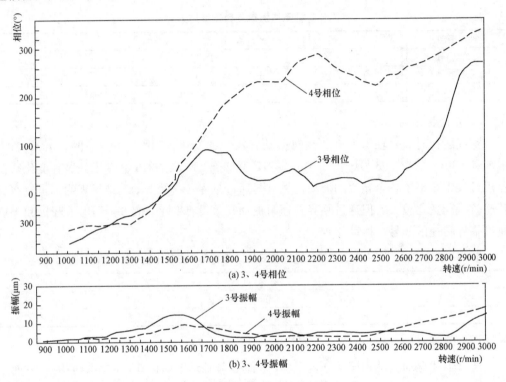

(a) 3、4号相位

(b) 3、4号振幅

图 6-6　发电机动平衡后升速伯德图

经动平衡后 3 号轴承垂直振动电端为 12μm∠269°、汽端为 10μm∠113°，由于垂直方向振动降低及前后端差别振动减小，使 3 号轴承轴向振动大幅度减小，由 233μm∠216°降至 65μm∠99°。减小扰动力后，对减小轴向振动收到了较好的效果。显然，若单从轴向振动看，仍觉偏大，台板的影响仍然是不可忽视的。说明台板支承刚度很差，有较长的停机时间应对台板进行检查、处理。

采用现场动平衡方法曾消除和降低了多台机组的轴向振动，一般来说这种方法是行之有效的。但如上所述有时也会遇到扰动力已很小，轴向振动仍偏大的情况。

根据外特性试验结果，有针对性的进行处理，也是经常采用的一种方法。如某厂一台 22MW 机组，运行中发电机后轴承（4 号轴承）轴向振动大，达 66μm，对 4 号轴承座进行外特性试验（如图 6-7 所示）。从轴承座顶部测得的垂直振动看，前、后端分别为 9μm∠128°、25μm∠284°，幅值相差较大，相位接近反相，说明轴承座前后摆动使轴向振动增加。从轴承座底部振动看，四个连系螺丝处的振动有较大差别（如图 6-7 所示），最大为 $15\mu m\angle312°$（位于左后侧），最小为 $4\mu m\angle348°$（位于左前侧）。根据实测到的振动情况，在运行中拧紧螺丝进行试验，试验前装设百分表监测标高变化，分别将左后侧螺丝拧紧 $90°$，右前螺丝拧紧 $60°$，标高变化小于 $0.02mm$。拧紧螺丝后，轴向振动有较大幅度降低，由 $66\mu m$ 降至 $34\mu m$，水平方向振动也由 $23\mu m$ 降至 $20\mu m$。

此外还可对轴承座进行加固，如在松动处加压板或加装临时垫铁等，使轴向振动减小，等待有较长的检修时间时再另行处理。

【例 6-2】降低 $100Hz$ 的轴向振动。

某厂一台 N75-90 型机组，自投产以来就一直存在励磁机轴承轴向振动大及振动不稳定等问题，轴向振动最大可达 $100\sim120\mu m$，经测试主要是 $100Hz$ 的

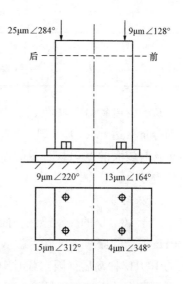

图 6-7　4 号轴承外特性测量结果

振动频率。由于振动大，励磁机轴瓦经常出现磨损、碎裂，运行一段时间后就必须更换轴瓦。由于 $100Hz$ 振动在现场无法用动平衡等方法将其减小，当振动大时只能采取一些应急措施，如在励磁机轴承座和基础之间临时打入楔形垫铁。但运行一段时间后由于垫铁松动等原因，振动又会产生变化，给生产管理和机组的安全运行带来了严重的影响。经多年的试验研究，采取调整轴承标高、改善轴承调心能力、增强支承刚度及对发电机转子进行现场动平衡等综合措施，有效地降低了该励磁机的轴向振动。

1. 振动特征

如图 6-8 所示为发电机后轴承和励磁机轴承编号和转子连接情况，发电机转子和励磁机转子之间采用双波形联轴器连接。表 6-5 为励磁机和发电机轴承振动测量结果（负荷 55MW）。

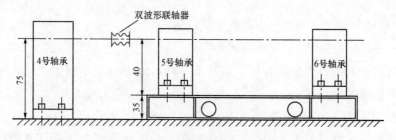

图 6-8　发电机后轴承和励磁机轴承编号和转子连接情况

表 6-5　　　　　　　　　　　　　励磁机和发电机轴承振动测量结果

测量位置		3 号轴承	4 号轴承	5 号轴承	6 号轴承
垂直	50Hz	$12\mu m\angle66°$	$10\mu m\angle164°$	$1\mu m\angle136°$	$9\mu m\angle349°$
	100Hz	$2\mu m$	$4\mu m$	$12\mu m$	$8\mu m$
水平	50Hz	$28\mu m\angle186°$	$15\mu m\angle311°$	$14\mu m\angle121°$	$5\mu m\angle249°$
	100Hz	$9\mu m$	$2\mu m$	$8\mu m$	$8\mu m$

测量位置		3 号轴承	4 号轴承	5 号轴承	6 号轴承
轴向	50Hz	$27\mu m\angle 227°$	$2\mu m\angle 76°$	$11\mu m\angle 20°$	$11\mu m\angle 22°$
	100Hz	$11\mu m$	$12\mu m$	$80\mu m$	$33\mu m$

从表中可看出，主要是励磁机前轴承（5 号轴承）轴向振动大，且主要是 100Hz 的振动分量（达 $80\mu m$），50Hz 振动分量很小（$11\mu m$）。垂直和水平方向振动虽然较小，但也含有较大的 100Hz 分量的振动。励磁机后轴承（6 号轴承）轴向振动中，100Hz 的分量也较大。

2. 振动分析

对于 100Hz 的振动显然不能用现场动平衡的办法降低，为减小振动，首先从产生 100Hz 振动的原因分析入手。从该励磁机振动看，在排除了由转子断面刚度不对称产生的 100Hz 振动后（因空载时 100Hz 振动很小），产生 100Hz 振动的主要原因有两个：一是磁场力的影响，通过发电机传递到励磁机上；二是发电机转子和励磁机转子中心偏差（重点考虑平行不对中）。

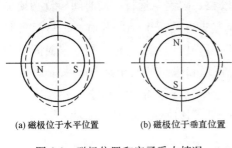

(a) 磁极位于水平位置　　(b) 磁极位于垂直位置

图 6-9　磁极位置和定子受力情况

（1）磁场力的影响。该发电机为二极发电机，由于有两个磁极，每转动一周，其磁场力对定子作用两次。现分析磁极位于水平位置和垂直位置时磁场力对定子的作用，如图 6-9（a）所示，磁极处于水平位置时，转子和定子之间磁场作用的水平分量为

$$\int_{-\frac{\pi}{2}}^{\frac{\pi}{2}} \cos\alpha\cos P\alpha\, d\alpha = 1.333$$

当磁极处于垂直位置时［如图 6-9（b）所示］，在定子上同一位置的水平分量变为

$$\int_{-\frac{\pi}{2}}^{\frac{\pi}{2}} \cos\alpha\sin P\alpha\, d\alpha = 0.667$$

式中　P——磁极对数，对二极发电机 $P=1$；

　　　α——由水平中心线算起的空间角度。

可见对定子上某一个位置，转子每转动一周，由于有两个磁极，其作用力变化两次，变化的幅度为平均值的 $\pm33\%$。由于每转一周扰动力变化二次，使定子上产生 100Hz 的振动。

从该机的情况看，定子上产生 100Hz 的振动，必须通过台板基础才能传递到励磁机轴承上，显然这种可能性不是很大。为验证起见，在一次带负荷过程中，同时测量了发电机外壳和励磁机轴向 100Hz 的振动，通过趋势变化分析两者的关系，测量结果见表 6-6。从表中可看出，发电机外壳水平方向 100Hz 振动最大是在负荷 30MW 时，为 $28\mu m$，这时 5 号⊙100Hz 振动为 $46\mu m$。负荷升至 50MW 时，发电机外壳振动由 $28\mu m$ 降至 $24\mu m$，而 5 号⊙反而从 $46\mu m$ 增加到 $64\mu m$，两者无对应关系。同时，励磁机振动比发电机大，若由发电机振动传递引起，显然是不可能的。

表 6-6　　　　　　　　　发电机外壳振动和励磁机轴向振动测量结果

振动	5MW	30MW	50MW	50MW	65MW	65MW
发电机外壳→	$25\mu m\angle344°$	$28\mu m\angle22°$	$24\mu m\angle54°$	$22\mu m\angle54°$	$22\mu m\angle17°$	$22\mu m\angle18°$
励磁机 5 号⊙	$44\mu m\angle183°$	$46\mu m\angle237°$	$64\mu m\angle261°$	$64\mu m\angle279°$	$48\mu m\angle223°$	$50\mu m\angle226°$

（2）排除了磁场力的影响以后，重点考虑发电机转子和励磁机转子中心偏差的影响，理论上 100Hz 振动主要是由圆周偏差即平行不对中引起的。图 6-10 表示两个半联轴器平行不对中的情况，图中 O_1 为轴 1 的旋转中心，O_2 为轴 2 的旋转中心，e 为两个半联轴器的偏心距，P 为联轴器螺栓在接合处的某一点，ω 为轴的旋转角速度，ωt 为 P 点的偏心方向的转角。两个半联轴器旋转时在螺栓力的作用下有把偏移的两轴中心拉到一起的趋势，对于某个螺栓上的 P 点而言，因为旋转半径 PO_2 大于 PO_1，螺栓上的拉力使轴 1 联轴器的金属纤维受压缩，轴 2 联轴器的金属纤维受拉伸，其弹性变形量的计算可在 PO_2 连线上取一点 S，使 $PS=PO_1$，因 $PO_2\gg e$，可近似地看作 O_1S 与 PO_2 垂直，则

$$SO_2 = PO_2 - PO_1 = e\cos\omega t \tag{6-1}$$

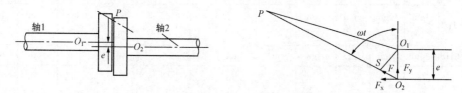

图 6-10　平行不对中联轴器受力分析

如果两半联轴器尺寸和材料相同，则 PO_1 受压缩，PO_2 受拉伸，两者变形量近似相同，均为

$$\delta = \frac{SO_2}{2} = \frac{e}{2}\cos\omega t \tag{6-2}$$

设联轴器在 PO_2 方向上的刚度为 k，则 PO_2 方向上存在一个拉伸力，在 PO_1 方向上存在一个压缩力，力的大小为

$$F = k\delta = k\frac{e}{2}\cos\omega t \tag{6-3}$$

设 F_y 为 F 在垂直方向上的投影，即为垂直方向上的分力，其值为

$$F_y = F\cos\omega t = k\frac{e}{2}\cos^2\omega t \tag{6-4}$$

利用三角公式，可写为

$$F_y = k\frac{e}{2}\cos^2\omega t = k\frac{e}{4}(1+\cos2\omega t) \tag{6-5}$$

设 F_x 为 F 在水平方向上的投影，即为水平方向上的分力，其值为

$$F_x = k\frac{e}{4}\sin2\omega t \tag{6-6}$$

式（6-5）分为两项，前一项是作用在 O_1O_2 之间的拉力，该力不随时间而变化，它力

图把两个半联轴器的不对中量缩小，后一项与式（6-6）表示的分力 F_x 相同，是随时间而变化的二倍频激振力。即联轴器每旋转一周，径向力交变两次，从而产生二倍频振动。

3. 振动试验

在发电机转子和励磁机转子中心存在偏差的情况下，并网及带负荷过程中由于磁场力变化及调心能力变化等，振动会发生变化。从该机实测到的振动情况看，证实了 100Hz 的振动与发电机转子和励磁机转子的中心偏差有关。

（1）从空载到发电机升压并网，励磁机轴向 100Hz 的振动有明显的增加，且由于频率的改变，声音也会发生变化。表 6-7 为空载与并网后振动比较，空载时 5 号⊙、6 号⊙100Hz 振动均为 $7\mu m\angle 2°$，并网后分别增加到 $19\mu m\angle 166°$、$17\mu m\angle 164°$，5 号⊥、6 号⊥100Hz 分量也有一定增加，同时并网后发电机 3 号⊙、4 号⊙100Hz 振动分量也有较明显的增加。

表 6-7 空载与并网后振动比较

振动		5 号			6 号			3 号			4 号		
		⊥	→	⊙	⊥	→	⊙	⊥	→	⊙	⊥	→	⊙
空载	50Hz	$4\mu m$ $\angle 100°$	$11\mu m$ $\angle 80°$	$6\mu m$ $\angle 45°$	$7\mu m$ $\angle 275°$	$13\mu m$ $\angle 326°$	$11\mu m$ $\angle 345°$	$3\mu m$ $\angle 34°$	$27\mu m$ $\angle 187°$	$10\mu m$ $\angle 199°$	$15\mu m$ $\angle 171°$	$7\mu m$ $\angle 321°$	$7\mu m$ $\angle 70°$
	100Hz	$2\mu m$	$1\mu m$	$7\mu m$	$1\mu m$	$9\mu m$	$7\mu m$	$1\mu m$	$8\mu m$	$4\mu m$	$1\mu m$	$1\mu m$	$5\mu m$
并网后	50Hz	$5\mu m$ $\angle 99°$	$11\mu m$ $\angle 60°$	$3\mu m$ $\angle 34°$	$3\mu m$ $\angle 283°$	$14\mu m$ $\angle 355°$	$8\mu m$ $\angle 355°$	$5\mu m$ $\angle 166°$	$26\mu m$ $\angle 183°$	$11\mu m$ $\angle 225°$	$10\mu m$ $\angle 143°$	$9\mu m$ $\angle 305°$	$2\mu m$ $\angle 45°$
	100Hz	$5\mu m$	$1\mu m$	$19\mu m$	$4\mu m$	$16\mu m$	$17\mu m$	$3\mu m$	$11\mu m$	$9\mu m$	$5\mu m$	$2\mu m$	$18\mu m$

（2）与机组负荷有关，随着负荷增加，100Hz 振动有增加的趋势。并网开始时，5 号⊙为 $19\mu m\angle 166°$（见表 6-7），随着负荷增加，振动不断增大。负荷升至 30MW 时，5 号⊙达 $46\mu m\angle 237°$，负荷升至 50MW 时达 $64\mu m\angle 261°$。6 号⊙100Hz 的振动也有较明显的增加，当负荷从 50MW 增加到 65MW 时，100Hz 振动最大可达 $49\mu m$。

4. 振动原因

分析发电机转子和励磁机转子产生不对中的主要原因。

（1）运行中轴承标高变化。发电机后轴承（4 号轴承）为落地式，坐落在基础上，励磁机两端轴承（分别为 5、6 号轴承）均坐落在一个基座上（如图 6-8 所示）。运行中 4 号轴承充满回油，5、6 号轴承由于坐落在框架上只是部分充满回油。经温度测量，按线膨胀系数 $0.012\text{mm}/(\text{m}\cdot℃)$ 计算，运行中由于受回油温度等影响，轴承标高将会相差 0.10mm 左右，即发电机后轴承升高量比励磁机轴承升高量大 0.10mm 左右。为验证运行中的标高变化量，在停机前分别在 4 号和 5 号轴承上装设百分表，百分表固定在特制的架子上，停机后定时测量，一直到完全冷却。测试结果表明，4 号轴承标高下降量比 5 号轴承下降量大 0.08mm，与上述估算值基本相符。

（2）检修中发现 5 号轴承球面有缺陷，当找好中心扣 5 号轴承盖时，励磁机轴要下沉 0.10mm 左右，破坏了已找好的中心，这一变化长期未予重视，也没有采取补救措施。

（3）找中心时没有制定出技术标准，有时励磁机对轮比发电机对轮低，这样使中心偏差更大。

以上发电机转子和励磁机转子找中心时及找中心后由于轴承标高变化等使中心发生偏差，累计偏差可达 0.20mm 左右。

除分析了产生轴向振动的扰动力外，还考虑了支承系统抵抗轴向振动的能力。对轴承座进行了外特性试验，检查了球面的调心能力，并分析了双波形联轴器调整中心的能力等。

（1）为调整中心偏差，发电机转子和励磁机转子连接采用双波形联轴器。从实际检查情况看，虽然波形节本身具有一定的补偿中心偏差的能力，但由于该发电机转子为水冷，波形节中间有一根水管穿过，水管的刚性减弱了波形节的补偿能力。

（2）5、6 号轴承均采用球面瓦，有一定的调心能力，但从检修中检查的情况看，球面接触较差。特别是 5 号轴承，中分面修刮了 0.28mm（为调整轴瓦间隙），增加了椭圆度，扣上瓦盖后影响了球面的调心能力。

（3）对励磁机轴承进行了外特性试验。励磁机两端轴承坐落在同一个基座上（如图6-11 所示），轴承座和基座之间用连系螺栓连接，每个轴承座的电侧和炉侧均用两个螺栓连接。考虑到绝缘和调整标高的需要，轴承座和基座间均有垫片。基座坐落在台板上，台板与基础间有垫铁，并用地脚螺栓固定。考虑到这一结构，测试时注意了轴承座与基座、基座与台板及台板与基础的差别振动，图 6-11 标出了外特性试验的测点布置。试验是在负荷 55MW、5 号 $\odot$ 和 6 号 $\odot$ 分别达 $79\mu m$、$49\mu m$ 的情况下进行的，试验结果见表 6-8。

从表中可看出：

1）从台板振动看，测点 15 和 7 的振动差别较大，达 $6\mu m$，说明台板与底部垫铁接触不好或地脚螺栓紧力不一致。

2）从轴承座与台板的接触和连接情况看，测点 6 和 5 在炉侧和电侧的差别振动均达 $7\mu m$，使垂直方向刚度不一致，则点 14 和 13 也有一定的差别振动。

3）测点 4 和 3 在炉侧和电侧的差别振动分别达 $12\mu m$ 和 $11\mu m$，既与测点 5 和 6 的差别振动有关，又反映了瓦的接触情况和调心能力较差。

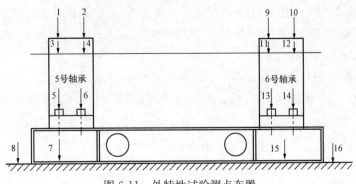

图 6-11　外特性试验测点布置

表 6-8　　　　　　　　　　　　　　外特性试验结果　　　　　　　　　　　　　　μm

测点	(1)	(2)	(3)	(4)	(5)	(6)	(7)	(8)
电侧	14	16	11	22	11	18	7	8
炉侧	14	16	12	24	9	16	7	4
测点	(9)	(10)	(11)	(12)	(13)	(14)	(15)	(16)
电侧	9	13	9	11	7	10	13	9
炉侧	9	13	16	12	14	16	13	8

5. 消除振动的措施

从以上测试分析可知，励磁机轴承 100Hz 振动的扰动力主要是发电机转子和励磁机转子平行不对中引起的，发电机定子外壳 100Hz 振动可能有一定的传递作用，但不是主要原因。由于结构原因，双波形联轴器补偿能力受到限制，5 号轴承球面调心能力差及轴承座、台板垂直方向刚度差别等也给轴向振动的产生提供了条件，甚至有一定的放大作用。减小轴向振动的主要措施有：

(1) 减小运行中的中心偏差。找中心时将双波形联轴器间的水管取出进行找正，中心找正后扣 5 号瓦盖时特别注意励磁机轴是否有下沉的现象。因试验多次无法消除，后将 5 号轴瓦更换，消除了这一现象。考虑到运行中发电机轴承和励磁机轴承标高变化，冷态找中心时有意将励磁机抬高 0.08mm，即找中心时圆周方向励磁机高 0.16mm。

(2) 增强轴瓦调心能力。分别对 4、5、6 号轴瓦球面进行了研磨，使接触面积达 75% 以上，并适当留有间隙。为防止出现椭圆，5 号轴承中分面采用电刷镀将原来修刮去掉的部分填补，使球面能起到调心作用。

(3) 增加支承刚度，减小垂直方向的差别振动。将 5 号轴承座与基座之间原有的 10 块垫片减少到 4 块，并针对测得的各连系螺栓处的振动情况，调整螺丝紧力，使垂直方向的差别振动减小到 2μm 以下。将励磁机底部基座吊出，根据测得的振动检查台板底部垫铁和固定台板的地脚螺栓，发现各地脚螺栓紧力不一（个别可转动 360°），装复时重新拧紧各地脚螺栓，并做到紧力一致。

(4) 减小发电机转子动挠度。工作转速时在现场用临时安装的电涡流传感器分别测得 3、4 号轴绝对振动（靠近轴承内侧）分别达 250μm∠206°、174μm∠327°，分析认为轴振动大一方面受汽轮机转子影响（汽轮机转子弯曲 0.14mm，低压-发电机对轮处晃度达 0.18mm），另一方面与转子本身不平衡有关，决定采用现场动平衡减小振动。两侧各加重 200g，使 3、4 号轴振动分别降至 166μm∠218°、130μm∠311°，瓦振也进一步减小（均减小到 5μm 以下）。

采取上述措施以后，有效地降低了励磁机轴承的振动，特别是 100Hz 的轴向振动。带负荷过程中，5 号轴承 100Hz 轴向振动最大未超过 31μm（通频振动最大 35μm），6 号轴承 100Hz 轴向振动最大 19μm（通频振动最大 24μm），5、6 号轴承垂直和水平方向振动也相应降低，同时发电机振动也有一定程度减小。振动减小后，稳定性也提高了，加减负荷及带负荷运行中振动变化很小，表 6-9 为该机运行一段时间振动稳定后测得的数据（负荷 65MW）。

表 6-9					采取综合性处理措施后振动测量结果						
振动	5 号轴承			6 号轴承			3 号轴承			4 号轴承		
	⊥	→	⊙	⊥	→	⊙	⊥	→	⊙	⊥	→	⊙
通频 （μm）	11	11	35	11	8	24	7	24	22	13	12	13
50Hz	3μm ∠305°	7μm ∠205°	9μm ∠53°	7μm ∠350°	1μm ∠270°	5μm ∠74°	5μm ∠133°	22μm ∠224°	20μm ∠355°	8μm ∠209°	11μm ∠163°	4μm ∠40°
100Hz	6μm ∠5°	2μm ∠333°	31μm ∠33°	2μm ∠170°	4μm ∠236°	19μm ∠17°	4μm ∠305°	6μm ∠30°	3μm ∠150°	4μm ∠24°	2μm ∠293°	8μm ∠234°

【例 6-3】 300、600MW 机组轴向振动。

300、600MW 机组低压转子两端轴承坐落在排汽缸上，属于悬臂结构，容易产生轴向振动。尤其是低压转子后轴承，当垂直方向振动较大时，轴向振动具有放大作用。如某西屋型 300MW 机组测得低压转子后轴承垂直振动为 $39\mu m\angle 83°$、轴向振动为 $70\mu m\angle 78°$，某东方 600MW 机组 2 号低压转子后轴承垂直瓦振为 $80\mu m$、轴向振动为 $130\mu m$。早期生产的东方 300MW 机组，由于 4 号轴承（低压转子后轴承）外侧有盘车装置，盘车装置底部支承在小台板上，一端与 4 号轴承相连接。当抽真空后，由于 4 号轴承在大气压力作用下下降（经试验降低 0.4～0.5mm），致使盘车座端部上翘，有可能与小台板脱空，使支承刚度局部降低，从而使垂直方向振动沿轴向有较大变化。由于 4 号轴承本身也具有悬臂结构，越往轴承内侧垂直振动越大，使 4 号轴承振动与盘车座振动构成前后摆动运动，在盘车装置上部产生很大的轴向振动。图 6-12 和表 6-10 为某 300MW 机组在 4 号轴承及盘车装置处实测到的振动分布，从图表中可看出，4 号轴承中部振动为 $38\mu m\angle 257°$（测点 3），内侧振动为 $49\mu m\angle 257°$（测点 1），外侧振动为 $22\mu m\angle 263°$（测点 5）。振动最小处是在盘车座与轴承盖的接合处附近，振动为 $4\mu m\angle 284°$（测点 8），再往后延伸，振动又逐步增大，但相位相反。至盘车座端部，振动最大达 $72\mu m\angle 88°$（测点 13）。从轴向振动看，4 号轴承上部振动为 $76\mu m$，与垂直振动相比放大一倍。轴向振动最大是在盘车座处，从下往上振动逐步递增，下支座轴向振动为 $78\mu m\angle 271°$，上支座顶部为 $175\mu m\angle 271°$，盘车罩顶部最大达 $241\mu m\angle 271°$（通频 $246\mu m$）（如图 6-13、表 6-11 所示）。由于轴向振动大，在个别机组上曾出现过盘车电机连系螺栓断裂的故障。

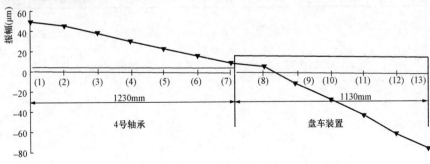

图 6-12　4 号轴承与盘车装置测点布置

表 6-10　　　　　　　　　　　**4 号轴承与盘车装置各测点垂直振动数据**

测点	1	2	3	4	5	6	7
通频（μm）	49.5	45.5	38.5	30.5	23	16	9.5
工频	49μm$\angle257°$	44μm$\angle258°$	38μm$\angle257°$	30μm$\angle261°$	22μm$\angle263°$	15μm$\angle270°$	8μm$\angle285°$
测点	8	9	10	11	12	13	
通频（μm）	6	13	27	42	61	73	
工频	4μm$\angle284°$	12μm$\angle82°$	25.5μm$\angle88°$	41μm$\angle87°$	60μm$\angle88°$	72μm$\angle88°$	

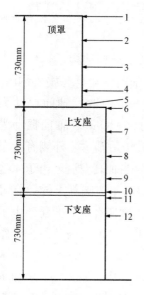

上述 300MW 和 600MW 机组低压转子轴承的轴向振动是由结构原因造成的，要降低轴向振动，必须从降低垂直方向的振动入手，通过现场动平衡降低低压转子振动是较好的办法。如上述西屋型 300MW 机组低压转子 4 号轴承垂直振动为 39μm 时，轴向振动达 70μm，通过现场动平衡将 4 号轴承垂直振动从 39μm 降至 25μm，轴向振动也同时从 70μm 降至 40μm 以下。某东方 600MW 机组 2 号低压转子后轴承垂直振动 80μm 时，轴向振动达 130μm。通过现场动平衡，将垂直振动降至 20μm 以下，轴向振动不超过 30μm。

图 6-13　盘车装置轴向振动

表 6-11　　　　　　　　　　　**盘车装置轴向振动各测点数据**

测点	1	2	3	4	5	6
通频（μm）	246	235	215	188	176	176
工频	241μm$\angle271°$	228μm$\angle272°$	214μm$\angle271°$	186μm$\angle273°$	175μm$\angle270°$	175μm$\angle271°$
测点	7	8	9	10	11	12
通频（μm）	158	140	117	108	97	79
工频	157μm$\angle269°$	139μm$\angle271°$	116μm$\angle270°$	106μm$\angle270°$	96μm$\angle271°$	78μm$\angle271°$

第七章

汽轮发电机异常振动

汽轮发电机振动除上述讲到的质量不平衡、转子中心不正、动静部分碰磨、热变形等外，还会遇到很多异常振动，本章讲述其中几种。

第一节　转动部件脱落引起的振动

运行中转动部件如叶片、围带等脱落会使机组振动发生变化。对于一台平衡较好的机组来说，振动会突发性增大，而后维持在一个较高的水平上。如确定是由叶片掉落引起的应立即停机，以免事故扩大。

【例7-1】某厂1号机是英国进口的362.5MW机组，轴系结构见图7-1，由高、中、低压转子和发电机、励磁机转子组成。在运行中发现低压转子两端轴承（分别为5、6号轴承）振动突发性增大，图7-2所示为DCS记录的瓦振6号→、轴振$6x$（左）、$6y$（右）趋势，在很短时间内（不到1min），瓦振6号→由$15.8\mu m$增加到$52.3\mu m$，轴振$6x$由$40\mu m$增加到$108.7\mu m$，轴振$6y$由$23.1\mu m$增加到$51.7\mu m$，瓦振5号→及轴振$5x$、$5y$也有类似变化。当瓦振和轴振突发性增大后，一直维持在一个较高的水平上运行。

图7-1　1号机组轴系结构

分析认为低压转子平衡状况已经发生了变化，为进一步证实，在启动过程中又进行了测量。图7-3所示为测得的瓦振5号→、6号→升速伯德图，升速通过临界转速（1600r/min左右）时，瓦振5号→、6号→均在$50\mu m$以上。查以前启动曲线，通过临界转速时历次振动均未超过$30\mu m$，振动已有较大幅度的增加。在图7-3中还可以看到，通过临界转速时幅值起伏变化，尤其是6

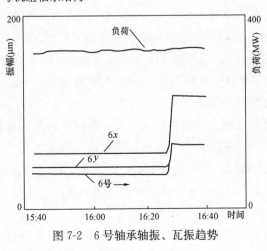

图7-2　6号轴承轴振、瓦振趋势

号→，多次起伏变化，说明动静部分可能有碰磨。

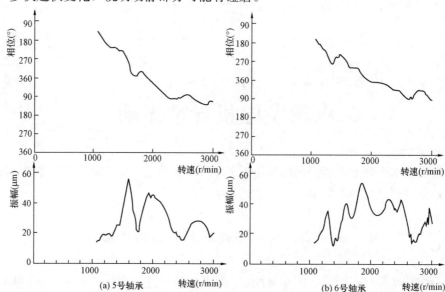

图 7-3　5、6 号轴承振动升速伯德图

经揭缸检查，低压转子正向倒数第三级叶片断落两片，并打坏倒数第二级叶片多片，相对应的隔板导叶也有部分被打伤。由于叶片变形及部分碎片卡在隔板槽内，引起动静部分较严重的碰磨，与上述通过临界转速时振动起伏变化比较吻合。

从叶片断落的部位看，在 6 号轴承侧，对二阶振型较灵敏，故在工作转速时振动有较大幅度的增加。同时，对一阶振型也有影响，在启停机通过临界转速时也能测到振动变化。

将倒数第三级、第二级叶片全部更换，修复后机组投入运行。

【例 7-2】某厂 2 号机是东方 300MW 机组，在一次带负荷运行过程中，轴振 $3x$、$3y$、$4x$、$4y$（低压转子前、后轴振）突发性增大，同时发现轴振 $1x$ 也大幅度增大，轴振趋势见图 7-4。在轴振增大时，瓦振 3 号⊥、4 号⊥也突发性增大。为避免振动继续恶化，即减负荷停机。表 7-1 为突发性振动增大前、后比较（设增大前为 A_{01}，增大后为 A_{11}），可以看出振动突发性增大后（从图 7-4 上可看出振动增大过程仅几秒钟），轴振 $3x$、$4x$ 分别从 51、30μm 增大到 234、235μm，轴振 $3y$、$4y$ 也明显增大，瓦振 3 号⊥、4 号⊥分别从 16、18μm 增加到 64、48μm，轴振和瓦振的相位也有较大的变化。在突发性振动增大时，轴振 $1x$ 也突发增大，从 67μm 增加到 177μm，相位也有较大幅度的变化。停机后在高中压缸附近听到金属摩擦声，一时不能确定是哪个转子失衡。后根据矢量运算得到的振动变化量，轴振 $3x$、$4x$ 变化量最大，分别达 271μm 和 244μm，而轴振 $1x$ 变化量仅 155μm；瓦振 3 号⊥、4 号⊥变化量分别达 76μm 和 62μm，而 1 号⊥仅 13μm，从振动变化量确定失衡是发生在低压转子上。另外，从低压转子两端轴振和瓦振的相位变化看，轴振 $3x$ 和 $4x$、轴振 $3y$ 和 $4y$ 及瓦振 3 号⊥和 4 号⊥变化量的相位差均较大，可判断为低压转子单端失衡的可能性较大，即一端断叶片的可能性较大。

因 3 号⊥、3x 变化量大于 4 号⊥、4x 的变化量，故靠 3 号侧失衡的可能性更大。

表 7-1　　　　　　　　　　　　突发性振动增大前后比较

测点	3x	3y	4x	4y	3 号⊥	4 号⊥
A_{01}（失衡前）	51μm∠169°	21μm∠274°	30μm∠195°	30μm∠316°	16μm∠160°	18μm∠314°
A_{11}（失衡后）	234μm∠301°	117μm∠52°	235μm∠92°	117μm∠184°	64μm∠295°	48μm∠88°
测点	1x	1y	2x	2y	1 号⊥	2 号⊥
A_{01}（失衡前）	67μm∠127°	32μm∠202°	66μm∠199°	52μm∠330°	5μm∠107°	9μm∠270°
A_{11}（失衡后）	177μm∠267°	42μm∠43°	53μm∠310°	26μm∠13°	9μm∠333°	4μm∠90°

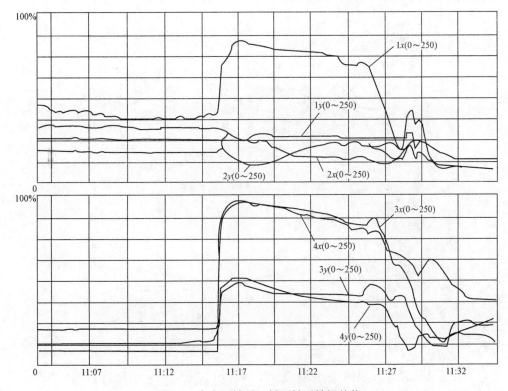

图 7-4　高中压转子、低压转子轴振趋势

揭开低压缸，发现低压转子靠 3 号轴承侧倒数第三级有一个叶片已断落半片，围带飞脱一组半，不平衡量达 1kg 以上。从断落位置看（见图 7-5），离 3 号轴承中心 1790mm（两轴承中心距 5050mm），对二阶振型反应较灵敏（可算出二阶振型系数 $A_2 \approx 0.8$），因工作转速比较接近柔性支承的二阶临界转速，使工作转速时 3、4 号轴承瓦振、轴振大幅度增加。由于失重位于 3 号轴承侧，对高中压转子振动也有较大的影响，其中轴振 1x 大幅度增加主要是轴振 3x 变化量（271μm∠309°）与轴振 1x（67μm∠327°）接近同相，同时轴振 1x 油膜压力相

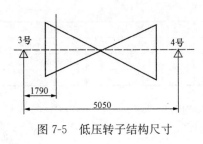

图 7-5　低压转子结构尺寸

对偏低的缘故。该机因振动增大后立即降负荷停机，对相邻叶片和后一组隔板静叶及动叶片等损坏很少。

【例 7-3】 某厂一台西屋型 300MW 机组，于 2006 年 3 月安装投产，运行一年多以后，发现停机过程中高中压转子在通过临界转速时，两端轴振有不断增加的趋势。轴振 $1x$ 由安装调试时的 $70\mu m$ 左右增加到 $200\mu m$ 以上，轴振 $1y$ 和 $2x$、$2y$ 也有较大幅度的增加。分析认为高中压转子的平衡已受到破坏。

1. 振动变化特征

振动增大主要发生在通过高中压转子临界转速时，图 7-6 所示为某次热态停机过程中测得的轴振 $1x$、$2y$、$2x$、$2y$ 降速伯德图，可以看出：

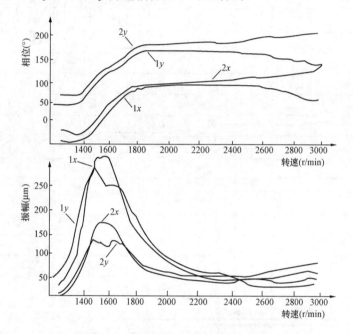

图 7-6　高中压转子轴振降速伯德图

（1）在工作转速时，轴振 $1x$、$2x$ 等均在 $80\mu m$ 以下，与以前运行数据相比变化不大。降速至 2200r/min 时振动开始增加，至 1800r/min 时轴振 $1x$、$1y$ 已超过报警值（$127\mu m$），至 1600r/min 左右达到最大，通过临界区时各轴振通频、工频的最大值及对应转速见表 7-2。其中以 $1x$、$1y$ 为最大，一倍频振动分量分别达 $236\mu m$ 和 $217\mu m$，通频振动分别达 $250\mu m$ 和 $234\mu m$。

表 7-2　　　　　　　　　　　通过临界区时各轴振最大值

项目	轴振 $1x$	轴振 $1y$	轴振 $2x$	轴振 $2y$
通频振动	250	234	144	114
工频振动	$236\mu m \angle 32°$	$217\mu m \angle 97°$	$138\mu m \angle 23°$	$109\mu m \angle 152°$
对应转速（r/min）	1598	1614	1542	1673

（2）从图 7-6 中还可以看出临界区较宽，从 1800r/min 降低到 1400r/min 轴振均超过报警值。在通过临界转速时，没有明显的峰值，轴振 $1x$、$2x$ 有削波，轴振 $1y$、$2y$

有两个波峰。在接近峰值时通频和一倍频振动相差较大，轴振 $1y$ 在降速至 1604r/min 时，通频振动 $230\mu m$，一倍频振动 $190\mu m$，相差 $40\mu m$。

（3）从相位变化看，在 3000r/min 时轴振 $1x$ 和 $2y$、轴振 $1y$ 和 $2y$ 有一定的相位差（不超过 $100°$），降速时相位差逐步减小。当转速降至 2500r/min 以下就以同相分量为主，通过临界转速时轴振 $1x$、$2x$ 和轴振 $1y$、$2y$ 保持同相。从相位变化的幅度看，相位均变化 $110°$ 左右。

（4）查询历次停机记录，通过临界转速时的振动有逐步增大的趋势。表 7-3 列出了安装调试时及历次停机时振动增大的情况。

表 7-3　　　　　　　　　　停机通过临界转速时振动统计

时　间	轴振 $1x$	轴振 $1y$	轴振 $2x$	轴振 $2y$
2006 年 3 月安装调试时	$71\mu m\angle27°$	—	$64\mu m\angle44°$	—
2007 年 7 月 12 日热态停机	$85\mu m\angle80°$	—	$78\mu m\angle70°$	—
2007 年 7 月 19 日热态停机	$104\mu m\angle33°$	$93\mu m\angle125°$	—	—
2007 年 7 月 25 日热态停机	$236\mu m\angle32°$	$217\mu m\angle97°$	$138\mu m\angle23°$	$109\mu m\angle152°$

从表 7-3 中可以看出，轴振 $1x$、$2x$ 有三次比较明显的增加，分别是在 2007 年 7 月 12 日、7 月 19 日和 7 月 25 日，轴振 $1x$ 逐步从调试时的 $71\mu m$ 增加到 $236\mu m$，轴振 $2x$ 从 $64\mu m$ 增加到 $138\mu m$，轴振 $1y$、$2y$ 等也相应增加，在振动增大时，相位也同时发生变化。

（5）振动增大是在投入顺序阀控制后不久出现的。该机于 2007 年 6 月由单阀控制切换为顺序阀控制，不到一个月即在停机过程中发现临界转速下振动有增大的现象。

（6）在停机过程中发现振动有明显增大后，注意到工作转速及带负荷后的振动也有一定的变化，但变化幅度较小，变化后高中压转子两端轴振均未超过 $100\mu m$。

2. 振动原因分析

（1）根据上述振动特征，判断高中压转子的平衡已受到破坏，主要是一阶不平衡分量增大，导致通过临界转速时振动大幅度增加，分析认为产生一阶不平衡分量的主要原因有：

1）转子弓状弯曲。类似于一阶振型，对第一临界转速的振动有很高的灵敏度。

2）转子中部失衡。高中压转子有一定的对称性，中部失衡能激发起通过一阶临界转速时的振动，同样也有较高的灵敏度，而对工作转速时的振动影响较小。

3）高压转子和中压转子两端同时失衡。

上述几种原因中，最后一种原因除非是高压转子、中压转子在对称位置上同时断叶片才可能发生，显然这种巧合是不太可能的，重点考虑了 1）、2）原因。由于该转子经实测没有永久性弯曲，所以主要是考虑转子中部失衡。

（2）调节级位于高中压转子中部，重点分析了调节级叶片断落、围带飞脱等情况。从振动增大的情况看，开始二次（见表 7-3）停机通过临界转速时振动增加不是很多，不像是叶片断落所致。从振动多次发生变化这一特征分析，调节级围带飞脱的可能性较大。且同型机组已有调节级围带飞脱的先例，更增加了这种可能性。

现分析调节级处叶片或围带飞脱对一、二阶振型的影响，高中压转子正反向布置，有一定的对称性，可按下式估算出对一、二阶振型的影响，即

$$A_n = R\sin\frac{n\pi}{L}x$$

式中　A_n——各阶振型系数；

　　　n——阶次；

　　　R——设定的常数；

　　　L——两轴承间距离，mm；

　　　x——离一端支承的距离，mm。

已知：两轴承中心距离 $L=5153$mm，调节级离 1 号轴承的距离 $x=2103$mm。则可算出一阶振型系数 $A_1=0.959$，二阶振型系数 $A_2=0.54$。可见若调节级处因叶片断落、围带飞脱等故障引起的失衡，对一阶振型影响大，使通过一阶临界转速时振动大幅度增大。二阶振型系数较小，对工作转速的振动影响较小，这与实测到的振动变化比较相符。

（3）振动变化的另一个特点是通过一阶临界转速时，临界区较宽，振动峰值不明显，有削波及峰值处有波动等现象，相位变化的幅度也较小。这表示通过临界转速时阻尼较大，有碰磨现象发生，若叶片、围带断落后的部分碎片卡在隔板槽道内就有这种可能。

（4）该机停机过程中振动增大是在改为顺序阀控制后不久产生的。顺序阀控制时，由于各阀门开度不同，沿圆周方向的汽流力不一致，对调节级叶片及围带有激振和冲击作用。在叶片和围带有缺陷的情况下，可能会起到加速故障发生的作用。

（5）通过临界转速时振动大幅度增加后，也注意了支承方面的问题。高中压转子两端均由四瓦块可倾瓦支承，振动增大前后，特别注意了间隙电压的变化，表7-4列出了振动增大前后间隙电压的比较。从表7-4中可看出，间隙电压变化很小，说明可倾瓦工作正常，没有发生磨损等异常现象。

表 7-4　　　　　　　　振动增大前后间隙电压比较（均为单阀控制）　　　　　　　　V

项　　目	$1x$	$1y$	$2x$	$2y$
振动增大前（2006 年 8 月 3 日测量）	-9.7	-9.1	-9.4	-9.6
振动增大后（2007 年 9 月 17 日测量）	-9.6	-9.2	-9.6	-9.4

3. 揭缸检查情况

（1）经振动分析后尽快地安排了对该机进行检修，揭开高中压缸发现调节级围带已有三处飞脱。该调节级围带是覆盖在自带冠围带上的，调节级叶片每三片成组，通过覆盖式围带连接后，将分组叶片变成整圈连接，以增加叶片的抗弯刚度和提高抗冲击的能力。

围带飞脱位置见图 7-7，调节级共有 12 组围带，每组六个叶片，飞脱位置分别为第 1 组全部，第 2 组一半（长度相当于三个叶片的间距），第 6 组大部（相当于 5 个叶片

的间距）。围带飞脱时，铆头折断（铆头与自带冠一体），与围带一起飞脱。从飞脱时的情况看（见图 7-8），反转向第一个铆头先折断，而后整块或部分拉脱。围带整块长 290mm、宽 55mm、厚约 4mm，整块重约 500g。围带飞脱重量共计 1.2kg 左右，但分布在圆周不同位置，合成后约 600g 左右。此外，从围带飞脱情况看，共三处，与表 7-3 所示的三次振动变化也比较吻合。

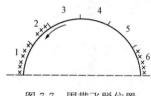

图 7-7　围带飞脱位置

（2）围带飞脱后，部分碎片卡在隔板槽道内，引起碰磨。由图 7-9 可以看到有部分碎片卡在第一级隔板的静叶中，有碰磨的痕迹，这也是通过临界转速时阻尼增大、共振区拓宽及削波、峰值处出现波动等现象的原因。由于碰磨除一倍频振动变化外，还同时使二倍频、三倍频等谐波分量增大，在临界区内轴振接近峰值时导致工频和通频振动的差值增大。

（3）对可倾瓦进行检查，除局部有轻微磨痕外，工作情况正常。

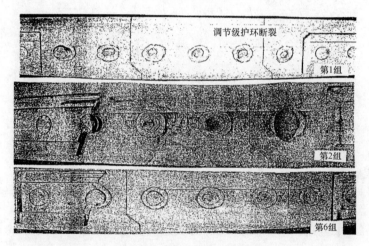

图 7-8　调节级围带飞脱情况

图 7-9　部分围带碎片卡在第一级隔板处

第二节　脉冲扰动力激发的非工频振动

在汽轮发电机中，引起振动的扰动力除正弦、余弦等带有简谐性质的扰动力外，还有其他非简谐的扰动力，为方便分析统称为带有脉冲性质的扰动力。这些扰动力作用在振动系统上，利用三角级数分解，可以看作是由无限多个不同频率不同幅值的简谐力作用到振动系统上。

设 $f(t)$ 为以 T 为周期的带有脉冲性质的扰动力，利用三角级数分解，可表达为

$$f(t) = \frac{a_o}{2} + \sum_{n=1}^{\infty} (a_n \cos n\omega t + b_n \sin n\omega t) \tag{7-1}$$

$$a_o = \frac{2}{T} \int_{-\frac{T}{2}}^{\frac{T}{2}} f(t)\,\mathrm{d}t$$

$$\left. \begin{aligned} a_n &= \frac{2}{T} \int_{-\frac{T}{2}}^{\frac{T}{2}} f(t) \cos n\omega t\,\mathrm{d}t \ (\ n=1、2、3\cdots\cdots) \\ b_n &= \frac{2}{T} \int_{-\frac{T}{2}}^{\frac{T}{2}} f(t) \sin n\omega t\,\mathrm{d}t \ (\ n=1、2、3\cdots\cdots) \end{aligned} \right\} \tag{7-2}$$

式中　　　　a_n、b_n —— $f(t)$ 的傅里叶系数；

$\omega = \dfrac{2\pi}{T}$ ——基频；

$\dfrac{a_o}{2}$ ——直流分量；

$a_1 \cos\omega t + b_1 \sin\omega t$ —— 基波；

$a_n \cos n\omega + b_n \sin n\omega t$ —— n 次谐波。

从式（7-2）中可知，只要知道 $f(t)$ 的表达式，即可求得傅里叶系数 a_n、b_n（令 $n=0$ 时求得 a_o，可合并到 a_n 中）。

当不同频率、不同幅值的简谐力同时作用到一个振动系统上时，只要其中一个与该系统的固有频率相同或接近，就有可能激发起该系统固有频率的振动。由于共振放大，使这种振动能维持下去。

汽轮发电机中产生脉冲扰动力的原因很多，如汽轮机通流部分故障引起的喷嘴、导叶等损坏或变形，动静部分碰磨，顺序阀开启或关闭过程中的汽流力以及大的不平衡离心力引起的扰动力等。当研究某种突发性振动或在运行中产生的某种非工频振动时，既要对振动本身进行分析，更重要的是研究激发这种振动的扰动力。

（1）某厂 1 号机是西屋型 300MW 机组，运行中出现高中压转子轴振、瓦振和低压转子轴振、瓦振同步增大。图 7-10 所示为高中压转子轴振 $1x$、$1y$、$2x$、$2y$ 和瓦振 1 号⊥、2 号⊥及低压转子瓦振 3 号⊥、4 号⊥趋势，从图 7-10 上可以看出，振动增加具有突发性（几秒钟），振动增大后一直维持在增加后的水平，无下降趋势。突发性振动产生前后瓦振和轴振比较见表 7-5 和表 7-6。

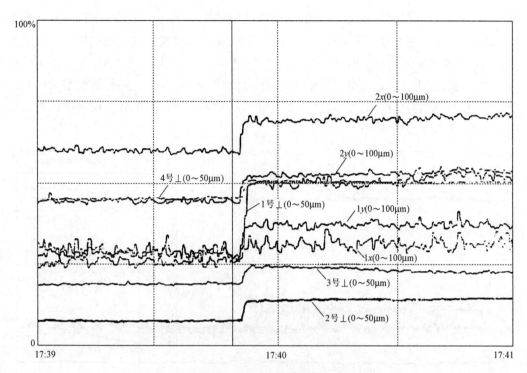

图 7-10　突发性振动产生时轴振、瓦振趋势

表 7-5　　　　　　　　突发性振动产生前后瓦振比较　　　　　　　　　μm

项目	1 号⊥	2 号⊥	3 号⊥	4 号⊥
产生前振动	12.98	3.94	9.55	22.61
产生后振动	25.36	7.06	12.27	25.42

表 7-6　　　　　　　　突发性振动产生前后轴振比较　　　　　　　　　μm

项　目	$1x$	$1y$	$2x$	$2y$	$3x$	$3y$	$4x$	$4y$
产生前振动	25.26	26.85	59.35	43.94	42.34	28.0	47.12	55.02
产生后振动	31.22	37.99	69.42	51.99	49.0	32.0	50.02	62.10

从图 7-10 和表 7-5、表 7-6 可以看出，以瓦振 1 号⊥和轴振 $1y$ 变化最大，瓦振 1 号⊥从 $13\mu m$ 增加到 $25.4\mu m$，增加近一倍，轴振 $1y$ 从 $27\mu m$ 增加到 $38\mu m$，增加了 $11\mu m$。从各瓦振和轴振变化看，变化的比例均较大。但从变化后的振动水平看，瓦振和轴振均不是很大。考虑到这一点，决定机组监视运行，并在开停机过程中监测振动变化，特别是通过临界转速时的振动变化。

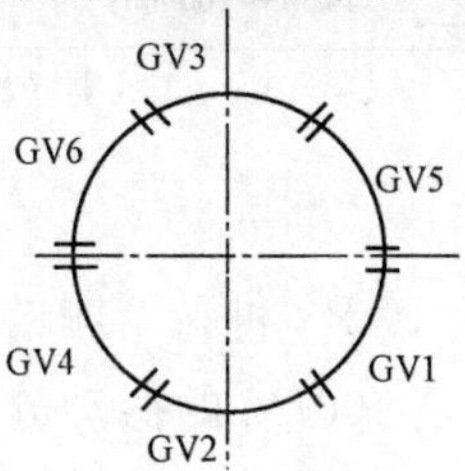

后发现在顺序阀控制时，当其中某个调节阀开启或关闭时对瓦振 1 号⊥有较大影响。该机共有六个调节阀（调节阀布置见图 7-11），调阀开启顺序为 $1 \rightarrow 6 \rightarrow 2 \rightarrow 3 \rightarrow 4 \rightarrow 5$。在负荷 300MW 时，调节阀 GV1～GV4 五个调节阀已全部开启，当 GV5 开启或关闭时对瓦振 1 号⊥有较大的影响。GV5 关闭时瓦

图 7-11　调节阀位置

255

振 1 号⊥增加，开启时瓦振 1 号⊥减小，有较好的对应关系（见图 7-12），但对轴振 $1x$、$2x$、$2y$ 和瓦振 2 号⊥影响较小。为进一步观察顺序阀控制对振动的影响，将负荷从 300MW 逐步降至 280MW，这时 GV5 全关，GV4 开始关闭。在 GV4 开始关闭的过程中，发现瓦振 1 号⊥迅速增大，由 $20\mu m$ 左右增加到 $43.6\mu m$，并有继续增大的趋势（见图 7-13），试验立即中止。从图 7-13 中也可以看到，当瓦振 1 号⊥快速增加时，轴振 $1x$、$2x$ 等同样变化不大。

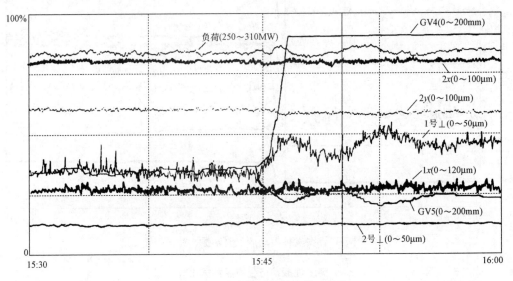

图 7-12　GV5 动作时瓦振 1 号⊥趋势

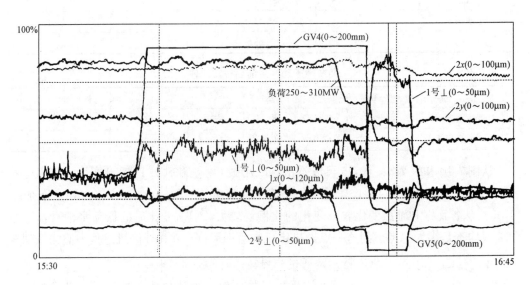

图 7-13　GV4 关闭时瓦振 1 号⊥趋势

在 GV4、GV5 关闭过程中，用 PL202 实时频谱分析仪对瓦振 1 号⊥进行了频谱分析，测量结果见图 7-14（a）、7-14（b）。发现振动增大时，主要是 100Hz 的振动分量增加。单阀控制时 100Hz 分量为 23.5mV（见图 7-15），在 GV5 关闭过程中增加到

55.8mV［见图（7-14（a）］，GV4 关闭过程中增加到 89mV［见图 7-14（b）］。从图 7-14、图 7-15 还可以看到 50Hz 分量变化不大，单阀控制时为 11.4mV，GV5 关闭过程中为 10.6mV，GV4 关闭过程中为 11.6mV。

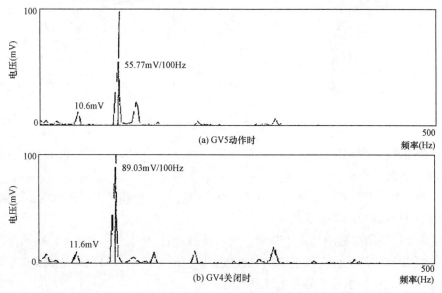

图 7-14　调节阀 GV4、GV5 动作时瓦振 1 号⊥频谱

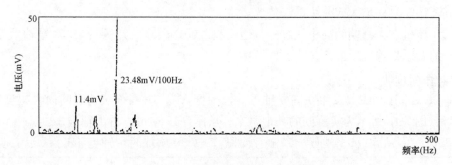

图 7-15　单阀控制时瓦振 1 号⊥频谱

由于测量 1 号⊥的振动传感器装设在前轴承箱的盖子上，为查明 100Hz 振动的来源，对轴承箱垂直方向的固有频率进行了测量，测得瓦盖固有频率为 100～107Hz。

以上测试表明，GV5、GV4 关闭过程中瓦振 1 号⊥增大是由脉冲性质的扰动力激发起来的前轴承箱盖共振放大的现象。由于测量瓦振的传感器就装设在前轴承箱盖上，致使瓦振 1 号⊥快速增加。

考虑到上述振动突发性增大及在大修中曾对该机进行过通流改造，认为通流部分可能已经出现了故障，决定揭高中压缸进行检查。

揭缸后发现在大修中加装的调节级叶顶和叶根弹性汽封已经磨损脱落，汽封体局部撕开和磨掉（见图 7-16）。掉落的汽封体使喷嘴出口侧和调节级围带、叶片进汽侧严重磨损，并将局部喷嘴和叶片打坏。分析认为：

1）突发性振动增大是弹性汽封在运行中脱落造成的，脱落后使调节级围带和叶片

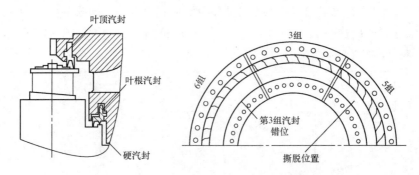

图 7-16　调节级汽封和上半喷嘴组摩擦情况

产生不均匀磨损，个别叶片被打出缺口，使转子平衡受到破坏，引起振动突发性增大并维持在增加后的水平；

2）由于喷嘴出口侧变形及局部打坏，调节级叶片磨损和变形，使汽流不均匀增大，从而增加了具有脉冲性质的扰动力；

3）调节门关闭过程中，由于节流作用，使脉冲扰动力进一步增大，从而激发起前轴承箱盖的振动，使瓦振 1 号⊥增加。这里必须说明，前轴承箱振动的激发与它本身的刚度也有关系。前轴承箱 1 号瓦上部是空的，没有支撑，刚度差，较小的扰动力就能激发起振动。即使通流部分没有故障，在有的机组上，当负荷变化、调节阀动作时，也能观察到瓦振 1 号⊥增大或减小的趋势。

（2）该机自大修期间高中压缸进行通流改造后，大修后开机不久，3 号轴承处（低压转子前轴承）曾先后五次发生突发性振动。

1）振动特征。

a. 突发性振动主要发生在 3 号轴承处，轴振 $3x$、$3y$ 在很短的时间内大幅度增加，图 7-17、图 7-18 所示为实测到的其中两次。从图 7-17 中可以看出轴振 $3x$ 从 $45\mu m$ 增加到 $196\mu m$，$3y$ 从 $50\mu m$ 增加到 $177\mu m$。轴振 $3x$、$3y$ 增加时，轴振 $4x$、$4y$ 没有明显变

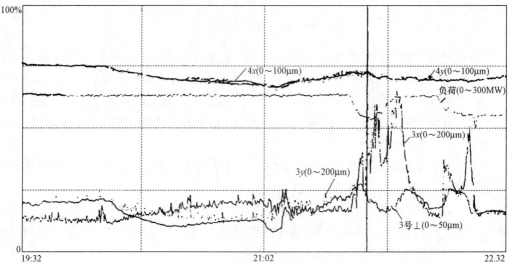

图 7-17　3 号轴振突发性振动趋势（一）

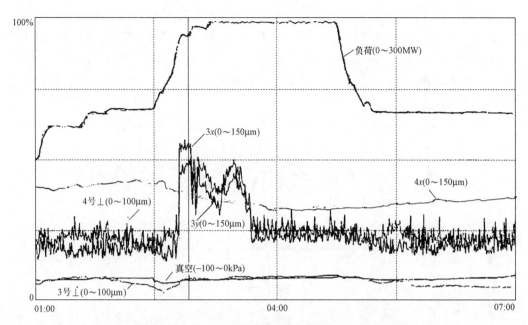

图 7-18　3 号轴振突发性振动趋势（二）

化，瓦振 1 号⊥略有减小。

b. 突发性振动一般是在负荷降低或升高时产生的，如首次发生（2003 年 6 月 12 日）是在负荷从 180MW 降至 160MW 的过程中，有时也在升负荷过程中发生。

c. 突发性振动产生后维持一段时间一般能自行消失，回复到原来的水平。维持的时间长短不一，最长可达 2～3h，最短仅 15min。

d. 振动增大后，幅值不稳，有较大幅度的起伏变化。

表 7-7 统计了先后五次突发性振动情况和有关参数变化。从表 7-7 中可以看出，突发性振动的发生与负荷变化或参数变化等有关，振动上升的幅度、振动增大后持续的时间及振动消失等均没有规律性。

表 7-7　　　　　　　　　　产生突发性振动时情况统计

时间	突发性振动情况	有关参数变化
2003 年 6 月 12 日	轴振 $3x$ 由 45μm 上升到 196μm，$3y$ 由 50μm 上升到 177μm，维持 1h 左右，出现多次波动	在负荷 180MW 下降到 160MW 时出现，在升负荷时振动出现多次波动，最后在负荷降至 152MW 时恢复正常
2003 年 6 月 26 日	轴振 $3x$ 由 30μm 上升到 80μm，$3y$ 由 40μm 上升到 82μm，持续 15min	负荷由 220MW 上升到 293MW 的过程中产生，而后自动消失，突发性振动的产生与消失均在升负荷过程中
2003 年 6 月 28 日	轴振 $3x$ 由 30μm 上升到 120μm，$3y$ 由 40μm 上升到 100μm，持续 2h	负荷由 250MW 下降到 180MW 时产生，负荷稳定在 180MW 后消失，负荷波动时对振动有影响
2003 年 7 月 9 日	轴振 $3x$ 由 40μm 上升到 86μm，$3y$ 35μm 上升到 71μm，持续 1h10min	负荷由 185MW 上升到 295MW 的过程中产生，维持在 295MW 时自动消失，在升负荷过程中振动出现波动
2003 年 7 月 29 日	轴振 $3x$ 由 42μm 上升到 92μm，持续 1h15min	在负荷 260MW 主汽压出现小的波动时产生，在负荷略有下降、主汽压降低的过程中消失

259

2）频谱特性。考虑振动变化的随机性，首先从分析振动的性质入手。在一次试验中，刚好产生突发性振动（2003 年 7 月 29 日），用 PL202 实时频谱分析仪测得的实时振动波形和频谱见图 7-19。从图 7-19 中可以看到，突发性振动增大时，主要是频率为 228.75Hz 振动分量增加，从 10mV 增加到 124mV（50Hz 时 21mV＝10μm），其他频率的振动分量变化均很小。

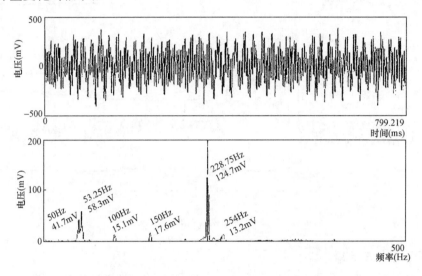

图 7-19 突发性振动产生时轴振 $3x$ 波形和频谱

分析认为 228.75Hz 即为 3 号轴承盖的固有频率（参照有关资料），为证实这一点，在现场采用锤击法测量了 3 号轴承盖的固有频率。用速度传感器拾振，直接送到 PL202 实时频谱分析仪进行测量（测量系统见图 7-20）。在轴承盖的垂直方向、x 和 y 探头装设方向（分别为左 45°和右 45°方向）及水平方向分别进行了测量，测量结果见表 7-8。可知在振动探头装设位置，瓦盖固有频率均

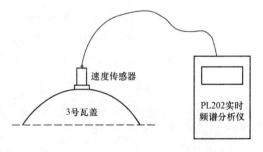

图 7-20 3 号轴承盖固有频率测量系统

为 225Hz，由于速度传感器有一定的质量，实测到的频率比实际的要低一些，故确证 228.75Hz 频率即为 3 号轴承盖自振频率。由此可见，突发性振动是由 3 号轴承盖共振引起的。因为轴振 $3x$、$3y$ 探头均固定在轴承盖上，轴承盖振动增大同样会使轴振 $3x$、$3y$ 增大。显然也同样激发了瓦振 3 号⊥，从图 7-17 中可看到变化幅度较小。

表 7-8   **3 号轴承盖固有频率测量结果**

测量位置	频率（Hz）
瓦盖顶部垂直方向（0°）	190
瓦盖左 45°方向	225
瓦盖右 45°方向	225
瓦盖水平方向（90°）	760

3）原因分析。分析认为激发 3 号轴承盖产生共振的扰动力仍然来之于弹性汽封掉

落后产生的脉冲性质的扰动力。大修中在调节级处加装了弹性汽封，大修后开机几天就连续出现突发性振动，都是在负荷变化或蒸汽参数变化时出现的。3 号轴承盖刚度差也是原因之一，3 号轴承盖与 2 号轴承盖是一体的，除两端与轴承的压块有接触外，中间是脱空的，径向刚度差，只要一个小的扰动力就能激发起振动。

（3）拍振动。该机自弹性汽封掉落使喷嘴出汽侧、调节级叶片进汽侧严重磨损和变形，并有部分喷嘴、叶片被打坏以后，使带有脉冲性质的扰动力增加，在调节阀动作过程中激发了前轴承盖和 3 号轴承盖振动，使 1 号和 3 号轴承振动变化及 3 号轴振突发性增大。同时，在运行中有时还能测到轴振 $3x$ 的拍振动，图 7-21 所示为 PL202 实时频谱分析仪在运行中实测到的轴振 $3x$ 的振动波形和频谱，可以看到明显的拍振动。

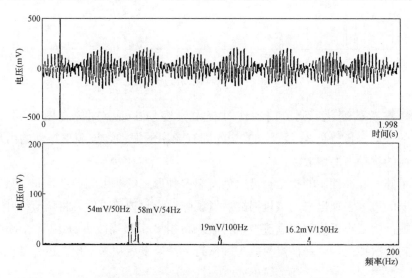

图 7-21　轴振 $3x$ 拍振波形和频谱

拍振动在汽轮发电机振动中有时可以遇到，它是由两个频率相近、振幅相差不大的振动的合成。与前述工频旋转振动的原理相同，不同的是周期较短，在 1min 内可以变化几次。分析拍振动主要是分析两个不同频率的振动来源，从图 7-21 下部离散型频谱图上，可以看到有两个频率和幅值很接近的振动分量：一个是 50Hz 的振动，这显然是工频振动；另一个是 54Hz 的振动。这两个振动合成后可产生拍振动，拍振动频率为 54Hz－50Hz＝4Hz。图 7-21 时域波形上即可看到在 2min 内（图上为 1.998s）振动幅值变化 8 次，即每秒 4 次。

为查明 54Hz 振动的来源，同时测量了轴振 $3y$ 的振动波形和频谱，还观察了轴振 $4x$、$4y$ 的振动情况。轴振 $3y$ 的波形和频谱见图 7-22，可以看到轴振 $3y$ 没有拍振，也没有频率为 54Hz 的振动分量。由此可以推断，54Hz 的振动是轴振 $3x$ 本身特有的。这很容易想到探头和支架的固有频率，测试得知探头和支架的固有频率为 54Hz。每个探头和支架都有自身的固有频率，只要不与工作频率相近（50Hz），一般情况是激发不起来的。只有在较大的脉冲性质的扰动力作用下，才能出现探头和支架固有频率的振动。

可见该机所表现出来的 54Hz 的探头和支架的振动是由脉冲性质的扰动力增大后激

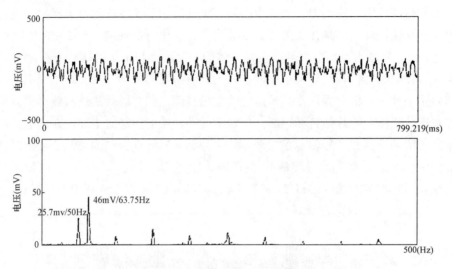

图 7-22　轴振 3y 振动波形和频谱

发起来的，在负荷变化、调节门动作过程中最容易出现。同样在图 7-22 上看到的 63.75Hz 的振动分量就是 3y 探头和支架的固有频率的振动，该频率振动的出现也标志着脉冲性质的扰动力的增大。

从上可知，脉冲性质的扰动力可以激发起多种形式的非工频振动，非工频振动通常在刚度薄弱的地方表现出来。该机揭缸后发现弹性汽封掉落以后，将调节级叶片和喷嘴组全部更换。为减小不均匀的汽流力，将原来每组 8 个喷嘴改为每组 21 个喷嘴。为防止弹性汽封再次掉落，将弹性汽封改为硬汽封。经修复后从未出现上述异常振动。

第三节　600MW 机组低频振动

某厂 1 号机是东方 600MW 亚临界机组，运行中 1 号低压转子、2 号低压转子两端瓦振不稳定，随机性跳动，后查明系由 2～5Hz 的低频振动引起。

1. 低频振动特点

该机装有菲利普 MMS6000 振动在线监测系统，瓦振传感器为 PR9268/20 电动式传感器，频响范围为 4～1000Hz。利用其输出直接用 VM9510 多通道振动数据采集仪就能测量到各瓦振中的低频分量，对瓦振进行频谱分析。为能全面测量轴承各个方向及附近台板、基础等部件的振动，又采用最低频率能测到 1Hz 的低频速度传感器（分垂直和水平两种）送到频谱分析仪进行测量。

（1）低频振动主要存于 1 号低压转子、2 号低压转子两端瓦振中，各轴振及高中压转子、发电机转子两端瓦振中很小。

低频振动的频率一般在 2～5Hz，以一个频率或多个频率（频带）同时出现。幅值随机性跳动，一般在 20～30μm 之间，最大可超过 50μm。图 7-23 所示为实测的瓦振 5 号⊥（2 号低压转子前轴承垂直方向）频谱，可以看到除 50Hz 的工频分量外，还有 2、

4Hz 的低频分量，这两个频率（也可能是一个或更多）的振动分量是跳跃变化的。图 7-23 所示的振动频谱只是瞬间捕捉到的，另一个时刻就不一定是这样，但低频振动的频率范围一般就在 2～5Hz 间（或稍高一点）。图 7-24 所示为在运行中实测的瓦振 5 号⊥趋势，可以看到工频振动在 40μm 左右，变化幅度很小，是稳定的。但通频振动很不稳定，变化幅度大，最大可超过 100μm。显然这么大的通频振动传送到控制室 DCS 屏幕上，就远远地超过报警值（未设置跳机值）。其他如瓦振 3 号⊥、4 号⊥（分别为 1 号低压转子前后轴承垂直方向）和瓦振 6 号⊥（2 号低压转子后轴承垂直方向）均有类似情况，但变化幅度小一些。

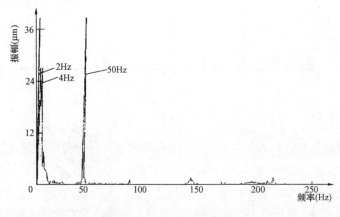

图 7-23　瓦振 5 号⊥频谱

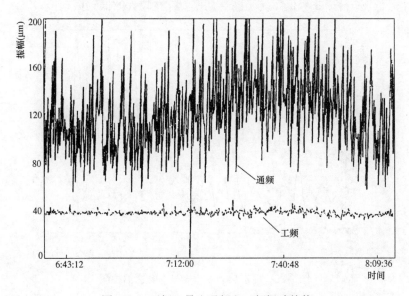

图 7-24　瓦振 5 号⊥通频和工频振动趋势

　　图 7-25 为运行中实测的轴振 $5x$ 的频谱，除 50、100Hz 等工频、倍频及高次谐波分量外，几乎没有 2～5Hz 的低频分量。

　　（2）在启动升速过程中，随着转速升高，低频振动的出现使通频振动的波动增大。图 7-26 所示为一次冷态启动中实测的瓦振 6 号⊥升速伯德图，转速至 1500r/min 以上，通

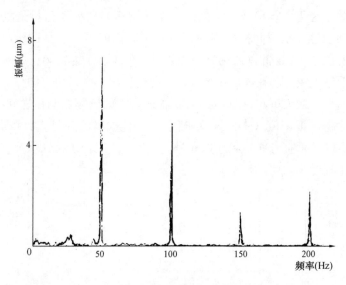

图 7-25　轴振 5x 频谱

频振动出现波动，至 2500r/min 以上，波动大幅度增加，标志着低频振动变化幅度增大和振动的幅值增大。图 7-27 所示为该机在调试时测得的 1 号低压转子、2 号低压转子瓦振升速伯德图，可以看到在 1500r/min 以上，瓦振 3 号⊥、4 号⊥、5 号⊥、6 号⊥的通频振动均出现大幅度的波动，瓦振 4 号⊥、5 号⊥、6 号⊥的波动量均超过 40μm。可见在安装调试期间，1 号低压转子、2 号低压转子两端瓦振就存在较大的低频振动。

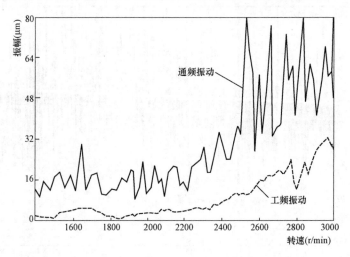

图 7-26　冷态启动瓦振 6 号⊥升速伯德图

2. 低频振动产生的原因

（1）该机在升速及带负荷运行过程中，1 号低压转子、2 号低压转子两端瓦振中均存在幅值较大、跳跃变化的低频振动分量。低频振动是一种非工频振动，激发这种振动必须要有脉冲性质的扰动力及传感器对低频带有较高的频响特性。

因菲利普 PR9268/20 电动式传感器装设在低压转子两端轴承盖上，首先对轴承盖

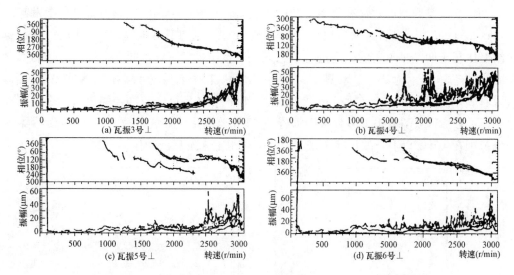

图 7-27　安装调试期间 1 号低压、2 号低压转子瓦振升速伯德图

的振动特性进行了试验。

采用两种方法进行试验，第一种方法将装设在轴承盖顶部的 PR9268/20 电动式传感器作为拾振元件，在现场轻轻地敲击轴承盖，利用菲利普振动监测系统的输出，即可在 VM9510 振动数据采集仪上测得某一个瓦振的频谱。第二种方法是用低频速度传感器和频谱分析仪直接到现场进行测量，将传感器装设在某轴承盖上，敲击轴承盖，传感器拾得的振动信号直接送到频谱分析仪进行分析。

测量结果见图 7-28 和图 7-29。图 7-28 所示为利用菲利普振动监测系统的输出，在 VM9510 振动数据采集仪上测到的结果，可以看到当一个脉冲扰动力作用在轴承盖上时，在 2Hz 左右的低频区域有较高的响应，另一个是在 245Hz 左右，显然这是轴承盖的自振频率。图 7-29 所示为频谱分析仪在现场测得的结果，可以看到在 2Hz 左右也有较高的响应（因频域范围较窄，瓦盖自振频率没有显示出来）。可见用两种方法测得的结果是一致的。

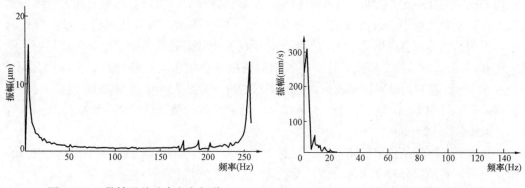

图 7-28　5 号轴承盖垂直方向频谱　　　　图 7-29　5 号⊥瓦振现场测量频谱

分析认为轴承盖在较低的频带上（2～5Hz）响应高是由其结构原因引起的。轴承

盖与轴瓦之间是脱空的，没有紧力，结构刚度差，只要一个小的扰动力就可以激发起振动，这是这种结构普遍存在的问题。为证实这一点，对同型机组及同样结构的 300MW 机组低压转子两端轴承盖的振动进行了测试，测量结果表明，也同样有较大分量的低频振动。图 7-30 所示为某厂西屋型 300MW 机组低压转子前后轴承盖上测得的盖振频谱，可以看到，同样存在一个较大分量低频振动（因低频传感器未校准，幅值有一定误差）。由于目前在 300MW 机组上多数采用本特利 3500 监测系统，装设的 9200 速度传感器的频响范围在 10Hz 以上，故长期以来 300MW 机组上未发现低频振动问题。

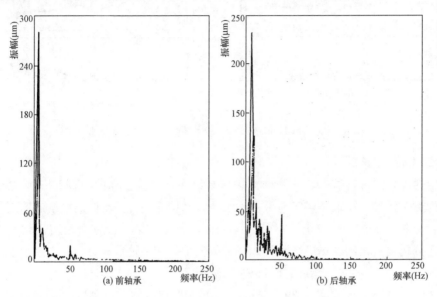

图 7-30　西屋型 300MW 机组低压转子前后轴承瓦振频谱

（2）2～5Hz 低频振动的产生主要是轴承盖本身结构刚度差，这带有普遍性。但从所测得的低频振动的幅值看，各台机组差别较大，分析认为脉冲扰动力也是影响低频振动的原因之一。汽轮发电机中产生脉冲性质扰动力的因素较多，如动静部分碰磨、轴瓦碰磨、不均匀汽流力、松动以及大的不平衡中所包含的非谐波分量等，控制和减小脉冲性质的扰动力在一定程度可减小低频振动。从该机情况看，大修后开机头几天低频振动较大，特别是大修中经通流改造后，低频振动大幅度跳动，运行几天后一般可自行减小，说明与动静部分碰磨有较大的关系。转子的平衡状况对低频振动也有一定影响，图 7-31 和图 7-32 所示为 2 号低压转子平衡前后瓦振 6 号⊥振动趋势比较，平衡前瓦振 6 号⊥在 50μm 左右，低频振动较大，通频振动的跳动量最大可超过 60μm。经动平衡后，瓦振 6 号⊥降到 40μm 以下，低频振动减小，通频振动的跳动量仅 20μm 左右。

3. 低频振动评价

该机低频振动从位移的角度看，可达 200μm 以上（传感器未校准）。但若从应力的角度分析，转动部分和支承部分所承受的应力不大，对机器不会构成危险。

应力与振动烈度成正比，振动烈度为速度的均方根值，可表达为

$$\bar{v} = v\frac{\sqrt{2}}{2}$$

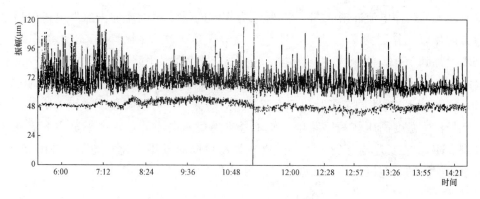

图 7-31　瓦振 6 号⊥趋势（平衡前）

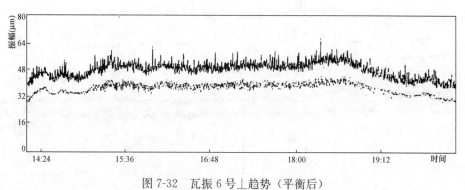

图 7-32　瓦振 6 号⊥趋势（平衡后）

$$v = \omega A$$

式中　v——振动速度；

　　　ω——角速度；

　　　A——位移。

在低频振动中，ω 很小，故 v 和 $\bar{v}$ 均很小。若低频振动的频率为 2Hz，则其振动烈度仅为 50Hz 的 1/25。若 2Hz 的低频振达 250μm，从应力的角度看，仅相当于 50Hz 振动的 10μm 左右。运行中若用振动速度进行监测，则通频振动的变化幅度就会小得多。

另外，低频振动与脉冲性质的扰动力、机组平衡状况等有关。降低低频振动，有助于机组的稳定运行。

第四节　负序电流冲击对发电机振动的影响

某厂 1 号机是东方 600MW 亚临界机组，正常运行过程中，由于输电线路跳闸和该厂 2 号机（与 1 号机同型号）励磁变故障影响，分别经受了两次较大的负序电流冲击，使发电机振动发生明显的变化。根据振动特征和负序电流影响振动的机理，在检修中进行了有针对性的检查，及时发现问题并进行了修复。

一、负序电流冲击后发电机振动变化

（1）第一次冲击是在冰冻期间，输电线路单瞬故障发生 5 次跳闸，使 1 号发电机定子受到较大的负序电流冲击。图 7-33 所示为实测的受负序电流冲击后发电机前后轴承垂直方向瓦振（分别为 7 号⊥、8 号⊥）趋势，第 1 次跳闸后（6：42）负序电流由99.5A 增加到 560A，发电机两端瓦振 7 号⊥、8 号⊥明显下降，分别由 65、52μm 降低到 54、48μm，而后一直维持在较低的水平上。但在第 2 次跳闸（负序电流最大达1260A）及以后几次跳闸定子受负序电流冲击后对振动没有明显影响。第二次冲击是因该厂 2 号机励磁变高压侧短路跳闸，使 1 号机受短路电流冲击，定子负序电流从 86A增加到 264A。在负序电流突变时，发电机振动也同时发生变化，图 7-34 和图 7-35 所示分别为实测的发电机瓦振、轴振趋势。可以看出：

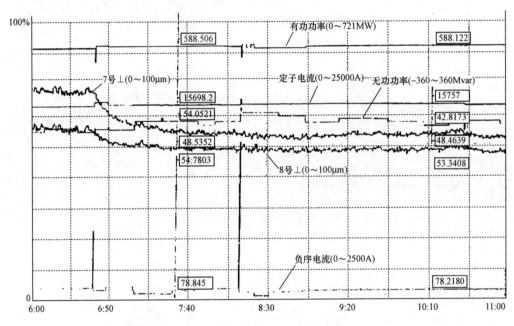

图 7-33　负序电流冲击前后发电机瓦振趋势（一）

1）当负序电流增加时，瓦振 7 号⊥、8 号⊥和轴振 $7x$、$8x$ 同时突发性减小，与负序电流的突发性变化有较好的同步性。

负序电流冲击后的振动变化见表 7-9，表 7-9 中 5 号⊥、6 号⊥分别为 2 号低压转子前后轴承垂直方向瓦振。

表 7-9　　　　　　　　　　　　负序电流冲击前后振动变化　　　　　　　　　　　　μm

项目	7 号⊥	8 号⊥	$7x$	$8x$	5 号⊥	6 号⊥
冲击前	51	39	51	46	22.5	16
冲击后	40	33	43	39	25.7	15.9

2）振动减小后，瓦振、轴振均维持在减小后的水平上运行。当负序电流波动或再次突变时，振动没有明显变化。

3）为进一步了解振动变化，在负序电流冲击后，用 VM9510 振动数据分析仪进行了测量，并与冲击前数据进行比较，比较结果见表 7-10。从表中可以看出，不但幅值有变化，相位也有较大变化。

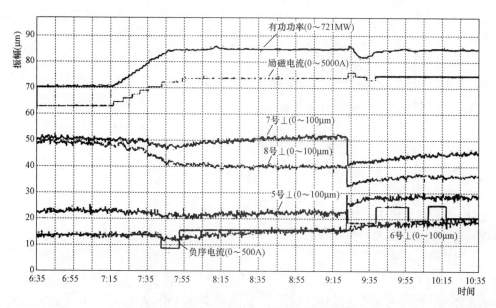

图 7-34　负序电流冲击前后发电机瓦振趋势（二）

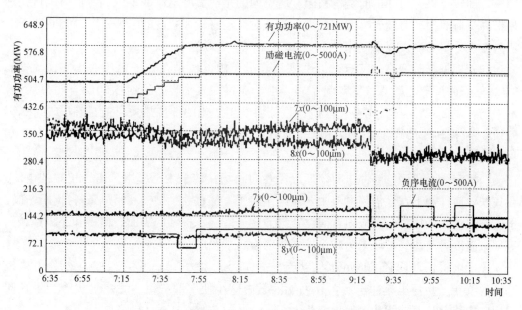

图 7-35　负序电流冲击前后发电机轴振趋势（三）

表 7-10　　　　　　　　　　负序电流冲击前后工频振动变化比较

时间	负荷 MW	7 号⊥	8 号⊥	7x	8x
冲击前（2011 年 2 月 11 日）	592	42μm∠215°	36μm∠231°	39μm∠176°	35μm∠164°
冲击后（2011 年 3 月 1 日）	602	34μm∠185°	30μm∠213°	23μm∠160°	30μm∠147°

（2）经两次负序电流冲击后，发电机瓦振、轴振不仅幅值、相位发生变化，而且有下列异常现象：

1）负荷变化时发电机瓦振、轴振变化幅度增大，尤其是相位变化大。如负荷从

600MW 降至 500MW 时，瓦振 7 号⊥从 $38\mu m\angle180°$（运行一段时间后振动略有变化）变化到 $31\mu m\angle230°$。相位变化 $50°$，而冲击前在同等情况下相位变化仅 $15°$左右。

2）负荷变化时，改变了之前瓦振 7 号⊥、8 号⊥和轴振 $7x$、$8x$ 同时增大或减小的规律，有时会出现非同步变化。当负荷降低瓦振 7 号⊥减小时，瓦振 8 号⊥增加。

3）空载时振动有较大幅度的增加，瓦振 7 号⊥、8 号⊥从冲击前的 $10\sim20\mu m$ 增加到 $30\sim40\mu m$。

4）超速时振动迅速增大，当转速从 3000r/min 升至 3091r/min 时，瓦振 7 号⊥、8 号⊥分别从 $32\mu m\angle274°$、$41\mu m\angle2°$迅速增加到 $58.6\mu m\angle297°$、$72\mu m\angle306°$。

二、振动分析

（1）1 号发电机定子受负序电流冲击以后，发电机瓦振、轴振发生突发性或带有趋势性的变化。幅值、相位同时发生变化，变化后不能恢复到原状。表明作用在转子上的扰动力已发生了变化。

（2）引起扰动力变化的主要原因是三阶振型分量的影响。从表 7-10 可以看出，负序电流冲击、振动发生变化以后，瓦振 7 号⊥、8 号⊥和轴振 $7x$、$8x$ 还是以同相分量为主，即转子振型与冲击前基本相同。所不同的是经负序电流冲击后，带负荷运行特别是带高负荷时振动有较大幅度的减小，空载时振动有较大幅度的增加，可以判断转子上三阶振型分量已经发生了变化。

（3）根据三阶振型的特点，不平衡响应最灵敏部位是在转子轴长的 1/6L、1/2L、5/6L 处（详见第五章第三节实例 5-5）。由于通过一阶临界转速时振动没有明显增大，不平衡在 1/2L 处可排除，故使三阶振型分量发生变化的部位最大可能是在 1/6L 和 5/6L 处。根据转子尺寸和两端护环离轴承中心的距离推算，三阶不平衡分量刚好在两端护环处。

（4）定子受负序电流冲击时，形成反转向磁场在转子中感应出二倍于工频的电流。在集肤效应作用下，该倍频电流主要流经于转子本体表面、槽楔和阻尼条等部位。在转子端部附近沿圆周方向形成闭合回路，导致转子端部、护环内表面、槽楔和小齿接触面等部位温度升高。使护环紧力减小，严重时有可能松脱。

该发电机护环内径 1060mm，与转子本体套装紧力 2mm 多，与中心环紧力接近 2mm。受定子负序电流冲击后，有可能因紧力减小使端部绕组、绝缘垫块等产生径向或周向位移，从而使扰动力发生变化。

从两次负序电流冲击情况看，第一次振动是缓慢降低，而后维持在较低水平，这可能与转子端部线圈径向或周向位移等有关。第二次振动是突发性变化，可能与绝缘垫块松动及线圈位移等有关。

三、检查结果及处理措施

虽然经负序电流冲击后，在带负荷运行中振动减小。但考虑到机组安全，决定停机检修，抽出发电机转子并拆下两端护环进行检查。

1. 检查发现的问题

（1）槽内部分线圈有位移，从励端向汽端移动 $3\sim8$mm。

（2）转子端部纵轴垫块约有 40％断裂，沿周向发生位移，汽端、励端相反方向移动。经统计汽端共 10 块、励端共 13 块（见图 7-36）。

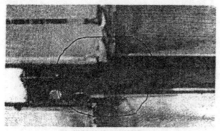 

(a) 纵轴垫块断裂情况一　　　　　　　　　　(b) 纵轴垫块断裂情况二

图 7-36　纵轴垫块断裂情况

（3）转子端部横向绝缘垫块松动，有周向位移。经统计汽端共 10 块、励端 8 块（见图 7-37）。

 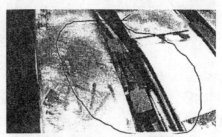

(a) 转子端部横向垫块有明显松动(一)　　　　(b) 转子端部横向垫块有明显松动(二)

图 7-37　转子端部横向垫块有明显松动

（4）转子端部线圈错位，有周向和径向位移（见图 7-38）。

(a) 端部线圈位移情况(一)　　　　　　　　　(b) 端部线圈位移情况(二)

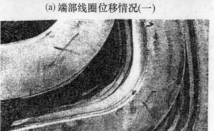 

(c) 端部线圈位移情况(三)　　　　　　　　　(d) 端部线圈位移情况(四)

图 7-38　端部线圈位移情况

（5）匝间绝缘断裂和位移（见图 7-39）。

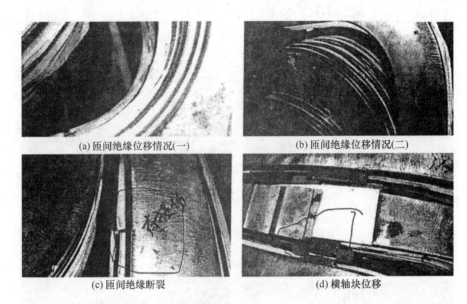

(a) 匝间绝缘位移情况(一)　　　　　　　(b) 匝间绝缘位移情况(二)

(c) 匝间绝缘断裂　　　　　　　　　　(d) 横轴块位移

图 7-39　匝间绝缘断裂、位移情况

2. 检查结果表明

（1）端部线圈、绝缘垫块等径向或周向位移，直接影响转子平衡状况，使扰动力发生变化。

（2）端部线圈、绝缘垫块等分布在护环附近，恰好是三阶振型灵敏的部位，不平衡响应高，对振动影响大，特别在超速时影响更大。

（3）扰动力变化后使空载时振动增大，带负荷运行过程中由于与热不平衡矢量相抵销，振动相对减小。

（4）这次检查到的端部线圈位移和绝缘垫块断裂、错位、位移等，可能是在定子受负序电流冲击、护环紧力降低的情况下发生的。位移、错位等可以突发性产生，也可在一定的时间内逐步地产生。这与实测到的振动变化比较吻合，经现场修复后投入正常运行。

第五节　汽缸膨胀（收缩）不畅、汽流激振等引起的振动

一、汽缸膨胀（收缩）不畅引起的突发性振动

某厂 1 号机系西屋型 300MW 机组，带负荷运行过程中发生了一次突发性振动。各轴承瓦振都有明显增加（轴振变化较小），其中以 1、2 号瓦振增加幅度最大，而后很快恢复。调出运行有关参数的变化趋势，发现与差胀有关，是由汽缸收缩引起的。经查，这种振动现象在同类型机组上也曾发生过。

（1）图 7-40 和图 7-41 所示为菲利普振动监测系统测得的各轴承瓦振趋势，同时给出了缸胀、差胀、轴位移等趋势，可以看出（1、2 号为高中压转子两端轴承，3、

4 号为低压转子两端轴承，5、6 号为发电机转子两端轴承，7、8 号为励磁机转子两端轴承）：

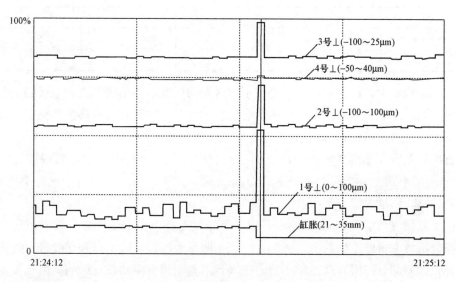

图 7-40　缸胀和高中压、低压瓦振趋势

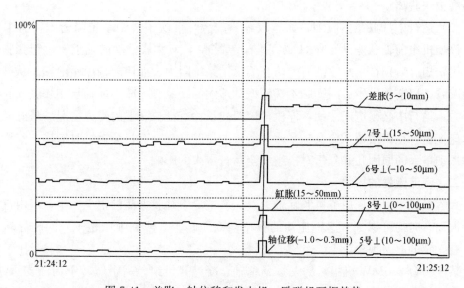

图 7-41　差胀、轴位移和发电机、励磁机瓦振趋势

1）各瓦振都在同一时刻增大，增大后又在同一时刻减小，恢复到振动增大前的水平。

2）振动增大的幅度不一，以瓦振 1 号⊥、2 号⊥增加的幅度最大，各轴承振动增大情况见表 7-11。从表中 7-11 可以看出，瓦振 1 号⊥从 21.8μm 增加到 52.8μm，2 号⊥从 8.7μm 增加到 44.0μm。3 号⊥也有较大增加，4 号⊥及后面的轴承增加幅度较小，其中 4 号⊥仅从 16.7μm 增加到 18.5μm。

3）振动增大后持续时间很短，仅 1s 左右。

表 7-11　　　　　　　　　　　　**各轴承振动增大前后比较**　　　　　　　　μm

项目	1 号⊥	2 号⊥	3 号⊥	4 号⊥	5 号⊥	6 号⊥	7 号⊥	8 号⊥
振动增大前	21.8	8.7	4.8	16.7	12.0	9.4	31.9	13.9
振动增大后	52.6	44.0	23.6	18.5	16.1	16.3	34.8	18.1

（2）分析认为，机组在运行中出现了短时间的碰磨，并很快脱离。为找到引起碰磨的原因，调出了有关参数。发现在振动突发性增大时，差胀和轴位移都有突变。差胀从 7.94mm 增加到 8.47mm，轴位移从－0.07mm 增加到＋0.07mm（见图 7-41）。后又进一步查明，差胀和轴位移增加与汽缸膨胀和收缩有关。运行中汽缸突然收缩，左侧从 23.03mm 减小到 22.42mm，右侧从 22.62mm 减小到 21.96mm。由于汽缸突然收缩，使差胀和轴位移增大。

由于差胀突然增大 0.6mm 左右，很有可能在运行中发生动静部分轴向碰磨。从动静间隙分析，有可能发生在中压转子上。当差胀增大时，导叶出口和动叶进口处间隙减小，导致动静部分碰磨。这种碰磨的力很大，对整个机组振动都有影响。由于发生在中压缸处，1、2 号瓦振受到的冲击最大。而后由于轴位移很快恢复，差胀也有所减小，使碰磨很快脱离。

（3）运行中汽缸突然收缩，而且收缩量较大，反映了滑销系统阻力大，有卡涩现象。该型机组前轴承处设计有 H 梁（推拉装置），汽缸膨胀推动前轴承座一起膨胀，防止产生转矩。特别在汽缸收缩时，防止因滑销系统阻力大而使前轴承座上翘。从该机历史情况看，以前曾发生过因膨胀不畅使振动增大的现象，为减小前轴承座膨胀和收缩时的阻力，运行中必须定期注油，停机检修时建议检查推拉装置的受力情况。最好能将前轴承座拖出，检查滑销系统及轴承座和台板的接触情况。有机会揭缸时应进一步检查突发性振动增大的原因，并分析对机组安全运行带来的影响。

二、汽流激发的振动

大容量机组由于采用了可倾瓦轴承，一般情况下油膜振荡已很少产生，但由汽流激发的振动有时仍可遇到。这种振动的频率与高压转子（或高中压转子）的临界转速相符，有一定的放大现象。

某厂一台 200MW 机组，为三缸、单轴、凝汽式机组，高中压转子为三支承结构。该机在较低负荷时振动正常，当负荷增加到 180MW 时，振动开始增大，至 200MW 时振动达到最大。

在现场用 9200 速度传感器拾取振动信号，用 VM9503 测振仪测量了机头、1 号轴承、6 号轴承等瓦振，用 PL202 实时频谱分析仪进行频谱测试（机头垂直方向）。分别在负荷 5、180、200MW 时进行了测量，测量结果见表 7-12 和图 7-42～图 7-44，可以看出：

（1）负荷 5MW 时，机头和 1 号⊥通频振动均在 10μm 左右。机头主要是工频振动，30.5Hz 振动分量仅 1.4μm，测得发电机后轴承 6 号⊥瓦振为 30μm。

（2）负荷 180MW 时，机头 30.5Hz 振动分量增加，由 1.4μm 增大到 5.2μm，工频振动略有减小，而 1 号⊥、6 号⊥通频振动变化不大（见图 7-43）。

表 7-12　　　　　　　　　　　　　　　振动测量结果

项目	轴承振动	机头	1 号⊥	6 号⊥
5MW	通频振动	11μm	10μm	30μm
	50Hz 振动分量	20mV（9μm）	—	—
	30.5Hz 振动分量	1.79mV（1.4μm）	—	—
180MW	通频振动	10μm	8μm	30μm
	50Hz 振动分量	9.9mV（4.3μm）	—	—
	30.5Hz 振动量	6.7mV（5.2μm）	—	—
200MW	通频振动	80μm	73μm	40μm
	50Hz 振动分量	11mV（4.8μm）	—	—
	30.5Hz 振动量	100.5mV（77μm）	—	—

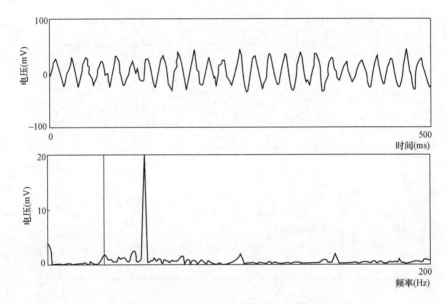

图 7-42　机头垂直方向振动波形和频谱（5MW）

（3）当负荷增至 200MW 时，机头 30.5Hz 振动分量大幅度增加，由 5.2μm 增加到 77μm，工频振动变化不大（见图 7-44）。1 号⊥通频振动也随之大幅度增加到 73μm，轴系中其他各轴承振动也有较明显的增加，瓦振 6 号⊥由 30μm 增加到 40μm。

该机高压转子临界转速为 1815r/min（30.25Hz），30.5Hz 左右的振动分量与高压转子临界转速是一致的。

这种与负荷有关的在高负荷下产生的其频率与高压转子临界转速相符的振动可诊断为汽流激振，虽然国外在大机组上曾有多起发生汽流激振的实例，但在国内仍属少见。理论上这种振动是由于作用在转子上的径向转矩不平衡及密封间隙内压力径向分布不均引起的，而且还与系统的阻尼等有关。

在该机检修中检查、调整了高压转子在汽缸内的径向间隙，使激振力减小，有效地

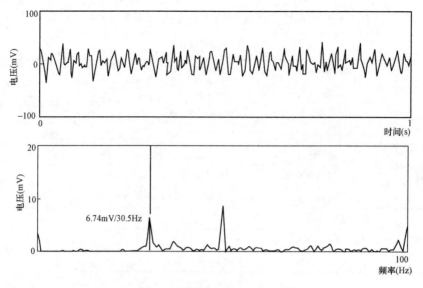

图 7-43　机头垂直方向振动波形和频谱（负荷为 180MW）

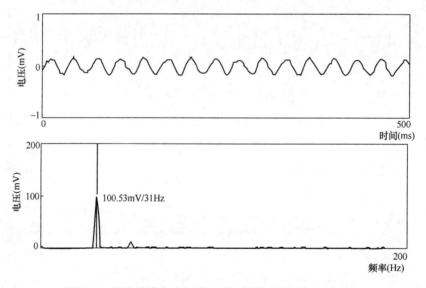

图 7-44　机头垂直方向振动波形和频谱（负荷为 200MW）

控制和降低了高负荷下 30.5Hz 的振动。

三、调阀松动激发的振动

某厂 1 号机是东方 300MW 机组，机组运行单阀控制时，当流量指令调整到某一位置时，轴振 $1x$ 大幅度跳动，从正常运行的 $70\mu m$ 左右跳动到接近 $100\mu m$，瓦振 1 号⊥也同步跳动。图 7-45 所示为由本特利振动监测系统测得的在轴振、瓦振跳动时流量指令、主蒸汽压力、调节阀后压力及各调节阀开度等趋势，可以看到在流量指令接近 90% 时轴振 $1x$、瓦振 1 号⊥发生跳动，跳动时调节阀后压力有较明显的波动（共有四个调节阀控制）。

为查明轴振、瓦振跳动原因，在现场用 PL202 实时频谱分析仪进行了频谱测量，

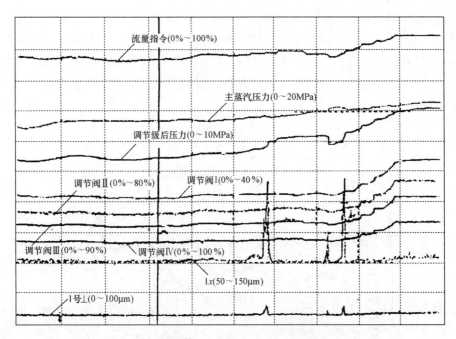

图 7-45　轴振 $1x$、瓦振 1 号⊥及有关参数趋势

测得轴振 $1x$ 振动增大后的主要频率是 28Hz。该机高中压转子临界转速为 1676r/min，故 28Hz 的振动频率刚好与高中压转子一阶临界转速相符。

后查明 28Hz 频率的振动是由其中一个调节阀松动引起的。调节阀松动后产生不均匀汽流，一个带有脉冲性质的扰动力作用到转子上，在某种工况下激发起转子固有频率的振动，由于共振使振动大幅度增加。将调节阀松动的缺陷消除后，运行中频率 28Hz 的振动再未出现。

第六节　支架共振、附着物或凹槽等引起的虚假振动

一、探头支架共振引起的振动

目前，有部分机组测量轴振动时，电涡流探头通过支架固定在轴承盖上，如西屋型 300MW 机组，都是固定在轴承盖上进行测量。由于轴承盖与被测量轴之间的距离不一，其支架的长度也不相同。有时会遇到支架的固有频率（近似悬臂梁结构）低于或接近工作转速，在升速过程或到达工作转速附近由于支架共振使得测量的轴振动迅速增大，超过报警值或使保护动作跳机。现场技术人员和运行人员必须能够迅速识别，以免引起错误判断。

（1）西屋型 300MW 机组 3、4 号轴承盖（3、4 号分别为低压转子前后轴承）与轴颈之间的距离较大，相应的装设电涡流探头的支架必须较长。致使支架的固有频率有可能低于或接近工作转速，因共振使得测量的轴振动放大。图 7-46 所示为某厂 1 号机（西屋型 300MW 机组）在升速过程中测得的轴振 $3x$、$3y$ 和轴振 $4x$、$4y$（分别为低压

转子前、后轴承处 x 和 y 方向）趋势，可以看到启动过程中当转速升到 2450r/min 左右，轴振 $3x$ 出现峰值，振动从 40μm 很快增加到 120μm，而后随着转速升高振动又很快减小。当转速升到 2800r/min 时，轴振 $4x$ 快速增大，至 3000r/min 时振动最大达 205μm。分析认为，轴振 $3x$、$4x$ 在某一转速时振动大幅度增加是由于支架产生共振引起的，可根据下列几点进行判别：

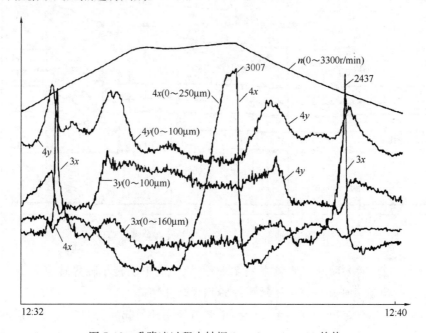

图 7-46　升降速过程中轴振 $3x$、$3y$、$4x$、$4y$ 趋势

1）当轴振 $3x$ 快速增加时，轴振 $3y$ 没有同时增加，显然轴振 $3x$ 增大与 3 号侧不平衡等无关。

2）当轴振 $3x$ 快速增加时，轴振 $4x$、$4y$ 没有明显的变化，显然轴振 $3x$ 增大不是由于低压转子不平衡等引起的。

3）由于阻尼小，探头支架共振引起的振动快起快落，峰值很突出，共振区窄（如轴振 $3x$、轴振 $4x$ 共振区较宽与碰磨等有关）。

若确定轴振动大是由于探头支架共振引起，升速可不受其影响。如某个轴振太大，可退出振动保护。但若在工作转速附近发生共振，则必须适当调整支架高度或者加固支架。

（2）为掌握各轴承盖上所装设探头支架的固有频率，利用 VM9510 振动数据采集仪的频谱分析功能进行测量，可在停机、盘车时或运行中进行。

1）若在停机过程中测量，可在菲利普振动监测系统上将所测量的某一个轴振的信号送到 VM9510 振动数据采集仪，在相对应的轴承盖上激振（可用锤子轻轻敲打），即可测得该轴振探头和支架的固有频率。

2）若在盘车过程中测量，在盘车装置附近的轴承不需敲打即可测出。若离盘车装置较远、信号太弱时，可轻轻敲打轴承盖。

3）若在运行中测量，必须退出保护，并与运行人员联系后进行。表 7-13 为某厂 1

号机（西屋型 300MW 机组）在盘车时测得的各轴振探头和支架的固有频率。

表 7-13　　　　　　　　　　　**探头和支架固有频率测量结果**　　　　　　　　　　Hz

测点	1x	1y	2x	2y	3x	3y	4x	4y	5x	5y	6x	6y
固有频率（Hz）	85	82	75	77	54	63	55	62	61	63	65	67

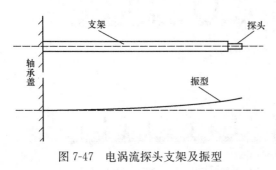

图 7-47　电涡流探头支架及振型

（3）若探头和支架的固有频率低于工作转速或刚好在工作转速附近，必须进行调整。

假定装设探头的支架是紧固在轴承盖上的，则固定后的支架可简化为悬臂梁结构（见图 7-47）。其最低阶主振动方式（见图 7-47，在叶片测试中称为 Ao 型）的固有频率可用下式计算，即

$$\omega_{n1} = \frac{1.875^2}{L^2}\sqrt{\frac{EI}{\rho}}$$

式中　L——支架长度，mm；

　　　ρ——单位轴长（支架长度）质量，kg/mm；

　　　E——弹性模量，MPa；

　　　I——断面惯性矩，mm^4。

从上式可知，其固有频率与抗弯刚度（EI）成正比，与支架的质量（$L\rho$）成反比。要改变其固有频率，可以改变支架的长度、支架的材质和支架的直径等。

对于已经装配到某个轴承上的支架，其长度变化范围很小（利用探头可作小范围调整）。若要提高固有频率，较好的方法是在支架端部去重，可利用钻孔或开槽等方法去掉部分重量。若需较大范围地提高频率，可以将支架做成不等直径的。靠近轴承盖处直径可大一些，以增加抗弯刚度。靠近自由端处，直径可小一点，以减轻质量。已装设好的支架的固有频率最好不得低于 55Hz。

二、金属附着物或凹槽对轴振动的影响

在轴振动测量中，若与电涡流探头相对应的轴上有金属附着物或表面不平、椭圆度大等，对轴振动测量就有较大的影响。

（1）某厂一台 300MW 机组，高中压转子前轴振 1x、1y 探头均装在上部轴承盖的油挡处，运行中因轴振动大等导致转轴与油挡发生碰磨，磨下的油挡碎片就有可能黏附在轴上的某个位置。该机在一次开机升速过程中高中压转子前轴振 1x、1y 有下列异常现象：

1）盘车时，在控制室表盘上可以看到轴振 1x、1y 交替跳动，跳动量在 20μm 左右，轴振 2x、2y 及其他轴振均无类似跳动。

2）低转速时在轴心轨迹和轴振波形中有跳动。图 7-48 所示为转速 600r/min 时测得的轴心轨迹和轴振波形，从轴心轨迹中可以看到，有两个凸出的角，互成 90°，在轴

振波形中也有明显跳动，跳动量 $20\mu m$ 以上。因转速较低，表示不平衡的简谐分量很小。图 7-49 所示为测得的轴振 $1x$ 频谱（$1y$ 频谱与 $1x$ 相似），可以看到除了 $10Hz$ 的 1 倍频分量外，还有 2 倍频、3 倍频等很多谐波，并随谐波次数的增加呈减弱的趋势。

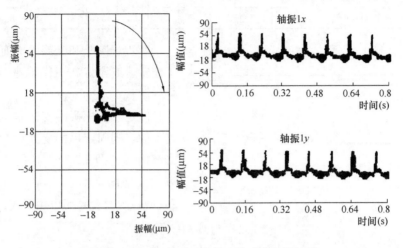

图 7-48　600r/min 时 1 号轴心轨迹和轴振波形

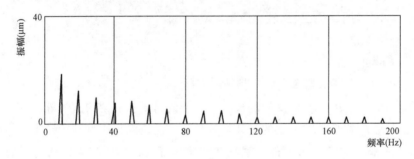

图 7-49　600r/min 时轴振 $1x$ 频谱

3）在通过临界转速时，由于轴振动增大，轴心轨迹和轴振波形中跳动量相对减小（见图 7-50）。从振动波形中可以看出跳动位置与位移高点并不重合，位移高点在前，

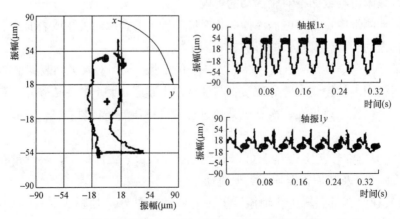

图 7-50　1534r/min 时 1 号轴心轨迹和轴振波形

跳动在后。轴心轨迹畸变，但仍可看到两个互成 90° 的凸出角。频谱中 1 倍频分量大，谐波分量相对较小，见图 7-51。

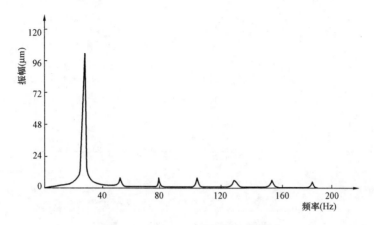

图 7-51　1541r/min 时轴振 1x 频谱

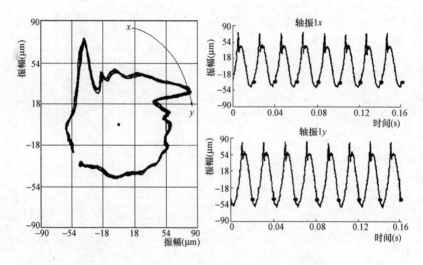

图 7-52　3000r/min 时 1 号轴心轨迹和轴振波形

4）至工作转速时，从测得的轴心轨迹看（见图 7-52），仍有两个凸出的互成 90° 的角，轴振波形中位移高点与跳动位置发生了变化。由于滞后角增大，位移高点变到了跳动的后面（见图 7-52），频谱中以 1 倍频分量为主，谐波分量较小（见图 7-53）。

5）由于存在跳动，在各个转速所测得的通频和工频分量相差较大。表 7-14 列出了升速过程中轴振 1x、1y 通频和工频振动测量结果，可以看出在转速较低、1 倍频振动较小时，差别较大。这除了跳动影响外，还受谐波分量的影响。在工作转速时通频振幅和 1 倍频振动相差 20μm 左右，始终存在跳动的影响。

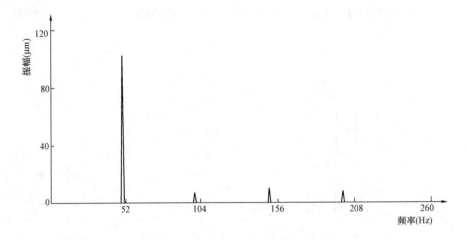

图 7-53　3000r/min 时轴振 $1x$ 频谱

表 7-14　　　　　　　　　　　升速过程中通频和工频分量比较

转速	$1x$		$1y$		转速	$1x$		$1y$	
(r/min)	通频	工频	通频	工频	(r/min)	通频	工频	通频	工频
600	72	$18\mu m\angle 102°$	72	$18\mu m\angle 189°$	1760	158	$116\mu m\angle 100°$	188	$141\mu m\angle 158°$
707	73	$18\mu m\angle 100°$	73	$18\mu m\angle 189°$	1869	134	$92\mu m\angle 107°$	169	$122\mu m\angle 177°$
812	74	$16\mu m\angle 100°$	74	$16\mu m\angle 189°$	1964	125	$85\mu m\angle 109°$	154	$110\mu m\angle 186°$
911	72	$12\mu m\angle 96°$	69	$15\mu m\angle 187°$	2164	118	$79\mu m\angle 112°$	139	$98\mu m\angle 192°$
1002	70	$13\mu m\angle 92°$	69	$13\mu m\angle 186°$	2363	113	$81\mu m\angle 115°$	136	$99\mu m\angle 197°$
1104	69	$9\mu m\angle 84°$	68	$10\mu m\angle 180°$	2567	117	$83\mu m\angle 119°$	140	$105\mu m\angle 203°$
1211	64	$8\mu m\angle 19°$	65	$6\mu m\angle 135°$	2667	118	$85\mu m\angle 121°$	140	$167\mu m\angle 206°$
1311	64	$17\mu m\angle 352°$	63	$13\mu m\angle 88°$	2769	118	$88\mu m\angle 122°$	142	$110\mu m\angle 209°$
1410	68	$41\mu m\angle 346°$	70	$34\mu m\angle 83°$	2862	122	$92\mu m\angle 124°$	144	$115\mu m\angle 212°$
1504	110	$98\mu m\angle 8°$	82	$44\mu m\angle 105°$	2964	125	$99\mu m\angle 126°$	148	$123\mu m\angle 216°$
1591	170	$141\mu m\angle 43°$	85	$77\mu m\angle 88°$	3000	126	$102\mu m\angle 127°$	147	$125\mu m\angle 218°$
1674	198	$149\mu m\angle 79°$	164	$143\mu m\angle 126°$					

　　根据上述振动现象分析，轴上粘有金属附着物的特征比较明显。在停机盘车过程中，又测量了 x 和 y 方向间隙电压的变化，发现转子盘到某个位置时，间隙电压有突变，每转一周变化一次，确信转子上已粘有金属附着物。停机后经检查，油挡处轴的表面已不同程度的粘有金属附着物。后进一步打磨清理，直到盘车时间隙电压没有突变及变化量较小为止。

　　经打磨，金属附着物清除后，在 3000r/min 时测得的轴心轨迹和轴振波形见图 7-54，可以看到轴心轨迹中已没有凸出的角，轴振波形中也没有跳动现象。

　　(2) 某厂 660MW1 号发电机 8 号轴振（后轴承）在低速暖机期间（600～1200r/min），轴振 $8x$、$8y$ 由 $55\mu m$ 逐渐增大至 $120\mu m$ 左右，期间 7 号轴振变化较小，7、8 号瓦振维持在 3～4μm（图 7-55、7-56）。从频率成分看，8 号轴振工频分量相对较小，

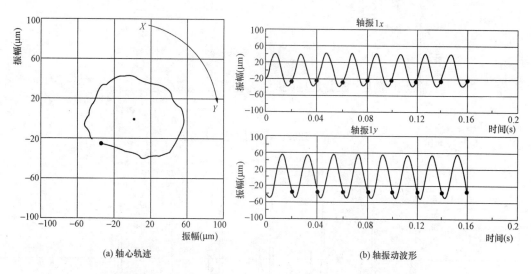

(a) 轴心轨迹   (b) 轴振动波形

图 7-54 经打磨后 3000r/min 时 1 号轴心轨迹和轴振动波形

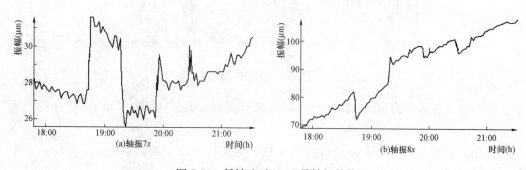

(a) 轴振 7x   (b) 轴振 8x

图 7-55 低转速时 7、8 号轴振趋势

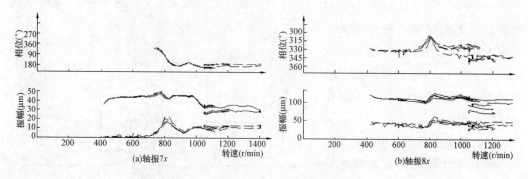

(a) 轴振 7x   (b) 轴振 8x

图 7-56 低转速时 7、8 号轴振伯德图

转速为 1100r/min 时，7 号轴振通频为 $42\mu m$、工频为 $12\mu m$，8 号通频为 $120\mu m$、工频为 $48\mu m$。工作转速下 8 号轴振工频也只有 $67\mu m$，主要存在大量的谐波分量，合计为 $70\sim90\mu m$（见图 7-57）。从振动波形看，转子每旋转一周即存在一个较大的脉冲式干扰（见图 7-58）。

分析认为，8 号轴振动探头处对应的转子表面不平整引起轴振动测量异常。检查发现 8 号轴瓦塑料王油挡与轴表面摩擦严重，转子振动高点局部摩擦磨痕明显，存在凹

283

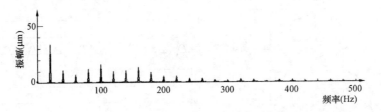

图 7-57　1202r/min 时轴振 $8x$ 频谱

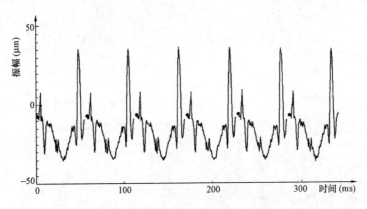

图 7-58　转速 1051r/min 时轴振 $8x$ 波形

痕。随着轴系各转子的膨胀，凹痕点向后移动至振动探头处（见图 7-59），使振动出现虚假成分。

利用停机机会对转子表面进行打磨处理，并进行了动平衡，8 号轴承对轮处加重 310g。处理后，空载 3000r/min 时 $8x$ 轴振通频降至 $65\mu m$，工频降至 $28\mu m$（见图 7-60）。但谐波分量合计仍然达 $38\mu m$ 以上，低转速下表现更为明显，达 $60\mu m$。鉴于通过打磨方式无法完全消除转轴上的凹痕，而且将来运行中还会出现此现象，将 7、8 号轴振动探头移至 7、8 号瓦体外侧，使 8 号轴振动恢复正常。

三、探头虚假信号引起的振动

机组 TSI 振动监测系统必须可靠接地，电缆屏蔽完好，否则容易受到外部电磁场干扰，导致振动异常跳动，甚至引起跳机。

某厂 2 号机组汽轮机型号 NC330-17.75/0.4/540/540，高中压分缸，抽汽压力为 0.4MPa，背压为 4.9kPa。2014 年大修期间对

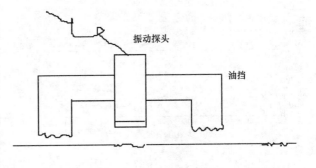

图 7-59　发电机后轴承油挡摩擦位置

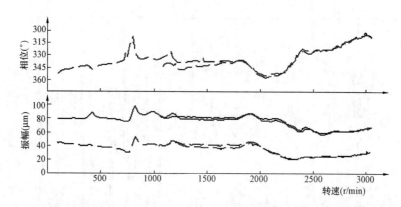

图 7-60　发电机对轮加重及轴颈打磨后轴振 $8x$ 升速伯德图

汽封进行了改造，高压转子前后轴封更换为蜂窝式汽封，通流部分更换为布莱登汽封。大修后带负荷过程中，高压转子轴振 $1y$ 有时跳动到 $150\mu m$ 以上。

1. 带负荷高压转子振动情况

查 DCS 历史趋势，高压转子轴振动随负荷变化曲线见图 7-61，轴振 $1y$ 与高压调节门开度关系曲线见图 7-62。从图 7-61 看出，轴振 $1y$ 某些时间段大幅度跳动，而高压调节门某些开度下 1 号轴振很小、$1y$ 基本没有跳动。从图 7-62 看出，轴振 $1y$ 跳动与高压调节门开度没有直接的对应关系，但主蒸汽压力波动时轴振 $1y$ 跳动频繁。查得 3 月 18 日 23：07：28 轴振 $1y$ 从 $22.7\mu m$ 快速增至 $179.9\mu m$，23：07：29 又回到 $26.5\mu m$，振动变化时间在 1s 以内。

3 月 20～21 日用 SK4432 振动分析仪连续监测了高压转子 $1x$、$1y$、$2y$ 轴振和 2V 瓦振，选取 20 日 18：37～20：00 时间段数据进行分析，见图 7-63。18：52：54 轴振 $1y$ 跳动到 $934\mu m$ 时，高压转子其他测点振动都在正常范围内，轴振 $1x$ 为 $21.7\mu m$、$2y$

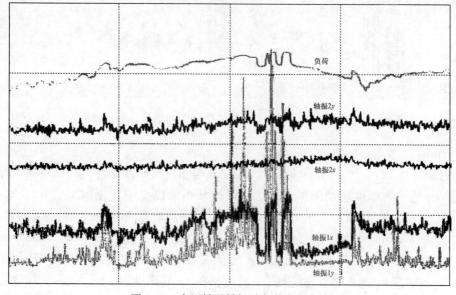

图 7-61　高压转子轴振随负荷变化曲线

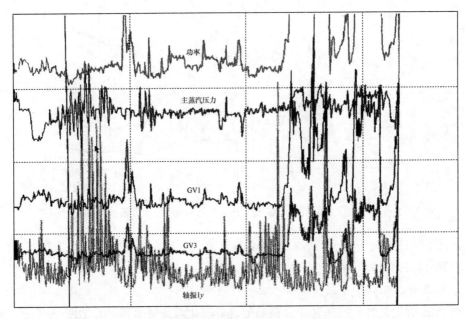

图 7-62　轴振 $1y$ 与高压调节门开度关系曲线

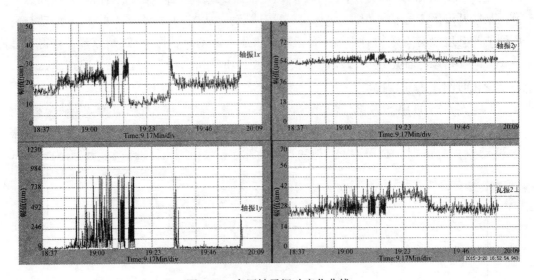

图 7-63　高压转子振动变化曲线

为 $55.7\mu m$，2 号⊥瓦振为 $29.7\mu m$。

　　细选 20 日 18：37～19：00 时间段轴振 $1y$ 通频、工频数据看，见图 7-64，可以看出轴振 $1y$ 通频大幅度跳动的同时，工频幅值和相位也出现变化。20 日 18：51：59，543 轴振 $1x$、$1y$ 时域波形见图 7-65，35.6ms 时轴振 $1y$ 为 $33.9\mu m$，36.3ms 时轴振 $1y$ 为 $908\mu m$，37.5ms 时轴振 $1y$ 为 $866\mu m$，40ms 时轴振 $1y$ 为 $67.5\mu m$，41.3ms 时轴振 $1y$ 为 $35.3\mu m$，即在 5.7ms 内轴振 $1y$ 已经完成了一次跳变，这时转子才旋转了 $102.6°$，而轴振 $1x$ 波形没有任何跳变。此刻轴振 $1y$ 频谱见图 7-66，为一连续谱，不是常见的离散谱。由于 $1y$ 存在跳变，1 号轴心轨迹出现一根尖尖的毛刺，见图 7-67。

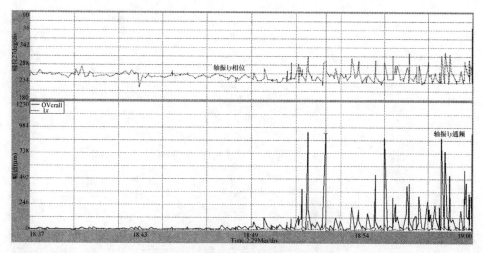

图 7-64 轴振 1y 幅值相位变化曲线

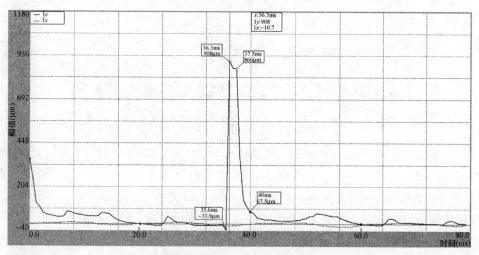

图 7-65 轴振 1x、1y 时域波形

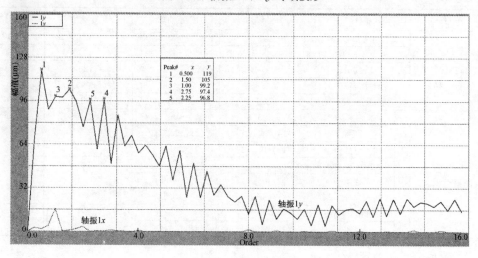

图 7-66 轴振 1y 频谱

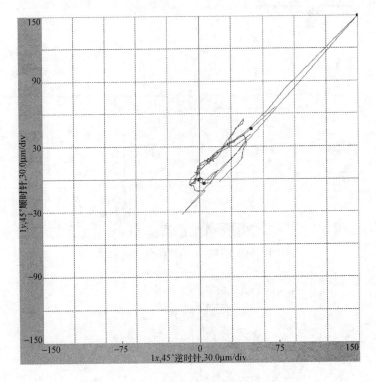

图 7-67　1 号轴心轨迹

3 月 20 日 17：56 负荷 242MW、主蒸汽参数为 16.26MPa/538℃、再热蒸汽参数为 3.03MPa/526℃、真空为 −83.57kPa、润滑油参数为 0.18MPa/41.7℃，高压调节门 GV1+GV4 开度为 53%、GV3 开度为 24%、GV2 开度为 0%，TSI 显示及 SK4432 振动分析仪测量汽轮机高中压转子振动见表 7-15。数据稳定时，机组振动良好，但 1 号瓦油膜压力偏低，2 号上瓦、3 号下瓦温度偏高。

表 7-15　　　　　　　　　　　　　　带负荷高中压转子振动

项目		位置	1 号轴承	2 号轴承	3 号轴承	4 号轴承
20 日 17：56 242MW TSI 显示数据		x（μm）	18	42	33	40
		y（μm）	14	56	40	—
		$\perp$（μm）	12～16	25～30	13	8
		上/下瓦温（℃）	64/65	91/82	83/94	—
		油膜压力（MPa）	3.1	9.3	7.3	6.1
SK4432 测量数据	x	通频（μm）	20	40	—	—
		工频	14μm/119°	29μm/263°		
		间隙电压（V）	−10.3	−10.3		
	y	通频（μm）	14～40	55		
		工频	12μm/250°	35μm/119°		
		间隙电压（V）	−8.16	−10.14		
	$\perp$	通频（μm）	13	24		
		工频	9μm/261°	18μm/344°		

2. 原因分析及处理

通过测试分析，判断汽轮机转子运行是正常的。轴振 1y 跳动的主要原因是热工测量方面出现的虚假信号，检修中更换了一套新的轴振动探头及前置器即正常。

第七节 发电机轴瓦绝缘垫片磨损引起的振动

为保证轴瓦工作的可靠，防止轴电流通过轴瓦损坏钨金，发电机轴瓦或者轴承座下面必须加装绝缘垫片。但部分国产 600MW 发电机前轴瓦下部绝缘垫片出现磨损导致发电机轴振动大幅度增加，严重影响机组的运行安全。

某厂 3 号发电机型号 QFSN-600-2，定子绕组水内冷、定子铁芯和定子端部氢外冷、转子氢内冷，静态自并励方式。发电机转子与低压转子用刚性对轮连接，7、8 号轴承坐落在发电机端盖上，下面是两块活动瓦、上面为圆筒瓦。励磁滑环短轴与发电机转子刚性连接，形成三支承结构，尾部 9 号轴承为 4 瓦块可倾瓦，600MW 发电机转子结构简图见图 7-68 所示。

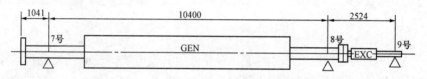

图 7-68 600MW 发电机转子结构简图

发电机转子一阶临界转速为 820r/min、二阶临界转速为 2180r/min，励磁滑环临界转速大于 4000r/min。机组 TSI 监测系统在各轴承 x 和 y 方向各安装两套电涡流传感器测量轴系各转子的相对轴振动，垂直方向安装速度传感器测量轴承瓦振。

1. 振动特征及处理过程

（1）运行中振动有不断爬升的趋势。该机在 2007 年 12 月调试时发电机两端轴振 $7x$、$7y$、$8x$、$8y$ 和尾端轴振 $9x$、$9y$ 都不大，均在 $70\mu m$ 以下。随着运行时间的增长，轴振 $7x$、$7y$、$9x$、$9y$ 不断增大，其中 $9y$ 增长尤为明显。为减小 $9y$ 轴振，曾采取在励磁机风扇平衡槽加重及抬高 9 号轴承标高等措施。虽然 $9y$ 轴振动有一定程度的降低，但仍不能有效地控制爬升趋势。

从 2011 年 7 月大修后至 2013 年 8 月停机检修前，振动已爬升到一个较高的水平。负荷 253MW 时发电机振动见表 7-16，可见轴振 $7x$、$7y$ 已达 138、$161\mu m$，轴振 $9x$、$9y$ 达 129、$194\mu m$，轴振 $8x$、$8y$ 变化较小。

振动爬升后，停机通过临界转速时轴振 $7x$、$7y$ 为 182、$201\mu m$，降速伯德图见图 7-69，可以看出，发电机转子临界区较宽，且临界区振动有波动。转速降至 135r/min 时还有一个幅值达 $248\mu m$ 的峰值，显然这是 7 号轴颈的晃度值。此外，从图 7-69 中还可以看到，2900r/min 左右轴振 $9x$、$9y$ 出现较大的峰值，分别达 176、$227\mu m$，$7x$ 也相应有个峰值，达 $190\mu m$。振动爬升过程中，还出现波动或周期性的波动，主要表现在轴振 $7x$、$7y$、$9x$、$9y$，波动范围达 $20\mu m$ 左右。

（2）鉴于振动居高不下、振动波动及通过临界转速时振动大幅度增大等，决定停机检查。因轴振 $7x$、$7y$ 爬升量大，同时轴振 $7y$ 处间隙电压负值已增大到 $-12.3V$（起始

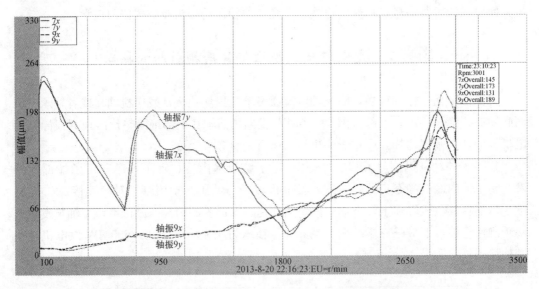

图 7-69　停机过程 $7x$、$7y$、$9x$、$9y$ 轴振伯德图

值 -10.50V），决定首先检查 7 号轴承。解开低压—发电机对轮时，发电机转子下沉约 2mm，7 号瓦侧发电机转子风扇叶片磨损，翻出 7 号瓦发现下部左、右两侧绝缘垫片磨穿（见图 7-70）。更换制造厂发来的新垫片，按照检修工艺要求恢复。开机升速过程中发电机一阶临界转速时（820～840r/min）轴振最大 95μm，3000r/min 时 $7x$、$7y$ 轴振为 56μm、63μm，$9x$、$9y$ 轴振为 66、80μm，发电机轴振动良好，开机过程发电机轴振升速伯德图见图 7-71。

图 7-70　发电机 7 号瓦绝缘垫片磨损情况

表 7-16　　　　　　　　　　　停机前 253MW 负荷时发电机振动

测点	项目	6 号	7 号	8 号	9 号
轴振 x	通频（μm）/间隙电压（V）	51/-9.42	138/-7.46	54/-8.55	129/-9.48
	工频（μm）∠相位（°）	6∠251	109∠333	20∠306	74∠202
轴振 y	通频（μm）/间隙电压（V）	37/-9.84	161/-12.30	66/-8.35	194/-9.47
	工频（μm）∠相位（°）	12∠61	128∠69	30∠7	150∠313
瓦振⊥	通频（μm）	25	13.5	15.5	5.6
	工频（μm）∠相位（°）	15∠317	9.5∠144	12∠134	1.3∠321

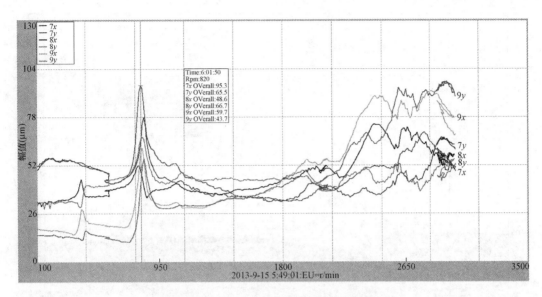

图 7-71　开机过程发电机轴振升速伯德图

2. 发电机轴振第二次恶化过程

更换绝缘垫片仅仅一个月，2013 年 10 月 15 日开始轴振 $9y$ 又缓慢爬升，最大约 $123\mu m$。10 月 27 日之后轴振 $9y$ 开始快速增加，11 月 24 日 22：50 负荷为 102.5MW 打闸停机时发电机轴振达到最大值，$7x$、$7y$ 轴振为 96、$135\mu m$，$8x$、$8y$ 轴振为 39、$118\mu m$，$9x$、$9y$ 轴振为 106、$351\mu m$。除轴振 $8x$ 有所降低外，发电机其他轴振都有不同程度增加，轴振变化曲线见图 7-72。

2013 年 11 月 24 日停机降速过程中，通过发电机一阶临界转速时（790r/min），$7x$、$7y$ 轴振为 169、$192\mu m$，$9x$、$9y$ 轴振为 89、$310\mu m$。半临界转速时（395r/min）$7y$、$9y$ 轴振为 118、$159\mu m$，210r/min 时 7 号轴振达 $120\sim94\mu m$，100r/min 时轴振 $7x$ 仍然近 $100\mu m$。停机降速过程发电机轴振变化曲线见图 7-73。

停机检修中，再次发现发电机 7 号轴承下部绝缘垫片磨损，更换新的绝缘垫片，装复后开机带负荷发电机振动正常。

3. 发电机轴振第三次恶化过程

2014 年 11 月 18 日开始轴振 $9y$ 快速上升，2014 年 12 月 6 日轴振 $9y$ 达 $424\mu m$，之后仍然缓慢增加，最大超过 $500\mu m$。与此同时，轴振 $7x$、$7y$、$8y$、$9x$ 同步增大，仅轴振 $8x$ 缓慢下降。在上述时间段内，6 号轴承瓦温和油膜压力增加，而 7 号轴承瓦温和油膜压力降低，变化趋势相反。发电机轴振、瓦温和油膜压力变化曲线见图 7-74~图 7-76，表 7-17 列出了所选择的几个时间点的轴振、瓦温和油膜压力数据，表 7-18 列出了 2014 年 12 月 3 日使用 SK9172 振动分析仪测量的发电机工频、倍频振动和间隙电压值，这时轴振 $7y$ 的间隙电压已增加到 -15.21V。从表 7-17 中可以看出，2014 年 11 月 18 日 7 号轴承油膜压力偏低（为 2.89MPa），运行到 2015 年 2 月 5 日油膜压力进一步降低到 1.81MPa。而与之相邻的 6 号轴承油膜压力却从 5.07MPa 升高到 7.02MPa，6

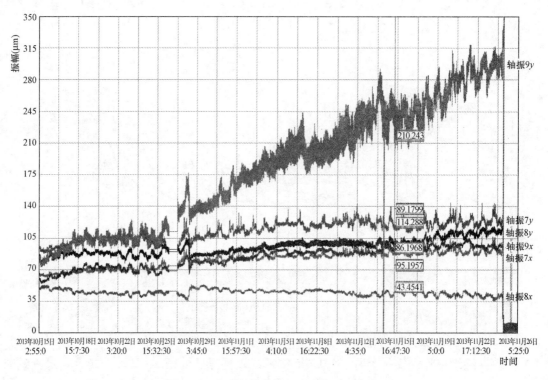

图 7-72　发电机轴振第 2 次恶化过程曲线

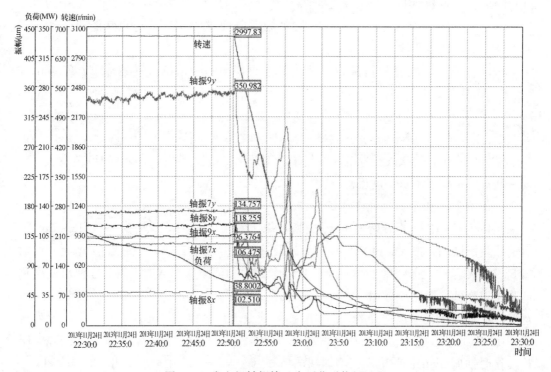

图 7-73　发电机轴振第 2 次恶化后停机过程

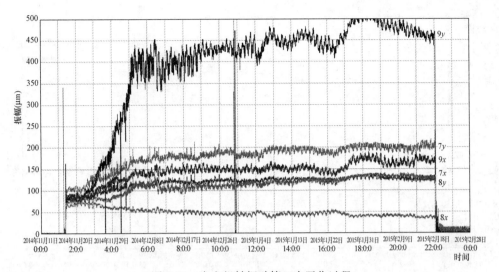

图 7-74 发电机轴振动第 3 次恶化过程

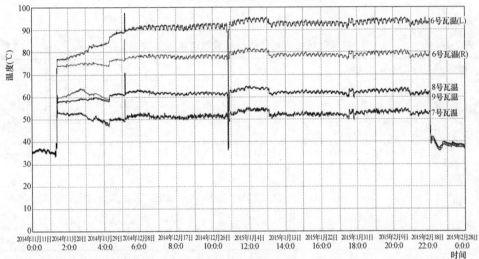

图 7-75 发电机轴振第 3 次恶化瓦温变化过程

号瓦温从 76.8℃增加到 95℃。

表 7-17 带负荷运行发电机轴振、瓦温及油膜压力变化

时间	测量参数	6 号	7 号	8 号	9 号
2014 年 11 月 18 日	轴振 x/y（μm）	54/46	73/98	72/82	76/82
	瓦温（℃）	76.8/74	60	58	52.7
	油膜压力（MPa）	5.07	2.89	3.26	—
2014 年 12 月 6 日	轴振 x/y（μm）	48/40	110/168	54/121	424/136
	瓦温（℃）	90.2/77.6	62.7	62.2	50.8
	油膜压力（MPa）	7.02	2.07	3.36	—
2015 年 2 月 5 日	轴振 x/y（μm）	31/34	130/200	38/135	493/163
	瓦温（℃）	95/83	63	63	54
	油膜压力（MPa）	7.61	1.81	3.32	—

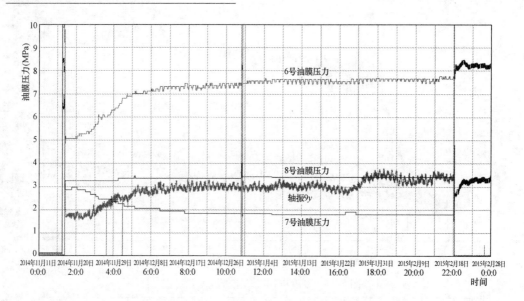

图 7-76　　发电机轴振第 3 次恶化油膜压力变化过程

表 7-18　　　　　　　　带负荷运行振动分析仪测量发电机振动数据

测点	参数	6 号	7 号	8 号	9 号
轴振 x	通频(μm)/间隙电压(V)	51/−8.64	115/−8.32	67/−9.72	324/−8.76
	工频(μm)相位(°)	31∠166	85∠330	43∠291	316∠318
	倍频(μm)	24	38	29	100
轴振 y	通频(μm)/间隙电压(V)	41/−11.06	155/−15.2	101/−9.01	13/−8.86
	工频(μm)相位(°)	18∠306	125∠70	66∠7	75∠202
	倍频(μm)	22	62	46	66
瓦振 v	通频(μm)	14	10	21	8
	工频(μm)相位(°)	14∠271	9∠31	20∠348	4∠140

2014 年 12 月 30 日调整凝汽器循环水出口门开度以提高真空，7 号轴振快速增加超过保护定值跳机，之后继续增加，最大达 336μm。降速过程发电机转子一阶临界转速时，7 号轴振大于 500μm，轴振 9y 约为 450μm。之后揭 7 号瓦检查，发现左侧（电侧）绝缘垫块厚度从 2mm 减薄到 0.6mm，右侧（炉侧）绝缘垫片厚度变化不大（2mm），7 号瓦顶部间隙达 1.1mm。同时发现绝缘垫片损坏严重一侧 4 个紧固螺栓的绝缘套筒几乎都已经压裂，另一侧的基本完好。

分析认为三次轴振动异常增大都是由于 7 号瓦下部两侧垫块的压紧螺栓松动导致绝缘垫片磨损所致，检修中紧固 7 号轴瓦下部垫铁的 4 个螺栓时，使用力矩扳手严格控制螺栓紧力在制造厂的规定值，经较长时间运行机组振动正常。

4. 绝缘垫片磨损后异常振动总结

从 7 号轴瓦绝缘垫片三次减薄后的运行参数看，都出现了如下异常现象：

（1）发电机轴振从正常值（100μm 以内）开始逐步增加，轴振 7y 增大到 140～160μm，9y 增大到 200μm 以上、最大可达 300～500μm。与此同时，7x、8y、9x 也出

现不同程度的增加，但 $8x$ 有减小趋势。

（2）9 号轴振大，虽然是工频分量，但现场动平衡效果差，振动不易降低。

（3）负荷、真空等参数变化时，7、9 号轴振易出现波动，甚至大幅度增加，引起跳机。

（4）停机降速通过发电机一阶临界转速时，7 号轴振增加到约 $200\mu m$，且一阶临界转速值有所降低。低速下 7 号轴颈晃度达 $100\mu m$ 以上，甚至接近 $200\mu m$。

（5）7 号轴瓦绝缘垫片损坏后，对应侧的电涡流传感器间隙增大，间隙电压负值增加。

（6）7 号轴瓦绝缘垫片损坏后，7 号瓦负载大幅度降低、油膜压力减小，相邻的 6 号轴瓦负载大幅度增加、油膜压力增高，8 号轴瓦负载也有所增加，但 9 号轴瓦负载明显减轻。

（7）损坏的绝缘垫片有电腐蚀烧灼的痕迹，这些部位厚度更薄，且存在裂纹。

5. 绝缘垫片损坏原因分析

从 2012 年底至今，某厂 3 号发电机 7 号轴瓦绝缘垫片共损坏三次，每次发展快慢不一，第一次时间较长，第二次约 20 天，第三次约 30 天。引起 7 号轴瓦下部绝缘垫片损坏的原因，可以从下列四个方面分析：

（1）绝缘垫片材质。据调查，国内同类型发电机只有少数几台出现过类似故障，更换新的垫片后没有继续出现，大多数机组未出现这种故障。第一次故障后，虽然厂家更换了另一种材质的新垫片，但仍然出现了相同故障。而 4 号发电机使用同样的绝缘垫片，未出现磨损故障，说明不是绝缘垫片的材质问题。

（2）润滑油腐蚀。发电机 7、8 号轴承回油及空侧密封油流到定子端盖的油槽中，绝缘垫片肯定与润滑油长期接触甚至浸泡在润滑油中。现场 7、8 号轴瓦下部都有绝缘垫片，使用同样的材质，但垫片厚度不一样（7、8 号轴瓦垫片厚度分别为 2、3mm）。如果润滑油腐蚀导致 7 号轴瓦垫片减薄，8 号轴瓦垫片也应该出现相同的现象，但三次故障后检查 8 号轴瓦垫片完好，所以可排除润滑油腐蚀导致 7 号轴瓦垫片减薄的可能。

（3）电腐蚀。7 号轴瓦侧接地碳刷状况良好，运行时实测轴电压不高（仅 6V 多），如出现电腐蚀会导致轴瓦乌金表面灼伤。第三次故障后，检查 7 号轴瓦乌金仅有轻微的磨损，减薄的一块绝缘垫片有轻微的电腐蚀，另一块完好，说明电腐蚀也不是绝缘垫片减薄的主要原因。只是垫片减薄到一定程度后，耐压性能下降才出现电腐蚀。电腐蚀部位进一步减薄，振动作用下出现裂纹。

（4）垫铁与垫片之间磨损。7 号轴瓦下部支承结构见图 7-77，支架上面左右 $45°$ 各有两层垫铁，垫铁之间夹有 2mm 厚的绝缘垫片，垫铁、绝缘垫片四角都开有圆孔，紧固螺栓加装绝缘套筒后从支架背面旋入上面一块垫铁的螺孔内，7 号轴瓦由左右两侧带有凹槽的支架支撑。制造厂规定紧固螺栓的紧力为 122N，装配完成后支架的旋入孔加绝缘垫，之后使用环氧树脂胶密封。

理论上，螺栓紧固后垫铁、绝缘垫片和支架形成一个整体，它们之间是没有相对运行的。由于检修中紧固螺栓时一般没有使用力矩扳手，为保证螺栓的紧固往往用力过大，有可能使螺栓上的绝缘套筒开裂，见图 7-78。长时间运行以后，紧固螺栓的紧力逐渐降低，垫铁、绝缘垫片和支架不再是一个整体，机组运行时在振动力的作用下，垫铁与绝缘垫块之间长期摩擦后使绝缘垫片逐渐减薄。7 号轴瓦下沉后受力减小，同时 6 号轴瓦受力增加。发电机转子以 8 号轴瓦为支点，9 号轴颈上抬，上抬量约为 7 号轴颈下沉量的 1/4，导致 9 号轴颈晃度增加、轴瓦受力减小。最后引起 7、9 号轴振动增大，6 号轴承瓦温、油膜压力增加，7 号轴承瓦温、油膜压力下降等一系列异常现象。

图 7-77　7 号瓦下部支承结构（右侧）

图 7-78　7 号瓦下部垫块紧固螺栓及结构

第八章

轴振动测量和轴瓦故障

大机组振动测量中，轴振动监测起到了比较重要的作用。与测量轴瓦振动相比，提高了振动监测的灵敏度。引入报警值、跳机值以后，有效地保护了机器的安全运行。同时通过轴振动测量，可以得到轴心轨迹、轴中心平均位置、频谱等，提供了更为有效的振动分析手段。由于测得的轴振动是轴瓦（或轴承盖）与轴之间的相对振动，更能反映出轴瓦的工作情况，对识别和诊断轴瓦碰磨、磨损、碎裂等提供了有利的条件。

第一节　正常运行中的轴振动

目前，测量轴振动都是将电涡流传感器通过支架固定在轴承盖上或者轴瓦上，测得的轴振动是轴和轴承盖之间的振动，简称为相对振动。传感器的装设是在轴承垂直方向左右各 45°处，按转动方向分别命名为 x、y 方向，见图 8-1。在机组正常运行中所测得的轴振动应该具有下列特征：

（1）x 方向的幅值一般大于 y 方向的。这是因为轴在转动过程中，由于润滑油楔的作用，将轴上抬并顺着转动方向偏转一个角度，见图 8-2。使油膜刚度最大的方向不是在垂直方向而是在角度偏转后的方位上，与 y 方向接近。由于油膜刚度大，使 y 方向的振动小于 x 方向的。如某厂 4 号机（西屋型 300MW 机组）在带负荷运行中测得高中压、低压、发电机转子两端轴承处（分别为 1、2、3、4、5、6 号）x 和 y 方向的轴振动，如表 8-1 所示。

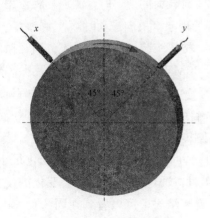

图 8-1　电涡流传感器装设

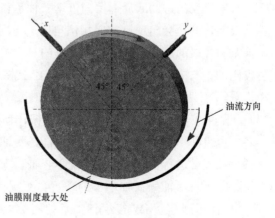

图 8-2　运行中油膜刚度最大位置

表 8-1　　　　　　　　　　　某厂西屋型 300WM 机组轴振动测量结果

项目	1 号	2 号	3 号	4 号	5 号	6 号
x 方向	$55\mu m\angle 36°$	$75\mu m\angle 140°$	$16\mu m\angle 93°$	$15\mu m\angle 20°$	$34\mu m\angle 265°$	$33\mu m\angle 314°$
y 方向	$52\mu m\angle 136°$	$59\mu m\angle 235°$	$8\mu m\angle 167°$	$22\mu m\angle 168°$	$24\mu m\angle 29°$	$11\mu m\angle 95°$

从表 8-1 中可以看出，x 方向的振动一般比 y 方向大，但有时差别不大（如 1 号）或 x 方向比 y 方向小（如 4 号），这主要是由下列原因造成的：

1）转轴上有预载荷（指作用在轴上的单向的稳定的力）。若在 x 方向上有预载荷，则 x 方向上的振幅就会比 y 方向小。若在 y 方向上有预载荷，则 y 方向的振幅就会比 x 方向小很多。

2）轴位置有偏移。由于某种原因，转子接入轴系后，轴颈在轴承中的位置发生偏移。当偏向 x 探头对应的位置时，x 方向的振动就有可能比 y 方向小；反之，y 方向就有可能比 x 方向小很多。

3）与轴瓦及轴承盖的变形有关。因为测得的是相对振动，轴瓦或轴承盖的变形同样会影响到振动。西屋型 300MW 机组低压转子后轴承为悬挂式，当转子放入轴承以后，轴瓦容易发生变形。且这种变化带有随机性，随负载发生变化。

由于 x 方向油膜刚度比 y 方向低，当因油膜压力偏低产生不稳定振动时，x 方向反应比较灵敏。如第三章中讲到的 300MW 机组高中压转子产生的低频振动，x 方向低频振动就比 y 方向大。若出现轴瓦磨损等故障时，由于 y 方向最接近轴瓦乌金的表面，y 方向的振动波形中就有可能会首先出现波形跳动、谐波分量多等现象。

（2）轴振 y 方向的相位比 x 方向大 90°。这是指本特利 208、408 及成都昕亚 VM9510 等逆转向计数仪器而言的，当轴颈从 x 方向转到 y 方向时，多转了 90°，故测得的相位角 y 方向要比 x 方向大 90°。从表 8-1 中可以看出，轴振 $1x$ 和 $1y$、轴振 $2x$ 和 $2y$ 都有这种规律。但有时也会出现异常，与理论上推算的 90°相差很大，如表 8-1 中轴振 $4y$ 就比 $4x$ 大 148°。这主要是轴颈在转动过程中位移高点位置发生不规则的变化引起的。因为上述仪器相位角的定义都是键相脉冲前沿与位移高点之间的夹角，当轴颈与轴瓦碰磨发生反向进动或局部反向进动、轴承盖本身有较大的变形时，测得的相位角会有较大误差，甚至会出现 y 方向相位角比 x 方向小的现象（反向进动时）。

轴振和瓦振的相位角有时也有较好的对应关系，按探头装设位置，垂直方向瓦振的相位应比轴振 x 方向的相位大 45°。从某厂亚临界 600MW 机组发电机测得的瓦振和轴振相位看，这一对应关系较好，如测得轴振 $7x$ 为 $60\mu m\angle 90°$，瓦振 7 号⊥为 $44\mu m\angle 139°$。显然在这种情况下，用瓦振或轴振作动平衡，都可以收到良好的效果。但经统计，多数机组都不具备这种关系，这可能是受油膜刚度等因素的影响。

（3）在正常运行负荷不变的情况下，轴振 x 和 y 方向的间隙电压不变或变化很小。因为间隙电压表示轴颈在轴承中的位置，工况不变时，轴位置一般是不会变化的。表 8-2 为某厂西屋型 300MW 机组各轴承处间隙电压监测结果，可以看到在同一负荷时，间隙电压变化较小。由于负荷变化较小，运行近 9 个月，间隙电压的变化量均不大，说明运行是正常的。

表 8-2　　　　　　　　　某厂 2 号机（300MW 机组）间隙电压监测结果　　　　　　　　　V

测量时间 /功率（MW）	测点	1 号	2 号	3 号	4 号	5 号	6 号
3 月 30 日 /280	轴振 x	−9.33	−8.92	−8.49	−8.03	−8.56	−7.83
	轴振 y	−8.65	−9.03	−8.12	−10.89	−12.57	−11.78
6 月 5 日 /313	轴振 x	−9.36	−8.79	−8.45	−8.08	−8.55	−7.89
	轴振 y	−9.12	−9.12	−8.34	−10.82	−12.67	−11.85
7 月 5 日 /315	轴振 x	−9.35	−8.82	−8.39	−8.10	−8.44	−7.85
	轴振 y	−8.92	−9.06	−8.24	−10.90	−12.60	−11.83
8 月 28 日 /290	轴振 x	−9.18	−8.97	−8.41	−8.11	−8.52	−7.79
	轴振 y	−8.44	−9.02	−8.24	−10.92	−12.47	−11.71
9 月 13 日 /280	轴振 x	−9.33	−8.98	−8.50	−8.08	−8.56	−7.70
	轴振 y	−8.44	−8.90	−8.36	−10.89	−12.48	−11.57
10 月 17 日 /265	轴振 x	−9.57	−9.16	−8.64	−7.92	−8.55	−7.64
	轴振 y	−8.56	−8.86	−8.42	−10.95	−12.29	−11.44
11 月 20 日 /309	轴振 x	−9.17	−8.78	−8.70	−7.95	−8.57	−7.64
	轴振 y	−8.69	−9.00	−8.57	−10.98	−12.39	−11.53
12 月 14 日 /280	轴振 x	−9.12	−8.84	−8.72	−7.88	−8.45	−7.57
	轴振 y	−8.47	−8.81	−8.57	−10.95	−12.24	−11.37

在下列情况下间隙电压可能会发生变化：

1）阀切换时或顺序阀控制各调节门开度发生变化时；

2）轴承负载变化油膜压力发生变化时；

3）轴瓦变形或轴瓦有磨损时。

运行中当间隙电压发生明显变化时，应根据具体情况进行分析。

在启动过程中间隙电压变化较大，各轴承间的变化量也相差较大，与轴承负载、轴位置偏移及轴瓦变形等有关。升降速过程中的间隙电压变化，在进行故障分析时可提供参考。

（4）轴心轨迹呈椭圆形，曲线光滑，轴振 x 和 y 方向振动波形呈正弦或余弦曲线，正向进动。图 8-3 所示为实测到的某厂 300MW 机组高中压转子后轴承处轴心轨迹，可以看到，轨迹呈椭圆形，正向进动，轴振波形以正弦、余弦为主，比较符合上述规律。但从实测到的多数轴心轨迹来看，能满足上述条件的极少，这主要是轴心轨迹受很多因素的影响，如轴振动中二倍频、三倍频及多次谐波干扰，动静部分碰磨（包括轴颈与轴瓦碰磨），轴瓦磨损变形及外来振型的干扰等，对所测得的轴心轨迹应结合实际进行分析。在运行中若测到轴心轨迹异常，除进行必要的分析外，不一定要急于处理，要注意轴心轨迹、轴振波形等有没有趋势性的变化，并结合间隙电压变化等一并考虑。

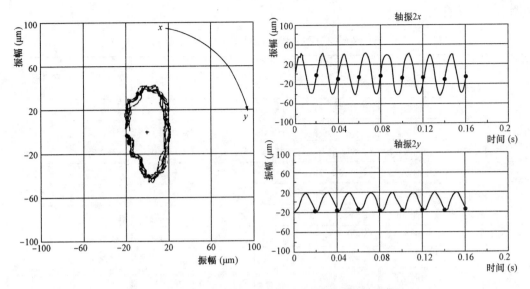

图 8-3 某厂 300MW 机组高中压转子后轴承处轴心轨迹

第二节 预载荷和动静部分摩擦

利用轴振动测量中得到的轴心轨迹和轴振动波形、频谱、轴中心平均位置等，对动静部分碰磨有一定的诊断作用。利用轴心轨迹中的反向进动、间隙电压出现趋势性变化等，可以比较正确地识别和判断轴瓦与轴颈碰磨、轴瓦磨损、轴瓦碎裂等故障。此外，还应注意到在某种条件下出现的轴振动长期的、连续的爬升，也可能是由轴颈和轴瓦碰磨引起的。

上述讲到，由于油膜刚度的差别 x 方向的轴振一般比 y 方向大一些，但相差不会很大。有时在测量中发现 x 和 y 方向的轴振动相差很大，甚至有时还发现 y 方向的轴振动比 x 方向大，这可能与作用在轴上的预载荷有关。

所谓预载荷是指作用在轴上的单向的、稳态的力，预载荷大时可能会导致动静部分摩擦，预载荷的明显特征是轴振 x 和 y 方向差别大。图 8-4 所示为实测到的某厂 300MW 机组低压转子前轴承处轴心轨迹和轴振动波形，轴心轨迹是一个很扁的椭圆，y 方向振动比 x 方向小得多，y 方向轴振为 30.6μm，x 方向轴振为 80.3μm，说明 y 方向有预载荷。从轴振波形看，y 方向顶部有明显的削波，有高频干扰和较轻微的跳动。从测得的轴心轨迹和轴振动波形可以判断，低压转子前轴颈处有预载荷并存在碰磨。后在检修中查明系 3 号轴承处油挡与轴发生摩擦，油挡在 y 方向单边磨掉 0.5mm 左右，大轴上也有较深的磨痕，与上述测到的结果相吻合。

为找出 3 号轴颈处预载荷大和油挡单边磨损的原因，考虑 3、4 号轴承坐落在排汽缸上，对排汽缸的偏移进行了测试。在排汽缸两侧各装设电涡流传感器，测量排汽缸的横向偏移。传感器通过支架固定在基础上，前置器的直流电压输出（间隙电压）直接送到本特利 208 进行测量。在启动升速和带负荷过程中进行了连续测量，测量结果见图

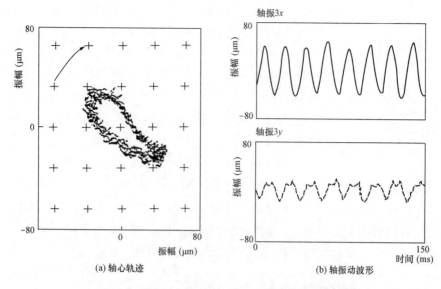

(a) 轴心轨迹　　　　　　　　(b) 轴振动波形

图 8-4　低压转子前轴承处轴心轨迹和轴振动波形

8-5。机组于 1999 年 1 月 13 日 10：08 启动冲转，10：55 至 3000r/min，11：05 并网带负荷，13：40 因故停机，14：27 重新并网带负荷，19：30 带负荷至 300MW。从图 8-5 的趋势中可以看出，从冲转到 3000r/min 及并网到 13：40 因故停机前，排汽缸左、右侧都是向外膨胀（右侧膨胀量比左侧大）。13：40 因故停机时，两侧排汽缸均同时向内收缩。再次开机并网带负荷后又同时向外膨胀，16：50 投高压加热器后又同时向内收缩。其变化规律与排汽缸的缸温变化比较相符。18：30 带负荷至 200MW 左右时出现了一个不正常的现象，右侧向外膨胀，左侧向内收缩，标志着排汽缸向右侧偏移。从稳定后的趋势看，两侧膨胀量约相差 0.45V 左右，采用的电涡流传感器灵敏度为 5V/mm，可以估算出排汽缸约往右侧偏移 0.09mm 左右。在并网和带负荷过程中，还用另一种方法测量了 3 号轴承处的横向偏移。在 3 号轴承水平中分面处左右侧各装设一块百分表，百分表架固定在 2 号轴承上（见图 8-6）。由于 2 号轴承坐落在基础上，可以假设

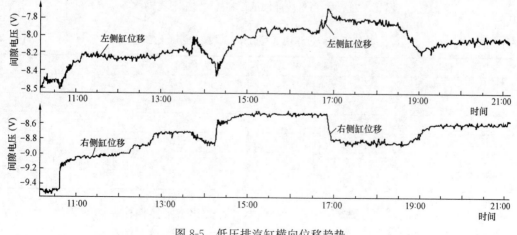

图 8-5　低压排汽缸横向位移趋势

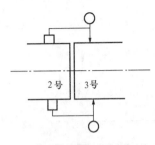

图 8-6　百分表装设位置

不发生偏移或偏移量很小，左、右百分表指示可以认为是 3 号轴承的膨胀量，测量结果见表 8-3。从表 8-3 中可以看出，3 号轴承在带负荷过程中往炉侧方向偏移。在负荷 276MW 时偏移量最大达 0.16mm，偏移方向与上述测量结果一致。因在 3 号轴承处偏移量比排汽缸处略大，后在大修中揭缸检查发现除油挡磨损外，各道隔板轴封均有摩擦痕迹，大轴被磨出一道道沟槽，立销已卡死。复查高中压—低压转子中心，发现左右偏差较大。后根据测量结果，将油挡间隙、各轴封间隙及中心均按要求进行了调整，并适当放大了油挡和部分轴封间隙。经调整后在带负荷 250MW 时测得 3 号轴承处轴心轨迹和轴振动波形见图 8-7，从轴心轨迹中可以看出 y 方向和 x 方向的振动幅值已相差较小，y 方向振动为 $50\mu m$，x 方向振动为 $75\mu m$。从振动波形看，y 方向已没有削波现象。

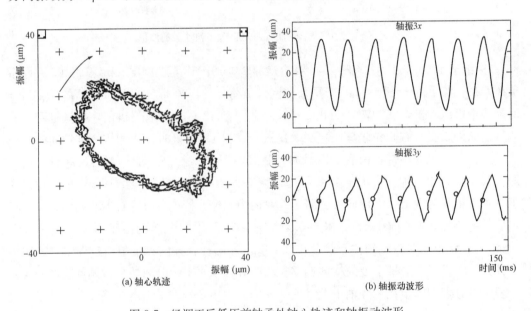

(a) 轴心轨迹　　　　　　　　　　　　　(b) 轴振动波形

图 8-7　经调正后低压前轴承处轴心轨迹和轴振动波形

表 8-3　　　　　　　　　并网带负荷过程中 3 号轴承横向膨胀测量结果　　　　　　　　　mm

时间	功率（MW）	左侧（电侧）读数	右侧（炉侧）读数
14：30	并网	−0.04	0.02
15：40	120	−0.02	0.07
16：20	120	−0.03	0.08
17：00	216	−0.02	0.09
19：15	276	−0.06	0.10
19：30	300	−0.07	0.08

　　产生预载荷有多方面的原因，运行中轴承标高变化、缸体偏移、动静部分发生变形及检修中动静间隙调整不当等都有可能产生预载荷。有时为查明预载荷产生的原因，必

须如上述做一些有针对性的试验，结合机组的具体情况进行分析研究。此外，还必须考虑到 x 和 y 方向轴振相差大不一定就是预载荷造成的，轴瓦的变形、轴位置的偏移等都有可能影响，必须根据实际情况进行分析、判断。

第三节　用轴心轨迹和间隙电压判断轴瓦故障

1. 利用瓦温和轴振动变化判断轴瓦工作状况好坏

轴瓦工作状况的好坏直接关系到机组安全运行，轴瓦温度和轴振动变化是判断轴瓦工作状况好坏的重要依据。随着测试技术的提高，利用轴心轨迹和间隙电压变化等更能进一步进行判断。轴瓦工作状况的好坏直接关系到机组安全运行，如某厂一台西屋型 300MW 机组发电机后轴承发生严重的磨损事故，轴瓦和轴颈均发生了全长度的磨损（磨损长度达 400mm），轴颈表面普遍磨去 1mm，并有一道道沟槽，最深处 1.5mm（见图 8-8）。下瓦乌金磨去 1mm 以上，最深处 1.6mm，磨损后的合金将底部轴向分布的三个顶轴油孔全部堵死

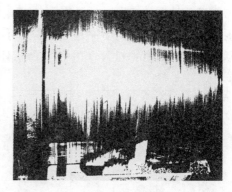

图 8-8　轴颈磨损

（见图 8-9）。轴颈和轴瓦磨损后的熔渣被轴从旋转方向带出，并堆积在中分面。堆积物呈蜂窝状，长 100 多 mm，厚达 15mm（见图 8-10）。当时该机在大修后仅运行一天，幸好调度命令停机备用，如果再继续运行下去，整个发电机转子有可能报废。事故的直接起因是大修中切割油管时熔渣掉入润滑油中，导致轴颈和轴瓦摩擦，但从故障判断、处理上缺乏一定的专业水平和科学依据。该机装有本特利 3300 振动监测系统，发生碰磨时 6 号轴振（发电机后轴承处）大幅度跳动，并因振动大多次发生保护动作跳机。但因急于发电，没有组织专业人员进行检查分析。误认为是表计不准，将保护退出，改派专业人员测量瓦振，强行启动机组并网运行，最后导致了这一严重事故。

图 8-9　下瓦磨损

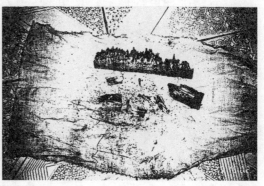

图 8-10　从轴瓦中分面取下的熔渣

从近几年来机组运行情况看，轴瓦磨损、碎裂等故障多次发生。如 300MW 机组低

压转子后轴承、励磁机转子两端轴承和高中压转子前后可倾瓦轴承等已多次发生磨损、碎裂故障。如何通过轴振动测量，轴心轨迹、间隙电压变化等判断轴瓦故障已日益引起生产管理人员和专业技术人员的关注。

2. 利用轴心轨迹中出现的反向进动诊断轴瓦碰磨

（1）轴心轨迹中反向进动的产生。轴心轨迹的进动方向是利用键相点来判断的，如408、VM9510 等仪器规定键相点往缺口方向为转动方向，若与图上表示的转动方向相同，则为正向进动；反之，则为反向进动。有时轨迹曲线会出现多处转折，从整体看是正向进动，但从局部看存在反向进动。图 8-11 所示为某厂 300MW 机组低压后轴承轴心轨迹和轴振动波形，可以看到轨迹曲线存在多处转折。从键相点和对应的缺口位置看，轨迹的进动（涡动）方向与图上所示的转动方向相同，故轴心轨迹为正向进动。但从局部看，如图 8-11（a）中箭头所示处存在反向进动。

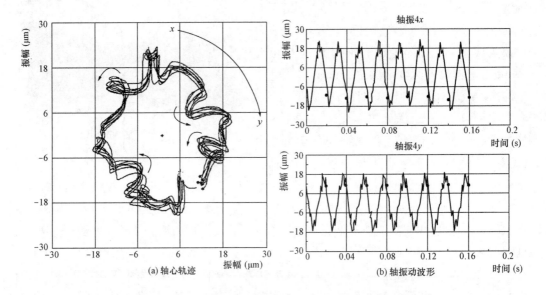

图 8-11　某厂 300MW 机组低压后轴承轴心轨迹和轨振动波形

（2）为说明反向进动的产生机理，从分析单转盘系统轴心的运动轨迹入手。图 8-12 所示为一个单转盘无重轴的转子模型，图中 O' 为圆盘中心的位置，ACB 为静挠度曲线。考虑静挠度较小，其向径 r 可以认为是从轴承连线 AB 算起的位移。设圆盘位于中

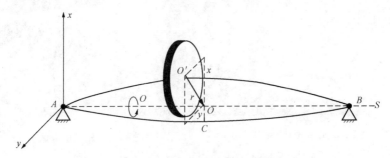

图 8-12　单圆盘无重轴转子模型

间，可以不考虑回转力矩。

当圆盘转动以后，一方面以角速度 ω 绕自身的轴旋转，另一方面由于干扰力的作用，以某种形式绕静挠度曲线 ACB "甩转"。

为确定圆盘中心 O' 的运行轨迹，建立固定坐标系 Axys。如果圆盘没有质量偏心，则当转子以 ω 等速旋转时，O' 将停留在轴线 AB 上。现若给转子以横向冲击，使圆盘中心发生位移 $r=OO'$，则圆盘将产生一个横向运动。O' 在 x、y 两个方向的振动微分方程为

$$\begin{cases} \ddot{x}+\omega_1^2 x=0 \\ \ddot{y}+\omega_1^2 y=0 \end{cases} \tag{8-1}$$

$$\omega_1=\sqrt{\frac{k}{m}}$$

式中　ω_1——转子横向振动的固有频率；

$\quad k$——转轴刚度；

$\quad m$——圆盘质量。

式（8-1）的解为

$$\begin{cases} x=a\cos(\omega_1 t+\alpha_x) \\ y=b\cos(\omega_1 t+\alpha_y) \end{cases} \tag{8-2}$$

式中，a、b 和初相位 α_x、α_y 均由初始条件，即由起始的横向冲击决定。

式（8-2）表明，圆盘中心在互相垂直的两个方向做频率同为 ω_1 的简谐运动。一般情况下，$a\neq b$，故这两个运动合成后的轨迹即圆盘中心 O' 的轨迹为一个椭圆，O' 的运动即为涡动或进动，ω_1 为涡动（或进动）角速度。

为进一步研究涡动的性质，引入复变量 z 来表示圆盘中心 O' 的位置：

$$z=x+iy \quad (i=\sqrt{-1})$$

则式（8-1）变为

$$\ddot{z}+\omega_1^2 z=0 \tag{8-3}$$

其解为

$$z=b_1 e^{i\omega_1 t}+b_2 e^{-i\omega_1 t} \tag{8-4}$$

式中　b_1、b_2——常数，其值由起始的横向冲击决定。

z 的第一项是半径为 $|b_1|$、角速度为 ω_1 且与转子旋转角速度 ω 同方向的圆运动，称为正向进动。第二项为半径 $|b_2|$、角速度为 ω_1 且与转子旋转角速度 ω 反向的圆运动，称为反向进动。O' 的进动就是这两种进动的合成，由于起始条件的不同，O' 的进动（涡动）可出现下列几种情况：

1）$b_1\neq 0$，$b_2=0$，O' 做正向进动，轨迹为圆，其半径为 $|b_1|$。

2）$b_1=0$，$b_2\neq 0$，O' 做反向进动，轨迹为圆，其半径为 $|b_2|$。

3）$b_1=b_2$，O' 做简谐运动，轨迹为直线。

4）$b_1\neq b_2$，轨迹为椭圆；$|b_1|>|b_2|$ 时，O' 作正向进动。$|b_1|<|b_2|$ 时，O' 作反向进动。

从上分析可知，转子在转动中若受到某个外力的冲击，可以激发起正向、反向进动。若转子在转动中遇到碰磨，由于其扰动力与运动方向相反，容易激发起反向进动。

实际运行中的转子振动都是强迫振动，受阻尼的作用，自由振动部分已经消失，但若遇到碰磨等仍然可以在轨迹中明显地表现出反向进动。这一方面是由于大机组结构上的特点，如汽封、轴封具有退让余地，密封瓦、浮动油挡等具有浮动性能，使碰磨消失后又能在某种条件下产生。另一方面如遇到轴颈和轴瓦碰磨，本身就可以维持较长的时间。

（3）诊断案例。

【例 8-1】某厂 2 号机是西屋型 300MW 机组，高中压转子两端轴承均为四瓦块可倾轴承。在带负荷运行中测得 1 号轴承（前轴承）轴心轨迹和轴振动波形，见图 8-13，可以看出轨迹曲线紊乱不重合，说明轴颈涡动不稳定，y 方向变化大。从轴心轨迹和轴振波形还可以看出 y 方向振动比 x 方向小得多，说明 y 方向载荷重，可能有预载荷。由于通频轴心轨迹较紊乱，为识别进动方向，通过滤波得到了一倍频的轴心轨迹（见图 8-14），可以看到一倍频轨迹为反向进动。从相位看，由于反向进动，y 方向的相位比 x 方向小 99°，与正常运行时的规律相反。

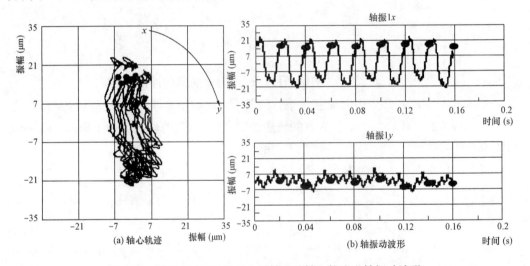

图 8-13　某厂 300MW 机组 1 号轴承处轴心轨迹和轴振动波形

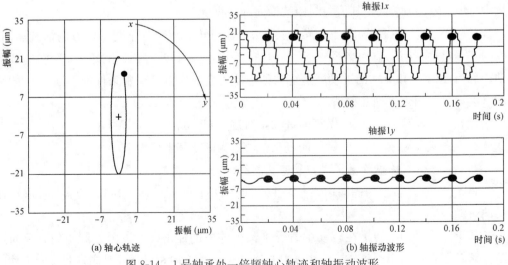

图 8-14　1 号轴承处一倍频轴心轨迹和轴振动波形

后揭瓦检查，发现 1 号轴承下部两块可倾瓦块均有不同程度的磨损，与 y 方向对应的瓦块磨损尤为严重。经进一步分析，造成可倾瓦磨损的主要原因是找中心时标高调整量太大，影响了瓦块的自调整能力，进油量小，油膜不能很好地形成。

已在多台 300MW 机组高中压转子前轴颈处测到有反向进动的现象。图 8-15 所示为某厂 300MW 机组 1 号轴承处通频轴心轨迹和一倍频轴心轨迹，可以看到一倍频轴心轨迹也同样是反向进动，y 方向的相位比 x 方向小（x 方向为 $272°$、y 方向为 $128°$）。分析认为，西屋型 300MW 机组高中压转子前轴承处容易出现反向进动除了存在碰磨处，还与油膜压力偏低、低频分量较大等有关，适当增大油膜压力既可控制低频振动，又有利于减轻碰磨。

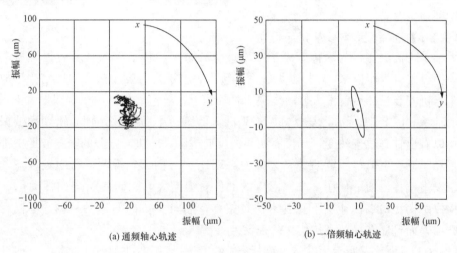

(a) 通频轴心轨迹　　　　　　　(b) 一倍频轴心轨迹

图 8-15　某厂 300MW 机组 1 号轴承处通频轴心轨迹和一倍频轴心轨迹

【例 8-2】图 8-16 所示为某厂西屋型 300MW 机组上测得的高中压转子后轴承处轴

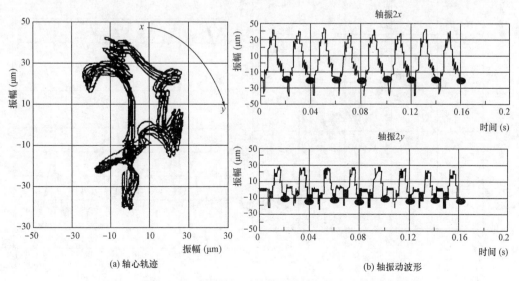

(a) 轴心轨迹　　　　　　　　(b) 轴振动波形

图 8-16　某厂 300MW 机组 2 号轴承处轴心轨迹和轴振动波形

心轨迹和轴振动波形，可以看到轴心轨迹已严重变形，局部出现反向进动。从轴振波形看，x 方向有高次谐波干扰，波谷处有跳动，y 方向二倍频分量较大，波峰和波谷处都有跳动。揭瓦检查，发现下瓦两可倾瓦块已严重磨损，表面不光滑，y 方向对应的瓦块除磨损外，还有局部过热的现象。经分析主要是负载偏重，可倾瓦块调整能力较差引起的（磨损情况见图 8-17）。

图 8-17 2 号轴瓦下部可倾瓦块磨痕

【例 8-3】西屋型 300MW 机组低压转子后轴承为椭圆瓦，为悬挂式结构，设计负载重，当转子放入轴承后很容易产生变形。该型机组自投产以来，4 号轴承（低压转子后轴承）曾发生过多台次磨损事故，如某厂 1 号机安装投产后首次大修就发现 4 号轴承下瓦严重磨损，由于磨损量大不得不更换新的轴承。图 8-18 所示为某厂 300MW 机组低压转子后轴承处轴心轨迹和轴振动波形，可以看出轴心轨迹畸变，局部有明显的反向进动，x 和 y 方向的轴振波形中都有谐波干扰和跳动。更值得注意的是 y 方向的振动比 x 方向大，说明运行中轴颈在轴承中的位置发生偏移，使下瓦在 x 方向对应的部位受力增大，从而使 x 方向振动比 y 方向小。检修中揭瓦检查，证实下瓦受力位置偏移，偏向 x 方向对应的一侧，不仅有较严重的磨损，而且还有局部过热熔化的现象。

【例 8-4】图 8-19 所示为在带负荷运行中实测的某厂 300MW 机组发电机前轴承处

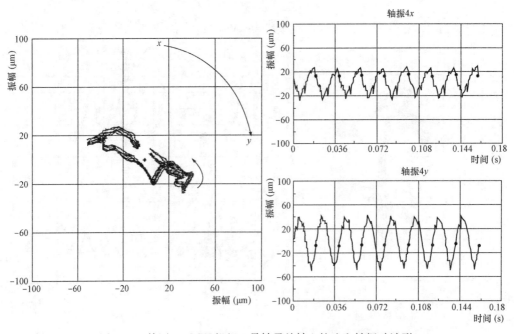

图 8-18 某厂 300MW 机组 4 号轴承处轴心轨迹和轴振动波形

轴心轨迹和轴振动波形，轴心轨迹有多处转折，局部有较明显的反向进动，轴振波形中 x 和 y 方向均有谐波干扰。该机在运行中轴振 $5x$、$5y$ 和瓦振 5 号⊥不稳定，随机变化，有时变化幅度较大，轴振 $5x$ 可从 $60\mu m$ 增加到 $100\mu m$ 以上，这种随机性变化一直维持到机组大修（半年以上）。在大修中，对 5 号轴承进行揭瓦检查，未发现异常情况。后检查 5 号侧密封瓦（双环流式），发现圆周方向局部有不同程度的径向碰磨痕迹（见图 8-20），决定更换新的密封瓦。大修后开机，上述轴振 $5x$、$5y$ 和瓦振 5 号⊥随机性变化的趋势消失，机组恢复正常运行。

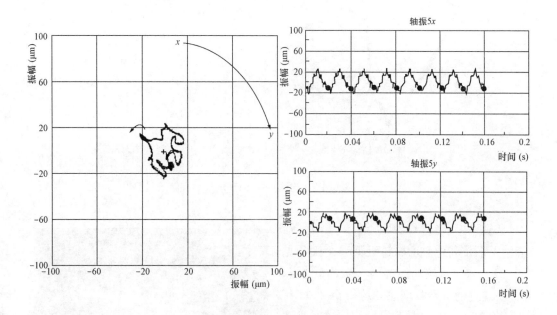

图 8-19 某厂 300MW 发电机前轴承处轴心轨迹和轴振动波形

由于有密封油冷却，离轴承较近，不平衡响应较小，密封瓦碰磨可以维持较长的时间，但一般不会威胁机组运行安全。

3. 利用轴心轨迹、间隙电压变化等判断轴瓦磨损和碎裂

（1）利用轴心轨迹变化判断励磁机轴承故障。早期生产的 300MW 机组都带有励磁机，从运行情况看，有很大一部分机组出现轴瓦磨损、碎裂等，且多数出现在前轴承。由于励磁机转子质量

图 8-20 发电机前轴承密封瓦局部磨损

轻，处于轴系末端，若由于环境温度、氢温、氢压、润滑油温等变化造成轴系中各轴承的标高变化及找中心时预调量设置不当，就有可能使励磁机工作条件恶化而出现轴瓦磨

损等故障。定期地监测励磁机轴心轨迹、轴振动等变化，对判断励磁机轴瓦故障有重要的作用。图 8-21 所示为某厂 300MW 机组励磁机前轴承处测得的轴心轨迹变化趋势，表 8-4 列出了励磁机前后轴振变化。

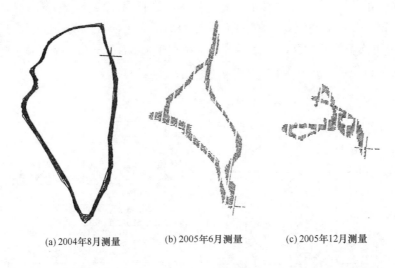

(a) 2004年8月测量   (b) 2005年6月测量   (c) 2005年12月测量

图 8-21　某厂 300MW 机组励磁机前轴承处轴心轨迹趋势

从轴心轨迹看，2004 年 8 月，负荷 300MW 时测得的轴心轨迹近似一个椭圆见图 8-21（a），轨迹曲线光滑，没有转折和局部反向进动等异常现象。运行至 2005 年 6 月，负荷 296MW 时测得轴心轨迹，见图 8-21（b），可以看到轨迹曲线已发生了较大的变化，轨迹局部出现转折，说明有反向进动。至 2005 年 12 月轴心轨迹发生畸变，见图 8-21（c），轨迹出现多处转折，反向进动明显，说明轴瓦已经出现磨损、碎裂等故障。

图 8-22　励磁机前轴承上瓦磨损和碎裂

但从表 8-4 列出的励磁机两端轴承的轴振动看，却有不断降低的趋势。轴振 $7x$、$7y$（励磁机后轴承）分别从 $89\mu m \angle 301°$、$33\mu m \angle 43°$ 降低到 $12\mu m \angle 27°$、$14\mu m \angle 130°$，后轴承轴振 $8x$、$8y$ 也有较明显的降低。后揭瓦检查，发现励磁机前轴承上瓦合金碎裂（见图 8-22），下瓦严重磨损，局部合金碎裂，必须更换新的轴瓦。

从这次励磁机轴承的故障看，对于那些有可能发生故障或曾经出过故障的轴承，仅测量轴振（或瓦振）是不够的，有条件的应同时测量轴心轨迹、轴振频谱等，进行综合分析。

表 8-4 励磁机前后轴承处轴振变化趋势

测量时间/功率（MW）	测点	$7x$	$7y$	$8x$	$8y$
2004 年 8 月/300	通频（μm）	90	34	143	79
	工频	89μm∠$301°$	33μm∠$43°$	142μm∠$131°$	78μm∠$244°$
2005 年 6 月/296	通频（μm）	74	33	113	65
	工频	57μm∠$332°$	25μm∠$98°$	111μm∠$134°$	60μm∠$237°$
2005 年 12 月/300	通频（μm）	24	26	78	61
	工频	12μm∠$27°$	14μm∠$130°$	70μm∠$119°$	53μm∠$225°$

（2）利用轴心轨迹和间隙电压变化判断轴承故障。某厂西屋型 300MW 机组低压转子后轴承在检修中发现下瓦有磨损、局部过热现象，修刮后开机时对该轴承振动进行了监测。图 8-23 所示为检修后开机用 VM9510 振动分析仪测得的轴心轨迹和轴振动波形，可以看出轴心轨迹紊乱，局部存在反向进动。从轴振波形看，x 方向谐波干扰较大，y 方向在波谷处有跳动。从测得的 $4x$、$4y$ 的轴振动看，y 方向振动比 x 方向大，说明轴颈在轴承中偏向 x 方向对应的一侧，下瓦在 x 方向对应的位置受力较大。由于轴心轨迹和轴振动都有异常，在运行中进行了不定期的监测，重点注意了 x 和 y 方向间隙电压的变化，轴振动和间隙电压测量结果见表 8-5。从表 8-5 中可以看出，经过四个多月的运行，轴振动和间隙电压均有较大的变化，轴振 $4x$ 幅值变化不大但相位变化较大，最大时相位变化超过 $70°$；轴振 $4y$ 幅值有较大的增加，相位变化较小。从间隙电压变化看，轴振 $4x$ 的间隙电压从-9.53V 变化到-11.17V，负值增加了 1.67V，而 $4y$ 的

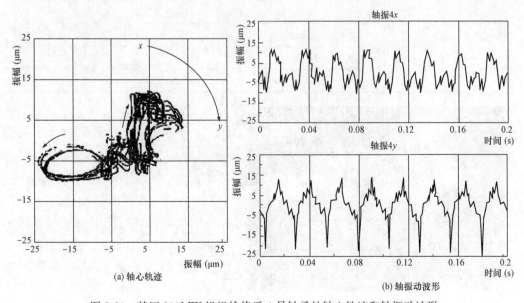

图 8-23 某厂 300MW 机组检修后 4 号轴承处轴心轨迹和轴振动波形

间隙电压变化较小，仅从－10.13V 变化到－9.95V，负值减小了 0.18V。根据电涡流探头灵敏度计算，轴颈在 x 方向约下降了 0.21mm，在 y 方向略有上升。由于轴颈位置的变化，使轴振幅值和相位均发生了变化。图 8-24 所示为运行四个多月后测得的轴心轨迹和轴振波形，与图 8-23 相比也发生了较大的变化。从轨迹形状看，反向进动部分曲线束增多，y 方向增大。从轴振波形看，y 方向跳动量增大，与间隙电压减小有关。

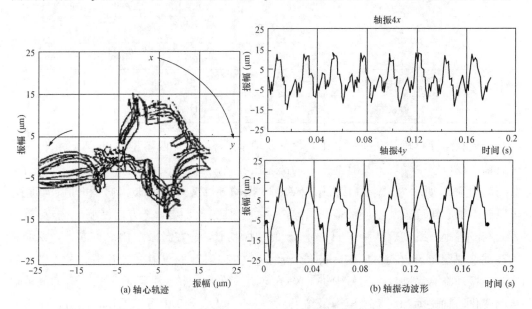

图 8-24　某厂 300MW 机组运行四个多月后 4 号轴承处轴心轨迹和轴振动波形

表 8-5　　　　　　　　　　　轴振动和间隙电压测量结果

时间	功率（MW）	轴振 4x		轴振 4y		4x 间隙电压（V）	4y 间隙电压（V）
		通频（μm）	工频	通频（μm）	工频		
2006 年 2 月 24 日	300	26	13μm∠177°	40	17μm∠219°	－9.53	－10.13
2006 年 4 月 14 日	280	34	18μm∠118°	44	23μm∠213°	－10.89	－9.95
2006 年 6 年 8 日	300	29	14μm∠101°	43	23μm∠205°	－10.86	－10.06
2006 年 7 月 6 日	280	29	14μm∠140°	47	25μm∠226°	－11.17	－9.95

图 8-25　低压后轴承局部磨损和过热

检修中揭瓦检查，发现下瓦与 x 探头对应的方向磨损 0.20mm 左右，局部过热变色（见图 8-25）。复查低压—发电机对轮中心，发现左右偏差达 0.5mm。同时发现顶轴油管因逆止门不严有泄漏，致使运行中 4 号轴承看不到油膜压力，瓦温偏高。后重新调整中心并将止回门泄漏消除后恢复正常运行。

4. 轴瓦碎裂分析

除上述励磁机前轴承碎裂外，若运行中负载太重、轴振动太大，如高中压转子、低压转子轴承等处也容易出现轴瓦碎裂。图 8-26 所示为某厂一台 200MW 机组高压转子前轴承处测得的轴心轨迹和轴振动波形，该机在运行中 1、2 号轴振动都很大，一般情况下都超过 $200\mu m$，有时甚至超过 $300\mu m$。每次停机后揭瓦检查，都发现 1 号轴承下瓦乌金碎裂。从轴心轨迹可以看到已发生严重畸变，有多处跳动，轴振 $1x$ 达 $315\mu m$，轴振 $1y$ 达 $276\mu m$。从轴振波形可以看出，轴振 x 方向和 y 方向在波谷处有较大的跳动，跳动幅度可超过 $100\mu m$，与检查到的下瓦碎裂相符。该机高压转子和中压转子为三支承结构，引起前轴承处振动大的主要原因是高转速下 1 号轴颈处动挠度大，致使轴振动大幅度增加，在一个大的交变应力作用下使轴瓦碎裂。

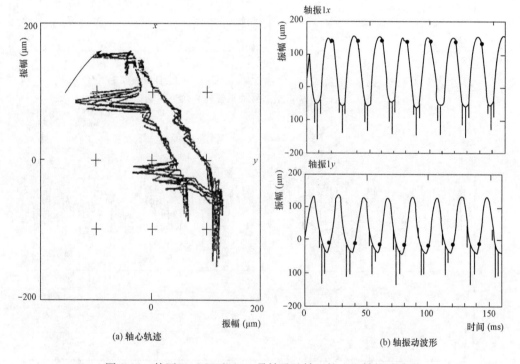

(a) 轴心轨迹　　　(b) 轴振动波形

图 8-26　某厂 200MW 机组 1 号轴承处轴心轨迹和轴振动波形

图 8-27 所示为某厂 362.5MW 机组中压转子前轴承处（3 号）测得的轴心轨迹和轴振动波形，可以看到轴心轨迹畸变，是在一个椭圆的基础上演变出来的，椭圆上很多点均向 y 方向发出射线。对照轴振动波形，可以看到 y 方向轴振有随机性的跳跃，幅值变化大，x 方向轴振保持正常。图 8-28 所示为轴振 $3y$ 实时波形和频谱，可以看到除一倍频外，还有二倍频、六倍频及高次谐波分量。检修中揭瓦检查，发现下瓦已有较大面积的碎裂（见图 8-29），并已脱胎。

从上述两例轴瓦碎裂测得的轴心轨迹和轴振动波形看，轴瓦碎裂无疑会使轴心轨迹畸变，并同样反映到轴振波形上。但两例相比，轨迹和轴振波形差别还是比较大的。分析认为这与轴瓦损坏的情况有关，前一例是以碎裂为主，局部乌金脱落，瓦面不平，造

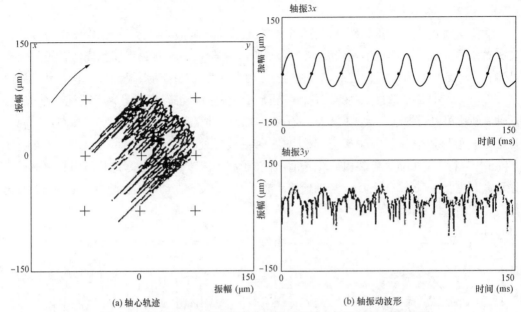

(a) 轴心轨迹　　　　　　　　　(b) 轴振动波形

图 8-27　某厂 362.5MW 机组 3 号轴承处轴心轨迹和轴振动波形

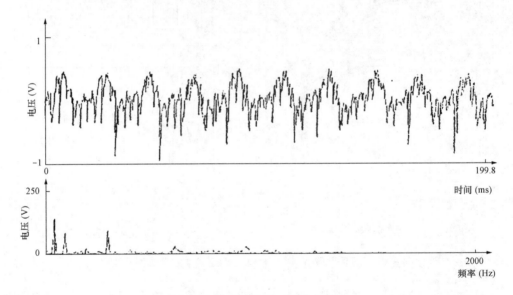

图 8-28　轴振 3y 实时波形和频谱

成轴颈跳动，故在轨迹和振动波形中均出现较大幅度的跳动。后一例是以裂纹和脱胎为主，瓦面基本上是平整的，只是表面因磨损而变得粗糙，故跳动量较小，且只是发现在 y 方向，x 方向没有影响。

　　另外，用轴中心平均位置的变化规律来判断轴瓦是否碎裂也是比较有效的。图 8-30 所示为在启动过程中两种轴中心平均位置的变化规律，图 8-30（a）为正常情况，启动过程中由轴转动形成的润滑油楔将轴上抬并朝转动方向偏移一个角度。如果轴瓦有碎裂，由于油楔不能很好地形成，且转轴在转动过程中阻力增大，将会出现图 8-30（b）

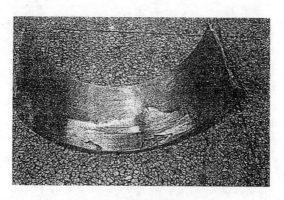

图 8-29　中压前轴承下瓦碎裂

所示的异常情况。图 8-31 所示为上述 362.5MW 机组 3 号轴瓦碎裂后测到的轴中心平均位置变化情况，与图 8-30（b）基本相似。

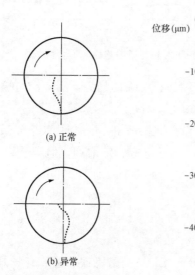

图 8-30　启动过程中轴中心
平均位置变化规律

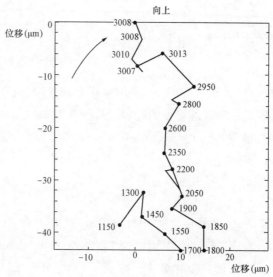

图 8-31　362.5MW 机组启动过程中
3 号轴中心平均位置变化

第四节　轴颈与轴瓦碰磨引起的不稳定振动

某厂一台西屋型 300MW 机组，一次大修后带负荷运行过程中，励磁机轴振连续爬升长达 7 天多，轴振 $8x$（后轴承）从 $100\mu m$ 左右一直爬升则 $200\mu m$ 以上，轴振 $8y$ 也有类似现象。分析认为轴振爬升是由轴颈与轴瓦碰磨引起的，是在特定条件下产生的一种莫顿效应。

1. 振动爬升情况

图 8-32 所示为菲利普振动监测系统测得的轴振 $8x$、$8y$，$7x$ 和瓦振 7 号⊥、8 号⊥

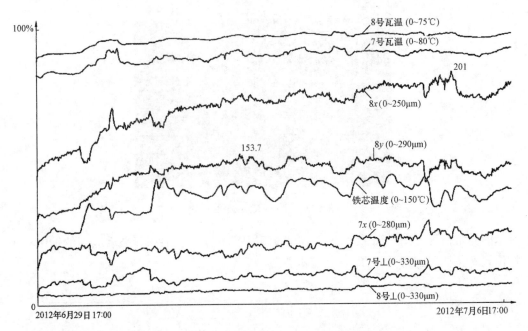

图 8-32　7、8 号轴振、瓦振和瓦温等趋势

（励磁机前后轴承垂直瓦振）在并网带负荷连续运行 7 天的趋势，图 8-32 中还给出了瓦温、励磁机线圈铁芯温度的趋势。从图 8-32 中可以看出：

（1）轴振 $8x$、$8y$ 呈现出不断爬升的趋势。轴振 $8x$ 从并网时 $110\mu m$ 最大增加到 $201\mu m$，轴振 $8y$ 从 $88\mu m$ 增加到 $153\mu m$。轴振 $7x$ 也有一定增加，但爬升趋势不明显。瓦振 7 号⊥、8 号⊥也有较明显的增加，7 号⊥从 $17\mu m$ 增加到 $39\mu m$，8 号⊥从 $18\mu m$ 增加到 $22\mu m$。

（2）在振动爬升过程中，轴瓦温度也有较明显增加。8 号瓦温从 $64℃$ 增加到 $70.7℃$，7 号瓦温从 $65℃$ 增加到 $71.2℃$。

（3）在开始一段时间（2～3 天），轴振 $8x$、$8y$ 与励磁机铁芯温度有较好的对应关系。铁芯温度升高，振动降低；铁芯温度降低，振动升高。但运行一段时间后，这种对应关系不明显。

2. 振动分析

分析认为，轴振 $8x$、$8y$ 长时间的持续爬升是由轴颈和轴瓦碰磨引起的，是一种莫顿效应。一般情况下，轴颈和轴瓦碰磨不会产生振动，这是因为碰磨时有润滑油冷却。即使在轴颈处有温差，还必须传递到轴段上才能使转子弯曲，产生引起振动变化的扰动力。从该励磁机的情况分析，轴颈与轴瓦碰磨使振动爬升有下列特定的条件。

（1）励磁机转子原始不平衡量大。采用集中加重，平衡后在高转速下动挠度大，当轴颈与轴瓦碰磨时容易产生较大温差。

轴颈和轴瓦碰磨时产生振动的机理是，当发生碰磨时轴颈在位移高点处产生的热量较大，热量沿轴向传递后在轴颈附近的轴段上产生径向温差使转子弯曲，导致振动发生变化。显然在位移高点处产生的热量与不平衡量（相当于摩擦时的正压力）有关，不平衡量越大，产生的热量就越大。轴颈有弯曲（动挠度）的情况下，位移高点变化小，更容易在轴颈断面上产生大的温差。

该励磁机这次大修后，因瓦振 7 号⊥大不能通过临界转速（2500r/min 左右），经现场平衡后，至 3000r/min 时轴振仍偏大，$8x$、$8y$ 分别在 $110\mu m$ 和 $90\mu m$ 左右。更重要的是该励磁机原始不平衡量大，出厂时在两端中心环处已各加重 3.2kg，调试时又在同方位各加重 1.1kg，总计加重 8.6kg（见图 8-33）。因在中心环处采用集中加重的方法进行平衡，当支反力平衡时，挠曲不可能同时平衡，即在两中心环以内的轴段存在弯矩。在该弯矩的作用下，转子仍会产生变形。特别是在高转速下及带负荷后，变形会更大。这也是该励磁机长期以来振动不稳定及停机通过临界转速时振动大幅度增加的主要原因。图 8-34 所示为这次出现振动爬升后停机测得的振动特性曲线，通过临界转速（2550r/min）时，轴振 $8x$ 最大达 $183\mu m$，瓦振 7 号⊥最大达 $140\mu m$（升速时仅 $45\mu m$），转子在运行中存在较大的弓状弯曲。

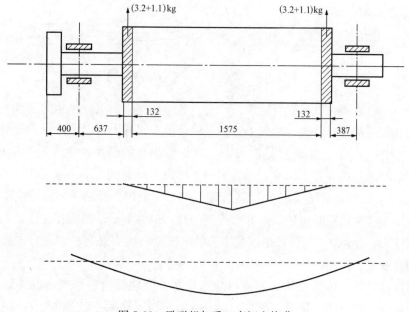

图 8-33 励磁机加重、弯矩和挠曲

转子在运行中产生弓状弯曲后，在原有不平衡的基础上又增加了一个扰动力，使摩擦加剧，位移高点处产生的热量更大。而且转子产生弓状弯曲以后，轴颈在轴承中相对于轴瓦有个倾斜度，使位移高点的位置不易改变。且容易破坏油膜，局部产生干摩擦，对轴颈的加热更大。这次在励磁机振动爬升过程中，在现场用 SK9172 振动分析仪进行了连续测量，轴振 $8x$、$8y$ 虽然振幅有较大的增加，但相位变化很小。在整个爬升过程中相位变化均未超过 $10°$，且没有逆转向旋转等规律，这种相位变化特征与转子弯曲有关。

（2）进油量少，使油膜容易受到破坏，摩擦加剧，同时又降低了对轴颈的冷却作用。这次大修后开机，因 8 号轴承处漏油，为使漏油量减小，运行中将进油阀门关小。

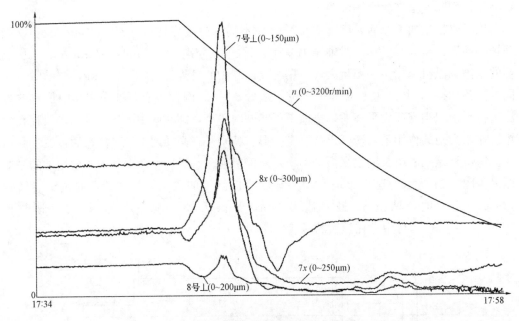

图 8-34　热态停机降速特性曲线

由于油量小，使轴颈和轴瓦有可能局部产生干摩擦，位移高点处产生的热量更大。为判别进油量对振动是否有影响，运行中将 8 号轴承进油阀开大（7 号轴承进油阀也适当开大），使进油量增加。试验结果见图 8-35，可以看出，进油量增大后，对轴振 $8x$、$8y$ 及 8 号轴承的瓦温均有较大影响，轴振 $8x$ 由 $181\mu m$ 降低到 $123\mu m$，轴振 $8y$ 由 $121\mu m$ 降低到 $94\mu m$，8 号轴承瓦温由 $69℃$ 降低到 $61.5℃$。由于 7 号轴承在运行中没有关小进油阀，虽然在这次试验时也适当地开大了进油阀，但对 7 号轴振和瓦温影响均不大。此外还发现，8 号轴承在开始阶段进油量增大时，回油温度有升高的现象，也表明了运行中 8 号轴颈处温度较高。

（3）热量沿轴向传递较快。励磁机绕组铁芯温度较低时，相对应的转子温度也较低，当轴颈与轴瓦碰磨发热时，热量容易沿轴向传递。在附近的轴段上产生径向温差，由温差产生轴弯曲使振动发生变化。理论上热弯曲部位越是靠近轴承中心，不平衡响应越低，对一、二、三阶振型的影响均很小，这也是轴颈碰磨对多数机组来说不会对振动有影响的原因之一。从该机实测到的情况看，铁芯温度的高低对振动是有影响的。铁芯温度低，热量传递快，转子断面温差增大，振动增加。铁芯温度高，热量传递慢，振动减小。图 8-36 所示为该机在并网带负荷后开始三天测得的轴振 $8x$ 和绕组铁芯温度、负荷等趋势，可以看到，当铁芯温度从 $53℃$ 降低到 $46.6℃$ 时，轴振 $8x$ 从 $152\mu m$ 增加到 $174\mu m$。当铁芯温度从 $50℃$ 增加到 $67℃$ 时，轴振 $8x$ 从 $170\mu m$ 降低到 $150\mu m$，两者有较好的对应关系。但随着运行时间的增长，这种关系不能保持下去。因铁芯温度只是影响热量传递，真正对振动产生影响的是温差和温差产生的轴向位置。经过一段时间后，热量传递会减慢，且对温差的影响也越来越小。

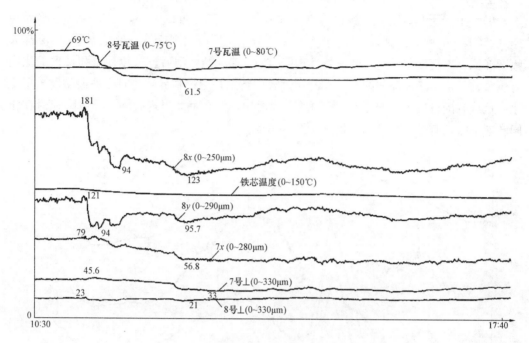

图 8-35　润滑油量增加后轴振、瓦振变化趋势

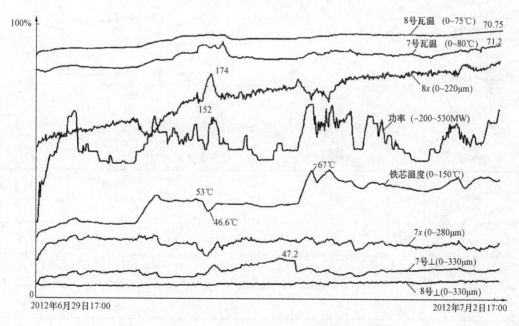

图 8-36　轴振 8x、8y 和铁芯温度、负荷等趋势（3 天）

（4）7 号轴承的影响。大修后首次开机因 7 号轴承瓦振大不能通过临界转速，后发现瓦振和轴振的比例不正常，当瓦振达 107μm 时，轴振 7x 仅为 45μm。经过核实，检修中将 7 号轴承椭圆瓦错换成了圆筒瓦，因两侧间隙小使轴振大幅度减小。因没有基准

点无法采用机械加工，只能在现场手工修刮，7号轴承瓦振和轴振比例有所改善（见表 8-6）。上、下瓦修刮后，测得升降速曲线见图 8-37。可以看到，在升速通过临界转速（2560r/min）时，轴振 $7x$、$7y$ 和瓦振 7 号 $\perp$ 均同时出现峰值；但轴振 $8x$、$8y$ 却大幅度降低，出现低谷。这一升速特性表明，7 号轴承经修刮后，虽然瓦振和轴振的比例有所改善，但由于间隙的改变，在升速过程中特别是通过临界转速时，使振型发生了变化，负载分配也发生了变化。8 号轴承负载增加，并有可能出现碰磨，导致降速时在相同转速下振动有较大幅度的增加（见图 8-37）。

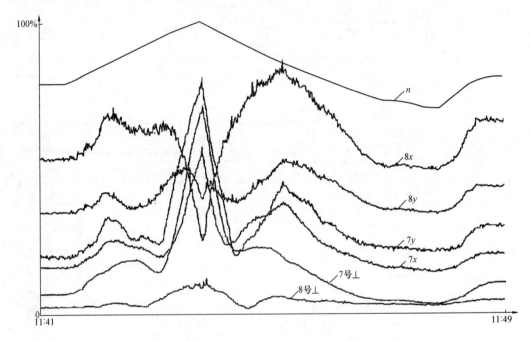

图 8-37　7 号轴承上、下瓦修刮后轴振、瓦振升速特性

表 8-6			7 号轴承上、下瓦修刮后振动变化					μm
时间	工况	测量转速（r/min）	$7x$	$7y$	$8x$	$8y$	7 号 $\perp$	8 号 $\perp$
2012 年 6 月 26 日	刮瓦前	2486	45	55	58	53	107	15
2012 年 6 月 27 日	上瓦修后	2490	60	65	48	84	120	14
2012 年 6 月 28 日	下瓦修后	2560	88	78	45	78	110	15

　　经现场动平衡后，通过临界转速时 7 号瓦振和轴振增加、8 号轴振反而减小的现象已有所改善，但在临界转速前，轴振 $8x$ 仍有大幅度降低的现象（见图 8-38），8 号轴颈与轴瓦碰磨在升速过程中就已在某种条件下表现出来。

　　从上可知，7 号轴承工作的好坏，不但对本身的振动有影响，而且通过振型改变、负载分配变化等，对 8 号轴承的振动也有较大的影响。

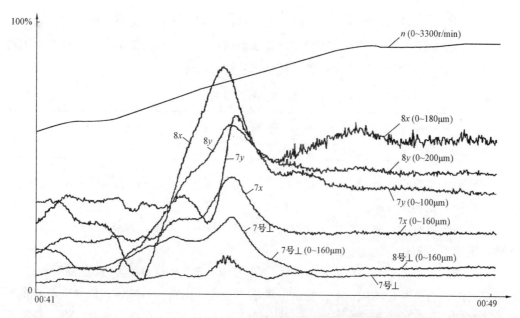

图 8-38　现场平衡后轴振、瓦振升速特性

3. 检修中采取的措施

（1）对 7、8 号轴承上、下瓦进行检查，发现 7 号上瓦已碎裂（见图 8-39），分析认为可能与停机通过临界转速时振动大有关，7 号下瓦有不同程度的磨损，接触角较大（见图 8-40）。8 号轴承下瓦接触角大，有明显的磨痕，靠近中分面处也有磨痕（见图 8-41）。证实了轴颈与轴瓦发生了较长时间的碰磨，8 号上瓦除有一道较深的磨痕外，其他正常。根据检查到的情况和上述振动分析，决定对 7 号轴承进行更换，换成新加工的椭圆瓦，8 号轴承暂不更换（测量了顶部和两侧间隙）。

图 8-39　7 号上瓦碎裂

图 8-40　7 号下瓦磨损

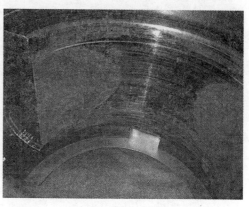

图 8-41　8 号下瓦磨损

（2）调整 8 号轴承油挡间隙，消除漏油后将进油阀开大到保证有足够的进油量。

（3）为降低 7 号轴承瓦振，将励磁机基座吊出，检查台板接触情况。发现八个地脚螺栓均有松动，将地脚螺栓重新拧紧，转动的角度见表 8-7。

表 8-7　　　　　　　　　　　　　励磁机地脚螺栓拧紧角度

螺栓编号	①	②	③	④
电侧（调端往后）	15°	45°	45°	30°
炉侧（调端往后）	60°	10°	30°	45°

炉侧第①个螺栓可拧动 60°（螺距约 2.5mm），在运行中也正是在该处发现台板有明显的松动，振动无衰减。

为增加支承刚度，对轴承座底部的调整垫片重新进行配置，原垫片有 6~7 块，不平整，更换后不超过 3 块。

（4）进行了上述检修工作后，复查励磁机-发电机对轮中心。检修前在轴振 $8x$、$8y$ 出现爬升时，曾进行了吹风试验。在 7 号轴承处装设鼓风机进行吹风，以降低 7 号轴承标高，经试验可使轴振 $8x$ 降低 5~10μm。考虑到这一情况，在找中心时，将 7 号轴承标高按原有标准降低 0.10mm。

（5）励磁机两端平衡槽内所加重量不动。

4. 实施效果

采取上述措施处理后，有效地降低和改善了该励磁机的振动情况。

通过临界转速时瓦振 7 号⊥由原来 45.2μm 降低到 15.5μm，8 号⊥由原来 22μm 降低到 6.5μm，见图 8-42。

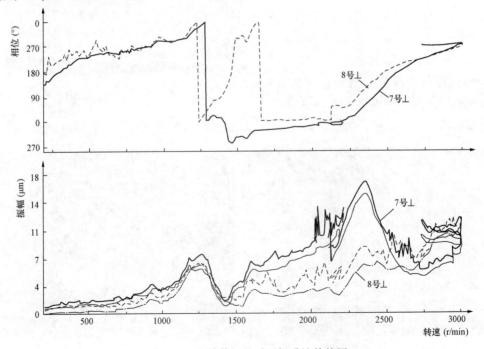

图 8-42　经检修调整后瓦振升速伯德图

暖机后通过临界转速时（2130r/min），轴振 $8x$、$8y$ 没有出现大幅度降低的现象（见图 8-43），负载分配已得到改善。同时通过临界转速时 $8x$、$8y$ 振动幅值有较大幅度降低，均未超过 $100\mu m$（检修前 $8x$、$8y$ 通过临界转速时分别为 134、$122\mu m$，见图 8-38）。工作转速时 $8x$、$8y$ 也有一定的减小。

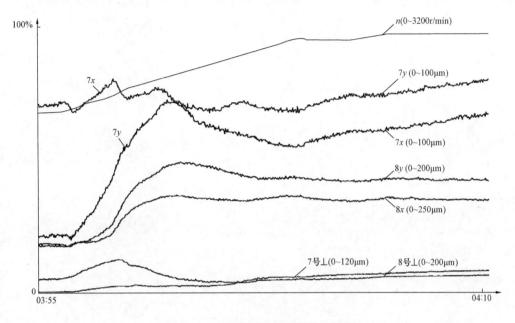

图 8-43　经检修调整后轴振升速特性

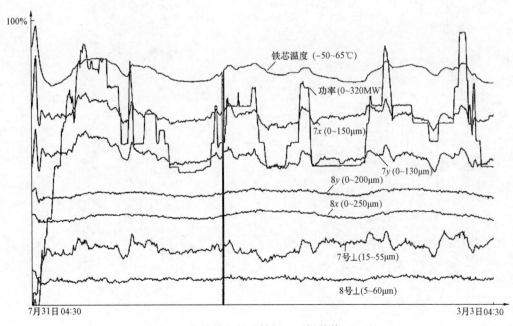

图 8-44　经检修调整后轴振、瓦振趋势（3天）

并网带负荷后，轴振 $8x$、$8y$ 及 $7x$、$7y$ 均无爬升趋势，图 8-44 所示为并网带负荷后连续三天的趋势，可以看到：

（1）轴振 $8x$、$8y$ 除略有波动外，没有爬升趋势，轴振 $7x$ 和 $7y$ 也没有爬升趋势。

（2）瓦振 7 号⊥有一定的波动，但没有爬升趋势，8 号⊥变化很小。轴振 $8x$、$8y$ 和 $7x$、$7y$ 与绕组铁芯温度变化无对应关系，该机连续运行一个多月，无异常情况。

第九章

辅机振动分析和动平衡

近二十年以来，随着大容量机组的不断投运，如锅炉送风机、引风机、一次风机和汽轮机凝结水泵、循环水泵、汽动给水泵及给水泵汽轮机等辅机方面的振动问题越来越多。多数情况下都需要进行现场动平衡，它们的平衡都可以看作单平面或者双平面的刚性转子来处理。此外，还涉及支承刚度、中心不正、基础共振等问题。

第一节 风机振动处理和动平衡

【例9-1】某厂600MW机组2号炉2A送风机为ASN-2880/1600轴流式风机，叶轮直径为2.88m，工作转速为990r/min，风机转子质量为2500kg，电动机功率为1800kW。该风机运行一段时间后发现振动增大，现场测量风机叶轮处外壳水平振动为$100\sim125\mu m\angle293°\sim302°$，以工频振动为主，决定进行现场动平衡。

凭该型风机动平衡经验，滞后角取$20°\sim30°$，因振动测量时光电传感器和振动传感器均装设在水平方向的同一位置，取相位角$\phi=300°$、滞后角$\alpha=20°$，即可算出试加重方位为$\theta=300+20\pm180°=140°$，即在光标前沿反转向140°处加重。试加重量大小根据灵敏度决定，该型风机一般为$20\sim25g$影响$10\mu m$。

决定在光标反转向140°处加重220g，加上试加重量后发现振动不但没有减小反而有较明显的增加，至工作转速时测得外壳水平振动为$267\mu m\angle252°$。

取原始振动$A_{01}=120\mu m\angle300°$、加上试加重量后的振动$A_{11}=267\mu m\angle252°$进行动平衡计算，得出应加重量为$122g\angle254°$。

将试加重量去掉，在原试加重量处反转向254°的位置加重122g，加重后测得振动为$290\mu m\angle325°$，加上应加重量后振动同样没有减小，反而增大了。

分析认为该风机加重灵敏度太高，从加上122g应加重量后的响应看，10g重量可影响$18.8\mu m$，比同型风机的影响系数高得多。

决定现场动平衡不再进行下去，后检查支承部分，发现连接螺栓松动，经处理后振动自行减小。

【例9-2】某厂600MW机组配套的送风机型号为ASN-2800/1600轴流式风机，工作转速为990r/min，转子质量约为2500kg，电动机功率为1800kW。风机结构和外形如图9-1所示，风机转子由两道轴承支承，通过对轮与电动机相连，叶轮在两道轴承的外伸端，具有悬臂结构。从结构上分析，由于转子质量主要集中在叶轮处，在叶轮上加重能收到好的效果。

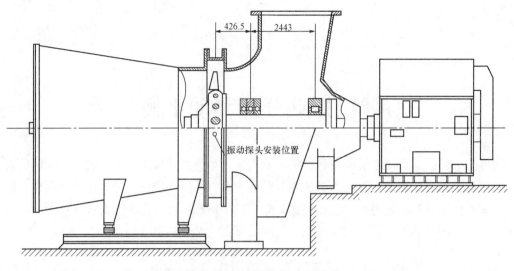

图 9-1　送风机结构和外形

（1）原始振动测量。在电动机侧轴的外露部分粘贴光标，装设好光电传感器，在风机叶轮处对应的外壳水平方向装设振动速度传感器，振动速度传感器和光电传感器的相对位置见图 9-2。在现场用 VM9503 双通道测振仪测得原始振动为 $153\sim164\mu m\angle325°\sim331°$，现场在线监测系统显示的用振动烈度表示的振动值为 5.5～6.0mm/s。

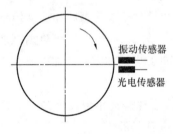

图 9-2　振动传感器和
光电传感器相对位置

（2）根据该风机结构，决定采用单平面影响系数法进行动平衡。

在叶轮处（出口侧）加试加重量，试加重量的大小根据灵敏度确定，取 150g（该型风机约 20～25g 影响 $10\mu m$）。加重位置可根据滞后角估算，原始振动相位角取 330°，滞后角取 30°。再根据振动速度传感器和光电传感器的相对位置，即可算出试加重量的位置为 180°。即光标前沿反转向 180°处。

加上试加质量后，工作转速时测得振动为 $75\mu m\angle312°$。

（3）根据原始振动和加上试加重量后测得的振动，用单平面影响系数法进行动平衡计算，可算出：

影响系数为

$$k = \frac{A_{11}-A_{01}}{P} = \frac{75\mu m\angle312° - 160\mu m\angle330°}{150g\angle0°} = 0.61\mu m/g\angle165°$$

式中　A_{11}——试加重量后测得的振动；

　　　A_{01}——原始振动；

　　　P——试加重量。

应加重量为

$$G = \frac{-A_{01}}{k} = 262g \angle 345°$$

试加重量取下，在原试加重量位置反转向 345°（或者顺转向 15°）处加重 260g，在工作转速时测得振动为 30μm∠264°。考虑振动已很小，动平衡工作结束。这时风机水平方向振动烈度为 1.1～1.2mm/s。

通过这次现场动平衡，可知风机加重灵敏度为 16.4g/10μm，滞后角为 15°。

（4）该风机运行一段时间后，由于积灰等影响，振动发生了变化。利用原来的光标，用 VM9503 双通道测振仪在风机外壳测得水平方向振动为 145μm∠142°。取滞后角 20°，即可算出加重位置为 -18°，即光靶顺转向 18°处。

在光标顺转向 20°处加重 263g，加重后测得风机外壳水平方向振动为 9μm∠47°。振动已很小，很快完成了现场动平衡。

（5）在另一台同型号的送风机上作了动平衡，经平衡后统计，滞后角为 -20°，加重灵敏度为 26g/10μm，与上述数据有一定差别。必须说明的是加重灵敏度还与加重处的直径有关，即与加重径向位置有关。由于是采用电焊的方法加在叶轮平面上，有一定的误差。

【例 9-3】600MW 机组一次风机动平衡。与 600MW 机组配套的一次风机为两级动叶可调的轴流式风机，工作转速为 1490r/min，电动机功率为 1800kW，转子质量为 4.4t。一次风机结构和外形如图 9-3 所示，转子由两道轴承支承，两级叶轮分别位于轴的外伸部分，风机转子通过对轮与电动机相连。由于转子较短，也可采用单平面影响系数法进行动平衡。

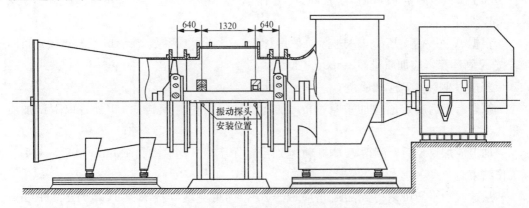

图 9-3　一次风机结构和外形

（1）某厂一台与 600MW 机组配套的一次风机，在并列运行时，振动幅值和相位均有一定的波动。图 9-4 所示为运行中用 VM9503 双通道测振仪测得的风机外壳水平方向振动趋势，可以看出幅值和相位都同时发生周期性变化，幅值变化 12μm 左右，相位变化 15°左右，周期为 160s。

风机单独运行时波动小，但振动略大。工作转速时测得风机外壳水平方向进、出风端振动分别如下：

1）进风端（A 端）：A_{01}=64μm∠305°（通频 66μm）。

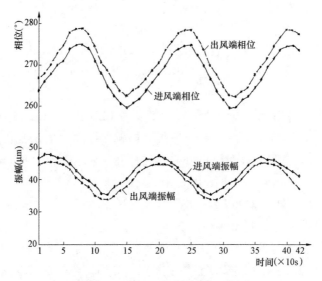

图 9-4 一次风机外壳水平振动趋势

2）出风端（B 端）：$B_{01} = 60\mu m \angle 304°$（通频 $61\mu m$）。

决定用单平面影响系数法进行现场动平衡。

根据测得的相位、振动速度传感器与光电传感器相对位置（与图 9-2 相同），取滞后角 30°，即可算出试加重量位置为 155°。

取试加质量为 160g，实际加重位置在出风侧叶轮上、光标前沿反转向 150°处。

加上试加质量后，启动风机至工作转速测得：$A_{11} = 92\mu m \angle 212°$，$B_{11} = 78\mu m \angle 208°$。

根据 A_{01}、A_{11}、B_{01}、B_{11} 进行动平衡计算，得到影响系数 $k_A = 0.717\mu m/g \angle 178$，若按 A 侧计算，应加质量 $G_A = 89g \angle 307°$。

若按 B 侧计算，应加质量 $G_B = 93g \angle 311°$。

综合考虑后决定取应加重量 90g，加在试加重量位置顺转向 50°处（取下试加质量）。

加上应加重量后，测得 A 侧振动为 $26\mu m \angle 197°$，B 侧振动为 $18\mu m \angle 197°$，动平衡工作结束。

从这次动平衡可以得到滞后角应取 $-20°$，加重灵敏度按 A 侧计算为 $14g/10\mu m$，按 B 侧计算为 $15.5g/10\mu m$。

（2）另一台一次风机因振动偏大需在现场作动平衡，用 VM9503 双通道测振仪测得该风机在工作转速时风机外壳前后轴承处水平方向振动为

$$A_{01}（前端）= 53\mu m \angle 143°$$
$$B_{01}（后端）= 66\mu m \angle 110°$$

光电传感器和速度传感器相对位置与图 9-2 相同，考虑后端振动较大，根据所测得的相位角取 110°，取滞后角 $\alpha = -20°$，即可算出试加重量位置为 $-90°$。

根据灵敏度，试加质量取 100g，加重位置为光标前沿顺转向 90°处，在风机后端叶

轮处加重。

加上试加重量后测得 $A_{11}=11\mu m\angle 349°$，$B_{11}=17\mu m\angle 331°$，动平衡工作结束。

【例 9-4】某厂一台与 300MW 机组配套的引风机，为静叶可调轴流式风机，工作转速为 990r/min，由 2800kW 电动机带动。为节约能源，该风机已改为调频运行，在高负荷（转速随负荷升高）运行时，风机和电动机振动均较大，风机外壳振动可达 $200\mu m$，电动机轴承振动可超过 $100\mu m$。为降低振动，对风机进行了现场动平衡试验。

原始振动测量。在电动机侧轴的外露部分粘贴光标，装设光电传感器，在风机出口导叶处外壳及电动机前轴承水平方向分别装设振动速度传感器，振动传感器和光电传感器的相对位置与图 9-2 相同，在降负荷（降速）过程中用 VM9503 双通道测振仪测得各个转速的振动见表 9-1 所示。

表 9-1　　　　　　　　　　降速过程中振动测量结果

转速 (r/min)	风机外壳→	电动机前轴承→	转速 (r/min)	风机外壳→	电动机前轴承→
855	$138\mu m\angle 297°$	$92\mu m\angle 309°$	630	$74\mu m\angle 229°$	—
800	$143\mu m\angle 279°$	$102\mu m\angle 283°$	600	$53\mu m\angle 207°$	$30\mu m\angle 193°$
750	$130\mu m\angle 257°$	$90\mu m\angle 251°$	570	$34\mu m\angle 192°$	—
730	$102\mu m\angle 243°$	—	540	$30\mu m\angle 202°$	$15\mu m\angle 199°$
700	$84\mu m\angle 238°$	$58\mu m\angle 232°$	510	$25\mu m\angle 192°$	$12\mu m\angle 190°$
650	$63\mu m\angle 244°$	$42\mu m\angle 222°$			

为便于加重，决定将风机叶轮上盖吊出，在转子进风侧叶轮加重。取试加重量 650g，加重位置根据所测得的相位角、振动传感器与光电传感器相对位置及滞后角进行估算，取相位角 300°，滞后角选取 30°，即可算出试加重量位置为 150°。

在光标前沿逆转向 150°处加重 650g 后，测得振动见表 9-2。

表 9-2　　　　　　　　　试加重量 650g∠－150°后振动测量结果

转速 (r/min)	风机外壳→	电动机前轴承→	转速 (r/min)	风机外壳→	电动机前轴承→
500	$20\mu m\angle 164°$	$12\mu m\angle 181°$	700	$63\mu m\angle 222°$	$51\mu m\angle 237°$
540	$27\mu m\angle 179°$	$15\mu m\angle 199°$	740	$96\mu m\angle 244°$	$76\mu m\angle 255°$
570	$32\mu m\angle 186°$	$22\mu m\angle 198°$	760	$99\mu m\angle 260°$	$82\mu m\angle 268°$
600	$39\mu m\angle 193°$	$29\mu m\angle 203°$	800	$76\mu m\angle 272°$	$79\mu m\angle 287°$
650	$50\mu m\angle 220°$	$42\mu m\angle 228°$	850	$77\mu m\angle 279°$	$79\mu m\angle 303°$

将试加重量后的振动与原始振动相比较，用单平面影响系数法进行动平衡计算，以风机外壳水平方向振动为准，计算结果见表9-3。

表9-3　　　　　　　　　　　动平衡计算结果

转速（r/min）	原始振动	加重后振动	影响系数	应加重量
855	138μm∠297°	77μm∠279°	1.06μm∠137°	1300μm∠340°
800	143μm∠279°	76μm∠273°	1.04μm∠106°	1370μm∠353°
750	130μm∠257°	96μm∠250°	0.56μm∠96°	2310μm∠341°

从表9-3计算结果看，在800r/min以上计算结果偏差较小，决定应加重量取1300g，加重位置在原试加质量处顺转向10°。实际加重是原试加重量不动，在顺转动方向另外再加650g，加重后测得振动见表9-4。由于风机振动已很小，动平衡工作结束，平衡前后振动比较见图9-5。由于这次加重原试加重没有变动，可以把后面加的650g再次作为试加重量进行动平衡计算，这样可以得到更精确的结果。另外，从这次动平衡中可以得到该风机的滞后角为20°。

表9-4　　　　　　加上应加重量（共1300g∠—140°）后振动

转速（r/min）	风机外壳→	电动机前轴承→	转速（r/min）	风机外壳→	电动机前轴承→
500	13μm∠170°	11μm∠171°	695	42μm∠232°	45μm∠233°
550	20μm∠183°	15μm∠182°	761	58μm∠270°	65μm∠265°
600	27μm∠199°	24μm∠196°	803	48μm∠276°	69μm∠277°
646	28μm∠227°	33μm∠221°	846	47μm∠279°	71μm∠291°

【例9-5】引风机由于受到排烟温度等影响，有时遇到的振动问题不一定是由质量不平衡引起的，必须根据所测得的振动特征进行分析判断。

某厂300MW机组每台锅炉均配备两台AN25eb静叶可调轴流式引风机，风机结构如图9-6所示。风机叶轮通过轴承组支承在后导叶上，风机由电动机通过传扭轴驱动，

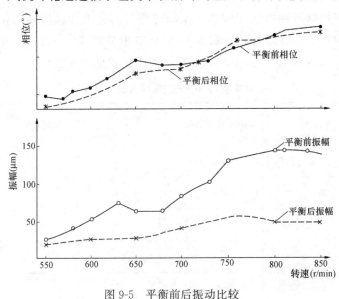

图9-5　平衡前后振动比较

风机工作转速为 990r/min，驱动电动机功率为 2000kW。该型风机在安装调试及投产后振动较大，在出口导叶处径向和轴向振动均较大，最大时可超过 300μm。

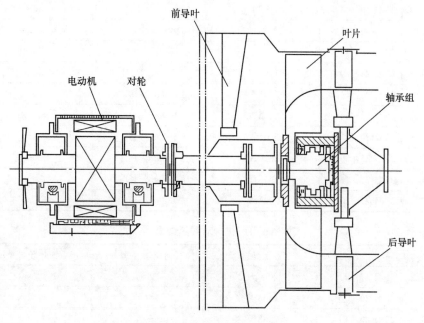

图 9-6　AN25eb 引风机结构

1. 振动特点

两台机组四台引风机几乎具有同样的振动特点：

（1）空载时振动较小，汽轮机冲转及带负荷后振动逐步增加，有时在带到某一负荷后振动大幅度增大。

表 9-5 为 1A 引风机在机组启动和带负荷过程中测得的振动变化，径向振动和轴向振动均在出口导叶处外壳水平方向的位置上测得。从表 9-5 中可以看出，1A 引风机在升至工作转速 990r/min 时，空载时振动并不大，径向和轴向振动（工频）分别为 42μm 和 15μm，表明风机转子平衡较好。汽轮机冲转后振动缓慢上升，在并网和较低负荷时振动变化较小。当负荷从 140MW 增至 220MW 时，振动大幅度增加，径向振动从 60μm 增加到 150μm，轴向振动也从 13μm 增加到 28μm。负荷继续增加时，振动逐步增加。负荷为 296MW 时，径向振动已达 233μm，轴向振动也达 47μm。在振幅增加的同时，相位也有一定的变化。

表 9-6 为 1B 引风机在空载和带负荷过程中测得的通频振动变化，可以看出在空载时径向振动略偏大（工频 90μm），在较低负荷时振动略有减小。当负荷从 230MW 增加到 250MW 时，径向振动大幅度增加，从 74μm 增加到 194μm。负荷再增加时，变化较小。到 296MW 时振动一直保持在 190μm 左右。带负荷过程中，轴向振动增加的幅度较小。

表 9-5　　　　　　　　　　　　1A 引风机振动测量结果

时间	工况	径向振动	轴向振动
1999 年 2 月 25 日 18：45	空载 990r/min	42μm∠198°	15μm∠56°
1999 年 2 月 25 日 19：00	汽轮机冲转	46μm∠203°	14μm∠55°
1999 年 2 月 25 日 19：45	并网	75μm∠224°	16μm∠50°
1999 年 2 月 25 日 20：00	140MW	60μm∠207°	13μm∠60°
1999 年 2 月 25 日 20：15	220MW	150μm∠197°	28μm∠50°
1999 年 2 月 25 日 20：30	230MW	170μm∠148°	35μm∠0°
1999 年 2 月 25 日 20：45	250MW	190μm∠162°	37μm∠20°
1999 年 2 月 25 日 21：00	292MW	182μm∠155°	39μm∠1°
1999 年 2 月 25 日 21：10	294MW	227μm∠168°	61μm∠0°
1999 年 2 月 25 日 21：20	296MW	233μm∠160°	47μm∠359°

表 9-6　　　　　　　　　　　　1B 引风机振动测量结果

时间	工况	径向振动（μm）	轴向振动（μm）
1999 年 2 月 25 日 17：20	空载 990r/min	110	50
1999 年 2 月 25 日 20：00	140MW	84	57
1999 年 2 月 25 日 20：15	220MW	90	57
1999 年 2 月 25 日 120：30	230MW	74	58
1999 年 2 月 25 日 20：45	250MW	194	52
1999 年 2 月 25 日 21：00	292MW	187	51
1999 年 2 月 25 日 21：15	296MW	193	62

（2）振动与排烟温度有关。在 300MW 负荷保持不变时，改变排烟温度，表 9-7 为 1B 引风机试验结果，以引风机支承处水平方向振动为准。从表 9-7 中可以看出，随着排烟温度升高振动明显增大。排烟温度从 120℃增加到 160℃时，支承处径向（水平方向）振动从 38μm 增加到 128μm，相位也有一定的变化。

表 9-7　　　　　　　　　　　　1B 引风机排烟温度试验结果

排烟温度（℃）	支承处横向振动	排烟温度（℃）	支承处横向振动
120	38μm∠19°	148	98μm∠30°
130	55μm∠17°	160	128μm∠32°
139	66μm∠27°	—	—

（3）空载时振动变化较小，带负荷后振动出现较大的波动，有时具有周期性变化的规律。

图 9-7 所示为在启动和带负荷过程中测得的 1A 引风机支承处径向振动趋势，图 9-7（a）为通频振动，图 9-7（b）为工频振动。该风机在 10：00 前启动，10：00 锅炉点火，13：40 机组并网带负荷，16：00 带负荷至 200MW，16：30 升至 220MW，而后一直维持到 21：00。从图 9-7 中可以看到，在并网带负荷前，通频特别是工频振动比较稳

定，波动很小，并网后振动有较明显的增大，振幅和相位均出现了较大幅度的波动。

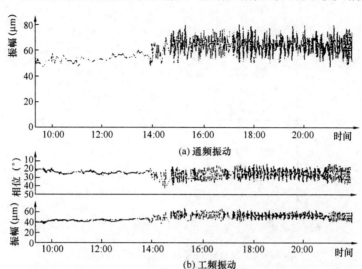

图 9-7 启动、带负荷过程中 1A 引风机支承处径向振动趋势

图 9-8 所示为该引风机在运行中实测到的支承处径向振动周期性变化趋势，可以看到通频和工频振动均有周期性变化，每 3min 变化一次，在幅值变化的同时，相位也发生变化。

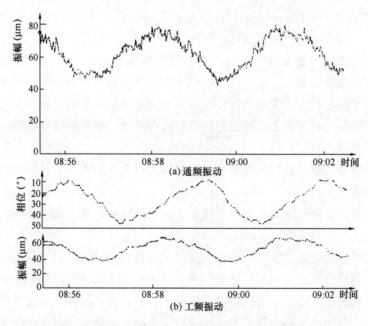

图 9-8 运行过程中 1A 引风机支承处径向振动趋势

（4）垂直和水平方向振动差别大。图 9-9 所示为 2A 和 2B 引风机出口导叶处外壳沿圆周各个方向振动测量结果，可以看出各个位置的径向和轴向振动差别较大。如 2A 引风机，左右两侧水平方向振动分别为 162μm 和 163μm，垂直方向振动上部为 34μm、

下部为 $11\mu\text{m}$，2B引风机水平和垂直方向的振动也有很大差别。

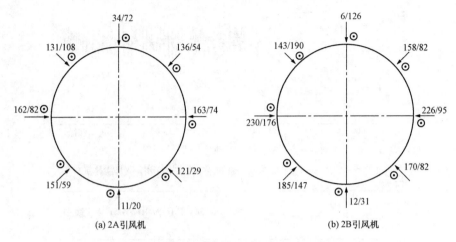

图 9-9　引风机出口导叶处沿圆周方向振动

注：↑表示径向；⊙表示轴向

2. 振动分析

（1）引风机振动均以工频为主，可以排除旋转失速、喘振及不稳定进口涡流等影响。

图 9-10 所示为在带负荷运行中测得的 1A 引风机径向振动频谱，引风机工作频率为 16.5Hz，故主要是工频振动，并有较小分量的倍频振动。频谱中 432Hz 为叶片自振频率（经实测），可知叶片振动对风机振动有一定的影响，但影响很小。

（2）从该型引风机的振动特点看，主要是与负荷有关。随着负荷的增加，振动增大，有时出现大幅度的增加。这种特点显然与中心变化有关，电动机通过一个膜片式的挠性联轴器与传扭轴相连接带动风机叶轮旋转，由于风机叶轮通过轴承组支承在出口导叶上，出口导叶固定在外壳上。叶轮的转动中心与外壳、导叶膨胀变形等有关，即与排烟温度有关。

从排烟温度变化试验看，风机振动与排烟温度有较大的关系，特别是排烟温度较高时，对振动影响更大。

由于中心偏差，振动随负荷增加而增大。当挠性联轴器失去调节作用时，振动可能会大幅度增大。

从带负荷后出现的振动波动及比较有规律的周期性振动看，与流量变化及排烟温度变化等有关。周期性振动每 3min 变化一次，刚好与旋转式空气预热器旋转周期相吻合。旋转式空气预热器由于热交换条件及阻力等不同，在不同的区间可能使流量和排烟温度受到影响，在中心偏差的情况下产生周期性振动。此外，引风机轴向振动较大也与中心偏差有关。

（3）从风机外壳水平方向和垂直方向振动差别看，水平方向支承刚度较差。

该型风机支承系统如图 9-11 所示，风机外壳通过左右两侧弧形钢板做成的支架分别支撑在两个独立的水泥基座上，共有三副支撑点，中间支撑点位于出口导叶处。从图

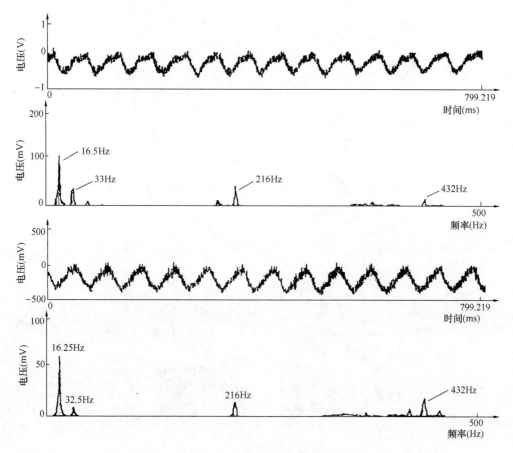

图 9-10　1A 引风机径向振动频谱

9-11 中标出的水平方向振动看，外壳 247μm，支架上部 123μm、下部 93μm，水泥基座上部 77μm、下部 22μm。从振动的衰减特性看，抗振性能较差。该水泥基座高 1500mm、宽 700mm，钢板厚度为 15～20mm，外侧高 850mm。由于支座较高，钢板和水泥座横向刚度差，使风机外壳水平位置的径向振动比垂直位置大得多。热态下，由于漏烟等因素影响造成圆周方向温度不均匀，使局部刚度降低。

　　3. 降低振动的措施

　　降低振动主要从两方面考虑，一方面是降低扰动力，另一方面是增加支承刚度。

　　（1）降低扰动力主要是减小由中心不正引起的扰动力。该型风机在安装时考虑到烟气加热使风机支承标高上抬，找中心时将电动机上抬 1mm，即电动机侧比风机侧高 1mm。经多次摸索调整，几台风机均调整为电动机侧比风机侧高 0.1～0.2mm，上张口为 0.05～0.07mm。

　　由于运行中电动机轴、传扭轴等受热后膨胀伸长，将使对轮端面发生轴向位移，在冷态找中心时必须对对轮进行预拉。在试运期间曾因预拉量不够，引风机产生轴向窜动。经多个烟温核算，确定预拉量为 2.5～4mm，原制造厂规定的预拉量 2～2.5mm 偏小。

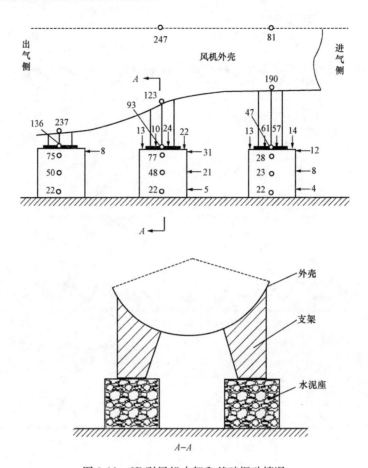

图 9-11　2B引风机支架和基础振动情况

挠性联轴器对调整中心有较大的作用，由于联轴器处振动较大（最大 $900\mu m$），膜片容易疲劳，必须进行不定期检查，视其工作情况及时更换。

（2）增加支承刚度方面进行了下列工作：

1）出口导叶采用防磨材料，防止因磨损而降低支承刚度；

2）出口导叶处沿圆周方向每隔 90°采用 $\phi30$ 圆钢加固，防止芯筒位置发生变化；

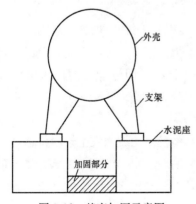

图 9-12　基座加固示意图

3）对主轴固定螺栓采用拧紧后加点焊的方法，防止在运行中松动；

4）不定期地检查轴承组轴承的磨损情况，使间隙保持在正常范围内；

5）为加强横向支承刚度，将出口导叶处和出口烟道处的水泥基座进行了加固处理，如图 9-12 所示。将原来两个独立的水泥基座连成一体，中间填满水泥（包括地下部分），使横向刚度增加。

（3）在运行操作方面进行改进。原先在启动引风机时出口风门不打开，容易因压力增高而使烟气从密封薄弱处喷出造成漏风，使圆周方向产生温差，影响风机振动。

采取上述措施后，使四台风机出口导叶处外壳径向振动在带负荷后均降到了100μm以下，轴向振动降到50μm以下。运行中波动减小，稳定性提高。经长期的运行实践证明，上述措施是行之有效的。

【例9-6】600MW机组轴流式引风机振动故障分析处理。某厂600MW机组脱硫脱硝系统改造的同时引风机改为引增合一方式，额定转速从595r/min提高到995r/min。引风机为静叶可调轴流式风机，型号为HA46248-8Z。电动机型号为YSPKK900-6W，额定功率为7000kW，运行频率为25~50Hz。电动机转子与风机转子之间有传扭中间长轴和传扭短轴，传扭轴与电动机、风机转子之间通过两套膜片对轮连接（见图9-13）。该风机在提速过程中振动大，电动机轴承水平振动最大可超过300μm，不能到达额定转速，影响机组的安全稳定运行。

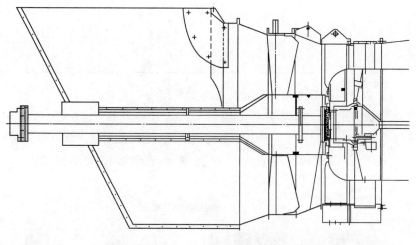

图9-13　引风机结构示意图

1. 引风机改造后振动情况

引风机改造完成后，额定转速（50Hz）单转电动机时，电动机轴承水平振动为37~52μm，带风机后振动随转速增加很快增大。当变频器频率为50Hz（引风机转速相当于1000r/min）时，电动机传动端和自由端轴承水平振动已分别达218μm和251μm。在风机轮毂上加重，效果不明显。后在电动机风扇端配重1.86kg，单转电动机额定转速下电动机轴承水平振动下降到27~19μm。带风机后频率37Hz时振动基本合格，但只要转速稍微升高，电动机轴承振动就急剧增加，频率40Hz时电动机轴承水平振动超过300μm，见表9-8所示。

表9-8　　　　　　　　　　引风机改造后电动机振动　　　　　　　　　　μm

运行工况	频率(Hz)	电动机对轮侧振动			电动机自由侧振动		
		⊥	→	⊙	⊥	→	⊙
电动机空载	50	21	37	19	6	52	17

续表

运行工况	频率 （Hz）	电动机对轮侧振动			电动机自由侧振动		
		⊥	→	⊙	⊥	→	⊙
带风机	40	98	218	146	4	251	65
带风机＋轮毂配重 3.5kg	40	113	234	114	5	218	74
空载＋电机风扇配重 1.86kg	50	26	27	34	28	19	22
带风机	35	37	71	46	7	35	8
带风机＋30％静叶	37	46	116	46	9	79	7
带风机＋70％静叶	37	40	127	57	3	84	6
带风机＋15％静叶	38	49	179	84	15	146	22
带风机＋50％静叶	38	45	189	76	7	141	30
带风机＋50％静叶	40	82	367	129		300	

2. 电动机基础加固后电动机振动及基础固有频率测试

因振动大首先进行了电动机基础加固工作，在原基础两侧和尾部增加了混凝土（图 9-14 深色部分），电动机基础由原来的 Y 形结构改变为长 5680mm、宽 4000mm、高 4700mm 的长方体结构。单台引风机电动机基础增加混凝土 60m³，质量增加约 144t。

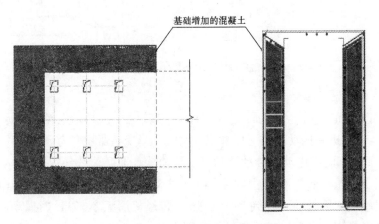

图 9-14　电动机混凝土基础加固

电动机基础加固后再次启动引风机，变频器频率 43Hz 相当于引风机转速 860r/min 时电动机振动最大 109μm，转速上升至 900r/min 时电动机振动快速增加到 220μm（见表 9-9）。与基础加固前相比较，相同振动情况下变频器运行频率可从 37Hz 提高到 43Hz，即风机转速从 740r/min 增加到 860r/min。从表 9-9 中还可以看出，自由端振动已有较大幅度减小，当传动端振动达 220μm 时，自由端振动未超过 80μm。

表 9-9　　　　　　　　　　　引风机电动机基础加固后试运时电动机振动

变频器频率（Hz）	驱动端（μm）			非驱动端（μm）		
	⊥	→	⊙	⊥	→	⊙
35	15	24	25	19	22	20
39	12	16	5	27	25	25
42	36	80	68	15	10	19
43（风门 10%）	64	109	75	30	4	14
43（风门 20%）	28	107	85	31	4	13
45	54	220	176	2	79	9

为摸清电动机基础振动衰减情况，在引风机变频器频率 44Hz（转速 880r/min）、静叶开度 45% 时，测量了电动机驱动端混凝土基础、台板和电动机外壳的水平振动分布及电动机驱动端轴承三个方向的振动，测量位置及振动数据见图 9-15 所示。从外特性测试数据看，电动机及基础振动沿高度方向逐渐增加，左右侧相同高度振动接近，电动机和基础组成的系统呈现出左右摇摆现象，电动机传动端振动大于自由端。

为判断电动机基础是否存在共振，测量了基础固有频率。从图 9-16 频谱图看，20.5～21Hz 为电动机-基础的低阶固有频率，对应风机转速 1230～1260r/min。可以看出，基础固有频率避开工作转速（1000r/min）达 20% 以上，电动机及基础振动大不是因为共振原因产生的。

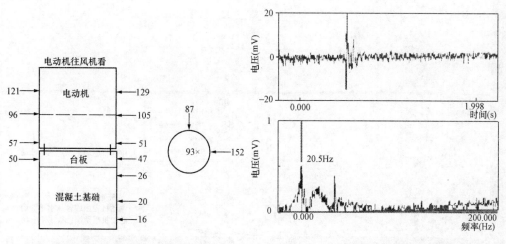

图 9-15　电动机驱动端水平振动分布
　　　　 和电动机驱动端轴承振动

图 9-16　电动机-基础固有频率测试

3. 电动机垫铁及台板处理后电动机振动

由于电动机基础固有频率满足要求，将电动机返回制造厂检查并测试振动。在电机厂测试平台上，电动机驱动端带靠背轮时垂直振动 21μm，轴向和水平振动分别为 12、

$19\mu m$。电动机回电厂在现场的台板上带靠背轮试运时，驱动端垂直振动 $50\mu m$。将另一台电动机吊至台板上带靠背轮进行试运，振动同样达到 $50\mu m$。考虑垂直方向振动偏大，决定对电动机台板、垫铁进行更换和加强。

更换电动机台板，将台板下的斜垫铁数量增加、面积加大，同时更换了驱动端轴瓦，并对电动机和风机叶轮进行了现场动平衡。通过上述一系列工作以后，高转速下电动机驱动端振动仍然较大，不能到达额定转速，再次对引风机振动进行了测试分析。

在升速过程中连续测量了电动机驱动端轴承、电动机自由端轴承、电动机驱动端台板和风机外壳的水平振动。高转速下所测振动数据见表 9-10，升速过程电动机驱动端、自由端和风机轴承水平振动的转速伯德图见图 9-17。

表 9-10　　　　　　　　　　电动机彻底检修后振动值

转速（r/min）	电动机驱动端 轴承水平振动	电动机自由端 轴承水平振动	电动机驱动端 台板水平振动	风动机外壳 水平振动
795	$63\mu m$、$58\mu m/259°$	$24\mu m$、$17\mu m/272°$	$17\mu m$、$14\mu m/261°$	$67\mu m$、$22\mu m/258°$
835	$87\mu m$、$78\mu m/263°$	$31\mu m$、$25\mu m/276°$	$24\mu m$、$19\mu m/265°$	$61\mu m$、$34\mu m/272°$
873（17：43）	$113\mu m$、$101\mu m/265°$	$43\mu m$、$34\mu m/278°$	$31\mu m$、$24\mu m/269°$	$82\mu m$、$41\mu m/277°$
873（17：46）	$78\mu m$、$72\mu m/248°$	$26\mu m$、$22\mu m/264°$	$21\mu m$、$18\mu m/256°$	$83\mu m$、$38\mu m/271°$
894	$124\mu m$、$113\mu m/259°$	$45\mu m$、$36\mu m/274°$	$33\mu m$、$27\mu m/266°$	$67\mu m$、$46\mu m/277°$
913（17：52）	$152\mu m$、$135\mu m/265°$	$59\mu m$、$48\mu m/281°$	$38\mu m$、$32\mu m/271°$	$80\mu m$、$59\mu m/274°$
913（17：54）	$202\mu m$、$183\mu m/274°$	$81\mu m$、$67\mu m/288°$	$50\mu m$、$43\mu m/278°$	$106\mu m$、$67\mu m/278°$

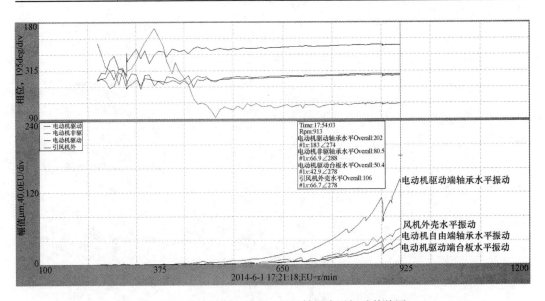

图 9-17　升速过程电动机、风机轴承水平振动伯德图

可见，高转速下随着转速上升电动机驱动端轴承水平振动快速增加，频率为 42Hz（转速 835r/min）时振动为 86um，频率为 46Hz（转速为 913r/min）时已达 $157\mu m$，且振动主要是工频成分。电动机驱动端、电动机自由端和电动机基础振动与风机振动相位

基本相同，结合引风机结构分析，认为引起振动异常的扰动力可能来自于中间传扭长轴。当传扭长轴存在较大的质量不平衡时（弯曲或者磨损），高转速下挠性对轮不能控制其位移，振动快速增加。决定先在中间传扭长轴靠近电动机对轮上加重，进行现场动平衡。

4. 中间传扭长轴现场动平衡

经多次调整，最后在对轮 90°方向加重 4.2kg、60°方向加重 2.6kg，转速升至 954r/min 时电动机驱动端轴承水平振动降低到 25μm，但在转速升至 994r/min 时电动机驱动端轴承振动仍然快速升至 157μm，这次平衡加重后升速伯德图见图 9-18。

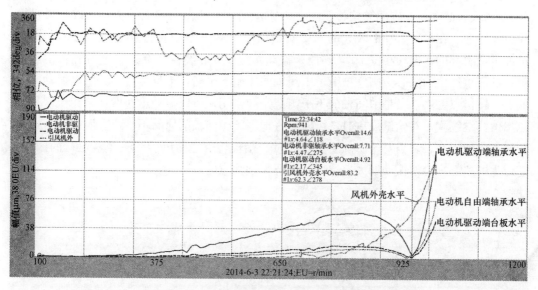

图 9-18　加重后升速过程电动机、风机轴承水平振动伯德图

加重 6.8kg 以后，考虑过大的配重会对螺栓强度有影响，经过咨询制造厂家，厂家校核后认为 10kg 以内的配重不影响螺栓强度。因此将对轮上的原加重块取下，在同样位置加重 7.96kg，使电动机驱动端水平振动在转速为 994r/min 时降至 60μm，基本满足风机运行的需要。

5. 振动原因分析

（1）随着转速上升高转速下电动机驱动端轴承水平振动快速增加，频谱主要成分为工频分量，说明高转速下出现了一个很大的激振力。

（2）单转电动机，额定转速下轴承振动都小于 50μm，说明电动机转子原始不平衡量不大。风机转子多次现场动平衡，也不能解决电动机驱动端轴承振动大的问题。由此可见，激振力既不是来自于电动机转子，也不是来自于风机转子，只可能是中间传扭长轴本身不平衡及在高转速下由不平衡引起的变形。因带负荷后振动增大及轴向振动大，还应考虑由变形及温度变化等引起的中心偏差。

（3）振源来自于中间传扭长轴的判断，从上述现场动平衡加重过程也得到印证。对轮加重 2.09kg∠60°＋2.6kg∠90°（合重 4.53kg∠77°），转速为 844r/min 时电动机驱动端轴承振动出现低点（9μm），之后随转速上升，振动快速增大、相位迅速变化180°。最后加重2.6kg∠60°＋4.2kg∠90°（合重6.58kg∠79°），转速到941r/min时电动机驱动端轴承振动才出现低点（15μm），之后随转速上升，振动快速增大、相位也迅速变化180°，额定转速994r/min时电动机驱动端轴承振动157μm（见图9-19）。从图9-19中可以看出，因为加重在中间传扭长轴的电动机侧对轮上，对电动机振动影响很大，但对风机影响很小。所以，随着转速升高，高转速下风机振动仍然增加较快。也同时说明由于现场条件所限，中间传扭长轴还是没有得到很好的平衡。

（4）由于中间传扭长轴两端是膜片柔性连接，高转速下由于较大的原始质量不平衡（轴弯曲或者磨损）及中间轴位移使离心力快速增大，从而引起电动机、基础及风机振动迅速增加。在对轮上加上较大的平衡质量以后，图9-19中转折点之前的振动是由于试加重量引起的，振动相位75°，与原始振动相位256°相差约180°。转速升到转折点位置，试加重产生的离心力刚好抵消了中间轴的原始不平衡，干扰力最小，所以振动出现低点。转折点之后，又是中间轴的不平衡起主导作用，所以振动迅速增加，相位恢复到原始值。继续增大对轮试加重时，可以更好地平衡中间轴的原始不平衡，所以转折点的转速相应地提高了。当对轮所加质量较大时，在转折点之前风机调频经常运行的区间，它产生的离心力会使振动增大，这也是需要特别注意的。

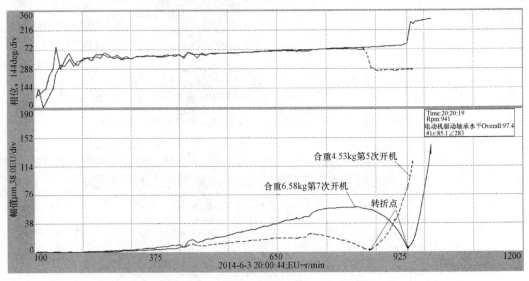

图9-19　对轮不同加重时电动机驱动端轴承水平振动伯德图比较

第二节　水泵振动分析及处理

【例9-7】300MW机组循环水泵振动分析。一台300MW机组一般配置两台循环水泵，某厂1号循环水泵为1600HDC-23立式水泵，流量为5.38m³/s，电动机功率为1600kW，工作转速为500r/min。水泵结构如图9-20所示，电动机（通过机座坐落在基础上）通过对轮带动水泵运行。该循环水泵在运行中振动大，声音不正常，电动机顶部

水平振动最大可达 $200\mu m$ 以上，由于振动大不能正常投运。

1. 振动特征

（1）电动机顶部水平方向振动主要以二倍频（$2x$）分量为主，一倍频（$1x$）分量较小，电动机下部基座水平方向振动也是以二倍频为主。

在电动机和水泵连接对轮处下部轴的外露部分粘贴光标，并装设光电传感器。在两机四泵运行时，用 VM9503 双通道测振仪测得振动，如表 9-11 所示。

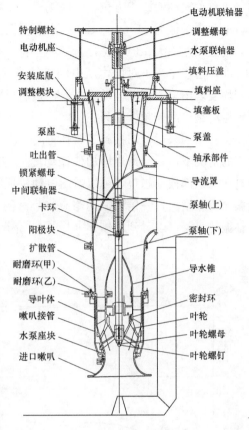

图 9-20 循环水泵结构

表 9-11 两机四泵运行时电动机振动

测点位置	通频	一倍频	二倍频
电动机上部水平方向（东西向）	$145\sim150\mu m$	$53\mu m\angle66°$	$101\mu m\angle287°$
电动机下部基座处水平方向（东西向）	$30\mu m$	$7\mu m\angle77°$	$23\mu m\angle282°$

图中标注（从上到下，右侧）：电动机联轴器、调整螺母、水泵联轴器、填料压盖、填料座、填塞板、泵盖、轴承部件、导流罩、泵轴（上）、泵轴（下）、导水锥、密封环、叶轮、叶轮螺母、叶轮螺钉

图中标注（从上到下，左侧）：特制螺栓、电动机座、安装底版、调整楔块、泵座、吐出管、锁紧螺母、中间联轴器、卡环、阳极块、扩散管、耐磨环（甲）、耐磨环（乙）、导叶体、喇叭接管、水泵座块、进口喇叭

（2）为分析水泵的振动，测量了水泵轴的相对振动。在对轮下部轴的外露部分装设 $\phi8$ 电涡流探头，东西向和南北向各装设一个，测得水泵轴振动如表 9-12 所示。

表 9-12 水泵轴振动值

测点位置	通频	一倍频	二倍频
水泵轴振动（东西向）	$211\mu m$	$185\mu m\angle140°$	$10\mu m\angle145°$
水泵轴振动（南北向）	$240\mu m$	$197\mu m\angle260°$	$25\mu m\angle350°$

（3）考虑到两机三泵运行时振动较大，分别对电动机轴承和水泵轴振动进行了测量，测量结果如表 9-13 所示。

表 9-13 两机三泵运行时电机轴承和水泵轴振动

测点位置	通频	一倍频	二倍频
电动机轴承水平振动（东西向）	$200\mu m$	$40\mu m\angle85°$	$170\mu m\angle55°$
电动机轴承水平振动（南北向）	$90\mu m$	$20\mu m\angle260°$	$72\mu m\angle205°$
水泵轴振（东西向）	$220\mu m$	$200\mu m\angle135°$	$22\mu m\angle180°$
水泵轴振（南北向）	$258\mu m$	$208\mu m\angle262°$	$25\mu m\angle330°$

2. 振动分析

（1）从电动机顶部测量的振动看，以二倍频为主，理论上二倍频振动主要是由中心不正（平行不对中）及转轴断面刚度不对称等引起。从该泵的情况看，着重考虑平行不对中。

（2）为证实是否存在平行不对中，又测量了电动机侧轴的振动，将电涡流探头放在测量水泵轴振动的同一方位，同时测得电动机轴和水泵轴的振动如下：

电动机轴振为 $215\mu m\angle 120°$，水泵轴振为 $239\mu m\angle 261°$。

幅值相差不大，但相位接近反相，符合平行不对中的规律。

（3）由于平行不对中，从电动机轴或水泵轴单个轴的振动来看，由于只有一个高点，均表现出以一倍频振动为主。连接后反映到轴承座上，由于有两个高点，故电动机轴承振动是以两倍频振动为主。

（4）当四泵运行切换到三泵运行时，由于单个泵流量增加使传动力矩增加，在中心不正的情况下，传动力矩增加使振动增加。图 9-21 所示为现场测得的在水泵切换过程中电动机顶部振动趋势，可以看出电动机顶部水平振动从四泵运行切换三泵运行后二倍频振动明显增大，一倍频振动略有减小。图 9-22 所示为在同一时间测得的对轮下部水泵轴振趋势，可以看到一倍频（$1x$）、二倍频（$2x$）分量均无明显增加。

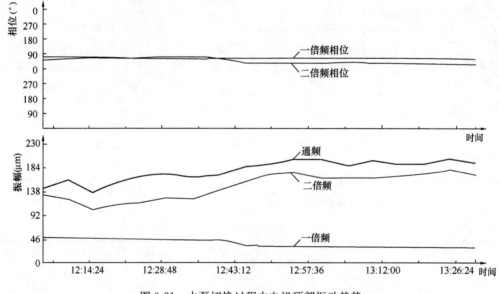

图 9-21　水泵切换过程中电机顶部振动趋势

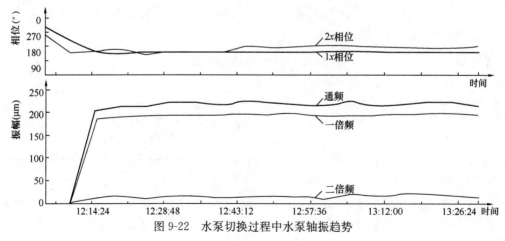

图 9-22　水泵切换过程中水泵轴振趋势

（5）电动机轴承东西向比南北向振动大，这主要是南北向有出水管，支承刚度较大，从测得的轴振动看相差不大。

据上分析，决定首先检查电动机和水泵对轮连接后的同心度，确实偏差太大（达0.2mm以上），设法将同心度调整到合格范围（0.05mm以下）。再次启动循泵，电动机顶部轴承振动已降至 $60\mu m$，二倍频振动已消除，主要是一倍频振动。由于振动很小，已达到了预期目的。

【例 9-8】 600MW 机组凝泵变频改造后振动测试分析及处理。某厂 2 号机组配备了两台 C720Ⅲ-4 型凝结水泵，该泵为立式多级筒袋式，首级叶轮为双吸形式，导流元件为碗形壳，吸入和吐出接口分别位于泵筒体和吐出座上。该泵流量为 1576m³/h、扬程为 3.62MPa。电动机型号为 YLKS630-4，额定功率为 2200kW，额定电流为 249A，转速为 1480r/min。

由于节能降耗需要，对两台凝结水泵电动机进行了变频改造。在 4 号凝结水泵试运过程中，当变频器频率调节到 37Hz 左右时，电动机顶部水平方向振动已接近 $500\mu m$，影响水泵运行安全。不得不限制变频器频率变化的范围，大大地降低了节能效果。

（1）4 号凝结水泵变频运行振动情况。4 号凝结水泵变频器从 30Hz 慢慢调节到 50Hz 过程中，测量了凝结水泵转速和电动机顶部水平 x、y 方向（相隔 90°）振动（见表 9-14）。可以看出，电动机顶部 y 方向和 x 方向振动与转速有较大的关系，从 y 方向的振动看，1102r/min 时振动最大达 $476\mu m$。随着转速升高，振动快速减小，至 1492r/min 时振动已降至 $70\mu m$ 左右。从 x 方向的振动看，在 1046r/min 时有一个峰值，最大达 $105\mu m$，而后略有减小；至 1277r/min 时又出现一个峰值，最大为 $127\mu m$，至 1492r/min 时振动降到 $75\mu m$。

表 9-15 为在升速过程中测得的电动机上部、下部轴承处 x 和 y 方向的水平振动，可以看出上部轴承振动和电动机顶部振动相似，下部轴承振动比上部明显减小，但变化规律相同。

表 9-14 　　　　　　　　升速过程中电动机顶部水平振动测量结果

变频器频率 （Hz）	凝结水泵对应转速 （r/min）	电动机顶部 y 方向振动 （μm）	电动机顶部 x 方向振动 （μm）
30	901	—	74～82（15Hz）
35	1046	—	92～105（17.25Hz）
36	1075	397（18Hz）	64～100（18.5Hz）
37	1102	476（18.5Hz）	65～93（18.75Hz）
38	1132	345（19Hz）	61～95（18.75Hz）
39	1159	238～249（19.5Hz）	62～93（16.5Hz）
40	1194	184～193（20Hz）	73～123（19Hz）
41	1221	147～153（20.25Hz）	61～92（19.5Hz）
42	1247	135～142（20.75Hz）	84～104（21Hz）
43	1277	112～118（21.25Hz）	92～127（21Hz）
45	1340	95～98（22.25Hz）	89～110（19.25Hz）
47	1396	78～80（23Hz）	90～118（23Hz）
50	1492	70～71（25Hz）	54～75（24.5Hz）

表 9-15

升速过程中电动机上、下轴承 x 和 y 方向振动值

项目		电动机上轴承		电动机下轴承	
电动机调频 （Hz）	转速 （r/min）	x 向振幅（μm）/ 主频率（Hz）	y 向振幅（μm）/ 主频率（Hz）	x 向振幅（μm）	y 向振幅（μm）
30	901	74～82/15、19	—	38～56	—
35	1046	92～105/17.25	—	47～61	—
36	1072	64～100/18.5	397/18	39～51	107
37	1102	65～92/17.25	476/18.5	31	136
38	1132	61～95/18.75	345/19	28～37	105
39	1159	62～93/16.5	238～249/19.5	37～51	77～80
40	1194	73～123/15.25、19	184～193/20	36～53	63～82
41	1221	61～92/19.5	147～153/20.25	29～55	50
42	1247	84～104/12.75、21、9.5	135～142/17.25、20.75	47～58	42～45
43	1277	92～127/15.25、21	112～118/21.25	47～57	40
45	1340	89～110/14、19.25	95～98/22.25	40～51	31～34
47	1396	92～118/9.25、15、23、46	80/23	47～57	33
50	1492	54～75/7.75、16.75、24.5	71/25	46	27.6～30

（2）4 号凝结水泵为立式布置，电动机和支架结构如图 9-23 所示，支承端在下部。当上部电动机处有一个扰动力时，凝结水泵及电动机容易产生一种类似于叶片 A_0 型的振动，如图 9-24 所示。从实测到的振动情况看，电动机上部轴承振动大，下部轴承振动小，与 A_0 型振动相符。

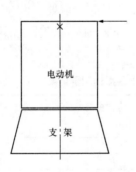

图 9-23 凝泵结构示意图

图 9-24 A_0 型振动

上面所测振动的另一个特点是与转速有关。为查明振动原因，测量了凝结水泵的固有频率，即与 A_0 型振动相对应的频率。采用锤击法进行测量，现场用枕木继续撞击，相当于在电动机上部施加一个脉冲性质的激振力，用速度传感器拾振，振动信号直接送到 DI-2200 实时频谱分析仪进行分析，得到振动频谱，测量结果如图 9-25 所示。从图 9-25 中可以看到，x 和 y 方向振动的主频率分别为 17Hz 和 18.75Hz。从表 9-14 测得升速时的振动数据看，x 方向在 1046r/min（17.25Hz）、y 方向在 1102r/min（18.5Hz）

出现振动峰值，说明升速过程中出现的振动峰值是由于共振放大引起的。

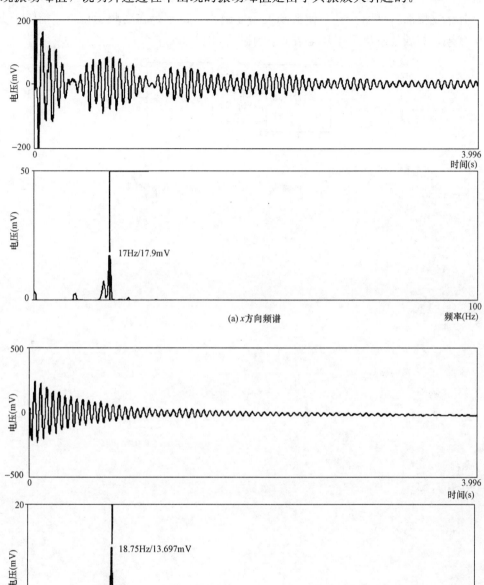

图 9-25　4 号凝结水泵电动机顶部水平方向固有频率

（3）要降低凝结水泵顶部电动机的振动，可采用降低干扰力或改变固有频率等措施。考虑高转速（1492r/min）时振动不大，说明干扰力不大。决定采用改变固有频率的方法，在变频运行时避开共振，在升速过程中就不会出现振动放大的现象。

在两凝结水泵之间增加支撑（电动机顶部），在现场比较容易实施。加上支撑后，使固有频率增加，振型同时发生变化，还可以使支承刚度增加。

加上支撑后（见图 9-26）使振动大幅度减小，特别是在变频运行中，消除了共振放大现象，有效地解决了 4 号凝结水泵的振动问题。

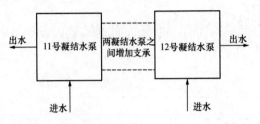

图 9-26　两台凝结水泵之间增加支承示意图

参 考 文 献

[1] 邓哈陀 J P. 机械振动学[M]. 谈峯，译. 北京：科学出版社，1961.

[2] 铁摩辛柯 S P & 杨 D H. 工程中的振动问题[M]. 胡人礼，译. 北京：人民铁道出版社，1978.

[3] 井町勇. 机械振动学[M]. 尹传家，黄怀德，译. 北京：科学出版社，1979.

[4] 阿巴希泽 A H. 旋转式机器基础[M]. 顾籍，翟荣民，译. 北京：电力工业出版社，1980.

[5] 钟一谔，何衍宗，王正，等. 转子动力学[M]. 北京：清华大学出版社，1987.

[6] 铁道部科学研究院铁道建筑研究所. 振动测试和分析[M]. 北京：人民铁道出版社，1979.

[7] 曹祖庆，江宁，陈行庚. 大型汽轮机组典型事故及预防[M]. 北京：中国电力出版社，1999.

[8] 叶能安，余汝生. 动平衡原理与动平衡机[M]. 武汉：华中工学院出版社，1985.

[9] 傅龙泉，鲍引年. 大型汽轮机安装[M]. 北京：水利电力出版社，1987.

[10] 施维新. 汽轮发电机组振动[M]. 北京：水利电力出版社，1991.

[11] 施维新，石静波. 汽轮发电机组振动及事故[M]. 北京：中国电力出版社，2008.

[12] 顾晃. 汽轮发电机组的振动与平衡[M]. 北京：中国电力出版社，1989.

[13] 李录平. 汽轮机组故障诊断技术[M]. 北京：中国电力出版社，2002.

[14] 李录平，晋风华. 汽轮发电机组碰磨振动的检测、诊断与控制[M]. 北京：中国电力出版社，2006.

[15] 周礼泉. 大功率汽轮机检修[M]. 北京：中国电力出版社，1997.

[16] Agnes Muszynska. Thermal rub effect in rotating machines[J]. ORBIT，1993，No1.